高等学校公共基础课系列教材

大学物理

（下册）

主　编　侯兆阳　王晋国
副主编　柯三民　王　真　高全华

西安电子科技大学出版社

内 容 简 介

本书是为适应当前教学改革的需要，根据教育部高等学校物理基础课程教学指导分委员会制定的“非物理类理工学科大学物理课程教学基本要求”，结合编者多年的教学实践和教改经验编写而成的。

全书分为上、下两册。上册包括力学、热学；下册包括电磁学、波动光学和近代物理。本书除了介绍理工科普通物理教学大纲要求的基本内容外，还穿插介绍了物理学理论的发展历史和物理知识点在工程技术中的应用，并选编了将物理知识向当今科学前沿延伸的阅读材料，同时将课程思政元素融入物理知识的学习中。

本书可作为高等院校理工科非物理类专业以及经管类、文科相关专业的大学物理教材，也可作为物理爱好者的自学参考书。

图书在版编目（CIP）数据

大学物理. 下册 / 侯兆阳，王晋国主编. -- 西安 ：西安电子科技大学出版社，2024.7. -- ISBN 978-7-5606-7296-0

Ⅰ. O4

中国国家版本馆 CIP 数据核字第 2024LP2444 号

策　　划　刘小莉
责任编辑　刘小莉
出版发行　西安电子科技大学出版社（西安市太白南路 2 号）
电　　话　(029) 88202421　88201467　　邮　　编　710071
网　　址　www.xduph.com　　电子邮箱　xdupfxb001@163.com
经　　销　新华书店
印刷单位　西安创维印务有限公司
版　　次　2024 年 7 月第 1 版　2024 年 7 月第 1 次印刷
开　　本　787 毫米×1092 毫米　1/16　印张 14.5
字　　数　339 千字
定　　价　40.00 元
ISBN 978-7-5606-7296-0

XDUP 7597001-1

前言

物理学是研究物质的基本结构、基本运动规律以及基本相互作用的学科。物理学的基本理论早已渗透到自然科学的各个门类，应用于工程技术的不同领域。物理学所展现的认识论和方法论，在人类追求真理、探索未知世界的过程中，具有普遍的意义。所以，物理学是整个自然科学和工程技术的基础。

大学物理课程是高等学校重要的基础理论课，在为学生打好必要的物理基础、培养学生的科学世界观、提高学生分析问题和解决问题的能力、增强学生探索精神和创新意识等方面具有其他课程不能替代的作用，在培养人才的科学素质方面具有非常重要的地位。

为了适应当前教育改革的需要，响应教育部“推进新工科建设与发展，开展新工科研究和实践”的号召，适应面向未来新技术和新产业发展的需要，推动理科基础向工科应用延伸，我们编写了本书。

本书的主要特色和创新点如下：

(1) 将基础物理知识与新技术应用有机融合。每项高新技术的产生和发展都与物理学的发展密不可分，本书努力将基础物理知识与现代高新工程技术相结合。全书每章均选取一个合适的关键物理知识点，阐明它们在高新工程技术中的应用，实现理论和实际的有机融合。例如，在第 1 章质点运动学中，介绍完求解质点运动的两类常见问题这一知识点后，又分析了此计算方法在高速铁路建设使用的北斗惯导小车中的应用；在第 3 章动量、能量和动量矩中，介绍完动量定理这一知识点后，又分析了其在火箭飞行控制中的应用。全书通过将物理知识与实际工程技术融合，将理论学习与实际应用紧密连接起来，解决学生关心的“学物理有什么用”的问题，激发学生的学习兴趣。

(2) 将基础物理知识向当今科学前沿延伸。在教育部高等学校物理基础课程教学指导分委员会制定的“非物理类理工学科大学物理课程教学基本要求”中提到，大学物理课程的基本内容是几十甚至几百年前就建立起来的理论体系，其中有些内容不免与现实脱节。为此，本书在每章主要内容的后面增加了延伸阅读，努力将本章的基础物理知识向当今科学前沿延伸。例如，第 4 章中增加了“从猫下落翻身到运动生物学”阅读材料，第 14 章中增加了“量子通信技术”阅读材料。这样可以使学生尽早接触前沿科学技术的发展和现代物理的前沿课题，具有鲜明的时代特色。

(3) 将传统纸质教材与数字化资源有机结合。本书对每章中的关键点和难点都附有优秀教师的讲解视频，学生通过扫描知识点旁边的二维码可以随时观看讲课视频，并且在超星公司的学银在线平台开设了对应的“大学物理”在线开放课程，供学生同步学习使用，从而帮助学生在学习过程中提高效率和学习兴趣，为教师开展工作丰富了教学手段。

(4) 将课程思政元素融入物理知识的学习中。为了响应教育部"推动课程思政全程融入课堂教学"的号召，本书精心选择和组织教材内容，将课程思政元素融入物理知识的学习中。全书在每章主要内容的后面都增加了"科学家简介"一栏，介绍与本章物理知识密切相关的国内外知名物理学家，介绍他们的学习环境、成长经历和学术成就。例如，在第1章中，通过介绍伽利略的生平，让学生感受物理学家追求真理、实事求是的科学态度，以及不向宗教迷信势力妥协的可贵品质；在第3、4、6章中，通过介绍钱学森、钱伟长、邓稼先等人的生平，让学生感受科学家的爱国主义情怀。同时，在每章中引入我国物理学理论的发展和技术应用成果，如我国自主研制的北斗导航系统、光学干涉绝对重力仪等，以增强学生的民族自豪感，激发学生的爱国情怀。

(5) 将物理理论处理的问题实际化。本书在每章的课后题中，除了常规的思考题和练习题外，还增加了一些接近实际情形、难度稍大的提升题，这类采用物理知识处理的问题与生活中的实际结果更接近，使物理理论指导工科实践的意义得到彰显，也有助于激发学生学习物理理论的兴趣。同时，本书提供了这类问题的详细解答过程，以及 MATLAB 程序实现代码，学生通过扫描二维码可以方便地自主学习。

本书由长安大学应用物理系教材编写组编写，侯兆阳、王晋国担任主编，柯三民、王真、高全华担任副主编。侯兆阳编写了第1、2、3、9章，王晋国编写了第4、5、10、11章，柯三民编写了第6、12章，王真编写了第7、13章，高全华编写了第8、14章。侯兆阳和王晋国对全书进行了校对和审定。长安大学应用物理系在线课程建设组提供了讲课视频资料。在本书的编写过程中，西安电子科技大学出版社的刘小莉编辑给予了大力协助，在此表示诚挚的谢意。

由于时间仓促，编者水平有限，书中难免存在不足之处，敬请广大读者批评指正。

编　者

2024年3月

目录

第三篇 电 磁 学

第四篇 波动光学

第五篇 近代物理

第三篇 电 磁 学

电磁学是研究电磁现象的规律及其应用的一门学科，主要研究电磁场、电磁波以及有关电荷、带电物体的动力学等方面的知识和应用。电磁学的研究成果广泛应用到电子工程、通信工程、材料科学等领域，为现代科学技术的发展做出了重要贡献。

人类对电磁现象的认识非常早，公元前585年，希腊哲学家泰勒斯记载了用木块摩擦过的琥珀能够吸引碎草等轻小物体，以及天然矿石吸引铁的现象。在此后的2000多年中，人们对电磁现象进行了观测和实验研究。1729年英国的格雷发现了电的传导现象，1746年荷兰的马森布罗克发明了莱顿瓶，1752年美国的富兰克林对雷电现象进行了研究，1767年英国的普里斯特利提出了电吸引力与距离的二次方成反比的设想，1769年苏格兰的罗宾逊进行了第一次电场力测量，1773年英国的卡文迪什通过实验验证了普里斯特利的预言。

电磁实验规律的定量研究是从法国科学家库仑开始的。1785年库仑确定了金属丝的扭力定律，并对静电力和磁力进行了测量，得到了库仑定律。德国数学家高斯把数学应用到物理学领域中，于1839年发表了《论与距离平方成反比的引力与斥力的普遍定律》，得出了高斯定理。意大利物理学家、化学家伏打于1799年首次制出了伏打电堆，即今天的电池的原型，使人们第一次得到了持续的电流，使人们对电与磁的进一步研究成为可能。丹麦物理学家奥斯特于1820年发现了电流的磁效应，揭示了长期以来被认为互不相关的电现象和磁现象之间的联系，使电磁学进入了一个崭新的发展时期。电流产生磁的定量研究源于法国物理学家毕奥和萨伐尔的研究，1820年他们阐明了电流元产生磁场的规律；之后法国物理学家安培给出了载流导线之间的普遍安培力公式，并于1826年推导得到了安培环路定理，这一公式成为后来麦克斯韦方程组的基本方程之一。

既然电可以产生磁，反过来，磁是否也会产生电呢？英国物理学家法拉第经过反复实验，于1831年给出了变化的磁通量可以生电的电磁感应定律，这在物理学发展史上具有划时代的意义。后来法拉第创立了力线和场的概念，力线实际上否认了超距作用的存在，这些成果成了麦克斯韦电磁场理论的基础。1865年，麦克斯韦在前人的基础上建立了完整的电磁场理论。电磁学的研究的对人类文明历史的进程具有划时代的意义，在电磁学研究的基础上发展起来的电能的生产和利用，带来了一场新的技术革命，使人类进入了电气化时代。20世纪中叶，在电磁学的基础上发展起来的微电子技术和电子计算机，使人类跨入了信息时代。电磁学还是人类深入认识物质世界必不可少的理论基础，从学科体系的外延来看，电磁学是电工学、无线电电子学、遥控和自动控制学、通信工程等学科必须具备的基础理论。

第9章 静电场

任何电荷(静止的和运动的)周围都存在着电场，相对于观察者静止的电荷在其周围所激发的电场称为静电场，静电场对其他电荷的作用力称为静电力。静电场的空间分布不随时间变化，即静电场是与时间无关的恒定场。

本章不仅研究真空中静电场的性质和规律，而且介绍静电场中金属导体和电介质的基本特性和它们对电场的影响，以及表明电场物质性的特征量——静电场能量，并给出静电场能量的具体表达式。

9.1 电荷与库仑定律

9.1.1 电荷

自然界的电荷分为两种类型：正电荷和负电荷。根据现代物理学关于物质结构的理论可知，组成任何物质的原子都是由带正电的原子核和带负电的核外电子构成的。在正常状态下，物体内部的正电荷和负电荷量值相等，宏观物体呈现电中性。当某种作用(如摩擦作用、光电作用等)破坏了电中性状态，使物体得到电子时该物体就带负电荷，使物体失去电子时该物体就带正电荷。

物体所带电荷数量的多少，称为电量，常用符号 Q 或 q 表示。国际单位制中电量的单位名称是库仑，符号为 C。

1897 年，英国物理学家汤姆逊发现了电子。电子是带有最小负电荷的粒子，其电量的近代测量值为 $e=1.602\ 189\ 2\times10^{-19}$ C。1913 年，美国物理学家密立根通过著名的“油滴实验”测定了带电油滴的电量。大量实验数据证实，每个油滴上所带电量总是 e 的整数倍，即带有整数个电子。1919 年，卢瑟福发现了质子，确定了它是带电量为 $+e$ 的粒子。在自然界中，电荷总是以一个基本单元的整数倍出现的，这一特性叫作电荷的**量子性**。1964 年，美国物理学家盖尔曼首先预言基本粒子由若干个夸克或反夸克组成，每一个夸克或反夸克可能带有 $\pm\frac{1}{3}e$ 或 $\pm\frac{2}{3}e$ 的电量，但是到目前，单独存在的夸克尚未在实验中发现。电荷只能从一个物体转移到另一物体，或者从物体的一部分转移到另一部分，电荷既不能被创造，也不能被消灭，这个结论称为**电荷守恒定律**。实验证明，电荷所带的电量与参考系无关，即具有相对论不变性。

9.1.2 库仑定律

1. 点电荷

带电体之间存在相互作用的电性力，这种力与带电体的形状、大小、电荷分布、相对位置以及周围的介质等因素都有关系，当带电体本身的线度对所讨论的问题影响不大时，就可以完全忽略掉带电体的形状和大小，该带电体就可以看作一个带电的点，叫作**点电荷**。点电荷是一个理想的物理模型，与我们研究的问题相关。

2. 库仑定律

1785年，库仑设计了一台扭秤，如图9.1.1所示，测量了电荷之间的相互作用力与其距离的关系，提出了库仑定律。库仑定律的表述如下：

在真空中处于静止状态的两个点电荷之间的相互作用力的大小与两个点电荷电量的乘积成正比，与两个点电荷之间距离的平方成反比，作用力的方向沿着两个点电荷的连线。当两个点电荷带同号电荷时，它们之间是排斥力；当两个点电荷带异号电荷时，它们之间是吸引力。

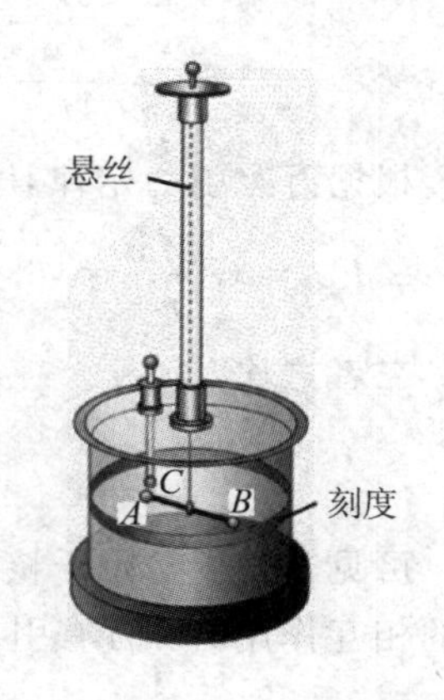

图9.1.1　库仑扭秤

如图9.1.2所示，q_1 和 q_2 分别表示两个点电荷所带的电量，$\boldsymbol{r}_0$ 表示从点电荷 q_1 指向点电荷 q_2 的单位矢量，r 表示两电荷之间的距离，于是 q_1 对 q_2 的作用力为

$$\boldsymbol{F}_{12} = k\frac{q_1 q_2}{r^2}\boldsymbol{r}_0 \tag{9.1.1}$$

式中，$k=\dfrac{1}{4\pi\varepsilon_0}$。$\varepsilon_0$ 称为真空的介电常量或真空的电容率，它是电磁学的一个基本物理常数，$\varepsilon_0 \approx 8.85\times10^{-12}\ \mathrm{C\cdot N^{-1}\cdot m^{-2}}$。

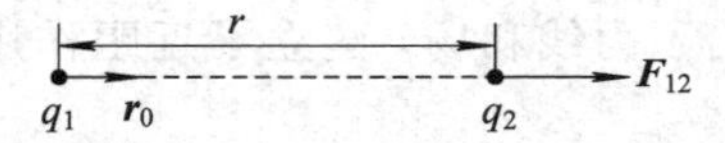

图9.1.2　库仑定律

当 q_1 和 q_2 同号时，两者的乘积为正，$\boldsymbol{F}_{12}$ 与 $\boldsymbol{r}_0$ 方向相同，这时表现为斥力；当 q_1 和 q_2 异号时，两者的乘积为负，$\boldsymbol{F}_{12}$ 与 $\boldsymbol{r}_0$ 方向相反，这时表现为引力。

同理，q_2 对 q_1 的作用力 $\boldsymbol{F}_{21}$ 为

$$\boldsymbol{F}_{21} = -k\frac{q_1 q_2}{r^2}\boldsymbol{r}_0$$

显然：

$$\boldsymbol{F}_{12} = -\boldsymbol{F}_{21}$$

综上所述，只要规定单位矢量 $\boldsymbol{r}_0$ 的正方向为从施力电荷指向受力电荷，那么受力电荷所受到的静电力 $\boldsymbol{F}$ 即可表示为

$$\boldsymbol{F} = \frac{1}{4\pi\varepsilon_0}\frac{q_1 q_2}{r^2}\boldsymbol{r}_0 \tag{9.1.2}$$

库仑定律表明两电荷间的作用力是有心力。实验表明，当两点电荷之间距离的数量级在 $10^{-14}\sim10^{7}$ m范围内时，该定律都是极其精确的。

例9.1.1　氢原子中，电子和原子核的最大线度与它们之间的距离相比要小得多，因此它们都可以被看成点电荷。已知电子与原子核之间的距离 $r=5.29\times10^{-11}$ m，电子电量

为$-e$，质量$m=9.11\times10^{-31}$ kg。氢原子核(即质子)电量为e，质量$M=1.67\times10^{-27}$ kg。试比较它们之间的静电引力$\boldsymbol{F}_e$和万有引力$\boldsymbol{F}_m$的大小。

解 根据库仑定律，两粒子间的静电引力大小为

$$F_e=\frac{1}{4\pi\varepsilon_0}\frac{e^2}{r^2}=9.0\times10^9\times\frac{(1.6\times10^{-19})^2}{(5.29\times10^{-11})^2}=8.2\times10^{-8}\text{ N}$$

根据万有引力定律，它们之间的万有引力大小为

$$F_m=G\frac{Mm}{r^2}=6.67\times10^{-11}\times\frac{1.67\times10^{-27}\times9.11\times10^{-31}}{(5.29\times10^{-11})^2}=3.6\times10^{-47}\text{ N}$$

二者之比：

$$\frac{F_e}{F_m}=2.28\times10^{39}$$

可见，电子与原子核之间的静电力远大于其间的万有引力，故在讨论电子与原子核之间的相互作用时，万有引力可以忽略不计。

9.2 电场与电场强度

9.2.1 电场

力是物体间的相互作用，不能脱离物质而存在。那么带电体之间的静电力是靠什么传递的呢？历史上有两种观点：一种是超距作用，认为传递不需要介质，也不需要时间；另一种是近距作用，认为物体间的相互作用需要介质，也需要时间，最初认为这种介质是以太。直到法拉第、麦克斯韦提出了力线和场，建立了近距作用的电磁理论并得到了实验证实，这种状况才得以改变。

近代物理学的发展证明，超距作用观点是错误的，而且以太并不存在，这也反映了人类认识客观事物的历史局限性。带电体之间的相互作用是通过电场传递的，即在真空中电荷在自己周围产生电场或激发电场，电场对处在场内的电荷有力的作用。电荷受到电场的作用力仅由该电荷所在处的电场决定，与其他地方的电场无关，这种相互作用可表示为

电荷⇔电场⇔电荷

电场是物质的一种形态。理论和实验都表明，场具有能量、动量和质量。通常称产生电场的电荷为场源电荷，当场源电荷静止且电量不随时间改变时，它产生的电场为**静电场**。

9.2.2 电场强度

既然静止电荷周围有静电场，就应该有一个判断空间某点有无电场与确定电场大小和方向的方法，因此人们引入了电场强度的概念。

为了检验空间某点的电场，可将试验电荷q_0置于空间的该点，对于试验电荷q_0，要满足以下两个条件：

(1) 其线度应足够小，只有如此，它在空间才会有确定的位置，才可将其视为点电荷，可用一个点(x,y,z)来表示其位置。

(2) 其所带电量应足够小且为正值，这样将其引入电场待测点时才不至于对待测电场产生明显的影响。若它受到力的作用，则表明该点有电场存在。

实验表明，若激发电场的场源电荷分布确定，在电场中给定场点，则当改变试验电荷q_0的大小时，其所受电场力 $\boldsymbol{F}$ 随之改变，但 $\boldsymbol{F}/q_0$ 对给定的点不变，而电场中不同点的$\boldsymbol{F}/q_0$一般不同。可见，在一定分布的电荷所激发的电场中，$\boldsymbol{F}/q_0$ 与 q_0无关，只随场点改变。因此，可用 $\boldsymbol{F}/q_0$ 反映电场中各点场的强弱，$\boldsymbol{F}/q_0$ 称为该点的**电场强度**，简称场强，其定义式为

$$\boldsymbol{E}=\frac{\boldsymbol{F}}{q_0} \tag{9.2.1}$$

从电场强度的定义式可以看出，电场强度 $\boldsymbol{E}$ 是描述电场本身性质的矢量，其大小等于单位试验电荷在该点所受电场力的大小，方向规定为正试验电荷在该点所受电场力的方向。电场强度的国际单位是 N/C。

在电场中，任一指定点就有一确定的 $\boldsymbol{E}$，对场中的不同点，$\boldsymbol{E}$ 一般是不同的，故 $\boldsymbol{E}$ 是空间各点的矢量函数 $\boldsymbol{E}(x, y, z)$，则由式(9.2.1)可知，在该点的电荷 q 受到的电场力 $\boldsymbol{F}(x, y, z)$为

$$\boldsymbol{F}(x,y,z)=q\boldsymbol{E}(x,y,z) \tag{9.2.2}$$

式中，$\boldsymbol{E}(x, y, z)$是除了被作用的电荷 q 外其他所有电荷在该点的合场强。显然，当 $q>0$时，$\boldsymbol{F}$ 与 $\boldsymbol{E}$ 同号，即电场力 $\boldsymbol{F}$ 与场强 $\boldsymbol{E}$ 的方向相同；当 $q<0$ 时，$\boldsymbol{F}$ 与 $\boldsymbol{E}$ 异号，即电场力 $\boldsymbol{F}$ 与场强 $\boldsymbol{E}$ 的方向相反。

9.2.3　电场强度的计算

已知场源电荷分布求场强有以下几种类型。

1. 场源电荷为点电荷

设真空中有一个点电荷 q，如图 9.2.1 所示，现求其周围任一点 P 处的场强。设想在 P 点处放置一试验电荷q_0，根据库仑定律，q_0所受的电场力是

$$\boldsymbol{F}=\frac{1}{4\pi\varepsilon_0}\frac{qq_0}{r^2}\boldsymbol{r}_0$$

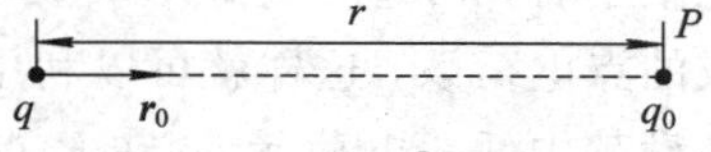

图 9.2.1　点电荷激发场强

式中，$\boldsymbol{r}_0$表示从点电荷 q 到 P 点的单位矢量。由电场强度的定义式可得该点的电场强度为

$$\boldsymbol{E}=\frac{\boldsymbol{F}}{q_0}=\frac{1}{4\pi\varepsilon_0}\frac{q}{r^2}\boldsymbol{r}_0 \tag{9.2.3}$$

可见，空间某点场强的大小与场源电荷的电量成正比，而与场点到场源电荷的距离的平方成反比。当 $q>0$ 时，$\boldsymbol{E}$ 的方向背离场源电荷；当 $q<0$ 时，$\boldsymbol{E}$ 指向场源电荷，如图 9.2.2 所示。

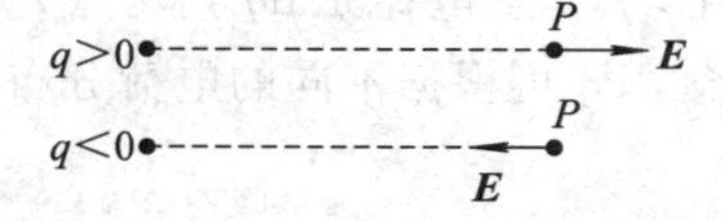

图 9.2.2　异号点电荷激发场强比较

2. 场源电荷为点电荷系

若场源电荷是由q_1，q_2，…，q_n组成的点电荷系，设在场点 P 处放置一个试验电荷q_0，

则q_0在该点所受合力 $\boldsymbol{F}$ 等于各个点电荷各自对q_0作用的力 $\boldsymbol{F}_1$，$\boldsymbol{F}_2$，…，$\boldsymbol{F}_n$的矢量和，即

$$\boldsymbol{F} = \boldsymbol{F}_1 + \boldsymbol{F}_2 + \cdots + \boldsymbol{F}_n = \sum_{i=1}^{n} \boldsymbol{F}_i$$

两边除以q_0得

$$\frac{\boldsymbol{F}}{q_0} = \frac{\boldsymbol{F}_1}{q_0} + \frac{\boldsymbol{F}_2}{q_0} + \frac{\boldsymbol{F}_3}{q_0} + \cdots + \frac{\boldsymbol{F}_n}{q_0}$$

根据电场强度的定义，右边各项分别是各个点电荷单独存在时所产生的场强，左边为总场强，即

$$\boldsymbol{E} = \boldsymbol{E}_1 + \boldsymbol{E}_2 + \cdots + \boldsymbol{E}_n = \sum_{i=1}^{n} \boldsymbol{E}_i \tag{9.2.4}$$

这就是说，**电场空间某点的合场强等于每个点电荷单独存在时，在该点所激发场强的矢量和，这就是电场强度的叠加原理(简称场强叠加原理)**。根据点电荷激发场强的公式和场强叠加原理，原则上可得出任何带电体激发的电场。

3. 场源电荷为连续分布的任意带电体

实际中遇到的带电体，从宏观上看其电荷分布都是连续的。根据不同情况，有时把电荷看成在一定体积内连续分布，称之为体分布；有时把电荷看成在一定面积上连续分布，称之为面分布；有时把电荷看成在一定曲线上连续分布，称之为线分布。相应地，可引入电荷的体密度 ρ、面密度 σ 和线密度 λ：

$$\rho = \lim_{\Delta V \to 0} \frac{\Delta q}{\Delta V} = \frac{\mathrm{d}q}{\mathrm{d}V}$$

$$\sigma = \lim_{\Delta S \to 0} \frac{\Delta q}{\Delta S} = \frac{\mathrm{d}q}{\mathrm{d}S}$$

$$\lambda = \lim_{\Delta l \to 0} \frac{\Delta q}{\Delta l} = \frac{\mathrm{d}q}{\mathrm{d}l}$$

式中，ΔV、ΔS 和 Δl 分别为将带电体分割得到的体积元、面积元和线元。当 ΔV、ΔS 和 Δl 取无限小时，相应的电荷元 $\mathrm{d}q$ 可视为点电荷。因此，整个带电体可视为由无穷个点电荷 $\mathrm{d}q$ 组成的点电荷系，这样就可以利用场强叠加原理来计算任意带电体的场强了。

设其中任一电荷元 $\mathrm{d}q$ 在 P 点产生的场强为 $\mathrm{d}\boldsymbol{E}$，根据式(9.2.3)有

$$\mathrm{d}\boldsymbol{E} = \frac{1}{4\pi\varepsilon_0} \frac{\mathrm{d}q}{r^2} \boldsymbol{r}_0$$

式中，r 是从电荷元 $\mathrm{d}q$ 到场点 P 的距离，$\boldsymbol{r}_0$ 是 $\mathrm{d}q$ 指向 P 点的单位矢量。应用电荷密度的概念，$\mathrm{d}q$ 可根据不同的电荷分布写成：

$$\mathrm{d}q = \begin{cases} \lambda \mathrm{d}l & (\text{线分布}) \\ \sigma \mathrm{d}S & (\text{面分布}) \\ \rho \mathrm{d}V & (\text{体分布}) \end{cases}$$

把所有电荷元在 P 点产生的场强矢量叠加，就可得到 P 点的总场强。对于连续分布电荷，叠加应以积分代替，即

$$\boldsymbol{E} = \int \mathrm{d}\boldsymbol{E} = \int \frac{1}{4\pi\varepsilon_0} \frac{\mathrm{d}q}{r^2} \boldsymbol{r} \tag{9.2.5}$$

式(9.2.5)为矢量积分式。在实际计算时，一般先将 $\mathrm{d}\boldsymbol{E}$ 沿选定的坐标轴方向进行分解，写

出分量式，然后分别对分量进行积分，即

$$E_x = \int \mathrm{d}E_x,\ E_y = \int \mathrm{d}E_y,\ E_z = \int \mathrm{d}E_z$$

最后由 $\boldsymbol{E}=E_x\boldsymbol{i}+E_y\boldsymbol{j}+E_z\boldsymbol{k}$ 求出合场强 $\boldsymbol{E}$。

9.2.4　电偶极子

如图 9.2.3 所示，两个等量异号电荷 $+q$ 和 $-q$ 相距 l，若 l 远小于它们的中心到场点的距离 r，则这对点电荷就构成一个**电偶极子**。两个点电荷的连线称为电偶极子的轴线，矢量 $\boldsymbol{p}=q\boldsymbol{l}$ 称为电偶极子的电矩，$\boldsymbol{l}$ 的方向规定为由负电荷指向正电荷。为了计算真空中电偶极子中垂线上一点的电场强度，我们取电偶极子轴线的中点为坐标原点 O，中垂线为 OY 轴，则中垂线上任意一点 P 距坐标原点 O 的距离为 r。设中垂线上任意一点 P 相对于 $+q$ 和 $-q$ 的距离分别为 r_+ 和 r_-，且 $r_+ = r_-$，则 $+q$ 和 $-q$ 在 P 点处产生的场强大小分别为

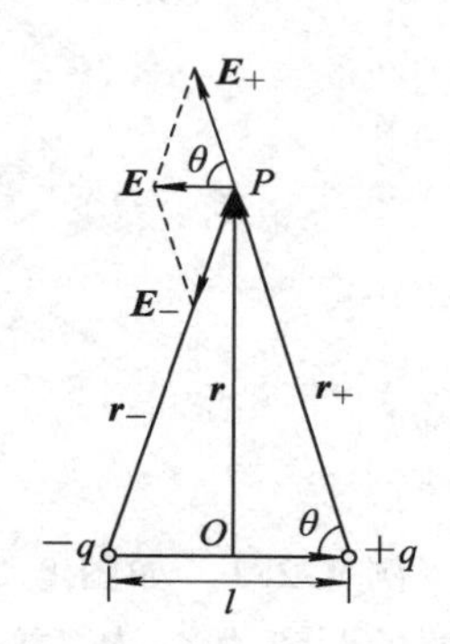

图 9.2.3　电偶极子

$$E_+ = \frac{q}{4\pi\varepsilon_0 r_+^2} = \frac{q}{4\pi\varepsilon_0 (r^2 + l^2/4)}$$

$$E_- = \frac{q}{4\pi\varepsilon_0 r_-^2} = \frac{q}{4\pi\varepsilon_0 (r^2 + l^2/4)}$$

P 点处 E_+ 和 E_- 的大小相等，但方向不同，由对称性可知，P 点合场强 $\boldsymbol{E}$ 的大小为

$$E = 2E_+ \cos\theta$$

把 $\cos\theta=\dfrac{l/2}{\sqrt{r^2+l^2/4}}$代入上式，则有

$$E = \frac{ql}{4\pi\varepsilon_0 (r^2 + l^2/4)^{3/2}}$$

注意到 $\boldsymbol{p}=q\boldsymbol{l}$ 以及 $\boldsymbol{E}$ 与 $\boldsymbol{l}$ 的方向相反，可得 P 点的电场强度为

$$\boldsymbol{E} = -\frac{\boldsymbol{p}}{4\pi\varepsilon_0 (r^2 + l^2/4)^{3/2}}$$

若 $r\gg l$，则

$$\boldsymbol{E} = -\frac{\boldsymbol{p}}{4\pi\varepsilon_0 r^3} \tag{9.2.6}$$

式(9.2.6)表明，电偶极子中垂线上任意点处的电场强度 $\boldsymbol{E}$ 的大小与电矩 $\boldsymbol{p}$ 成正比，电场强度的方向与电矩的方向相反。

如图 9.2.4 所示，当电偶极子处于场强为 $\boldsymbol{E}$ 的匀强电场(相距 r_0)时，正、负电荷所受的电场力分别为 $\boldsymbol{F}_+=q\boldsymbol{E}$ 和 $\boldsymbol{F}_-=-q\boldsymbol{E}$，它们的大小相等，方向相反，矢量和为 $\mathbf{0}$；但是 $\boldsymbol{F}_+$ 和 $\boldsymbol{F}_-$ 的作用线不在同一直线上，这两个力称为**力偶**。正、负电荷相对于中点 O 的力矩方向相同，力臂都为$\dfrac{1}{2}r_0\sin\theta$，$\theta$ 为 $\boldsymbol{p}$ 与 $\boldsymbol{E}$ 的夹角，所以总力矩(也称力偶矩)为

$$M = F_+ \cdot \frac{1}{2} r_0 \sin\theta + F_- \cdot \frac{1}{2} r_0 \sin\theta = qr_0 E\sin\theta = pE\sin\theta \tag{9.2.7}$$

写成矢量式可表示为

$$\boldsymbol{M}=\boldsymbol{p}\times\boldsymbol{E} \tag{9.2.8}$$

由式(9.2.8)可以看出，电偶极子在均匀电场 $\boldsymbol{E}$ 中受到合力矩 $\boldsymbol{M}$ 的作用而发生转动，当 $\theta=\frac{\pi}{2}$ 时，力矩最大；当 $\theta=0$ 时，力矩等于零，$\boldsymbol{p}/\!/\boldsymbol{E}$，即偶极子轴线与外场方向一致。也就是说，当把偶极子引入电场时，不管原来其电偶极矩的方向如何，在电场作用下最终都将指向电场的方向。可见，外电场对于偶极子具有取向作用。

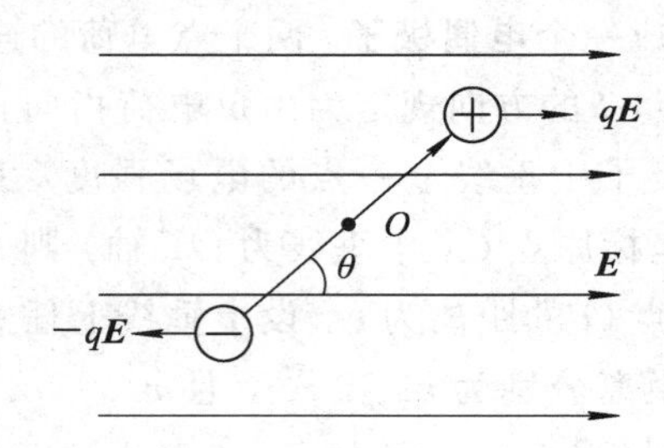

图 9.2.4 电偶极子在均匀外电场中受力

例 9.2.1 如图 9.2.5 所示，细棒上均匀地分布着电荷，电荷线密度为 λ，棒外一点 P 到棒的距离为 a，棒两端到 P 点的连线与棒长方向的夹角分别是 θ_1 和 θ_2，求该均匀带电细棒在 P 点所激发的电场强度的大小和方向。

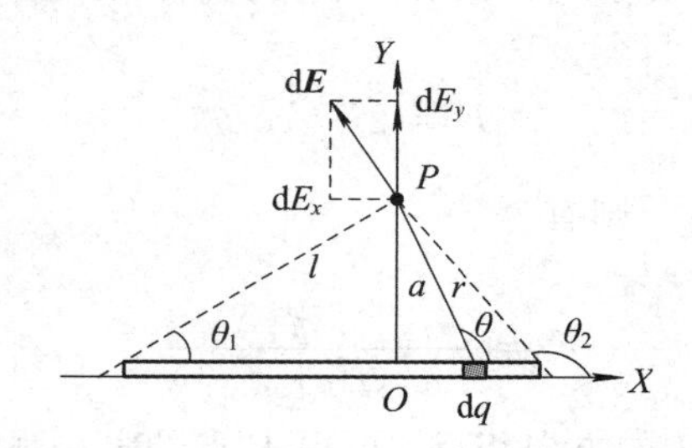

图 9.2.5 例 9.2.1 图

解 取如图 9.2.5 所示的坐标系，把细棒先进行分割，可分割为许多小线元，任取一线元 $\mathrm{d}x$，其带电量 $\mathrm{d}q=\lambda\mathrm{d}x$；设该电荷元到 P 点的距离为 r，且 r 与 X 轴的夹角为 θ，则 $\mathrm{d}q$ 在 P 点激发的元场强 $\mathrm{d}\boldsymbol{E}$ 的方向如图 9.2.5 所示(与 X 轴成 θ 角)，大小为 $\mathrm{d}E=\frac{1}{4\pi\varepsilon_0}\cdot\frac{\lambda\mathrm{d}x}{r^2}$。

由于棒上各电荷元在 P 点产生的原场强的方向都不同，因此积分前将 $\mathrm{d}\boldsymbol{E}$ 沿选定坐标系进行分解，即

$$\begin{cases}\mathrm{d}E_x=\mathrm{d}E\cos\theta=\dfrac{\lambda\mathrm{d}x}{4\pi\varepsilon_0 r^2}\cos\theta\\[2ex]\mathrm{d}E_y=\mathrm{d}E\sin\theta=\dfrac{\lambda\mathrm{d}x}{4\pi\varepsilon_0 r^2}\sin\theta\end{cases}$$

利用几何关系，因为 $\cot(\pi-\theta)=\frac{x}{a}$，所以 $x=a\cot(\pi-\theta)=-a\cot\theta$，从而有

$$dx = -a \cdot \left(-\frac{1}{\sin^2\theta}\right)d\theta = \frac{a}{\sin^2\theta}d\theta$$

又因

$$r^2 = x^2 + a^2 = a^2(1 + \cot^2\theta) = \frac{a^2}{\sin^2\theta}$$

将以上关系式代入 dE_x 和 dE_y 的表达式得

$$\begin{cases} dE_x = \dfrac{\lambda dx}{4\pi\varepsilon_0 r^2}\cos\theta = \dfrac{\lambda\cos\theta}{4\pi\varepsilon_0 a}d\theta \\ dE_y = \dfrac{\lambda dx}{4\pi\varepsilon_0 r^2}\sin\theta = \dfrac{\lambda\sin\theta}{4\pi\varepsilon_0 a}d\theta \end{cases}$$

所以

$$\begin{cases} E_x = \int dE_x = \int_{\theta_1}^{\theta_2}\dfrac{\lambda}{4\pi\varepsilon_0 a}\cos\theta d\theta = \dfrac{\lambda}{4\pi\varepsilon_0 a}(\sin\theta_1 - \sin\theta_2) \\ E_y = \int dE_y = \int_{\theta_1}^{\theta_2}\dfrac{\lambda}{4\pi\varepsilon_0 a}\sin\theta d\theta = \dfrac{\lambda}{4\pi\varepsilon_0 a}(\cos\theta_1 - \cos\theta_2) \end{cases}$$

合场强

$$\boldsymbol{E} = E_x\boldsymbol{i} + E_y\boldsymbol{j} = \frac{\lambda}{4\pi\varepsilon_0 a}[(\sin\theta_2 - \sin\theta_1)\boldsymbol{i} + (\cos\theta_1 - \cos\theta_2)\boldsymbol{j}]$$

若棒长 $L \gg a$，则相当于均匀带电细棒为无限长，此时有 $\theta_1 \to 0$，$\theta_2 \to \pi$，得

$$\boldsymbol{E} = \frac{\lambda}{2\pi\varepsilon_0 a}\boldsymbol{j}$$

由此说明，无限长均匀带电细棒在棒外空间各点激发的电场其方向都垂直于棒向四周呈辐射状；各处的 $\boldsymbol{E}$ 与该处到棒的距离成反比，到棒的距离相等的点处其场强大小相等。无限长均匀带电细棒激发电场的上述特性称为**电场分布的轴对称性**。此结果在以后的计算中都可以当作已有的结果直接使用。

例 9.2.2　已知均匀带电细环半径为 R，均匀带有电量 q，求其在中心轴上距离圆环中心 O 点有 x 远的 P 点处所产生的电场强度。

解　建立如图 9.2.6 所示的坐标系，设轴线上任意 P 点与坐标原点 O 之间的距离为 x。在圆环上任取线元 dl，其上带电量为 dq。

设元电荷 dq 到 P 点的距离为 r，元电荷 dq 在 P 点产生的场强为 $d\boldsymbol{E}$，$d\boldsymbol{E}$ 沿平行和垂直于轴线的两个方向的分量分别为 $dE_{/\!/}$ 和 $dE_{\perp}$。由对称性可知，垂直分量相互抵消，因而 P 点的电场强度为平行分量的总和，即

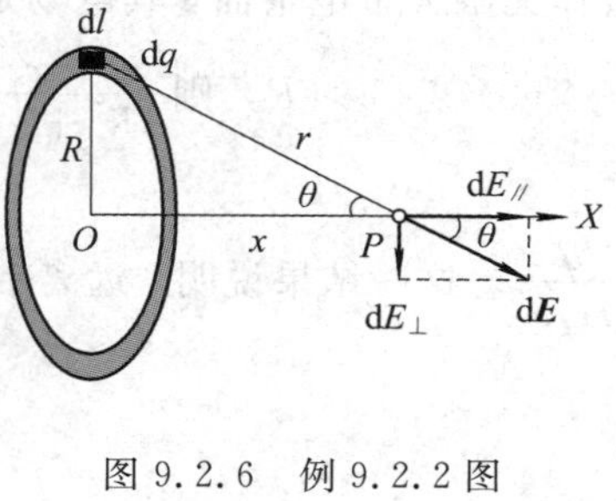

图 9.2.6　例 9.2.2 图

$$E = \int dE_{/\!/} = \int\frac{dq}{4\pi\varepsilon_0 r^2}\cos\theta$$

其中，θ 为 $d\boldsymbol{E}$ 与 X 轴的夹角，则

$$E = \int\frac{dq}{4\pi\varepsilon_0 r^2}\cos\theta = \frac{\cos\theta}{4\pi\varepsilon_0 r^2}\int dq = \frac{q\cos\theta}{4\pi\varepsilon_0 r^2}$$

考虑到 $\cos\theta=\frac{x}{r}$，而$r^2=x^2+R^2$，则上式可改写为

$$E=\frac{qx}{4\pi\varepsilon_0(R^2+x^2)^{3/2}}$$

$\boldsymbol{E}$ 的方向为沿着轴线指向 X 轴的正方向。

讨论：(1) 若 $x\gg R$，则$(R^2+x^2)^{3/2}\approx x^3$，$E\approx\frac{q}{4\pi\varepsilon_0 x^2}$，即远离环心处的电场相当于一个点电荷 q 所产生的电场。

(2) 若 $x\ll R$，则$(R^2+x^2)^{3/2}\approx R^3$，于是 $E\approx\frac{qx}{4\pi\varepsilon_0 R^3}$，即在靠近圆心的轴线上场强大小与 x 成正比。

例 9.2.3 设均匀带电圆盘的半径为 R，电荷连续均匀地分布其上，电荷面密度为 σ。求圆盘中心轴线上距盘心 O 点的距离为 x 的任一点 P 的场强。

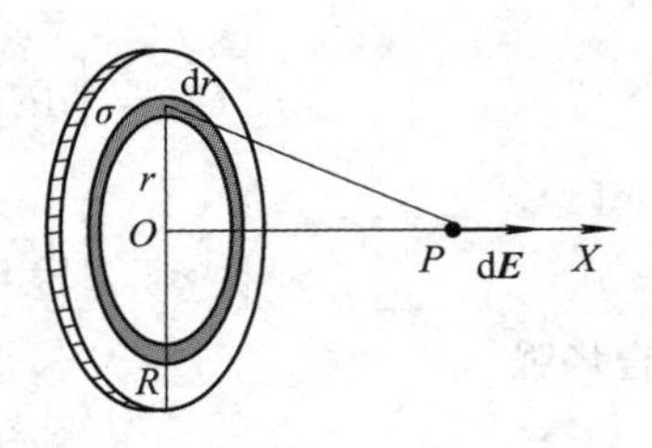

图 9.2.7 例 9.2.3 图

解 建立如图 9.2.7 所示的坐标系，设轴线上任意 P 点与坐标原点 O 之间的距离为 x。在圆盘上取一个半径为 r、宽度为 $\mathrm{d}r$ 的微元圆环，该微元圆环的面积为 $2\pi r\mathrm{d}r$，带有电荷 $\mathrm{d}q=\sigma 2\pi r\mathrm{d}r$。由例 9.2.2 可知，此微元圆环电荷在 P 点的场强大小为

$$\mathrm{d}E=\frac{\mathrm{d}qx}{4\pi\varepsilon_0(r^2+x^2)^{3/2}}=\frac{\sigma 2\pi r\mathrm{d}rx}{4\pi\varepsilon_0(r^2+x^2)^{3/2}}$$

方向沿着轴线指向 X 轴的正方向。由于组成圆盘的各圆环的电场 $\mathrm{d}\boldsymbol{E}$ 的方向都相同，因此 P 点的总场强为各个圆环在 P 点的场强大小的积分，即

$$E=\int\mathrm{d}E=\int_0^R\frac{\sigma 2\pi r\mathrm{d}rx}{4\pi\varepsilon_0(r^2+x^2)^{3/2}}=\frac{\sigma}{2\varepsilon_0}\left[1-\frac{x}{(R^2+x^2)^{1/2}}\right]$$

讨论：(1) 若 $x\ll R$，则$\frac{x}{(R^2+x^2)^{1/2}}=\frac{1}{\left(\frac{R^2}{x^2}+1\right)^{1/2}}\approx 0$，$E\approx\frac{\sigma}{2\varepsilon_0}$，此时可将该带电圆盘看作无限大带电平面，其电场是均匀电场。

(2) 若 $x\gg R$，则 $\frac{x}{(R^2+x^2)^{1/2}}=\frac{1}{\left(\frac{R^2}{x^2}+1\right)^{1/2}}\approx 1-\frac{R^2}{2x^2}$，于是 $E\approx\frac{R^2\sigma}{4\varepsilon_0 x^2}=\frac{\pi R^2\sigma}{4\pi\varepsilon_0 x^2}=\frac{q}{4\pi\varepsilon_0 x^2}$。这一结果说明，远离带电圆盘处的电场相当于一个点电荷的电场。

9.3 高斯定理

本节介绍用图示方法描述电场的电场线，进而引出电通量的概念，并由此得出电场与场源电荷间所遵从的普遍关系——高斯定理。

9.3.1　电场线

1. 电场线的图示

我们知道带电体周围存在电场，对一定的电荷分布，相应的空间就有一定的电场分布。场强 $\boldsymbol{E}$ 是空间位置的函数，可通过计算求得场强 $\boldsymbol{E}$ 的函数表达式。场强 $\boldsymbol{E}$ 的函数表达式虽然精确地描述了场强分布，但不够形象直观。为了使我们对电场中各点处的场强分布有一个直观而全面的认识，使电场的空间分布形象化，引入电场线这一辅助概念。电场线曾被称为电力线，后改称的电场线更为合理，因为负的试验电荷所受静电力的方向为场强 $\boldsymbol{E}$ 的反方向。

电场线用来形象地反映电场强度分布的空间概貌，因此画电场线时有以下规定：

(1) 曲线上任一点的切线方向与该点场强 $\boldsymbol{E}$ 的方向一致。对于曲线上的任一点来说，切线可以有两个相反的方向。为了作出正确选择，一般在曲线上标以箭头，切线方向指向电场线前进的方向。这一规定可以表示出电场中场强的方向。

(2) 对于电场中的任一点，穿过垂直于场强方向的单位面积上的电场线条数等于该点场强的大小，即 $E=\dfrac{\Delta N}{\Delta S}$，简称**电场线数密度**，式中 ΔS 是垂直于场强方向的面元，ΔN 是穿过 ΔS 面元的电场线条数。

图 9.3.1 是几种常见带电体的电场线示意图。

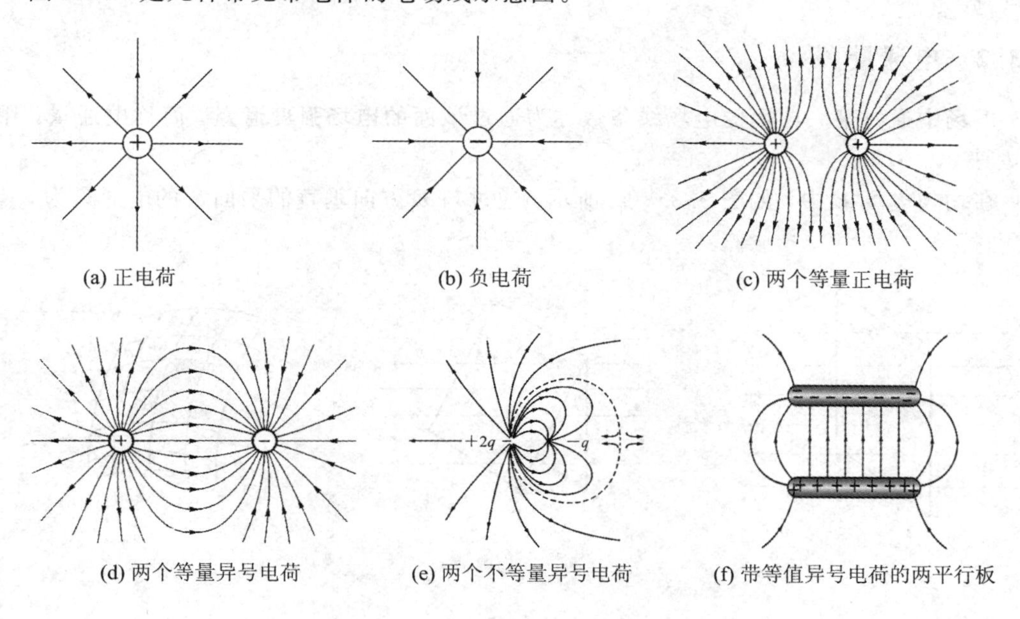

(a) 正电荷　(b) 负电荷　(c) 两个等量正电荷

(d) 两个等量异号电荷　(e) 两个不等量异号电荷　(f) 带等值异号电荷的两平行板

图 9.3.1　几种常见带电体的电场线示意图

电场线图形可以用实验演示，其方法通常是把奎宁的针状单晶或石膏粉撒在玻璃板上或漂浮在绝缘油上，再放在电场中，它们就会沿电场线排列起来，如图 9.3.2 所示。

(a) 点电荷

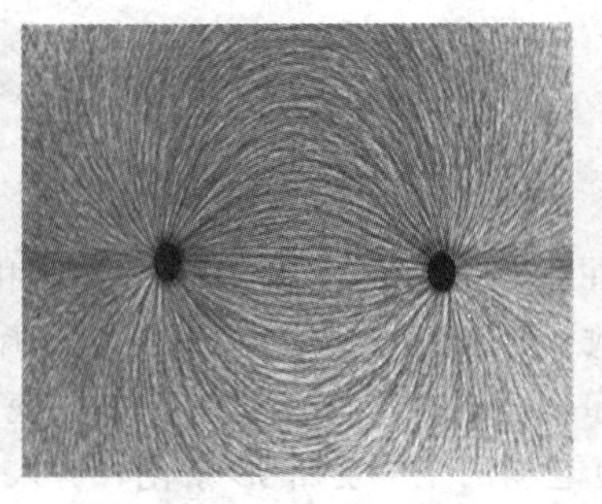

(b) 两个同号点电荷

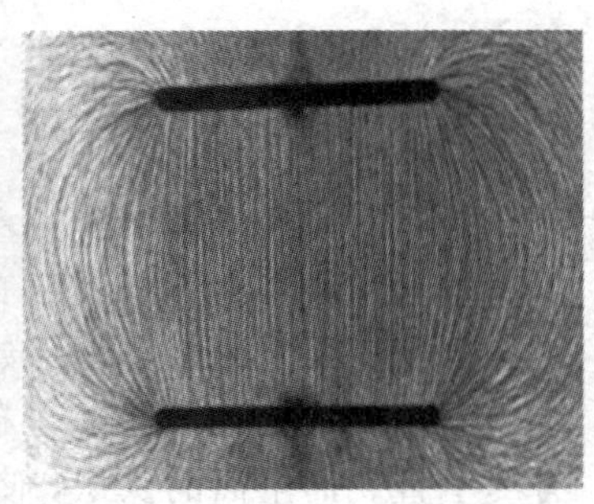

(c) 带等值异号电荷的两平行板

图 9.3.2　几种常见电场线的实验演示

2. 电场线的性质

从以上的电场线图可以总结出电场线的一些基本性质：

(1) 电场线总是起始于正电荷或无穷远，终止于负电荷或无穷远，这一特点反映了静电场的有源性。

(2) 电场线是永不闭合的曲线，这一特点反映了静电场的无旋性。

(3) 同一电场中所作的电场线不相交。电场线是为了形象直观地描绘电场空间的场强情况而人为画出来的，并非真实存在的。电场线最常见的用途是通过它给出空间电场分布的概貌。

9.3.2　电通量

电场中通过某一曲面的电场线条数称为通过该面的**电场强度通量**，简称电通量，用符号 Φ_e 表示。

在均匀电场 $\boldsymbol{E}$ 中，如图 9.3.3(a)所示，通过与 $\boldsymbol{E}$ 方向垂直的平面 $\boldsymbol{S}$ 的电通量为

$$\Phi_e = ES$$

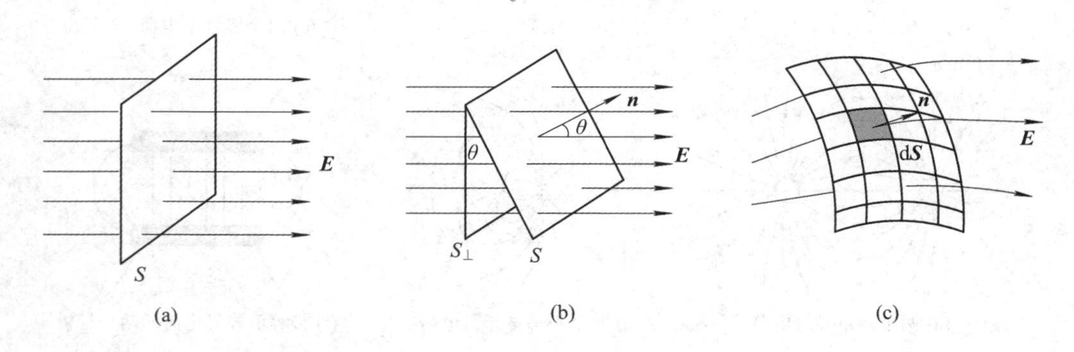

图 9.3.3　电通量

若平面 $\boldsymbol{S}$ 的法线 $\boldsymbol{n}$ 与 $\boldsymbol{E}$ 的夹角为 θ，如图 9.3.3(b)所示，将平面 $\boldsymbol{S}$ 投影在垂直于场强的方向上，则通过平面 $\boldsymbol{S}$ 的电通量为

$$\Phi_e = ES\cos\theta = \boldsymbol{E} \cdot \boldsymbol{S}$$

当计算非均匀电场中通过任一曲面 $\boldsymbol{S}$ 的电通量时，把该曲面划分成无限多个面元 $\mathrm{d}\boldsymbol{S}$，

如图 9.3.3(c)所示，通过面元 d$\boldsymbol{S}$ 的电通量 $\mathrm{d}\Phi_e=\boldsymbol{E}\cdot\mathrm{d}\boldsymbol{S}$，则通过曲面 $\boldsymbol{S}$ 的电通量为

$$\Phi_e=\int_S \boldsymbol{E}\cdot\mathrm{d}\boldsymbol{S}$$

当曲面 $\boldsymbol{S}$ 为闭合曲面时，上式可写为

$$\Phi_e=\oint_S \boldsymbol{E}\cdot\mathrm{d}\boldsymbol{S} \tag{9.3.1}$$

对于闭合曲面，我们常规定其法线方向指向曲面的外侧，因此，当电场线从内部穿出时，其电通量为正；当电场线从外部穿入时，其电通量为负。通过整个闭合曲面的电通量 Φ_e 等于穿出和穿入闭合曲面的电场线的条数之差，也就是净穿出闭合曲面的电场线的总条数。

9.3.3　高斯定理

德国数学家和物理学家高斯研究了电通量，推导出了静电场满足的一个重要定理——高斯定理。高斯定理是静电场的一条基本原理，它给出了通过任意闭合曲面的电通量与闭合曲面内部所包围的电荷的关系，深刻反映了电场和场源的内在联系。

静电场的高斯定理可以表述为：通过静电场中任意闭合曲面 $\boldsymbol{S}$ 的电通量 Φ_e 等于该曲面内包围的所有电荷的代数和 $\sum q_{\text{int}}$ 除以 ε_0，与闭合曲面外的电荷无关，即

$$\Phi_e=\oint_S \boldsymbol{E}\cdot\mathrm{d}\boldsymbol{S}=\frac{1}{\varepsilon_0}\sum q_{\text{int}} \tag{9.3.2}$$

静电场的高斯定理可以通过库仑定律和电场叠加原理来推导，下面将从特殊到一般分步证明静电场的高斯定理。

1. 通过以点电荷为球心的球面的电通量

在点电荷 q 的电场中，以 q 为球心作一个半径为 r 的球面，如图 9.3.4 所示。穿过此球面的电通量 $\Phi_e=\oint_S \boldsymbol{E}\cdot\mathrm{d}\boldsymbol{S}$。由于球面上各处的场强方向都与面元的法线方向一致，因此

$$\boldsymbol{E}\cdot\mathrm{d}\boldsymbol{S}=\boldsymbol{E}\mathrm{d}\boldsymbol{S}\cos 0=\boldsymbol{E}\mathrm{d}\boldsymbol{S}$$

又由于同一球面上各处的 $\boldsymbol{E}$ 大小相等，因此

$$\Phi_e=\oint_S \boldsymbol{E}\cdot\mathrm{d}\boldsymbol{S}=\oint_S \frac{q}{4\pi\varepsilon_0 r^2}\mathrm{d}\boldsymbol{S}=\frac{q}{4\pi\varepsilon_0 r^2}\oint_S \mathrm{d}\boldsymbol{S}=\frac{q}{\varepsilon_0}$$

结果表明：通过闭合球面上的电通量与球面所包围的电荷成正比且等于$\frac{q}{\varepsilon_0}$，与所取球面的半径 r 无关。

2. 通过包围点电荷的任意闭合曲面的电通量

如果包围点电荷 q 的曲面是任意曲面 S'，如图 9.3.4 所示，则可以在曲面 S' 外做一以 q 为中心的球面 S，由于从 q 发出的电场线不会中断，因此穿过 S' 曲面的电场线条数与穿过 S 曲面的电场线条数相等，即通过任意闭合曲面的电通量仍为

$$\Phi_e=\oint_{S'} \boldsymbol{E}\cdot\mathrm{d}\boldsymbol{S}=\frac{q}{\varepsilon_0}$$

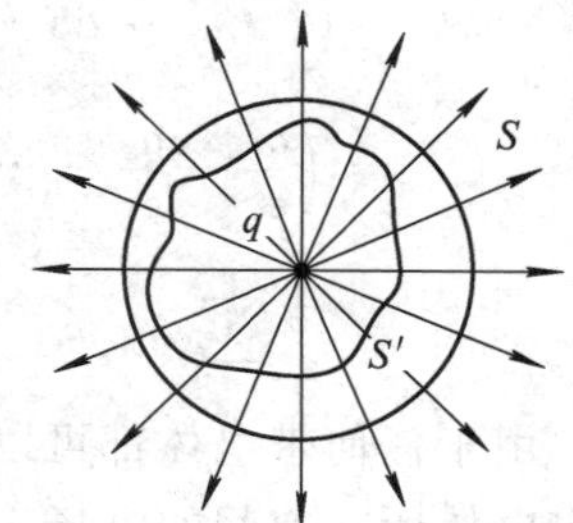

图 9.3.4　包围点电荷的任意闭合曲面的电通量

由此可见，不管闭合曲面的形状、大小如何，只要它是包

围点电荷，那么穿过此闭合面的电通量都等于$\frac{q}{\varepsilon_0}$。

3. 通过不包围点电荷的任意闭合曲面的电通量

如果点电荷q在闭合曲面外，如图9.3.5所示，那么由电场线在电场空间的连续性可得出，由一侧进入闭合曲面的电场线条数一定等于从另一侧穿出闭合曲面的电场线条数，所以净穿出闭合曲面的电场线的总条数为零，亦即通过该闭合曲面的电通量为零，公式

$$\Phi_e = \oint_{S''} \boldsymbol{E} \cdot \mathrm{d}\boldsymbol{S} = \frac{q}{\varepsilon_0}$$

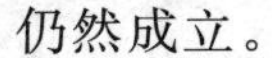
仍然成立。

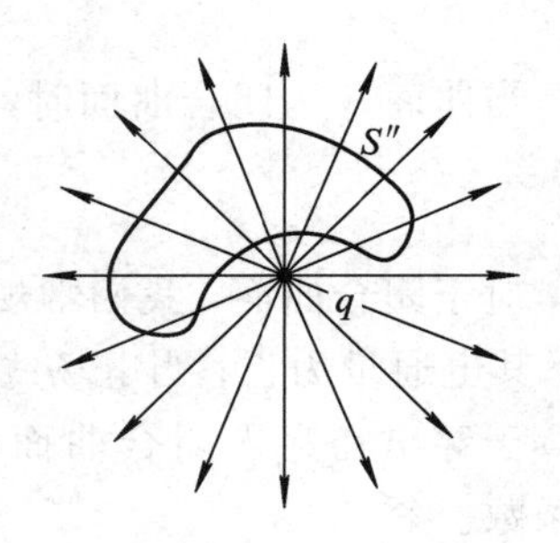

图 9.3.5 不包围点电荷的任意闭合曲面的电通量

4. 任意静电场中通过闭合曲面的电通量

先考虑点电荷系的静电场，如图9.3.6所示。设空间是由m个点电荷组成的一个点电荷系，在此电场中作任意闭合曲面S，该曲面包围了n个点电荷q_1，q_2，…，q_n($n<m$)，即还有部分点电荷在闭合曲面外。按照场强叠加原理，空间任一点的场强等于各点电荷单独存在时所激发的场强的矢量和。S面上任一面元$\mathrm{d}S$处的总场强是所有点电荷单独在该处所激发的场强矢量和，即

$$\boldsymbol{E} = (\boldsymbol{E}_1 + \boldsymbol{E}_2 + \cdots + \boldsymbol{E}_n) + (\boldsymbol{E}_{n+1} + \boldsymbol{E}_{n+2} + \cdots + \boldsymbol{E}_m)$$

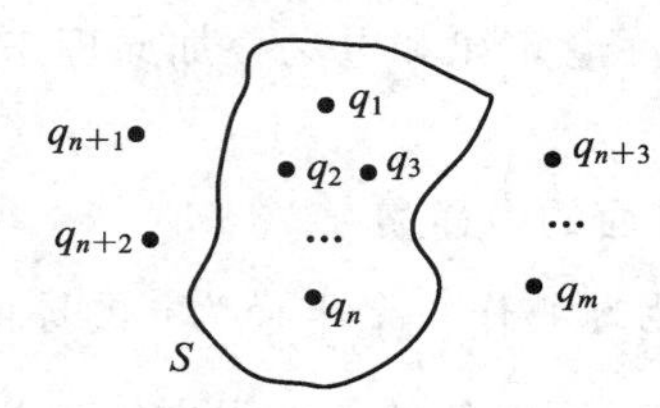

图 9.3.6 一般电场中通过闭合曲面的电通量

因此通过闭合曲面S的总通量为

$$\begin{aligned}
\Phi_e &= \oint_S \boldsymbol{E} \cdot \mathrm{d}\boldsymbol{S} = \oint_S [(\boldsymbol{E}_1 + \boldsymbol{E}_2 + \cdots + \boldsymbol{E}_n) + (\boldsymbol{E}_{n+1} + \boldsymbol{E}_{n+2} + \cdots + \boldsymbol{E}_m)] \cdot \mathrm{d}\boldsymbol{S} \\
&= \left(\oint_S \boldsymbol{E}_1 \cdot \mathrm{d}\boldsymbol{S} + \oint_S \boldsymbol{E}_2 \cdot \mathrm{d}\boldsymbol{S} + \cdots + \oint_S \boldsymbol{E}_n \cdot \mathrm{d}\boldsymbol{S}\right) + \\
&\quad \left(\oint_S \boldsymbol{E}_{n+1} \cdot \mathrm{d}\boldsymbol{S} + \oint_S \boldsymbol{E}_{n+2} \cdot \mathrm{d}\boldsymbol{S} + \cdots + \oint_S \boldsymbol{E}_m \cdot \mathrm{d}\boldsymbol{S}\right) \\
&= \left(\frac{q_1}{\varepsilon_0} + \frac{q_2}{\varepsilon_0} + \cdots + \frac{q_n}{\varepsilon_0}\right) + (0 + 0 + \cdots + 0) \\
&= \frac{1}{\varepsilon_0} \sum_{i=1}^{n} q_i
\end{aligned} \tag{9.3.3}$$

由于任何带电体都可以看成是许多点电荷组成的体系，因此式(9.3.3)可以推广到任意带电体所在空间的电场。

关于高斯定理，做以下几点说明：

(1) 高斯定理对任意闭合曲面S都成立。

(2) 高斯面上 $\mathrm{d}S$ 处的 $\boldsymbol{E}$ 是高斯面内和高斯面外所有电荷产生的总场强，而 $\sum q_{\text{int}}$ 只是对高斯面内的电荷求代数和。

(3) 高斯面上 $\mathrm{d}S$ 处向外的法线方向规定为该面元的正方向。

(4) 穿过高斯面的电通量 $\Phi_e=0$ 不能说明高斯面上的电场强度 $\boldsymbol{E}=0$。

(5) 由高斯定理 $\Phi_e=\oint_S \boldsymbol{E}\cdot \mathrm{d}\boldsymbol{S}=\frac{1}{\varepsilon_0}\sum q_{\text{int}}$ 可知，若高斯面内包围的是正电荷，则 $\Phi_e>0$，此时必有电场线穿出高斯面，亦即有电场线从正电荷发出，表明正电荷有发出电场线的本领，故把正电荷称为电场的源；反之，若高斯面内包围的是负电荷，则 $\Phi_e<0$，表明此时有电场线进入面内，亦即有电场线会聚于负电荷，故把负电荷称为电场的尾闾。可见，电场线总是起始于正电荷而终止于负电荷。

9.3.4 高斯定理的应用

高斯定理表述的是穿过闭合曲面的电通量与闭合曲面内电荷的关系，它具有普遍适用性。在实际中，通常有两方面的应用：

(1) 已知高斯面上电场强度 $\boldsymbol{E}$ 的分布，可根据高斯定理求出电通量进而求出高斯面内包围的电荷 $\sum q_{\text{int}}$。

(2) 已知电荷分布，即已知 $\sum q_{\text{int}}$ 时，可通过求解曲面方程得出高斯面上的电场强度 $\boldsymbol{E}$。这种方法对任意的电量分布而言，都会遇到数学上的困难，而且还需给出其他附加条件。但是，当电荷分布具有某种特殊的对称性时，电场在高斯面上的分布也具有某种对称性，此时就能利用高斯定理方便地求解出电场分布。

下面举例说明应用高斯定理求解电场强度的方法。

例 9.3.1 设球面带电量为 q，球面半径为 R，求均匀带电球面内外的场强分布。

解 如图 9.3.7 所示，由于电荷分布具有球对称性，因此可判断其产生的场强也具有球对称性，即与球心 O 距离相等的球面上各点的场强大小相等，方向沿半径呈辐射状。

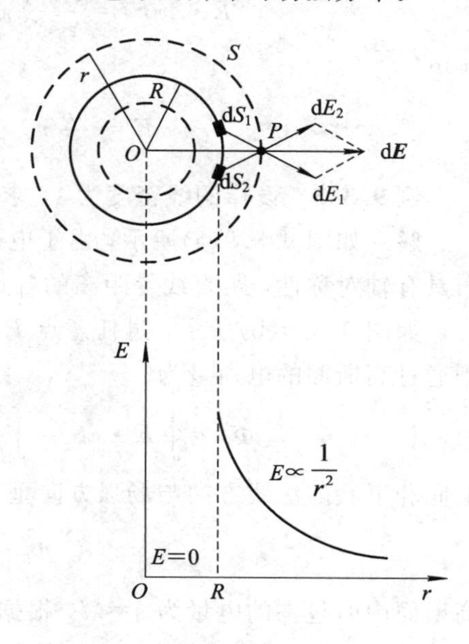

图 9.3.7 例 9.3.1 图

过任意点 P 作半径为 r 的同心球形高斯面 S，该点场强方向与面上法线方向一致，则通过高斯面的电通量为

$$\Phi_e=\oint_S \boldsymbol{E}\cdot \mathrm{d}\boldsymbol{S}=\oint_S E\mathrm{d}S=E\oint_S \mathrm{d}S=E4\pi r^2$$

当 P 点位于带电球面外($r>R$)时，高斯面所包围的电量为 q，根据高斯定理

$$\Phi_e=E4\pi r^2=\frac{q}{\varepsilon_0}$$

得

$$E=\frac{q}{4\pi\varepsilon_0 r^2}$$

当 P 点位于带电球面内时($r<R$)，高斯面所包

围的电量为零，根据高斯定理

$$\Phi_e = E4\pi r^2 = \frac{q}{\varepsilon_0} = 0$$

得

$$E = 0$$

可见，均匀带电球面外的场强与球面上的电荷全部集中在球心的点电荷所产生的场强相同，但是球面内部的场强为零，如图 9.3.7 所示。

例 9.3.2 已知球体半径为 R，带电量为 q，求均匀带电球体的电场强度分布。

解 设带电球体的电荷体密度为 ρ，由于均匀带电球体可以分割为一层一层的均匀带电球面，因此它产生的电场强度分布具有球对称性，方向沿径向向外。

在球体外($r \geqslant R$)任一点产生的电场强度，和所有电荷集中到球心形成的点电荷产生的电场强度分布是一样的，即

$$\boldsymbol{E} = \frac{1}{4\pi\varepsilon_0} \cdot \frac{q}{r^2}\boldsymbol{r}_0$$

求在球体内($r < R$)任一点 P 产生的电场强度，可过 P 点做一半径为 r 的同心球面 S 作为高斯面，如图 9.3.8 所示，则穿过高斯面 S 的电通量为

$$\Phi_e = \oint_S \boldsymbol{E} \cdot d\boldsymbol{S} = \oint_S E dS = E \oint_S dS = E4\pi r^2$$

包围在高斯面 S 内的电量为

$$q' = \frac{4}{3}\pi r^3 \rho$$

根据高斯定理有

$$E \cdot 4\pi r^2 = \frac{1}{\varepsilon_0}\frac{4}{3}\pi r^3 \rho$$

所以

$$E = \frac{\rho}{3\varepsilon_0} r$$

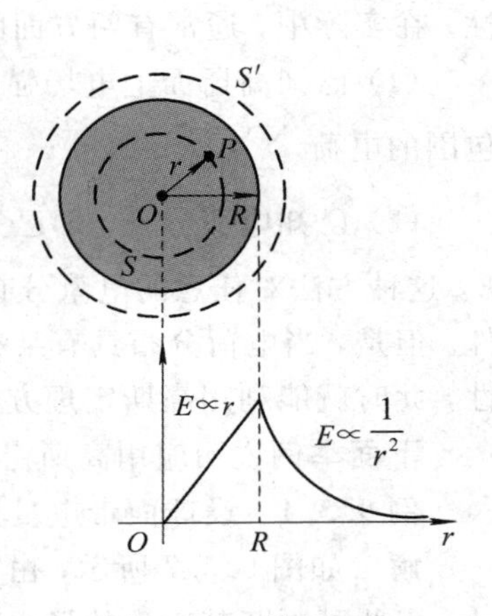

图 9.3.8 例 9.3.2

例 9.3.3 设棒的线密度为 λ，求无限长带电细棒的电场分布。

解 如图 9.3.9(a)所示，由于电荷分布具有轴对称性，因此无限长带电直线的电场分布具有轴对称性，距直线等距离的各点场强的大小相等，方向垂直于轴线向外。

如图 9.3.9(b)所示，过任意点 P 作底半径为 r、高度为 l 的同轴闭合圆柱的高斯面 S，则通过高斯面的电通量为

$$\Phi_e = \oint_S \boldsymbol{E} \cdot d\boldsymbol{S} = \int_{上底} \boldsymbol{E} \cdot d\boldsymbol{S} + \int_{下底} \boldsymbol{E} \cdot d\boldsymbol{S} + \int_{侧面} \boldsymbol{E} \cdot d\boldsymbol{S}$$

上底和下底的法线方向与场强方向垂直，通过的电通量为零，因此

$$\Phi_e = \int_{侧面} E d\boldsymbol{S} = E2\pi r l$$

高斯面内所包围的电量为 $q = \lambda l$，根据高斯定理可得

$$\Phi_e = E2\pi r l = \frac{\lambda l}{\varepsilon_0}$$

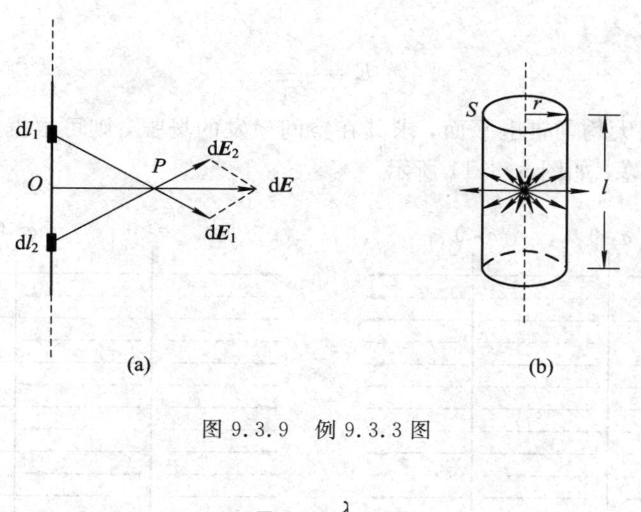

图 9.3.9　例 9.3.3 图

所以

$$E = \frac{\lambda}{2\pi\varepsilon_0 r}$$

由此可见，对无限长带电细棒而言，利用高斯定理求解场强比用直接积分法要简单得多。该解题思路和方法可以推广到类似题型的求解，如均匀带电无限长圆柱面的电场和均匀带电无限长圆柱体的电场。

例 9.3.4　设面密度为 $\sigma(\sigma>0)$，求无限大均匀带电平面的电场分布。

解　由于电荷分布具有面对称性，因此距离平面等距离的各点场强的大小相等，方向与平面垂直。过面外任意点作与平面垂直且关于平面对称的闭合圆柱形高斯面，圆柱的底面积为 ΔS，包括上底面 S_1、下底面 S_2 和侧面 S_3，如图 9.3.10 所示。

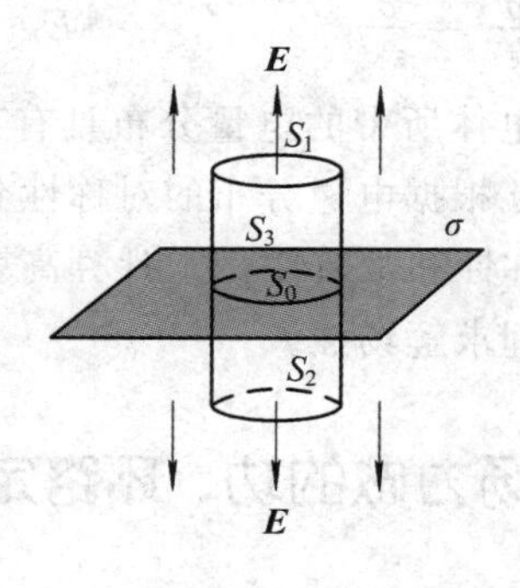

图 9.3.10　例 9.3.4 图 1

通过高斯面的电通量为

$$\Phi_e = \oint_S \boldsymbol{E}\cdot d\boldsymbol{S} = \int_{S_1} \boldsymbol{E}\cdot d\boldsymbol{S} + \int_{S_2} \boldsymbol{E}\cdot d\boldsymbol{S} + \int_{S_3} \boldsymbol{E}\cdot d\boldsymbol{S}$$

侧面的法线方向与场强方向垂直，通过的电通量为零，因此

$$\Phi_e = \int_{S_1} \boldsymbol{E}\cdot d\boldsymbol{S} + \int_{S_2} \boldsymbol{E}\cdot d\boldsymbol{S} = ES_1 + ES_2 = 2E\Delta S$$

高斯面内所包围的电量为 $q=\sigma\Delta S$，根据高斯定理可得

$$\Phi_e = 2E\Delta S = \frac{\sigma\Delta S}{\varepsilon_0}$$

所以

$$E = \frac{\sigma}{2\varepsilon_0}$$

若有两个无限大均匀带电平面，求其在空间激发的场强，则可根据场强叠加原理利用此结果直接进行计算，如图 9.3.11 所示。

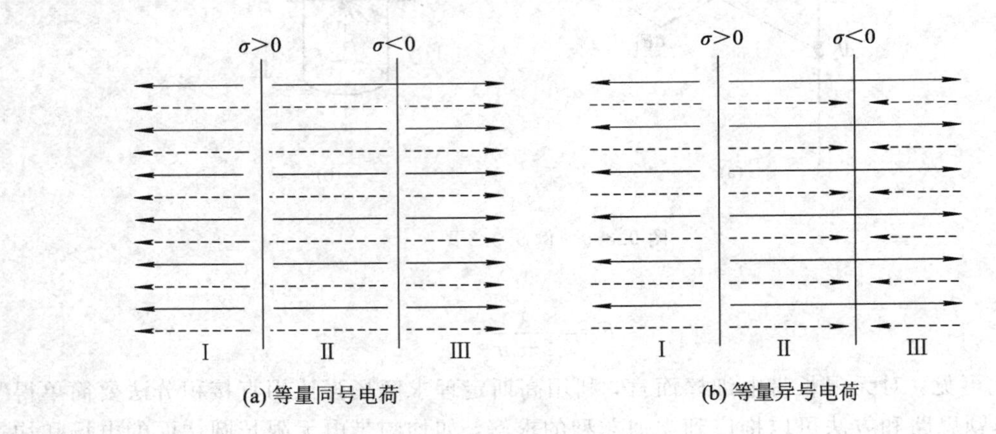

图 9.3.11 例 9.3.4 图 2

若选向右为场强的正方向，则场强大小为

$$\text{(a)}\begin{cases} E_{\mathrm{I}} = -\dfrac{\sigma}{2\varepsilon_0} - \dfrac{\sigma}{2\varepsilon_0} = -\dfrac{\sigma}{\varepsilon_0} \\ E_{\mathrm{II}} = 0 \\ E_{\mathrm{III}} = \dfrac{\sigma}{2\varepsilon_0} + \dfrac{\sigma}{2\varepsilon_0} = \dfrac{\sigma}{\varepsilon_0} \end{cases} \qquad \text{(b)}\begin{cases} E_{\mathrm{I}} = 0 \\ E_{\mathrm{II}} = \dfrac{\sigma}{2\varepsilon_0} + \dfrac{\sigma}{2\varepsilon_0} = \dfrac{\sigma}{\varepsilon_0} \\ E_{\mathrm{III}} = 0 \end{cases}$$

通过上面的例题可知，当带电体所带的电量分布具有某种对称性时，应用高斯定理可以求出电场强度。一般步骤为：① 根据电量分布的对称性分析电场的对称性；② 合理选取高斯面，使其面上的电场具有对称性和常数性；③ 计算高斯面内包围电量的代数和；④ 写出电通量的表示式，根据高斯定理求解场强。

9.4 静电场力做的功、环路定理与电势

在静电场中移动电荷，电场力会对移动的电荷做功。本节我们将讨论静电力做的功，然后根据做功的特征推导出静电场的环路定理和电势。

9.4.1 电场力的功

1. 点电荷电场力做的功

在点电荷 q 的电场中，将一试验电荷q_0从 a 点经任意路径移到 b 点，如图 9.4.1 所示。在路径上任取一段微小位移 $\mathrm{d}\boldsymbol{l}$，该处的场强方向沿径向方向。在这段位移中，电场力作的元功为

$$\mathrm{d}W = \boldsymbol{F} \cdot \mathrm{d}\boldsymbol{l} = q_0 \boldsymbol{E} \cdot \mathrm{d}\boldsymbol{l} = q_0 E\cos\theta \mathrm{d}l$$

式中，θ 为 $\boldsymbol{E}$ 与 $\mathrm{d}\boldsymbol{l}$ 的夹角。

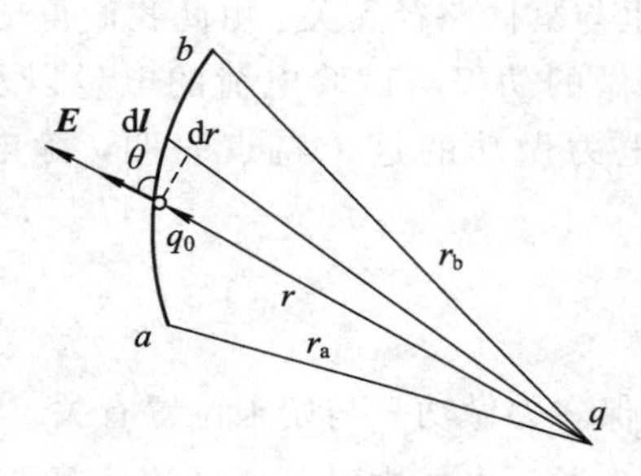

图 9.4.1　点电荷电场力的功

由库仑定律知

$$E=\frac{1}{4\pi\varepsilon_0}\cdot\frac{q}{r^2}$$

代入前式得

$$\mathrm{d}W=\frac{q_0 q}{4\pi\varepsilon_0 r^2}\cos\theta\mathrm{d}l$$

从图 9.4.1 中不难看出，$\mathrm{d}l\cos\theta=\mathrm{d}r$，代入上式得

$$\mathrm{d}W=\frac{q_0 q}{4\pi\varepsilon_0 r^2}\mathrm{d}r$$

$a\to b$ 整个移动过程中，电场力的功应是所有元功之和，即

$$\begin{aligned}W_{ab}=W&=\int_a^b q_0 E\cos\theta\mathrm{d}l\\&=\int_{r_a}^{r_b}\frac{q_0 q}{4\pi\varepsilon_0 r^2}\mathrm{d}r=\frac{q_0 q}{4\pi\varepsilon_0}\int_{r_a}^{r_b}\frac{1}{r^2}\mathrm{d}r\\&=\frac{q_0 q}{4\pi\varepsilon_0}\left(\frac{1}{r_a}-\frac{1}{r_b}\right)\end{aligned}\tag{9.4.1}$$

式中，r_a、r_b分别表示路径的起点和终点离点电荷的距离。由于 a、b 两点的位置是确定的，而路径是任意的，因此上述结果说明：在点电荷 q 的电场中，在给定起点和终点的情况下，不论试验电荷q_0沿哪一条路径运动，电场力对它做的功都是一样的。做功只与起点、终点的位置以及 q 和q_0有关。也就是说，点电荷电场力做的功与路径无关。

2. 任意带电体电场力做的功

对于任意的带电体，我们总可以把它分成许多电荷元，每一电荷元均可看成点电荷，这样就可以把该带电体看成点电荷系。假设有静止的点电荷 q_1，q_2，…，q_n，在它们形成的电场中，将试验电荷 q_0从 a 点移到 b 点，则电场力做的功为

$$W_{ab}=\int_a^b\boldsymbol{F}\cdot\mathrm{d}\boldsymbol{l}=\int_a^b q_0\boldsymbol{E}\cdot\mathrm{d}\boldsymbol{l}$$

根据场强叠加原理，式中场强 $\boldsymbol{E}$ 应为各点电荷单独存在时场强的矢量和，即

$$\boldsymbol{E}=\boldsymbol{E}_1+\boldsymbol{E}_2+\cdots+\boldsymbol{E}_n$$

于是有

$$W_{ab}=q_0\int_a^b\boldsymbol{E}_1\cdot\mathrm{d}\boldsymbol{l}+q_0\int_a^b\boldsymbol{E}_2\cdot\mathrm{d}\boldsymbol{l}+\cdots+q_0\int_a^b\boldsymbol{E}_n\cdot\mathrm{d}\boldsymbol{l}$$

由于上式右边每一项都是各点电荷单独存在时电场力对 q_0 做的功，因此都与具体路径无关，所以总电场力的功 W_{ab} 也与具体路径无关。由此我们得出结论：试验电荷在任意给定的静电场中移动时，电场力所做的功仅与试验电荷的电量以及路径的起点和终点位置有关，而与具体路径无关。静电力做功的这个特点表明，**静电力是保守力，静电场是保守力场。**

9.4.2 电场强度的环流

由于静电力是保守力，而保守力做功只与始末位置有关，与具体路径无关。因此，q_0 沿静电场中的任意闭合路径运动一周，电场力对它所做的功等于零，即

$$\oint_L q_0 \boldsymbol{E} \cdot \mathrm{d}\boldsymbol{l} = 0$$

因为 $q_0 \neq 0$，所以上式可简化为

$$\oint_L \boldsymbol{E} \cdot \mathrm{d}\boldsymbol{l} = 0 \tag{9.4.2}$$

式(9.4.2)表明，在静电场中，电场强度 $\boldsymbol{E}$ 沿任意闭合路径的线积分为零，也称之为 $\boldsymbol{E}$ 的环流为零。这个结论称为**静电场的环路定理**，该定理说明静电场是保守场，也是一个无旋场。它与高斯定理结合表明：静电场是有源场、保守场和无旋场，这是静电场具有的物理属性。

9.4.3 电势

视频 9-1

静电场是保守场，对于保守场，可以引入与之相对应的势能。下面将讨论电势能、电势及电势差。

1. 电势能

既然静电场是保守力场，与万有引力场类比，我们亦可以引入相应的势能，即认为试验电荷 q_0 在静电场中某一位置具有一定的势能，称为**电势能**，用 E_p 表示。

当试验电荷在静电场中移动时，电场力要对它做功，试验电荷的电势能就有相应的变化。根据保守力做功的特点，电场力对它做的功等于电势能增量的负值。用 a、b 分别表示移动的起点和终点，则有

$$-(E_{pb} - E_{pa}) = \int_a^b q_0 \boldsymbol{E} \cdot \mathrm{d}\boldsymbol{l} \tag{9.4.3}$$

式中，E_{pa} 为初态势能，E_{Pb} 为末态势能。电势能的单位为能量单位焦耳(J)。

由式(9.4.3)可以看出，电场力作正功时，$E_{pa} > E_{pb}$，电势能减少；电场力作负功时，$E_{pa} < E_{pb}$，电势能增加。

电势能和万有引力势能类似，是一个相对的量。为了确定电荷在电场中某一点电势能的大小，必须选定一个电势能为零的参考点，这个零势能参考点的选择可以是任意的，主要取决于研究问题的方便。通常选距离场源电荷无限远处为电势能零参考点。

如果选距离场源电荷无限远处为电势能零点，即令 $E_{p\infty} = 0$，则试验电荷 q_0 在电场中 a 点的电势能为

$$E_{pa} = \int_a^\infty q_0 \boldsymbol{E} \cdot \mathrm{d}\boldsymbol{l} \tag{9.4.4}$$

式(9.4.4)表明：电荷在电场中某点 a 的**电势能在数值**上等于把该电荷从 a 点移动到无限远处的过程中电场力所做的功。

这里应该注意：电势能的量值是相对的，与零电势能参考点的选取有关；万有引力势能是属于两个物体所构成系统的能量，电势能也是一样，它是电场和置于电场中电荷这一系统所共有的；电势能的大小，除正负与电场本身性质有关外，还与被移动电荷q_0有关，因此不能作为描述电场本身性质的物理量。

2. 电势

由式(9.4.4)可以看出，电荷q_0在电场中某点 a 处的电势能与q_0的大小有关。但比值$\dfrac{E_{pa}}{q_0}$与q_0无关，而与 $\boldsymbol{E}$ 在空间的分布有关。这个数值的大小取决于电场的空间分布和电场中场点的位置，排除了场以外的因素q_0的影响。因此这一比值是一个表征电场性质的物理量，这一物理量称为**电势**，通常用U_a表示 a 点的电势，其计算式为

$$U_a = \frac{E_{pa}}{q_0} = \int_a^{\infty} \boldsymbol{E} \cdot \mathrm{d}\boldsymbol{l} \tag{9.4.5}$$

式中积分路径可任意取，只要保证起点在 a 点和终点在无穷远处就行了。所以，电场中某点的电势在数值上等于放在该点的单位正电荷所具有的电势能，或者说，电场中某点的电势在数值上等于把单位正电荷从该点经过任意路径移到电势零点的过程中电场力所做的功。

电势是标量，在国际单位制中，电势的单位是伏特，符号为 V。

电势是从电场具有做功本领或电场具有能量这一角度描述电场性质的物理量，它一般是空间位置的标量函数。对于电势，应注意它和电势能一样也是相对的，与电势零点的选取有关。容易看出，$U_a = \int_a^{\infty} \boldsymbol{E} \cdot \mathrm{d}\boldsymbol{l}$ 定义的电势，其零点选取与相应的电势能的零点选取是一致的，即通常也是规定距场源电荷无限远处作为电势零点，才能按此式计算电势。需要注意的是，当场源电荷分布在无穷远处时，就不能选取无穷远处为电势零点了，因此，在普遍情况下，空间某一点电势U_p应定义为

$$U_p = \int_p^{0} \boldsymbol{E} \cdot \mathrm{d}\boldsymbol{l} \tag{9.4.6}$$

即电场空间中某点 p 的电势，在数值上等于把单位正电荷从该点经由任意路径迁移至电势零点过程中电场力所做的功。

3. 电势差

在静电场中，任意两点 a 和 b 间的电势之差称为 a、b 间的**电势差**。在电路中，两点间的电势差又称为**电压**，用符号 ΔU_{ab} 表示。

$$\Delta U_{ab} = U_a - U_b \tag{9.4.7}$$

由式(9.4.6)得

$$\begin{aligned}
U_a - U_b &= \int_a^{0} \boldsymbol{E} \cdot \mathrm{d}\boldsymbol{l} - \int_b^{0} \boldsymbol{E} \cdot \mathrm{d}\boldsymbol{l} \\
&= \int_a^{0} \boldsymbol{E} \cdot \mathrm{d}\boldsymbol{l} + \int_0^{b} \boldsymbol{E} \cdot \mathrm{d}\boldsymbol{l} \\
&= \int_a^{b} \boldsymbol{E} \cdot \mathrm{d}\boldsymbol{l}
\end{aligned}$$

所以

$$\Delta U_{ab} = \int_a^b \boldsymbol{E} \cdot \mathrm{d}\boldsymbol{l} \tag{9.4.8}$$

电场中任一点的电势大小与零参考点的选择有关，而任意两点间的电势差却与零参考点的选取无关，这对于研究电场的性质具有更重要的意义。

如果已知电场中任意两点的电势差，则可以很容易地计算出将任一电荷 q 从 a 点移动到 b 点的过程中电场力所做的功：

$$W_{ab} = q\int_a^b \boldsymbol{E} \cdot \mathrm{d}\boldsymbol{l} = q(U_a - U_b) \tag{9.4.9}$$

由此可以判定电场中任意两点 a 和 b 电势的高低。如果将单位正电荷从任一点 a 处移到另一点 b 处的过程中电场力做正功，即 $\int_a^b \boldsymbol{E} \cdot \mathrm{d}\boldsymbol{l} > 0$，那么 $U_a > U_b$，a 点电势比 b 点电势高；如果电场力做负功，即 $\int_a^b \boldsymbol{E} \cdot \mathrm{d}\boldsymbol{l} < 0$，那么 $U_a < U_b$，a 点电势比 b 点电势低。

9.4.4 电势的计算

静电场中电势的计算可分两种类型，一种是根据已知的场源电荷分布求电势，另一种是根据场强分布求电势。

1. 已知场源电荷分布求电势

1) 点电荷 q 的电势

在点电荷 q 激发的电场中，取无限远处作为电势零点。由于电场力做功与路径无关，因此选择与电场线平行的直线作为积分路径，根据电势的定义式(9.4.5)可得，距离点电荷 q 为 r 的 p 点的电势为

$$U_p = \int_r^\infty \boldsymbol{E} \cdot \mathrm{d}\boldsymbol{l} = \int_r^\infty \frac{q}{4\pi\varepsilon_0} \cdot \frac{1}{r^2}\cos 0 \mathrm{d}l = \frac{q}{4\pi\varepsilon_0 r}$$

即

$$U_p = \frac{q}{4\pi\varepsilon_0 r} \tag{9.4.10}$$

这就是点电荷 q 在电场中任一点产生电势的表达式。

由式(9.4.10)可以看出：如果 q 是正电荷，那么空间电势也是正的，距离点电荷 q 越远，电势越低，在无限远处为 0；如果 q 是负电荷，那么空间电势也是负的，距离点电荷 q 越远，电势越高，在无限远处为 0。

2) 点电荷系的电势

设电场由 n 个点电荷 q_1，q_2，…，q_n 产生，它们各自产生的场强分别为 $\boldsymbol{E}_1$，$\boldsymbol{E}_2$，…，$\boldsymbol{E}_n$，则合场强为 $\boldsymbol{E}=\boldsymbol{E}_1+\boldsymbol{E}_2+\cdots+\boldsymbol{E}_n$。由电势定义式(9.4.5)可知，电场中某点 p 的电势为

$$\begin{aligned} U_p &= \int_p^\infty \boldsymbol{E} \cdot \mathrm{d}\boldsymbol{l} = \int_p^\infty (\boldsymbol{E}_1 + \boldsymbol{E}_2 + \boldsymbol{E}_3 + \cdots + \boldsymbol{E}_n) \cdot \mathrm{d}\boldsymbol{l} \\ &= \int_p^\infty \boldsymbol{E}_1 \cdot \mathrm{d}\boldsymbol{l} + \int_p^\infty \boldsymbol{E}_2 \cdot \mathrm{d}\boldsymbol{l} + \int_p^\infty \boldsymbol{E}_3 \cdot \mathrm{d}\boldsymbol{l} + \cdots + \int_p^\infty \boldsymbol{E}_n \cdot \mathrm{d}\boldsymbol{l} \\ &= U_1 + U_2 + U_3 + \cdots + U_n \\ &= \sum_{i=1}^n U_i = \sum_{i=1}^n \frac{q_i}{4\pi\varepsilon_0 r_i} \end{aligned} \tag{9.4.11}$$

式中，U_i为第 i 个点电荷q_i在 p 点产生的电势，r_i为q_i到 p 点的距离。式(9.4.11)表明：在点电荷系的电场中，任一点的电势等于各个点电荷单独存在时在该点产生的电势的代数和。这个结论称为**电势的叠加原理**。

3) 连续分布带电体的电势

如果产生电场的带电体上的电荷是连续分布的，就可以把它分割成许多无限小的体元和电荷元，任一电荷元 $\mathrm{d}q$ 均可视作点电荷，它在场点 p 激发的元电势为

$$\mathrm{d}U=\frac{\mathrm{d}q}{4\pi\varepsilon_0 r}$$

所以整个带电体在该点激发的总电势为

$$U=\int \mathrm{d}U=\int \frac{\mathrm{d}q}{4\pi\varepsilon_0 r} \tag{9.4.12}$$

根据电荷在带电体上的分布形式不同，$\mathrm{d}q$ 可取$\rho\mathrm{d}V$、$\sigma\mathrm{d}S$ 和$\lambda\mathrm{d}l$ 等形式。这就是计算电势的电荷直接积分法。因为电势是标量，涉及的积分是标量积分，所以它要比计算场强的直接积分法简便得多。

例 9.4.1　有一半径为 R 的均匀带电细圆环，带电量为 q，试求通过环中心轴线上的电势分布函数。

解　建立如图 9.4.2 所示的坐标系，设轴线上任意 P 点与坐标原点 O 之间的距离为 x。在圆环上任取线元 $\mathrm{d}l$，其上的带电量为 $\mathrm{d}q$。

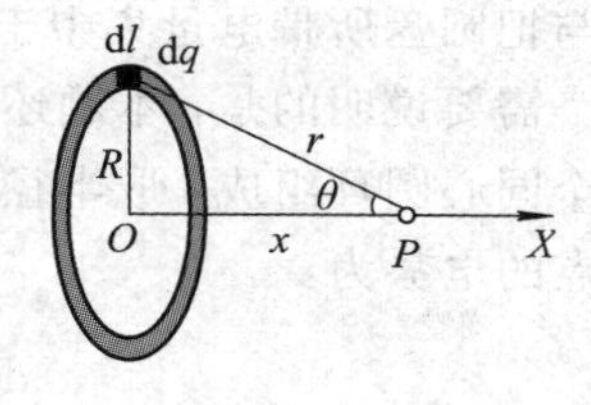

图 9.4.2　例 9.4.1 图

设元电荷 $\mathrm{d}q$ 到 P 点的距离为 r，元电荷 $\mathrm{d}q$ 在 P 点产生的电势为 $\mathrm{d}U$，由式(9.4.12)可知，P 点的电势为

$$U_P=\int \mathrm{d}U=\int \frac{\mathrm{d}q}{4\pi\varepsilon_0 r}=\frac{q}{4\pi\varepsilon_0 (R^2+x^2)^{1/2}}$$

当 $x=0$ 时，环心 O 处的电势为$U_O=\dfrac{q}{4\pi\varepsilon_0 R}$。当 $x\gg R$ 时，$U_P=\dfrac{q}{4\pi\varepsilon_0 x}$，这说明在圆环轴线上离环心足够远处，该点的电势相当于把圆环的带电量集中在环心处的点电荷在该处所产生的电势。

例 9.4.2　有一半径为 R 的均匀带电圆盘，电荷面密度为$\sigma(\sigma>0)$，试求垂直于圆盘的轴线上的电势分布函数。

解　如图 9.4.3 所示，在轴线上任取一点 P，P 点距离盘心 O 为 x。带电圆盘可以看成由无数多个同心圆环组成，取半径为 r、宽为 $\mathrm{d}r$ 的细圆环，在细圆环上取一个非常小的扇形面元，角度为 $\mathrm{d}\theta$，这个扇形面元的面积为 $\mathrm{d}S$。

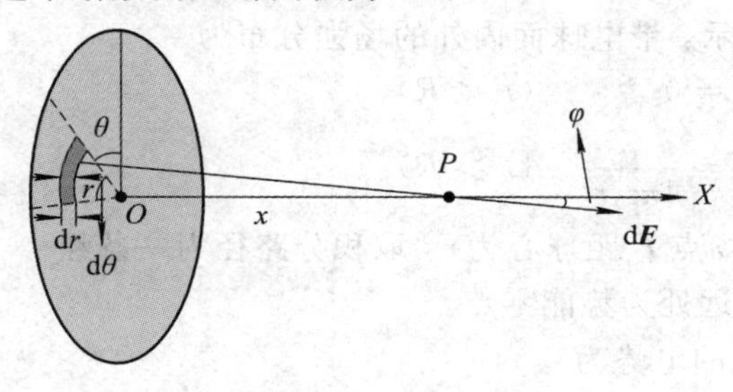

图 9.4.3　例 9.4.2 图

对该面元，我们可以把它看成长方形，长为 $rd\theta$，宽为 dr，则扇形面元的面积 $dS=rd\theta dr$，所带电量 $dq=\sigma dS=\sigma rd\theta dr$。该带电面元可看成点电荷，在 P 点产生的电势为

$$dU=\frac{1}{4\pi\varepsilon_0}\cdot\frac{dq}{\sqrt{r^2+x^2}}=\frac{1}{4\pi\varepsilon_0}\cdot\frac{\sigma r\,d\theta dr}{\sqrt{r^2+x^2}}$$

整个带电圆板在 P 点产生的电势为

$$U=\int dU=\frac{1}{4\pi\varepsilon_0}\int_0^R\int_0^{2\pi}\frac{\sigma r\,dr d\theta}{\sqrt{r^2+x^2}}=\frac{\sigma}{2\varepsilon_0}(\sqrt{R^2+x^2}-x)$$

当 $x=0$ 时，P 点在圆盘中心 O 处，此时 $U=\frac{\sigma R}{2\varepsilon_0}$；

当 $x\gg R$ 时

$$\sqrt{R^2+x^2}=x\sqrt{1+\left(\frac{R}{x}\right)^2}=x\left[1+\frac{1}{2}\left(\frac{R}{x}\right)^2+\frac{\frac{1}{2}\left(1-\frac{1}{2}\right)}{2!}\left(\frac{R}{x}\right)^4+\cdots\right]$$

所以
$$U=\frac{\sigma}{2\varepsilon_0}(\sqrt{R^2+x^2}-x\approx\frac{\sigma}{2\varepsilon_0}\frac{R^2}{2x}=\frac{1}{4\pi\varepsilon_0}\frac{9}{x}$$

这个结果说明：当 P 点离圆盘的距离远大于圆盘的半径时，带电圆盘在 P 点产生的电势与把圆盘所带电量集中于圆盘中心时所产生的电势相同。

需要说明的是，本题还可以直接应用例 9.4.1 的结果进行计算。把带电圆盘看成由无数个同心圆环组成，取半径为 r，宽为 dr 的细圆环，其上所带电量为 $dq=\sigma(2\pi r)dr$，它在 P 点的电势为

$$dU=\frac{1}{4\pi\varepsilon_0}\cdot\frac{dq}{\sqrt{r^2+x^2}}=\frac{\sigma r\,dr}{2\varepsilon_0\sqrt{r^2+x^2}}$$

则整个带电圆盘在 P 点的电势为

$$U=\int dU=\int_0^R\frac{\sigma r\,dr}{2\varepsilon_0\sqrt{r^2+x^2}}=\frac{\sigma}{2\varepsilon_0}(\sqrt{R^2+x^2}-x)$$

计算结果与上述结果相同。

2. 已知场强分布求电势

根据电势的定义式(9.4.6)可知，若知道了从场点 p 到电势零点之间场强的分布，则可作积分直接求出 p 点的电势。

例 9.4.3 一均匀带电球面，其半径为 R，带电量为 q，求球面内外任一点的电势。

解 如图 9.4.4 所示，带电球面内外的场强分布为

$$\begin{cases}E=0 & (r<R)\\ E=\frac{q}{4\pi\varepsilon_0 r^2} & (r>R)\end{cases}$$

电场的方向沿着径向，场点 P 距球心为 r，取积分路径为一条经过 P 点的电场线，无穷远处为势能零点。

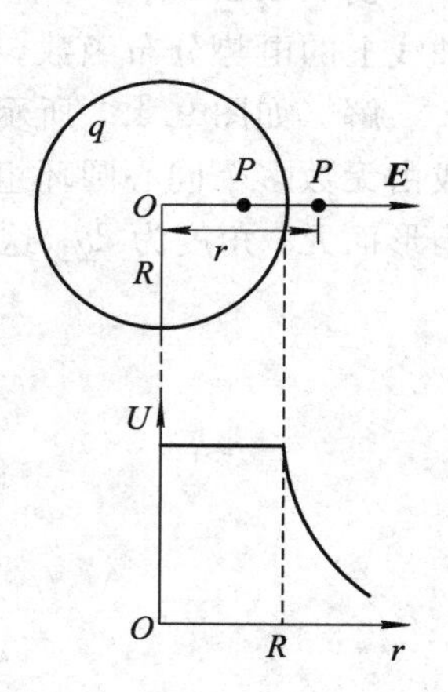

图 9.4.4 例 9.4.3 图

球面外任一点 P 处的电势为

$$U_P=\int_P^\infty \boldsymbol{E}\cdot d\boldsymbol{l}=\int_r^\infty\frac{q}{4\pi\varepsilon_0 r^2}dr=\frac{q}{4\pi\varepsilon_0 r}$$

球面内任一点 P 处的电势

$$U_P=\int_P^{\infty}\boldsymbol{E}\cdot\mathrm{d}\boldsymbol{l}=\int_r^R\boldsymbol{E}\cdot\mathrm{d}\boldsymbol{r}+\int_R^{\infty}\boldsymbol{E}\cdot\mathrm{d}\boldsymbol{r}=0+\int_R^{\infty}\frac{q}{4\pi\varepsilon_0 r^2}\mathrm{d}r=\frac{q}{4\pi\varepsilon_0 R}$$

可见，球面外各点的电势与电荷集中在球心处的点电荷所产生的电势相同，球面内任一点的电势为一常数，与球面电势相同。

例 9.4.4　一电荷线密度为 λ 的无限长直均匀带电线，求周围电场中的电势分布。

解　设电荷线密度为 λ，任一点 P 到长直线的距离为 r，如图 9.4.5 所示，则长直导线周围的场强大小为

$$E=\frac{\lambda}{2\pi\varepsilon_0 r}$$

方向沿径向向外。

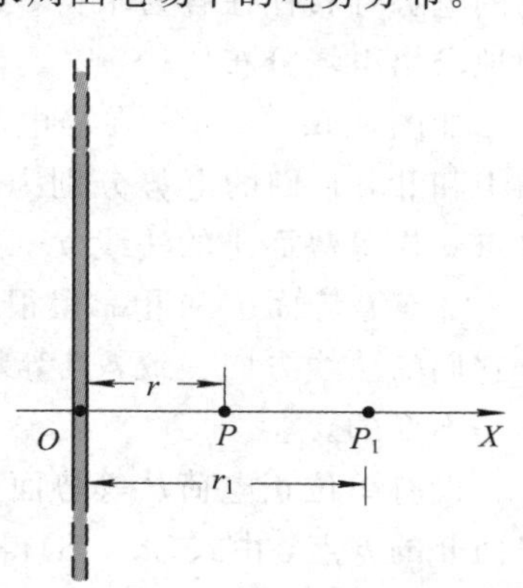

图 9.4.5　例 9.4.4 图

若选无限远处为电势零点，则 P 点的电势为

$$U_P=\int_P^{\infty}\boldsymbol{E}\cdot\mathrm{d}\boldsymbol{l}=\int_r^{\infty}\frac{\lambda}{2\pi\varepsilon_0 r}\mathrm{d}r=\frac{\lambda}{2\pi\varepsilon_0}(\ln\infty-\ln r)$$

积分发散，结果为无穷大，显然这是不合理的。因此，我们不能选无限远处的电势为零。本题中，我们选距离直线为 r_1 的 P_1 点为电势零参考点，则距离直线为 r 的 P 点的电势为

$$U_P=\int_P^{P_1}\boldsymbol{E}\cdot\mathrm{d}\boldsymbol{l}=\int_r^{r_1}\frac{\lambda}{2\pi\varepsilon_0 r}\mathrm{d}r=\frac{\lambda}{2\pi\varepsilon_0}\ln r_1-\frac{\lambda}{2\pi\varepsilon_0}\ln r$$

$$=\frac{\lambda}{2\pi\varepsilon_0}\ln\left(\frac{r_1}{r}\right)$$

由上式可知，在 $r_1<r$ 处，U_P 为负值；在 $r_1>r$ 处，U_P 为正值。

9.5　电场强度与电势的微分关系

9.5.1　等势面

一般来说，静电场中各点的电势是逐点变化的，但是电场中也有许多点的电势是相等的，这些电势相等的点所构成的面，叫作**等势面**。

为使等势面图能表示出电场中各点处电场强度的大小，我们规定任何两个相邻等势面间的电势差都相等。图 9.5.1 是几种常见电场的等势面和电场线图，图中的虚线表示等势面，实线为电场线。从图中可见，电场中的电场线与等势面处处正交；等势面较密集处的

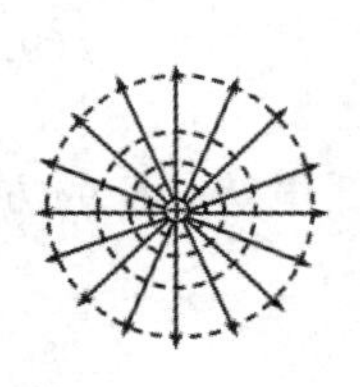
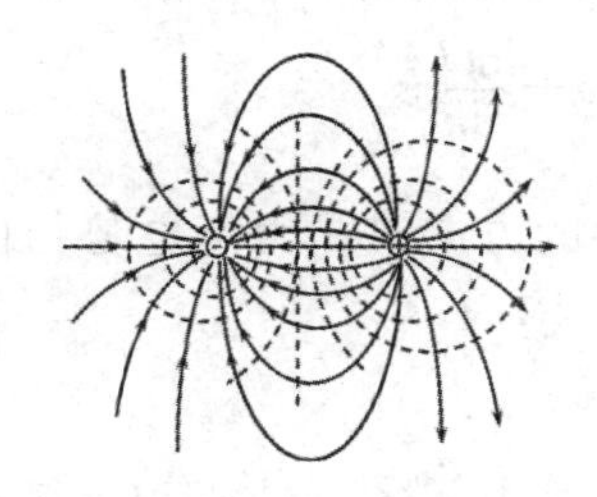
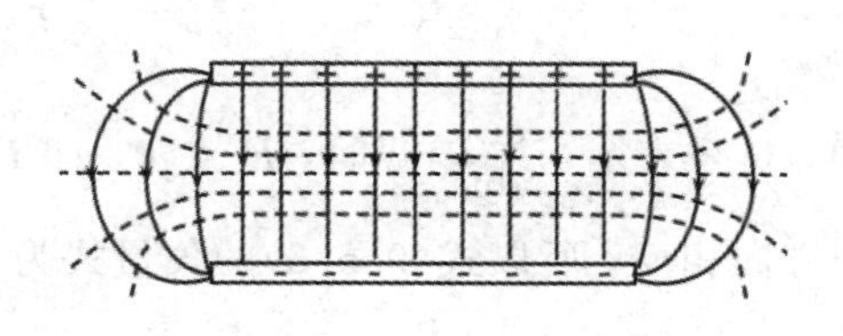

图 9.5.1　几种常见电场的等势面和电场线图

场强较大，等势面较稀疏处的场强较小。

9.5.2 电场强度与电势的微分关系

视频 9-2

电势的定义式 (9.4.6)反映了静电场中电势与电场强度的积分关系，在求出场强分布后由该式可求得电势分布。然而，在许多实际问题中，静电场的电势分布往往容易求得，进而根据电场强度与电势的微分关系可以方便地求出电场分布。

如图 9.5.2 所示，在静电场中有两个靠得很近的等势面Ⅰ和Ⅱ，它们的电势分别为 U 和 $U+\mathrm{d}U$，并且 $\mathrm{d}U>0$。过点 a 作等势面Ⅰ的法线 n_0，并规定 n_0 指向电势增加的方向。由于等势面Ⅰ和Ⅱ靠得很近，因此可以认为在 a 点附近它们的法线方向一致，且等势面之间的场强 $\boldsymbol{E}$ 也可以看作是不变的。

图 9.5.2 场强与电势的微分关系

设有单位正电荷从等势面Ⅰ上的 a 点沿 $\mathrm{d}\boldsymbol{l}$ 方向移到等势面Ⅱ的 b 点，由式(9.4.8)得 a、b 两点的电势差为

$$U_a - U_b = -\mathrm{d}U = E\cos\theta \mathrm{d}l$$

式中，θ 表示 $\boldsymbol{E}$ 与 $\mathrm{d}\boldsymbol{l}$ 之间的夹角，$E\cos\theta = E_l$ 为 $\boldsymbol{E}$ 在 $\mathrm{d}\boldsymbol{l}$ 上的分量，所以有

$$-\mathrm{d}U = E_l \mathrm{d}l$$

或

$$E_l = -\frac{\mathrm{d}U}{\mathrm{d}l} \tag{9.5.1}$$

式(9.5.1)表明，场强 $\boldsymbol{E}$ 在 $\mathrm{d}\boldsymbol{l}$ 方向的分量等于电势在该方向上变化率的负值。

显然$\frac{\mathrm{d}U}{\mathrm{d}l}$的值将随 $\mathrm{d}\boldsymbol{l}$ 方向的不同而变化。如果 $\mathrm{d}\boldsymbol{l}$ 沿等势面方向，则$\frac{\mathrm{d}U}{\mathrm{d}l}=0$，场强沿等势面方向的分量为零；如果 $\mathrm{d}\boldsymbol{l}$ 沿着等势面的法线方向，则可把它写成 $\mathrm{d}\boldsymbol{n}$。由图 9.5.2 可以看出，$\mathrm{d}\boldsymbol{n}$ 是所有从等势面Ⅰ到等势面Ⅱ的位移中最小的，因此，沿 n_0 方向电势的变化率最大，这时式(9.5.1)可以写成

$$E_n = -\frac{\mathrm{d}U}{\mathrm{d}n} \tag{9.5.2}$$

式中，E_n 为场强在法线方向的分量。由于等势面处处与电场线正交，因此，场强在等势面法线方向的分量 E_n 就是 $\boldsymbol{E}$ 本身的大小，所以可将式(9.5.2)改写成

$$E = -\frac{\mathrm{d}U}{\mathrm{d}n} \tag{9.5.3}$$

式中，负号表示当$\frac{\mathrm{d}U}{\mathrm{d}n}>0$ 时，$E<0$，即 $\boldsymbol{E}$ 的方向总是由高电势指向低电势，$\boldsymbol{E}$ 的方向与 $\boldsymbol{n}_0$ 的方向相反。所以式(9.5.3)的矢量式为

$$\boldsymbol{E} = -\frac{\mathrm{d}U}{\mathrm{d}n}\boldsymbol{n}_0 \tag{9.5.4}$$

式中，$\boldsymbol{n}_0$ 为正法线方向的单位矢量。式(9.5.4)表明，电场中任意给定点场强的大小等于电

势沿等势面法线方向的变化率，场强方向与等势面法线方向相反，即指向电势降低的方向。式(9.5.4)就是电场强度与电势的微分关系。

从上面的讨论可知，过电场中任意一点沿不同方向，其电势随距离的变化率一般是不等的，其最大值称为该点的电势梯度，它是一个矢量，其大小等于$\frac{dU}{dn}$，方向与$\boldsymbol{n}_0$的方向相同，用符号 grad 或∇表示，即

$$\text{grad}(U) = \nabla U = \frac{dU}{dn}\boldsymbol{n}_0$$

这样式(9.5.4)又可表示为

$$\boldsymbol{E} = -\text{grad}(U) = -\nabla U \tag{9.5.5}$$

式(9.5.5)表明，电场中任意给定点的场强等于该点电势梯度的负值，负号表示该点场强与电势梯度方向相反，即场强指向电势降低的方向。在直角坐标系中，电势 U 是坐标的函数，由式(9.5.1)可得电场强度沿三个坐标轴方向的分量：

$$E_x = -\frac{\partial U}{\partial x},\quad E_y = -\frac{\partial U}{\partial y},\quad E_z = -\frac{\partial U}{\partial z} \tag{9.5.6}$$

于是场强的矢量表达式又可写成

$$\boldsymbol{E} = -\left(\frac{\partial U}{\partial x}\boldsymbol{i} + \frac{\partial U}{\partial y}\boldsymbol{j} + \frac{\partial U}{\partial z}\boldsymbol{k}\right) \tag{9.5.7}$$

由场强与电势的微分关系，我们可以得到场强的又一个单位为 V/m。

根据电场强度与电势的微分关系，求解一定源电荷所在空间产生的电场，可先求出电势分布函数，再由电势函数求导算出场强，用这种方法求电场强度有时更为简单。

例 9.5.1　计算半径为 R 的均匀带电圆盘轴线上任一点 P 的电势，并利用电场强度与电势的微分关系计算出 P 点的场强。已知圆盘上的电荷面密度为 $\sigma(\sigma>0)$。

解　如图 9.5.3 所示，P 点距圆盘中心 O 的距离为 x。在圆盘上取半径为 r、宽为 dr 的细环，细环上的带电量为

$$dq = \sigma \cdot 2\pi r dr$$

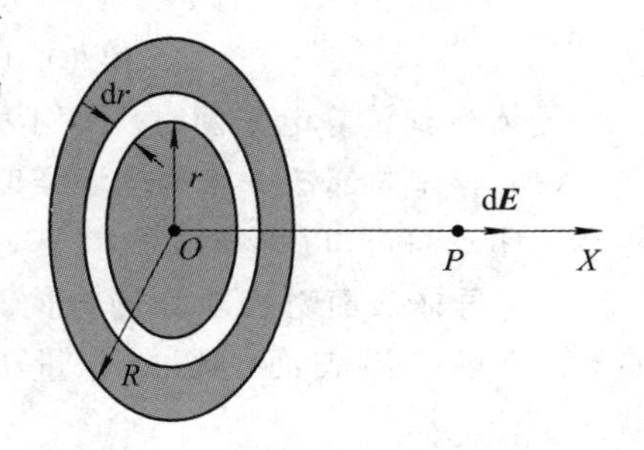

图 9.5.3　例 9.5.1 图

由例 9.4.1 可知，它在 P 点的电势为

$$dU = \frac{dq}{4\pi\varepsilon_0\sqrt{r^2+x^2}} = \frac{\sigma \cdot r \cdot dr}{2\varepsilon_0\sqrt{r^2+x^2}}$$

则整个带电圆盘在 P 点产生的电势为

$$U = \int dU = \int_0^R \frac{\sigma r\, dr}{2\varepsilon_0\sqrt{x^2+r^2}} = \frac{\sigma}{2\varepsilon_0}(\sqrt{R^2+x^2} - x)$$

可见，P 点的电势 U 是 x 的函数。利用式(9.5.6)可求得 P 点的场强 $\boldsymbol{E}$ 在 X 轴方向的分量为

$$E_x = -\frac{\partial U}{\partial x} = -\frac{\partial}{\partial x}\left[\frac{\sigma}{2\varepsilon_0}(\sqrt{R^2+x^2} - x)\right] = \frac{\sigma}{2\varepsilon_0}\left(1 - \frac{x}{\sqrt{R^2+x^2}}\right)$$

根据圆盘电荷分布的对称性，显然有

$$E_y = 0,\quad E_z = 0$$

所以

$$\boldsymbol{E}=E_x\boldsymbol{i}=\frac{\sigma}{2\varepsilon_0}\left(1-\frac{x}{\sqrt{R^2+x^2}}\right)\boldsymbol{i}$$

9.6 静电场中的导体和电介质

9.6.1 静电场中导体的静电平衡

导体就是能够导电的物体，从微观角度来看，导体中存在着大量的自由电荷。当导体不带电或不受外电场作用时，导体中的自由电荷做无规则的热运动，正负电荷均匀分布，导体不显电性。若把导体放在静电场 $\boldsymbol{E}_0$ 中，导体中的自由电荷将在电场力的作用下做宏观定向运动，如图 9.6.1(a)所示，引起导体中电荷重新分布而呈现带电的现象，这就是**静电感应**。导体由于静电感应产生的电荷称为**感应电荷**。感应电荷会产生一个附加电场 $\boldsymbol{E}'$，如图 9.6.1(b)所示，在导体内部这个电场的方向与原电场 $\boldsymbol{E}_0$ 相反，从而削弱了导体内部原电场的大小。随着静电感应的继续进行，感应电荷不断增加，从而附加电场增强，当导体中总电场的场强 $\boldsymbol{E}=\boldsymbol{E}_0+\boldsymbol{E}'=0$ 时，自由电荷的再分布过程停止，这时导体内部和表面都没有电荷的宏观定向运动，我们称导体处于**静电平衡状态**。

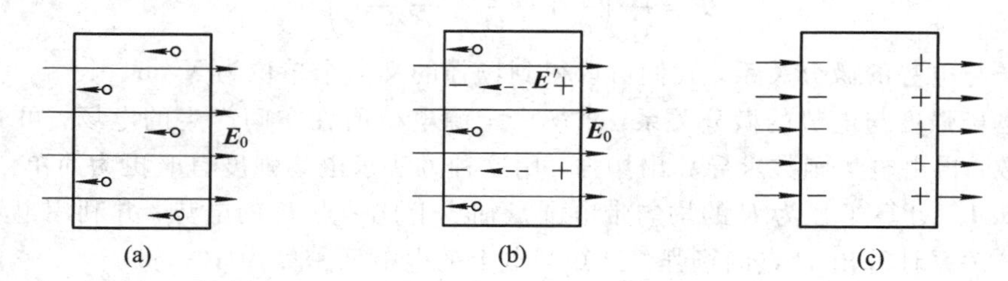

图 9.6.1 导体的静电感应和静电平衡

导体达到了静电平衡时，我们可以得到如下两个结论：

(1) **导体内部任一点的电场强度为零**。导体内部的电场强度为零是显然的，否则电场将继续驱动自由电荷运动，这就不是我们所讨论的静电平衡状态了。

(2) **导体表面附近电场的方向与表面垂直**。导体表面附近的电场方向必须与表面垂直，否则场强沿表面的切向分量也能驱动自由电荷定向运动，这也就不是静电平衡状态了。

根据以上关于静电平衡的基本结论还可以得到如下推论：

(1) 静电平衡的导体内各处的净电荷为零，导体自身所带电荷或其感应电荷都只能分布于导体表面。这一结论可以用高斯定理来证明。

在导体内部任意作一个闭合曲面 S，根据高斯定理 $\oint_S \boldsymbol{E}\cdot \mathrm{d}\boldsymbol{S}=\frac{1}{\varepsilon_0}\sum q_{\mathrm{int}}$ 可知，由于导体内的场强处处为零，因此上式左边是零，可见等式右面 S 面包围的净电荷为零。也就是说，任意地在导体内做一个闭合曲面，此闭合曲面均无净电荷，这意味着导体内确实没有净电荷，电荷只能分布于导体表面。导体表面不只是指导体的外表面，一个导体空腔的内表面也可能有电荷分布。

(2) 导体是个等势体，导体表面是等势面。导体内任意两点 a 和 b 之间的电势差为

$\Delta U_{ab} = \int_a^b \boldsymbol{E} \cdot \mathrm{d}\boldsymbol{l} = 0$，所以导体是等势体，其表面是等势面。

(3) 静电平衡导体表面附近的电场强度的大小与该处表面上的电荷密度的关系为

$$E = \frac{\sigma}{\varepsilon_0} \tag{9.6.1}$$

这一结论可以用高斯定理来证明。

如图 9.6.2 所示，考察点 P 在导体表面附近，在 P 点作一个很小的圆柱形高斯面 S，柱面的上底 ΔS 过 P 点且与导体表面平行，柱面的侧面与导体表面垂直。由高斯定理

$$\oint_S \boldsymbol{E} \cdot \mathrm{d}\boldsymbol{S} = E\Delta S = \frac{1}{\varepsilon_0}\sum q_{\mathrm{int}} = \frac{\sigma \Delta S}{\varepsilon_0}$$

可知：导体表面附近的场强与表面垂直，故圆柱面侧面与场强 $\boldsymbol{E}$ 平行，没有通量；圆柱面下底在导体内，$\boldsymbol{E}=0$，故通量也为零，所以只有上底面有电场通量。由于上底与 $\boldsymbol{E}$ 垂直，在一个很小的区域内 $\boldsymbol{E}$ 可被视为均匀电场，因此通量为 $E\Delta S$。由于电荷可以看作是均匀分布的，圆柱面在导体表面围住的电量为 $\sigma\Delta S$，因此可得式(9.6.1)。

由式(9.6.1)可知，电荷在导体表面上的分布与导体自身的形状和外界条件有关。一个孤立的带电导体，其表面的电荷密度 σ 与表面的曲率半径有密切关系，表面曲率较大处 σ 较大，曲率较小处 σ 较小，如图 9.6.3 所示。

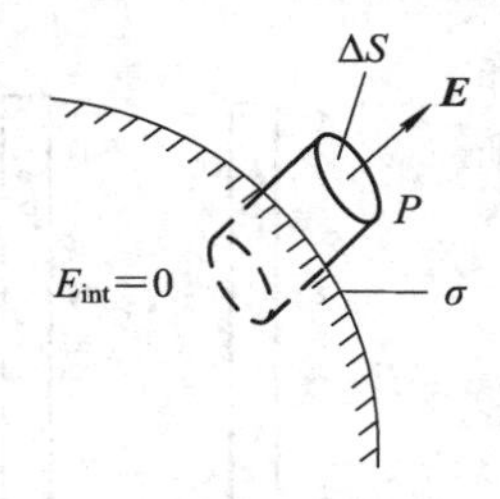

图 9.6.2　导体表面附近的电场

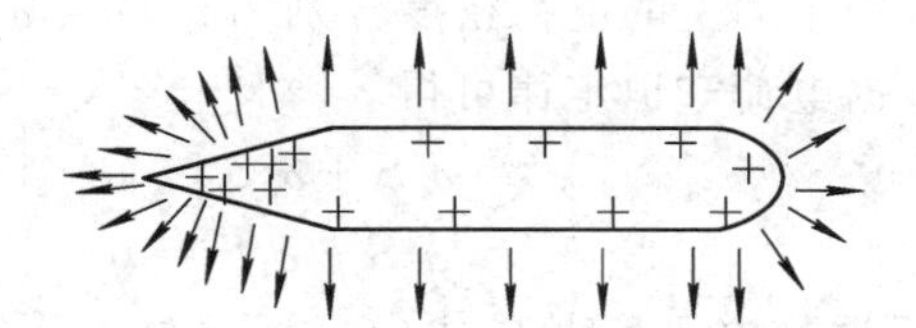

图 9.6.3　导体表面附近的电场

对于有尖端的带电导体，尖端处电荷面密度较大，故导体表面邻近处场强也特别大。当场强超过空气的击穿场强时，就会产生空气被电离的放电现象，称为尖端放电。避雷针就是利用尖端放电原理来防止雷击对建筑物破坏的。

9.6.2　静电屏蔽

视频 9-3

根据静电平衡导体内部场强为零这一规律，可以利用空腔导体将空腔内外的电场隔离，使之互不影响，这种作用称为**静电屏蔽**。常用的方法如下：

(1) 利用空腔导体来屏蔽外电场。如图 9.6.4(a)所示，一个空腔导体放在静电场中，导体内部的场强为零，这样就可以利用空腔导体来屏蔽外电场，使空腔内的物体不受外电场的影响。

(2) 利用空腔导体来屏蔽内电场。如图 9.6.4(b)所示，一个空腔导体内部放置一点电荷 q，由静电平衡条件可知，导体内部的场强为零。由高斯定理可知，导体内表面上将感应出等量的异号电荷 $-q$；由电荷守恒定律可知，外表面将感应出等量的同号电荷 q。若把空腔外表面接地，则空腔外表面的电荷将全部导入大地，空腔外边的电场也就消失了，这样空腔内的带电体对空腔外就不会产生任何影响。

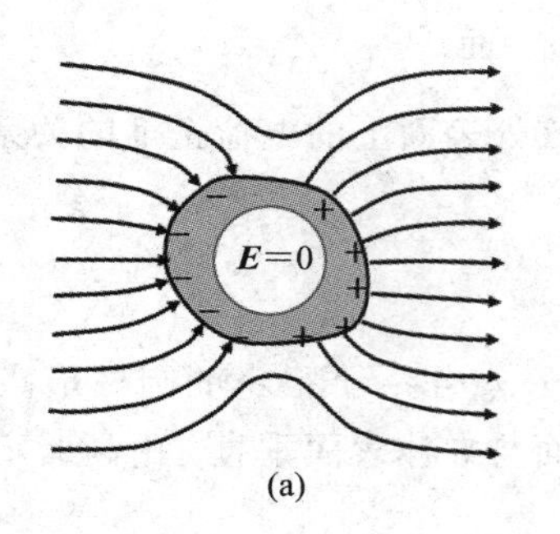

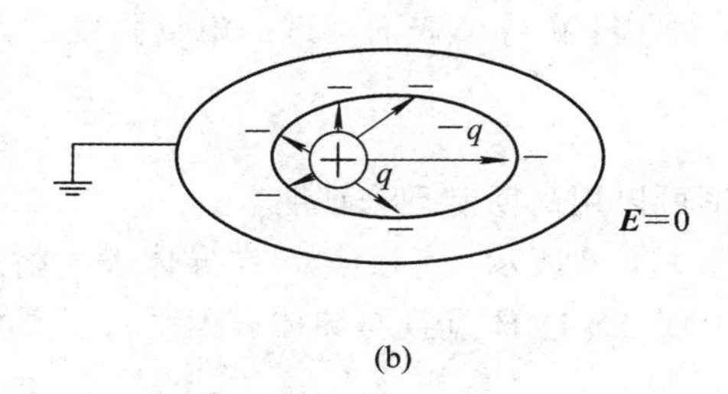

图 9.6.4 静电屏蔽

静电屏蔽在工程技术中有很多应用，为了避免外场对某些精密元件的影响，可以把元件用一个金属壳或金属网罩起来。高压作业时，操作人员要穿上用金属丝网做成的屏蔽服也是为了防止电场对人体的伤害。屏蔽服也会带电，电势可能会很高，但屏蔽服内的场强却为零，这就保证了操作者的安全。

例 9.6.1 如图 9.6.5 所示，有一大块金属板 A，面积为 S，带有电量 Q，现在其近旁平行地放入另一大金属板 B，该板原来不带电，忽略边缘效应。试求 A、B 板上的电荷分布。

解 忽略边缘效应，可以认为各表面上的电荷是均匀分布的，设四个面上的电荷密度分别为σ_1、σ_2、σ_3、σ_4，如图 9.6.5 所示。根据电荷守恒定律可得

$$\sigma_1 S+\sigma_2 S=Q \tag{1}$$

$$\sigma_3 S+\sigma_4 S=0 \tag{2}$$

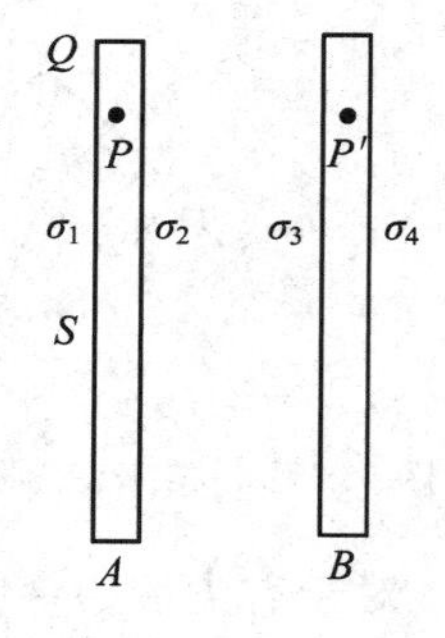

图 9.6.5 例 9.6.1 图

根据静电平衡时导体内部场强处处为零可知，在导体板 A 内任取一点 P，由 P 点处场强为零可得

$$E_P=\frac{\sigma_1}{2\varepsilon_0}-\frac{\sigma_2}{2\varepsilon_0}-\frac{\sigma_3}{2\varepsilon_0}-\frac{\sigma_4}{2\varepsilon_0}=0 \tag{3}$$

在导体板 B 内任取一点 P'，由 P'点处场强为零可得

$$E_{P'}=\frac{\sigma_1}{2\varepsilon_0}+\frac{\sigma_2}{2\varepsilon_0}+\frac{\sigma_3}{2\varepsilon_0}-\frac{\sigma_4}{2\varepsilon_0}=0 \tag{4}$$

联立(1)~(4)式可得

$$\sigma_1=\sigma_2=-\sigma_3=\sigma_4=\frac{Q}{2S}$$

例 9.6.2 如图 9.6.6 所示，有一个导体球，半径为 R_1，带电量为 Q_1；另有一导体球壳，内、外半径分别为 R_2、R_3，带电量为 Q_2，导体球壳和导体球同心放置。现将导体球接地。

(1) 接地后，导体球带电量为多少?

(2) 接地后，导体球壳的电势是多少?

解 (1) 设导体球接地后导体球带电量为 q，导体球壳内表面所带电量为$Q_{内}$，导体球壳外表面所带电量为$Q_{外}$。

对导体球壳，根据电荷守恒定律可得

$$Q_{内} + Q_{外} = Q_2 \tag{1}$$

视频 9 - 4

取如图 9.6.6 所示的高斯面，当导体达到静电平衡时，高斯面上的电场强度处处为零，由高斯定理得

$$\oint \boldsymbol{E} \cdot \mathrm{d}\boldsymbol{S} = \frac{q + Q_{内}}{\varepsilon_0} = 0 \tag{2}$$

由式(1)、(2)可得

$$Q_{内} = -q$$

$$Q_{外} = Q_2 + q$$

图 9.6.6　例 9.6.2 图

利用高斯定理可得空间电场强度的分布如下：

当 $r < R_1$ 时：

$$E_1 = 0$$

当$R_1 < r < R_2$时：

$$E_2 = \frac{q}{4\pi\varepsilon_0 r^2}$$

当$R_2 < r < R_3$时：

$$E_3 = 0$$

当 $r > R_3$时：

$$E_4 = \frac{Q_2 + q}{4\pi\varepsilon_0 r^2}$$

导体球的电势为

$$U = \int_{R_1}^{\infty} \boldsymbol{E} \cdot \mathrm{d}\boldsymbol{l} = \int_{R_1}^{R_2} \boldsymbol{E}_2 \cdot \mathrm{d}\boldsymbol{l} + \int_{R_2}^{R_3} \boldsymbol{E}_3 \cdot \mathrm{d}\boldsymbol{l} + \int_{R_3}^{\infty} \boldsymbol{E}_4 \cdot \mathrm{d}l$$

$$= \int_{R_1}^{R_2} \frac{q}{4\pi\varepsilon_0 r^2}\mathrm{d}r + \int_{R_3}^{\infty} \frac{Q_2 + q}{4\pi\varepsilon_0 r^2}\mathrm{d}r = \frac{q}{4\pi\varepsilon_0 R_1} - \frac{q}{4\pi\varepsilon_0 R_2} + \frac{Q_2 + q}{4\pi\varepsilon_0 R_3}$$

由于导体球接地，故导体球的电势为零，即

$$\frac{q}{4\pi\varepsilon_0 R_1} - \frac{q}{4\pi\varepsilon_0 R_2} + \frac{Q_2 + q}{4\pi\varepsilon_0 R_3} = 0$$

可得

$$q = \frac{Q_2 R_1 R_2}{R_1 R_3 - R_1 R_2 - R_2 R_3}$$

(2) 导体球壳的电势为

$$U = \int_{R_3}^{\infty} \boldsymbol{E}_4 \cdot \mathrm{d}l = \int_{R_3}^{\infty} \frac{Q_2 + q}{4\pi\varepsilon_0 r^2}\mathrm{d}r$$

$$= \frac{Q_2 + q}{4\pi\varepsilon_0 R_3} = \frac{Q_2}{4\pi\varepsilon_0 R_3} + \frac{Q_2 R_1 R_2}{4\pi\varepsilon_0 R_3 (R_1 R_3 - R_1 R_2 - R_2 R_3)}$$

9.6.3　电介质的极化

电介质通常是指不导电的绝缘体，在电介质内没有可以自由移动的电荷。但是在外电场的作用下，电介质内的正负电荷仍可做微观的相对运动，使得电介质呈现带电状态。这种电介质在外电场作用下的带电现象称为**电介质的极化**。电介质极化所出现的电荷称为**极**

化电荷，也称为束缚电荷，该电荷会激发附加电场来削弱外电场。

电介质分子由等量的正、负电荷构成，它们可以等效为两个点电荷。若分子的正、负电荷中心不重合，这样一对距离极近的等值异号电荷就会形成一个电偶极子，这种分子构成的电介质叫作**有极分子电介质**，如 HCl、H_2O、CO 等。若分子的正、负电荷中心重合，则分子的电偶极矩为零，这种分子构成的电介质叫作**无极分子电介质**，如 H_2、O_2、N_2、CO_2等。

有极分子电介质在没有外场作用时，由于分子热运动，分子偶极矩无规则排列而相互抵消，因此电介质宏观不显电性。在有外场 $\boldsymbol{E}_0$ 的作用时，每个分子将受到电场力矩的作用，分子偶极矩转动到沿电场方向有序排列，如图 9.6.7(a)所示，从而使电介质带电，这种极化称为**取向极化**。

无极分子电介质在没有外场作用时不显电性；在外场作用下，正负电荷中心受力作用而发生相对位移，从而形成电偶极矩，这些电偶极矩的方向都沿着外场的方向，如图 9.6.7(b)所示，因此在电介质的表面将出现正负极化电荷，这种极化称为**位移极化**。

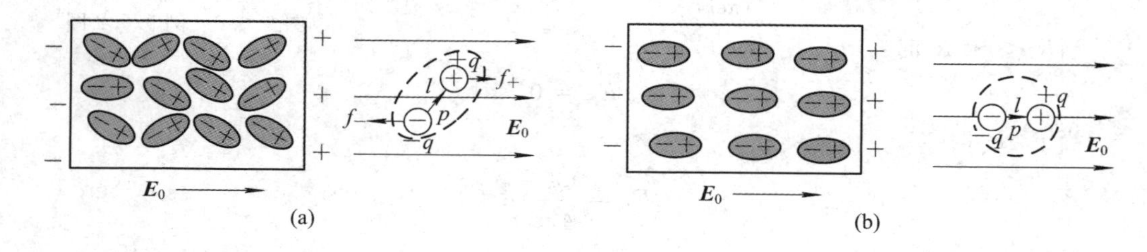

图 9.6.7 电介质的极化

显然，位移极化与取向极化的微观机制不同，但结果却相同：介质中分子电偶极矩的矢量和不为零，即介质被极化了。所以，如果问题不涉及极化的机制，在宏观处理上我们往往不必对它们刻意区分。

9.6.4 极化强度

为了定量地描述电介质的极化程度，可以引入电极化强度这一物理量。

当电介质处于极化状态时，在电介质内任一宏观小、微观大的体积元 ΔV 内，所有分子的电偶极矩的矢量和一般不为零，即 $\sum \boldsymbol{p}_e \neq 0$。我们定义介质中单位体积内分子电偶极矩的矢量和为**极化强度矢量**，简称极化强度，用矢量 $\boldsymbol{P}$ 表示，即

$$\boldsymbol{P} = \frac{\sum \boldsymbol{p}_e}{\Delta V} \tag{9.6.2}$$

$\boldsymbol{P}$ 是度量电介质极化状态(包括极化强弱和极化方向)的物理量，在国际单位制中极化强度的单位为库仑每平方米(C/m^2)。

一般地，介质内各点的极化强度并不相同，如果电介质中各点极化强度的大小、方向均相同，则称为电介质均匀极化。

实验表明，对于大多数常见的各向同性线性电介质，任意一点的极化强度 P 与该点的总电场强度 $\boldsymbol{E}$ 成正比，且方向相同，即

$$\boldsymbol{P} = \chi_e \varepsilon_0 \boldsymbol{E} \tag{9.6.3}$$

式中，χ_e称为**电介质的极化率**，它是描述电介质极化性质的物理量，与场强 $\boldsymbol{E}$ 无关。若介质中各点的χ_e为常数，则称此介质为均匀电介质。

应该强调，式(9.6.3)中的场强 $\boldsymbol{E}$ 是所考虑的场点的总场强，它既包括外加电场 $\boldsymbol{E}_0$，也包括极化电荷所产生的附加电场 $\boldsymbol{E}'$，即

$$\boldsymbol{E} = \boldsymbol{E}_0 + \boldsymbol{E}'$$

分析表明，在电介质内部，极化电荷所产生的附加电场 $\boldsymbol{E}'$总是起着减弱原来的外电场 $\boldsymbol{E}_0$的作用，因而也总是起着减弱介质极化的作用，通常称之为退极化场，其大小依赖于电介质的几何形状和极化率χ_e。

非均匀电介质极化后，极化电荷不仅出现在介质表面上，也可能出现在其内部。但均匀电介质极化后，极化电荷只出现在介质表面上，且表面极化电荷面密度为

$$\sigma' = \boldsymbol{P} \cdot \boldsymbol{e}_n \tag{9.6.4}$$

式中，$\boldsymbol{e}_n$是介质表面法线方向的单位矢量。

在介质内部取一任意闭合曲面 S，可以证明 S 内的极化电荷代数和为

$$\sum q' = -\oint_S \boldsymbol{P} \cdot \mathrm{d}\boldsymbol{S} \tag{9.6.5}$$

式(9.6.5)是极化强度 $\boldsymbol{P}$ 与极化电荷分布之间的普遍关系式，它表明任意闭合曲面的极化强度 $\boldsymbol{P}$ 的通量等于该闭合曲面内的极化电荷总量的负值。

上述结果表明，在外电场 $\boldsymbol{E}_0$的作用下电介质将发生极化，极化强度 $\boldsymbol{P}$ 和电介质的形状决定了极化电荷 σ'的分布，而 σ'的分布又决定了附加场 $\boldsymbol{E}'$，从而影响了电介质内部的总电场 $\boldsymbol{E}$，这又反过来影响了极化强度 $\boldsymbol{P}$。由此可见，$\boldsymbol{P}$、σ'、$\boldsymbol{E}_0$ 和 $\boldsymbol{E}$ 这些量是彼此依赖、相互制约的。为了计算它们中的任何一个，都需要把它们之间的关系联立起来。

9.6.5　有电介质时的高斯定理

如上所述，当电场中存在电介质时，极化强度与极化电荷分布之间的相互依赖关系使得问题的求解变得很复杂。但是，这种复杂的关系可以通过引入适当的物理量来简明地表示出来，以下我们用高斯定理来导出这种表达式。

高斯定理是建立在库仑定律基础上的，在有电介质存在时它也成立，只不过在计算总电场的电通量时，应考虑高斯面内所包含的自由电荷 q_0 和极化电荷 q'，即

$$\oint_S \boldsymbol{E} \cdot \mathrm{d}\boldsymbol{S} = \frac{1}{\varepsilon_0} \sum (q_0 + q') \tag{9.6.6}$$

联立式(9.6.5)和式(9.6.6)，化简后可得

$$\oint_S (\varepsilon_0 \boldsymbol{E} + \boldsymbol{P}) \cdot \mathrm{d}\boldsymbol{S} = \sum q_0 \tag{9.6.7}$$

引入一个辅助性物理量 $\boldsymbol{D}$，称为**电位移**，即

$$\boldsymbol{D} = \varepsilon_0 \boldsymbol{E} + \boldsymbol{P} \tag{9.6.8}$$

这样式(9.6.7)可改写为

$$\oint_S \boldsymbol{D} \cdot \mathrm{d}\boldsymbol{S} = \sum q_0 \tag{9.6.9}$$

即通过闭合曲面的电位移通量等于闭合曲面内部所包围的自由电荷的代数和，这就是有电介质时的高斯定理。

将式(9.6.3)代入式(9.6.8)中可以得到

$$\boldsymbol{D}=\varepsilon_0\boldsymbol{E}+\boldsymbol{P}=\varepsilon_0\boldsymbol{E}+\chi_e\varepsilon_0\boldsymbol{E}=(1+\chi_e)\varepsilon_0\boldsymbol{E} \tag{9.6.10}$$

令

$$\varepsilon_r=1+\chi_e$$

$$\varepsilon=\varepsilon_0\varepsilon_r$$

其中，ε 为电介质的电容率(或介电常数)；ε_r 为电介质的相对电容率(或相对介电常数)，它是一个无量纲的量。利用这些常量，式(9.6.10)可写成

$$\boldsymbol{D}=\varepsilon\boldsymbol{E}=\varepsilon_0\varepsilon_r\boldsymbol{E} \tag{9.6.11}$$

式(9.6.11)就是在各向同性的线性电介质中，电位移 $\boldsymbol{D}$ 与场强 $\boldsymbol{E}$ 之间的关系式。在国际单位制中，电位移 $\boldsymbol{D}$ 的单位是 $\mathrm{C/m^2}$(库仑每平方米)。

根据电介质中的高斯定理可知，只要知道自由电荷的分布情况，就可利用式(9.6.9)求出 $\boldsymbol{D}$，利用式(9.6.11)求出均匀各向同性电介质中的场强 $\boldsymbol{E}$。由于计算过程避开了极化电荷，因此计算 $\boldsymbol{E}$ 就简化了。

例 9.6.3 半径为 R 的均匀带电球面，带电量为q_0，电荷面密度为σ_0。将其放在均匀无限大的介质中，介质的相对介电常数为ε_r。求介质中场强的分布及介质表面的极化电荷面密度 σ'。

解 由于金属球面上电荷分布具有球对称性，因此电场的分布也具有球对称性。如图9.6.8所示，过 P 点作一半径为 r 并与金属球同心的闭合球面 S，由有电介质时的高斯定理得

$$\oint_S \boldsymbol{D}\cdot \mathrm{d}\boldsymbol{S}=q_0$$

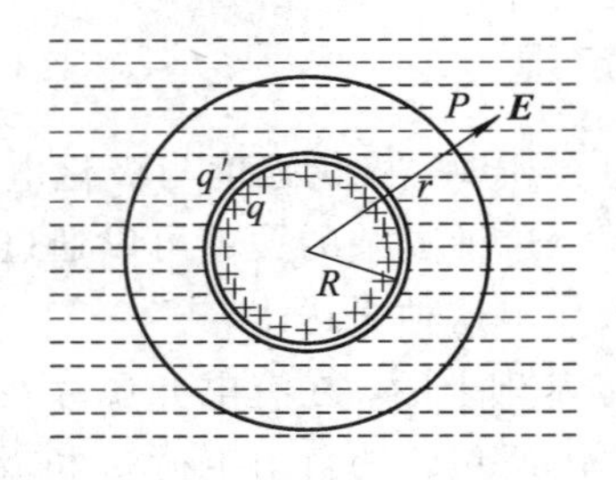

图 9.6.8 例 9.6.3 图

由对称性可知球面 S 上各点的 D 值大小一样，则有

$$D4\pi r^2=q_0$$

所以

$$D=\frac{q_0}{4\pi r^2}$$

介质中的场强 E 为

$$E=\frac{D}{\varepsilon_0\varepsilon_r}=\frac{q_0}{4\pi\varepsilon_0\varepsilon_r r^2}$$

因为 $\boldsymbol{D}=\varepsilon_0\boldsymbol{E}+\boldsymbol{P}$，所以介质中极化强度 $\boldsymbol{P}$ 的大小为

$$P = \frac{(\varepsilon_r - 1)q_0}{4\pi\varepsilon_r r^2}$$

在介质表面上，$\boldsymbol{P}$ 的方向与内表面外法线的方向相反，所以介质内表面上的极化电荷面密度 σ' 为

$$\sigma' = P_n = -\frac{(\varepsilon_r - 1)q_0}{4\pi\varepsilon_r R^2} = -\frac{\varepsilon_r - 1}{\varepsilon_r}\frac{q_0}{4\pi R^2} = -\sigma_0\frac{\varepsilon_r - 1}{\varepsilon_r}$$

上述结果表明，介质内表面的极化电荷与导体球面上的自由电荷异号，且 $|\sigma'| < |\sigma_0|$。

9.7 电 容 器

电容是导体或导体组的一个重要特性，电容器是一种特定的导体组，在实际中有十分广泛的应用。

9.7.1 孤立导体的电容

在真空中，一个孤立导体的电势与其所带的电量和形状有关。例如，真空中一个半径为 R、带电量为 q 的孤立球形导体的电势为

$$U = \frac{q}{4\pi\varepsilon_0 R}$$

由上式可以看出，当电势一定时，球的半径越大，它所带的电量也越多；但其电量与电势的比值却是一个常量，只与导体的形状有关，因此我们引入了电容的概念。

孤立导体所带电量与其电势的比值叫作**孤立导体的电容**，用 C 表示，即

$$C = \frac{q}{U} \tag{9.7.1}$$

在国际单位制中，电容的单位为法[拉]，符号为F。在实际中法的单位太大，常见的电容单位为微法(μF)、皮法(pF)，它们之间的关系为 $1\ \text{F} = 10^6\ \mu\text{F} = 10^{12}\ \text{pF}$。

9.7.2 电容器的电容

当带电导体附近有其他导体存在时，该导体的电势不仅与其本身所带的电量有关，而且与其他导体的形状及位置有关。通常把两个彼此绝缘且靠得很近的导体组成的电学元件称为**电容器**，组成电容器的两导体称为电容器的极板。电容器带电时，常使两极板带等量异号电荷。电容器的电容定义为一个极板所带电量 $q(q>0)$ 与两极板间的电势差 ΔU 的大小之比，即

$$C = \frac{q}{\Delta U} \tag{9.7.2}$$

实际应用中的电容器对屏蔽性要求不高，只要求从一个极板发出的电场线都终止于另一个极板就行了。电容器电容的大小取决于极板的尺寸、形状、相对位置以及充入电介质的介电常数，与电容器是否带电无关。

9.7.3 常见电容器电容的计算

在生产和科研中使用的电容器种类繁多，外形各不相同，但它们的基本结构是一致

的。按可调与否分类，有可调电容器、微调电容器、固定电容器等；按介质分类，有空气电容器、云母电容器、陶瓷电容器、纸质电容器等；按形状分类，有平行板电容器、圆柱形电容器、球形电容器等。

对于特殊形状电容器的电容可以通过理论计算得到。一般步骤为：首先设电容器的两极板带等量异号电荷，然后计算两极板间的电场强度和电势差，最后根据式(9.7.2)计算出电容器的电容。

1. 平行板电容器及其电容

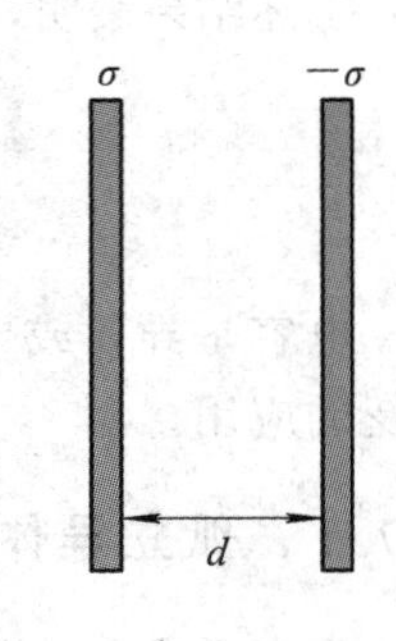

图 9.7.1 平行板电容器

平行板电容器是由两块大小相等且彼此靠得很近的平行金属板组成的，极板面积为 S，内表面之间的距离为 d，在两极板间充满相对介电常数为 ε_r 的均匀电介质，如图 9.7.1 所示。当电容器的两极板分别带有电量 q 和 $-q$ 时，由于 d 远小于极板的线度，因此可以忽略边缘效应，将极板看成是无限大的带电导体板，因此两极板间的电场是均匀电场。设极板内表面上的电荷面密度为 $\pm\sigma$，由有介质存在时的高斯定理容易得出两极板间的电场强度的值为

$$E=\frac{\sigma_0}{\varepsilon_0\varepsilon_r}$$

两极板间的电势差为

$$\Delta U=Ed=\frac{\sigma_0 d}{\varepsilon_0\varepsilon_r}$$

根据电容器电容的定义式(9.7.2)可知，平行板电容器的电容为

$$C=\frac{q}{\Delta U}=\frac{\varepsilon_0\varepsilon_r S}{d} \tag{9.7.3}$$

2. 圆柱形电容器

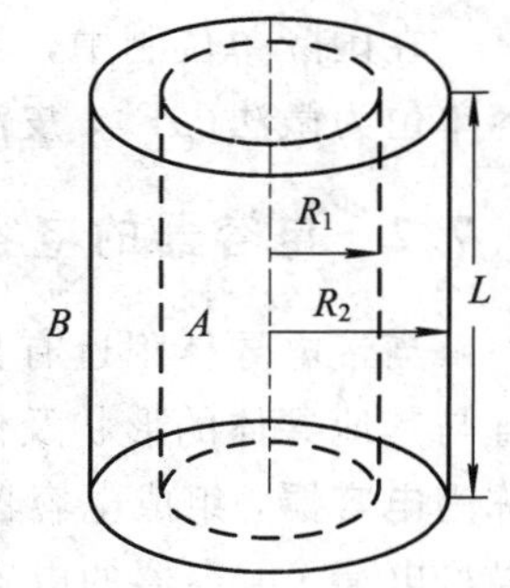

图 9.7.2 圆柱形电容器

圆柱形电容器是由两个同轴圆柱形导体圆筒组成的导体组，导体间充以相对介电常数为 ε_r 的均匀电介质，内外圆筒形导体的半径分别为 R_1 和 R_2，当其长度 $L\gg(R_2-R_1)$ 时，如图 9.7.2 所示，可忽略两端的边缘效应，将其看成是无限长圆筒。

设两极板相对的两个表面上分别带有电量 q 和 $-q$，则圆筒单位长度上电量的绝对值为 $\lambda=\dfrac{q}{L}$。由有介质存在时的高斯定理可求出柱体之间距离轴线 r 处的场强大小为

$$E=\frac{\lambda}{2\pi\varepsilon_0\varepsilon_r r}$$

两极板间的电势差为

$$\Delta U=\int_{R_1}^{R_2}\boldsymbol{E}\cdot\mathrm{d}\boldsymbol{r}=\int_{R_1}^{R_2}\frac{\lambda}{2\pi\varepsilon_0\varepsilon_r r}\mathrm{d}r=\frac{\lambda}{2\pi\varepsilon_0\varepsilon_r}\ln\frac{R_2}{R_1}=\frac{q}{2\pi\varepsilon_0\varepsilon_r L}\ln\frac{R_2}{R_1}$$

根据电容器电容的定义式(9.7.2)可知，圆柱形电容器的电容为

$$C=\frac{q}{\Delta U}=\frac{2\pi\varepsilon_0\varepsilon_r L}{\ln\dfrac{R_2}{R_1}} \tag{9.7.4}$$

3. 球形电容器

球形电容器是由两个同心导体球壳组成的，如图 9.7.3 所示，内外球壳的半径分别为 R_1 和 R_2，其间充满相对介电常数为 ε_r 的均匀电介质。设两极板相对的两个表面上分别带有电量 q 和 $-q$，由有介质存在时的高斯定理可求出球壳之间距离球心 r 处的场强大小为

$$E=\frac{q}{4\pi\varepsilon_0\varepsilon_r r^2}$$

两极板间的电势差为

$$\Delta U=\int_{R_1}^{R_2}\boldsymbol{E}\cdot\mathrm{d}\boldsymbol{r}=\int_{R_1}^{R_2}\frac{q}{4\pi\varepsilon_0\varepsilon_r r^2}\mathrm{d}r=\frac{q}{4\pi\varepsilon_0\varepsilon_r}\left(\frac{1}{R_1}-\frac{1}{R_2}\right)$$

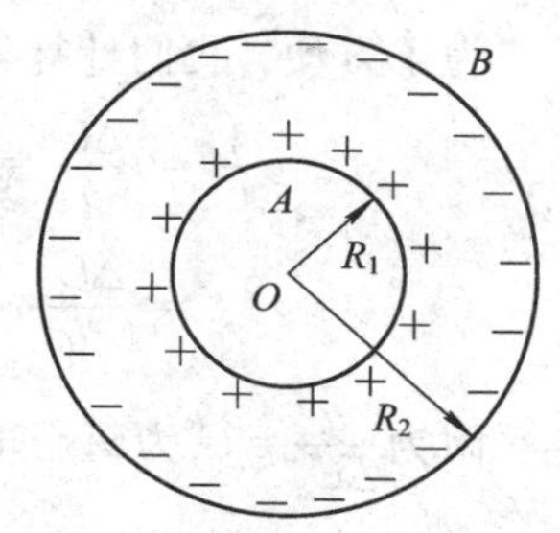

图 9.7.3　球形电容器

根据电容器电容的定义式(9.7.2)可知，圆柱形电容器的电容为

$$C=\frac{q}{\Delta U}=\frac{4\pi\varepsilon_0\varepsilon_r R_1R_2}{R_2-R_1}\tag{9.7.5}$$

从以上三种电容器的计算结果可以看出，电容器的电容与极板所带电荷无关，只与电容器的几何结构有关。两个极板间距越小，电容的值越大，但间距小了也会产生另一个问题，即电容器容易被击穿。对于额定的电压，两极板间距越小，介质中的场强越强，当场强超过一定的限度(击穿场强)时，分子中的束缚电荷能在强电场的作用下变成自由电荷，这时电介质将失去绝缘性能而转化为导体，即电容器被破坏。

9.7.4　电容器的连接

在实际应用中，若已有的电容器的电容或耐压值不满足要求时，可以把几个电容连接起来构成一个电容器组，连接的基本方式有并联和串联两种。

1. 电容器的并联

图 9.7.4 表示 n 个电容器的并联。充电以后，每个电容器两个极板间的电势差相等，设为 ΔU，则有

$$\Delta U=\Delta U_1=\Delta U_2=\cdots=\Delta U_n$$

ΔU 也就是电容器组的电压。电容器组所带总电量为各电容器电量之和，即

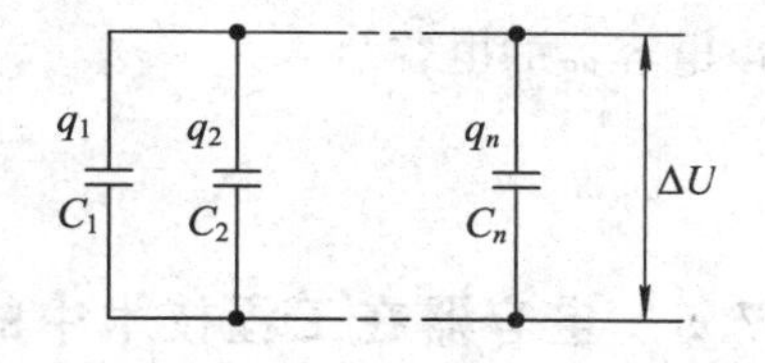

图 9.7.4　电容器的并联

$$q=q_1+q_2+\cdots+q_n$$

所以电容器组的等效电容为

$$C=\frac{q}{\Delta U}=\frac{q_1}{\Delta U_1}+\frac{q_2}{\Delta U_2}+\cdots+\frac{q_n}{\Delta U_n}=\frac{q_1}{\Delta U}+\frac{q_2}{\Delta U}+\cdots+\frac{q_n}{\Delta U}$$

因为 $\frac{q_i}{\Delta U}=C_i$ 为每个电容器的电容，所以有

$$C=C_1+C_2+\cdots+C_n\tag{9.7.6}$$

即并联电容器的等效电容等于每个电容器电容之和。

2. 电容器的串联

图 9.7.5 表示 n 个电容器的串联。充电后，由于静电感应，每个电容器都带上等量异

号的电荷$+q$和$-q$，这也是电容器组所带电量，因此有

$$q = q_1 = q_2 = \cdots = q_n$$

电容器组上的总电压为各电容器的电压之和

$$\Delta U = \Delta U_1 + \Delta U_2 + \cdots + \Delta U_n$$

为了方便，我们计算等效电容的倒数

$$\frac{1}{C} = \frac{\Delta U}{q} = \frac{\Delta U_1}{q_1} + \frac{\Delta U_2}{q_2} + \cdots + \frac{\Delta U_n}{q_n}$$

$$= \frac{\Delta U_1}{q} + \frac{\Delta U_2}{q} + \cdots + \frac{\Delta U_n}{q}$$

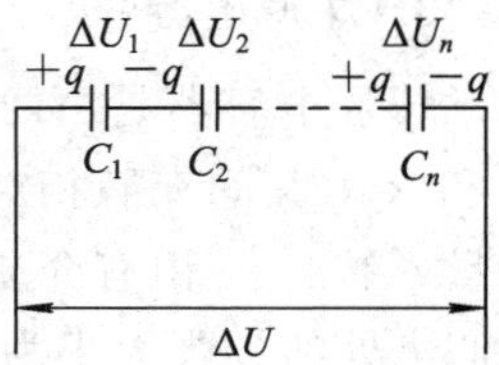

图 9.7.5　电容器的串联

因为$\frac{q}{\Delta U_i}=C_i$为每个电容器的电容，所以有

$$\frac{1}{C} = \frac{1}{C_1} + \frac{1}{C_2} + \cdots + \frac{1}{C_n} \tag{9.7.7}$$

式(9.7.7)表示串联电容器电容的倒数等于各电容器电容的倒数之和。

例 9.7.1　如图 9.7.6 所示，一平行板电容器两极板相距为d，面积为S，平行于极板插入一厚度为t的导体板，忽略边缘效应。试求电容器的电容。

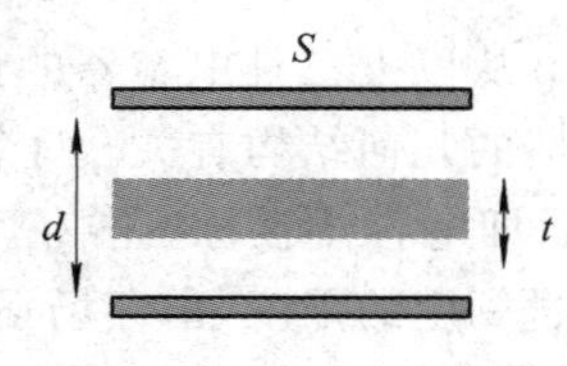

图 9.7.6　例 9.7.1 图

解　设平行板电容器两极板上的电量分别为$+Q$和$-Q$，则极板上的电荷面密度$\sigma=\frac{Q}{S}$，两极板间的场强为

$$E = \frac{\sigma}{\varepsilon_0} = \frac{Q}{\varepsilon_0 S}$$

插入一厚度为t的导体板后达到了静电平衡，导体板内$E=0$，两极板间的电势差为

$$\Delta U = E(d-t) = \frac{Q}{\varepsilon_0 S}(d-t)$$

所以电容器的电容

$$C = \frac{Q}{\Delta U} = \frac{\varepsilon_0 S}{d-t}$$

9.7.5　电容器在工程技术中的应用

由于电容器具有充放电特性，因此直流电流不能“通过”电容器，而交流电流可以“通过”电容器；而且电容器充电和放电的过程是一个电荷积累或者释放的过程，所以电容器两端的电压不会突变。因为电容器具有以上特性，所以电容器在耦合、旁路、滤波、调谐、控制以及储能等方面都得到了广泛的应用。

近年来，随着电动汽车、家用电器、航天航空设备对高功率储能装置需求的提升，传统电容器已经无法满足需求了，因此超级电容器应运而生。超级电容器兼具传统电容器的大电流快速充放电特性与电池的储能特性，既具有电池的能量储存特性，又具有电容器的功率特性。它比传统电解电容器的能量密度高上千倍，可达 1000 W/kg 数量级，而漏电流比传统电解电容小数千倍；它能够瞬间释放数百至数千安培电流，大电流放电甚至短路也不会对其有任何影响；它可充放电 10 万次以上而不需要任何维护和保养，寿命在十年以上。

超级电容器是利用双电层原理的电容器。如图 9.7.7 所示，当外加电压到超级电容器的两个极板上时，与普通电容器一样，极板的正极板存储正电荷，负极板存储负电荷，在超级电容器两极板上产生的电荷在电场作用下，在电解液与电极间的界面上形成了相反的电荷，以平衡电解液的内电场，这种正电荷与负电荷在两个不同相之间的接触面上，以正负电荷之间极短间隙排列在相反的位置上的分布层叫作亥姆霍兹双电层，其电容量非常大。

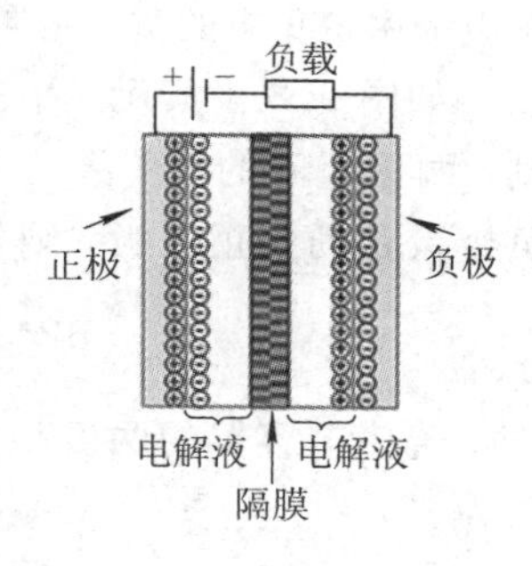

图 9.7.7　双电层超级电容

2019 年，上海首批 10 辆快充高能量智能超级电容车在 26 路投入运营；同时，上海外滩还建成了世界首创的直流超级快充智能充公交终点站。这种搭载中国自主研发的超级电容快充技术的公交车，配合同样国产的智能柔性充电弓，可实现充电 3 分钟，续航 10 公里，满电状态行驶里程可达 30 公里，中途无须再补充充电。图 9.7.8 所示为搭载超级电容的公交车和充电弓。

图 9.7.8　搭载超级电容的公交车和充电弓

9.8　静电场的能量

9.8.1　带电系统的静电能

带电体的带电过程可以看成是电荷转移的过程。因此，可以认为带电体上的电荷是一点点地积累起来的。在积累的过程中，后加上去的电荷要相对于先积累的电荷先移动，由于在电荷之间存在着相互作用的电场力，因此在移动这些电荷时外力必须克服电场力做功。根据能量转化和守恒定律可知，外力对带电体系做的功等于带电体系静电能的增加。设想带电体系中的电荷可以分割为无限多个小部分，且这些部分最初都分散在彼此相距无穷远的地方，通常规定处于这种状态下的静电能为零。于是，任何状态下的带电体系的静电能，等于把各部分电荷从无限分散的状态聚集成现有带电体系时，抵抗静电力所做的全部功。

下面以平行板电容器的充电过程为例，讨论电容器的静电能。

电容器在没充电的时候是没有存储电能的，在充电过程中，外力要克服静电力做功，把正电荷由带负电的负极板搬运到带正电的正极板，外力所做的功就等于电容器存储的静电能。

如图 9.8.1 所示，平行板电容器正处于充电过程，在某时刻，两极板间的电势差为 ΔU，若继续把电量为 $\mathrm{d}q$ 的正电荷从负极板移动到正极板，则外力克服电场力做的功为

$$\mathrm{d}W = \Delta U \mathrm{d}q = \frac{q}{C}\mathrm{d}q$$

若使电容器的两极板分别带有 $\pm Q$ 的电荷，则外力所做的功为

$$W = \int \mathrm{d}W = \int_0^Q \frac{q}{C}\mathrm{d}q = \frac{Q^2}{2C} = \frac{1}{2}Q\Delta U = \frac{1}{2}C\Delta U^2 \tag{9.8.1}$$

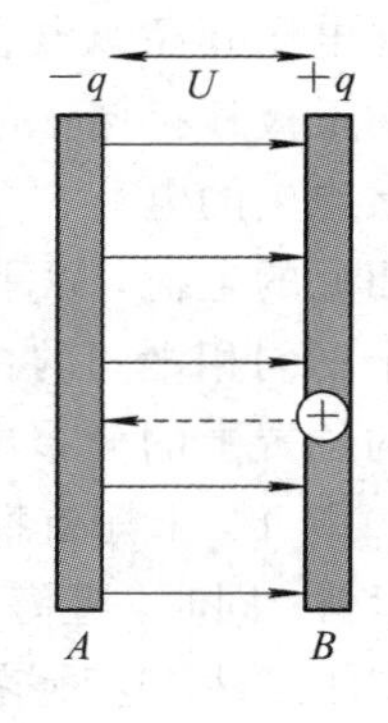

图 9.8.1 电容器的静电能

这就是电容器储存的静电能。由式(9.8.1)可以看出，电势差一定时，电容器的电容越大，其储存的能量越多。从这个意义上讲，电容是电容器储存电能能力大小的标志。

9.8.2 静电场的能量

从上面的讨论可以看到，带电体系都具有一定的静电能，那么这些静电能究竟是集中在电荷上还是定域于电场中呢？这个问题在静电学中无法回答，因为在静电场中电场总是伴随着电荷而存在的。但在第 11 章中我们将会知道，变化的电场和磁场以一定的速度在空间传播时会形成电磁波，电磁场可以脱离激发的场源而传播到很远的地方，而且电磁波携带着能量。大量实验事实表明，电能定域于电场之中，所以，带电体系具有的能量实质上就是该体系所建立的电场能量。

为了简单起见，先以平板电容器为例讨论静电场的能量。对于极板面积为 S，极板间距为 d 的平板电容器，电场所占的体积为 Sd。由式(9.8.1)可知，电容器储存的电场能量为

$$W = \frac{1}{2}C\Delta U^2 = \frac{1}{2}\frac{\varepsilon S}{d}(Ed)^2 = \frac{1}{2}\varepsilon E^2 Sd = \frac{1}{2}\varepsilon E^2 V$$

而电场中单位体积的能量，即电场能量密度

$$w = \frac{W}{V} = \frac{1}{2}\varepsilon E^2 = \frac{1}{2}DE \tag{9.8.2}$$

可以证明，电场能量密度公式适用于任何电场。对任意的电场，可以通过积分求出它储存的能量。在电场中取体积元 $\mathrm{d}V$，在 $\mathrm{d}V$ 内的电场能量密度可看作是均匀的，于是体积 V 中的电场能量为

$$W = \int_V w\mathrm{d}V = \int_V \frac{1}{2}\varepsilon E^2 \mathrm{d}V = \int_V \frac{1}{2}DE\mathrm{d}V \tag{9.8.3}$$

在各向异性的电介质中，D 与 E 的方向不同，这时必须采用更为普遍的表达式

$$W = \int_V \frac{1}{2}\boldsymbol{D}\cdot\boldsymbol{E}\mathrm{d}V \tag{9.8.4}$$

例 9.8.1 一球形电容器内、外球壳的半径分别为 R_1 和 R_2，如图 9.8.2 所示，两球壳之间充满相对介电常量为 ε_r 的电介质，求此电容器带有电量 Q 时所储存的电能。

解　根据介质中的高斯定理

$$\oint_S \boldsymbol{D} \cdot \mathrm{d}\boldsymbol{S} = \sum q_0$$

求得球壳间的 D 电位移矢量的大小为

$$D = \frac{Q}{4\pi r^2}$$

由 $\boldsymbol{D}=\varepsilon_0\varepsilon_r\boldsymbol{E}=\varepsilon\boldsymbol{E}$ 求得

$$E = \frac{Q}{4\pi\varepsilon r^2}$$

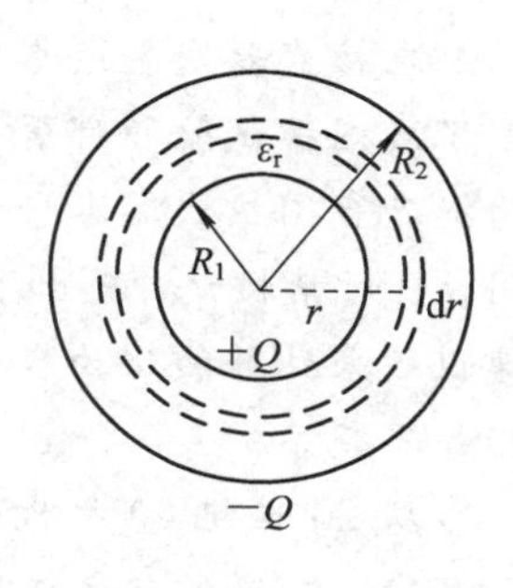

图 9.8.2　例 9.8.1 图

电场的能量密度为

$$w = \frac{1}{2}\varepsilon E^2 = \frac{Q^2}{32\pi^2\varepsilon r^4}$$

取半径为 r、厚度为 $\mathrm{d}r$ 的微元球壳，其体积为 $\mathrm{d}V=4\pi r^2\mathrm{d}r$，则此体积元内的电场能量为

$$\mathrm{d}W = w\mathrm{d}V = \frac{Q^2}{32\pi^2\varepsilon r^4}4\pi r^2\mathrm{d}r = \frac{Q^2}{8\pi\varepsilon r^2}\mathrm{d}r$$

电场总能量为

$$W = \int_{R_1}^{R_2}\frac{Q^2}{8\pi\varepsilon r^2}\mathrm{d}r = \frac{Q^2}{8\pi\varepsilon}\left(\frac{1}{R_1}-\frac{1}{R_2}\right)$$

科学家简介

于　敏

于敏（1926—2019），河北宁河县(今天津宁河区)人，著名核物理学家，“两弹一星”元勋，国家最高科学技术奖获得者。

于敏于1949年毕业于北京大学物理系，曾任二机部九院副院长，核工业部科技委副主任，1980年当选中国科学院院士。

于敏是我国核武器理论研究和国防高技术发展的杰出领军人物之一。20世纪60年代起，于敏投身于我国核武器事业，长期领导并参加核武器的理论研究和设计。在氢弹突破中，他组织领导攻关小组发现了实现氢弹自持热核燃烧的关键，找到了突破氢弹的技术途径，形成了从原理、材料到构型完整的氢弹物理设计方案，带领科研队伍完成了核装置的理论设计，该设计方案成为我国第一代核武器设计方案。于敏作为氢弹小型化技术关键点——气态引爆弹的主要负责人，主持研究并解决了裂变材料的压紧、中子注入及其增殖规律、氘氚点火燃烧规律、轻重介质混合对聚变的影响、高能中子裂变反馈规律等一系列关键问题，提出了加大两个关键环节设计裕量的具体措施。气态引爆弹的研制成功为我国第二代核武器的研制奠定了可靠基础。

在核武器发展战略中，于敏与邓稼先提出了“加快核试验进程”的建议。建议书提前规划了我国核试验的部署，使党中央做出果断决策，为我国争取了宝贵的10年核试验时间，为提升我国核武器水平、推动核武器装备部队并形成战斗力发挥了极为重要的前瞻性作用。针对禁核试，提出了以精密实验室实验等几个方面支撑禁核试后武器研究的设想，该建议被采纳并演化为我国核武器事业发展的四大支柱，至今仍然是我国核武器事业发展的指导思想。

从20世纪70年代起，于敏在倡导、推动国防高科技项目尤其是我国惯性约束核聚变研究中，发挥了重要作用，是我国惯性约束聚变和X光激光领域理论研究的开拓者。

于敏是一位忠于祖国、无私奉献、文理兼修、具有深厚人文素养的科学家，为我国核武器事业做出了不可磨灭的历史性贡献。

延 伸 阅 读

摩擦纳米发电机

摩擦电是自然界中最常见的现象之一，无论是梳头穿衣，还是走路开车都能遇到。但摩擦电又很难被收集和利用，因此往往被人们忽视。2012年，美国佐治亚理工学院教授王中林领导的研究小组开发出了一种透明的柔性摩擦纳米发电机，借助柔性高分子聚合物材料成功地将摩擦转化成了可供使用的电力。摩擦纳米发电机的发明是机械能发电和自驱动系统领域的一个里程碑式的发现，它为有效收集机械能提供了一种全新的模式。

摩擦起电是指两种不同的物体在接触和分开的过程中会带上等量却符号相反的电荷的现象。摩擦纳米发电机利用摩擦起电和静电感应原理，将物体摩擦时所带的电荷及时导出至外电路，从而将机械能转化为电能。摩擦纳米发电机主要由摩擦发电层和静电感应层两部分构成。摩擦发电层由两层电负性差异很大的不同电介质(设厚度分别为d_1和d_2，介电常数分别为ε_1和ε_2)构成，主要用于摩擦起电；静电感应层是电介质背面的电极，主要用于静电感应。当两个电介质在外部机械能的驱动下发生摩擦时，由于摩擦起电效应，在两个电介质接触的界面会产生电荷转移；当两者发生分离时，由摩擦电荷建立的静电场会由于静电感应效应驱动外部电路中的电子发生流动。随着两者不断发生摩擦和分离，表面的电荷密度会逐渐达到饱和。

自摩擦纳米发电机诞生之日起，在全球众多学者的推动下，目前其输出性能已经达到了一个全新的高度。据报道，常规环境下材料表面电荷密度可提升到1020 $\mu C/m^2$，发电功率可高达20 W/m^2，瞬时转换效率近50%。此外，摩擦纳米发电机被证明可用于收集周边环境中各式各样的机械能，如人体跑步、眨眼，机械仪器震动，声波，超声波等。除此之外，摩擦纳米发电机还能将机械信号转化成电信号，因而以此为基础的传感器也是一个热门应用方向，相关的触摸板和电子皮肤也屡见报道。

尽管摩擦纳米发电机应用场景众多，涉及领域广泛，但其基本工作模式主要分为以下四种：

(1) 垂直接触-分离模式。正如图Y9-1(a)所示，两种电子束缚能力不同的膜材料物理接触后，在各自表面带上异种电荷，两膜分离后会在两膜背电极上产生电势差，从而形成电流。两膜后续的接触分离也相应地产生电势差，诱导电流的产生，这种模式被称为垂直接触-分离模式。为实现机械结构上的往复运动，各式各样的结构被开发出来，有拱形、弹簧支撑式、Z 状曲折形、悬臂梁式。此种模式的发电机适用于直线往复运动和瞬时直线冲击。电能来自周期性接触分离时的动能，输出的也是交变电流，该模式有着输出高、膜寿命长等特点，是比较常用的工作模式。然而其分离运动中会形成体积变化的间隙空洞，为发电机的封装带来了一定的挑战。垂直分离接触模式已经被广泛用于收集人体运动、机械振动等运动能量，基于其开发的传感器更能检测磁信号、压力信号、加速度信号、振动信号、汞蒸气含量、儿茶酸含量、声波信息等。

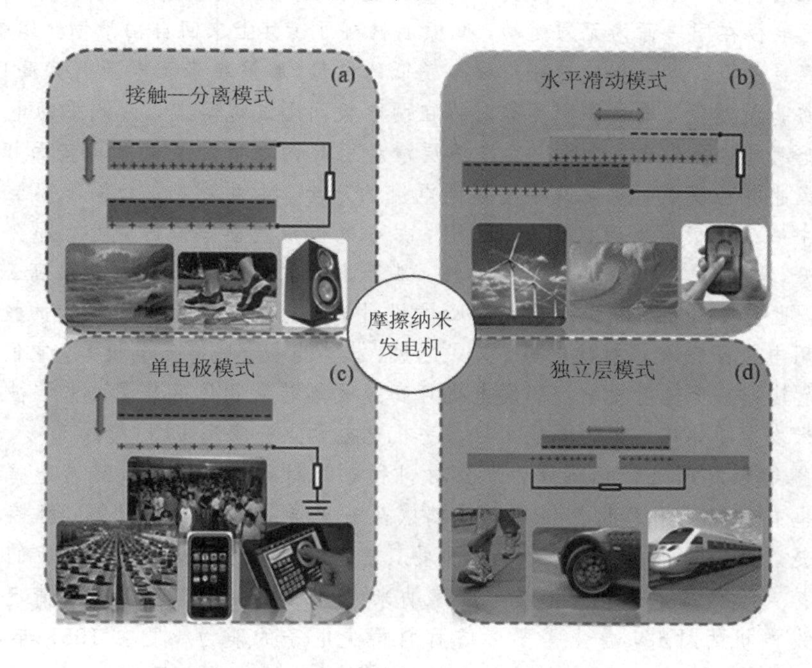

图 Y9-1　摩擦纳米发电机的 4 种模式

(2) 水平滑动模式。如图 Y9-1(b)所示，结构和垂直接触—分离模式相似，不同的是两膜接触分离的运动方向做了 90 度变化。当两膜重合时，由于正负电荷作用相互补偿，外界没有电势差产生，因此一旦膜间发生相对滑动，未能彼此接触的正负电荷就会形成各自的电势，由此在两背电极间出现电势差，诱导电流的产生。同样地，两膜往复地重合与错开，将会在外回路间形成电流。相对于垂直接触分离模式，面内的滑动方向更灵活多变，比较适合收集平面运动、转盘圆柱运动等的能量。更重要的是，此模式的转移电荷量与位移量之间存在良好的线性关系，所制作的传感器可定量分析外部信号。但是，两膜长时间的摩擦会磨损膜表面的微观形貌，导致膜微观表面积和电荷面密度的降低，从而影响输出性能。此外，摩擦也可能会出现碎屑，进一步影响发电机的输出性能。基于此模式的发电机已成功应用到了收集风能、水力动能等形式的能量，也开发出了位移传感器、速度传感器。

(3) 单电极模式。顾名思义，摩擦纳米发电机只有一个输出电极，其他材料与此电极

(或此电极上的材料)产生摩擦，各自带上异种电荷后周期性往复地与此电极接触分离，或如面内滑动模式一样滑入滑出，从而在大地(零电势)和电极间形成电势差，驱动电子在大地和电极间的流动，形成输出电流，如图 Y9-1(c)所示。因为无须为运动物体接上电极，减少了对运动物体的要求，所以这种模式有着较好的实用性，被成功应用到收集空气流动、转动轮胎、液滴下落、记事本翻动的能量，也可用于检测位移信号、触摸传感、轨迹路线、速度角度传感、加速度传感、压力传感、身份验证等诸多信号。由于单电极模式下缺少了另一电极(或其膜)上电荷的库仑力作用，因此电荷的转移能力下降，从而输出也大幅降低。通常以发电目的为主的发电机都避免采用此模式。

(4) 独立层模式。为兼顾单电极模式无电极束缚与双电极高输出的特点，独立层模式应运而生，其两电极在同一面内无须运动，摩擦层材料可在其上来回自由滑动。如图 Y9-1(d)所示，被摩擦层覆盖的电极相应地获得一个较低的电势(摩擦层带正电荷时为高电势)，覆盖面积越大电势也就越低，覆盖面积不等时将在两电极间形成电势差，由此推动电极间电子的移动，直至抵消电势差为止，然而一旦摩擦层滑动引起两电极的摩擦层覆盖面积的变化，两电极的电势差也相应变化，从而诱导电极间电流的产生。由此可见，如果摩擦层运动过程中恰好使得其中一个电极覆盖面积增大的同时，另一电极覆盖面积恰好减小，那么电荷转移能力将大幅提升，从而发电机输出性能也更好。基于此模式的发电机具有输出高、灵活多变等优点的同时，也需要对电极和摩擦层有精心的设计，因此其在设计上有较大的挖掘空间。比较成功的实用电极图案有辐射状电极、叉式电极、棋盘电极、蜂窝三电极等，它们各自有着独特的优势，尤其是基于辐射状电极的发电机可高效收集转动物体的能量，常常被用于制作超高输出的纳米发电机，其产生的电能足以为手机充电和点亮家用 LED 灯。

组成摩擦纳米发电机的材料分为摩擦材料和电极材料。电极材料通常选择金属箔、金属颗粒等，也有研究使用氧化铟锡导电玻璃以及石墨烯等其他导电材料。摩擦材料的选择范围非常广泛，无论是金属、聚合物、氧化物，甚至人的头发、皮肤，几乎我们所知的所有材料都有摩擦起电效应，这大大拓展了摩擦纳米发电机的应用范围。一般情况下，选择用于摩擦纳米发电机的材料，首先需要考虑材料得失电子的能力。早在 1957 年，Wilcke 发表了首个不同材料的摩擦序列，序列中按照不同材料接触时表面易失电子与易得电子的特性排列出材料的相对顺序，两种材料在序列中相对距离越远，则其接触时所带电荷会越多。所以处于摩擦序列两端的材料使用的频率较高，如负电荷端的聚四氟乙烯、聚二甲基硅氧烷，以及处于正电荷端的聚酰胺、聚对苯二甲酸乙二醇酯等。

摩擦起电效应不仅取决于材料的种类，还与材料的表面形貌与结构有关。因此可以通过对材料形貌及结构的设计，达到提高表面电荷密度以及增大摩擦接触面积的目的。随着微纳科技的发展，不同的微纳结构引入到摩擦材料的结构设计中，以达到提高输出功率的目的。如图 Y9-2 所示，在摩擦材料表面生长纳米线或纳米棒阵列，这能够极大地提高材料比表面积，从而提高摩擦电流的大小。

自 1831 年法拉第发现电磁感应现象以来，电磁发电机就作为将机械能转换为电能的主要设备为全世界提供着电能。经过上百年的发展和完善，如今电磁发电机可以高质、高效、高输出地转换高速机械能。但其对工作环境要求比较苛刻，如无法在潮湿等极端恶劣的环境中工作。最重要的是其动力源主要来自汽轮机、柴油机或燃料燃烧，面对日益减少的不可再生资源和愈演愈烈的环境问题，其缺点明显。与之相比，摩擦纳米发电机有着不

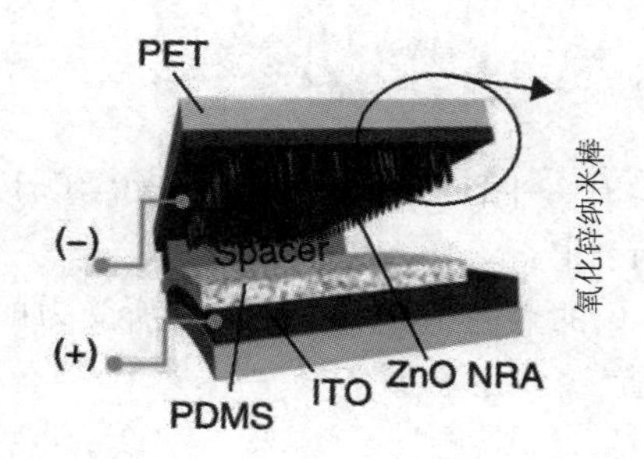

图 Y9-2 摩擦材料表面生长了氧化锌纳米棒阵列的摩擦纳米发电机

可比拟的优点。其收集能量种类广泛，如人体机械能、风能、水能等，只要能引起摩擦的能量，就能被收集，而且清洁无污染。其制备工艺简单，制备价格低廉，利于大规模生产。由于摩擦纳米发电机依赖于摩擦起电和静电感应的耦合作用，因此容易控制其电能的产生，容易实现智能化。

诞生于2012年的摩擦纳米发电机，一经问世就得到了广泛关注和迅猛发展，如今来自四十多个国家四百多个基层单位的三千多名工作人员投身其中。就目前的研究成果来看，摩擦纳米发电机或将在三个领域方向上率先取得突破。首先，发电机可以集成在自驱动系统里，在物联网传感系统中占据一席之地。其次，若作为主动式传感器，在人机交互、机器人、人工智能、安防系统中也有潜在应用价值，未来可实现这些领域的无线通信。再者，因其造价低的特点可大规模集成铺设，形成收集水浪能、风能的大规模阵列，应用到海上可收集蓝色能源。最后，发电机可为特定的高压应用场景提供高压源，已证实的有等离子激励、场发射等，未来还有更多可能有待挖掘。

思 考 题

9.1 $\boldsymbol{E}=\dfrac{\boldsymbol{F}}{q_0}$与$\boldsymbol{E}=\dfrac{1}{4\pi\varepsilon_0}\dfrac{q}{r^2}\boldsymbol{r}_0$两公式有什么区别和联系？对前一公式中的$q_0$有何要求？

9.2 三个相等的电荷放在等边三角形的三个顶点上，是否可以以三角形的中心为球心作一个球面？利用高斯定律求出它们产生的场强。对此球面，高斯定律是否成立？

9.3 如果通过闭合面S的电通量Φ_e为零，那么：

(1) 面S上每一点的场强是否都等于零？

(2) 面内有没有电荷？

(3) 面内净电荷是否为零？

9.4 在真空中有两个相对的平行板，相距为d，板面积均为S，分别带电量$+q$和$-q$。有人说，根据库仑定律，两板之间的作用力$F=\dfrac{q^2}{4\pi\varepsilon_0 d^2}$。又有人说，因$F=qE$，而板间$E=\dfrac{\sigma}{\varepsilon_0}$、$\sigma=\dfrac{q}{S}$，所以$F=\dfrac{q^2}{\varepsilon_0 S}$。还有人说，由于一个板上的电荷在另一板处的电场为$E=\dfrac{\sigma}{2\varepsilon_0}$，所以$F=qE=\dfrac{q^2}{2\varepsilon_0 S}$。这三种说法哪种对？为什么？

练 习 题

9.1 如图 T9-1 所示，有一平面直角坐标系，在(0, 0.1)和(0, −0.1)处分别放置一电荷量 $q=10^{-10}$ C 的点电荷。求：

(1) 电荷量为 $Q=10^{-8}$ C 的点电荷在(0.2, 0)处所受力的大小和方向；

(2) Q 受力最大时的位置。

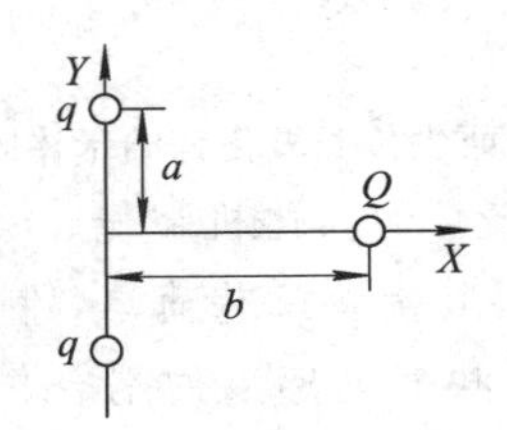

图 T9-1 练习题 9.1 图

9.2 设空间有三个点电荷，其位置和电量分别是：第一个点电荷位于(0, 0)处，电量为 5×10^{-8} C；第二个点电荷位于(3, 0)处，电量为 4×10^{-8} C；第三个点电荷位于(0, 4)处，电量为 -6×10^{-8} C。试计算通过以(0, 0)为球心、半径为 5 m 的球面的总电通量。

9.3 长为 l 的直导线 AB 上均匀地分布着线密度为 λ 的电荷，如图 T9-2 所示。求：

(1) 在导线的延长线上与导线一端 B 相距为 d 的 P 点处的场强和电势；

(2) 在导线的垂直平分线上与导线中点相距为 d 的 Q 点的场强和电势。

9.4 如图 T9-3 所示，用很细的不导电的塑料棒弯成半径为 50 cm 的圆弧，两端空隙为 2 cm，电荷量为 3.12×10^{-9} C 的正电荷均匀分布在细棒上，求圆心处场强的大小和方向以及该处电势的大小。

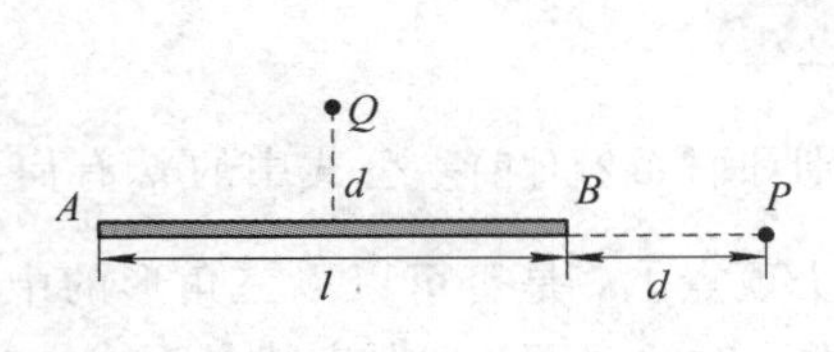

图 T9-2 练习题 9.3 图

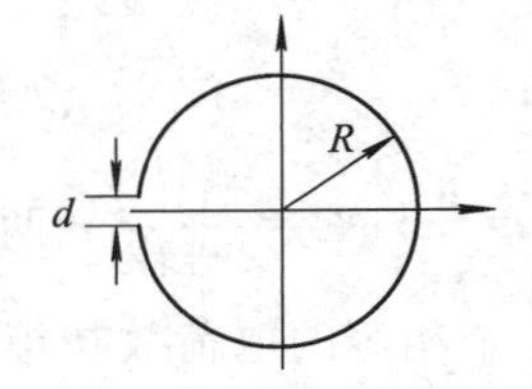

图 T9-3 练习题 9.4 图

9.5 一个半径为 R 的球体内，分布着电荷体密度 $\rho=kr$(r 是径向距离，$k>0$)电荷。求空间的场强分布及电势分布，并画出 E 对 r 的关系曲线。

9.6 如图 T9-4 所示，在半径分别为 10 cm 和 20 cm 的两层假想同心球面中间，均匀分布着电荷体密度为 $\rho=5.29\times10^{-10}$ C/m^3 的正电荷。求离球心 5 cm、15 cm、50 cm 处的电场强度。

9.7 如图 T9-5 所示，一层厚度为 d 的无限大平板，均匀带电，电荷体密度为 ρ。求：

(1) 薄层中央的电场强度；

(2) 薄层内与其表面相距为 r 处的电场强度；

(3) 薄层外的电场强度。

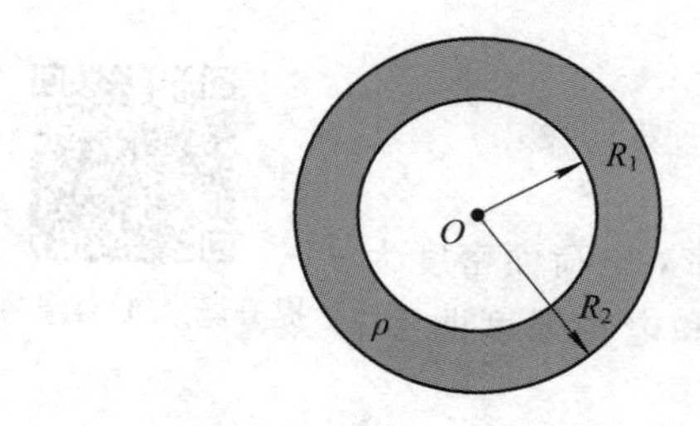

图 T9-4　练习题 9.6 图

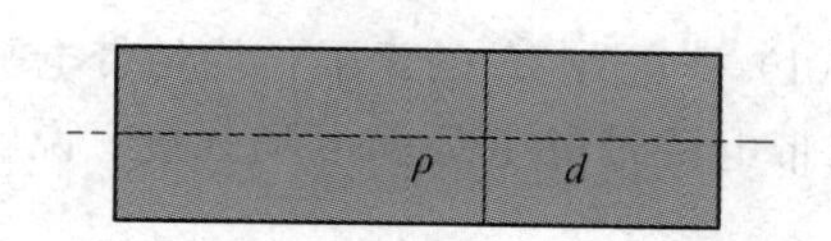

图 T9-5　练习题 9.7 图

9.8　点电荷 q_1、q_2、q_3 和 q_4 的电荷量各为 4×10^{-9} C，放置在一个正方形的四个顶点上，各顶点距正方形中心 O 点的距离均为 5 cm。

(1) 计算 O 点处的场强和电势；

(2) 将一试探电荷 $q_0=4\times10^{-9}$ C 从无穷远移到 O 点，电场力做功为多少？

(3) (2)中所述过程中 q_0 的电势能的改变为多少？

9.9　如图 T9-6 所示，立方体边长 $d=10$ cm，电场强度的分量为 $E_x=bx^{1/2}$，$E_y=E_z=0$，$b=800\ \mathrm{N/(C\cdot m^{1/2})}$，试计算：

(1) 通过立方体表面的总电通量；

(2) 立方体内的总电荷量。

9.10　如图 T9-7 所示，半径为 $R_1=2.0$ cm 的导体球，外套有一同心的导体球壳，壳的内、外半径分别为 $R_2=4.0$ cm 和 $R_3=5.0$ cm，当内球带电荷 $Q=3.0\times10^{-8}$ C 时，求：

(1) 整个电场储存的能量；

(2) 如果将导体壳接地，计算其储存的能量；

(3) 此电容器的电容值。

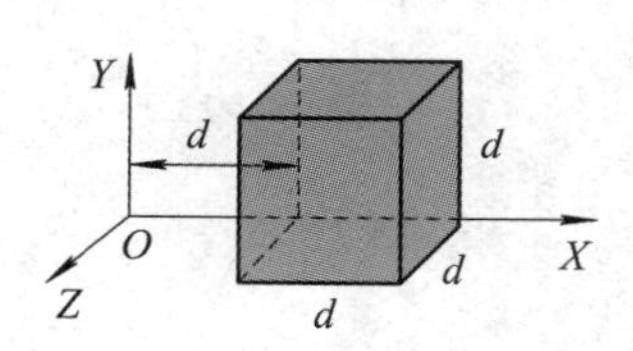

图 T9-6　练习题 9.9 图

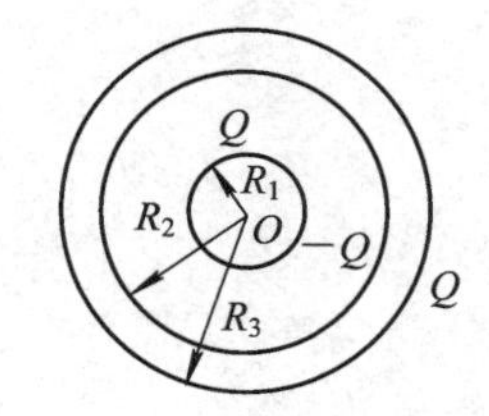

图 T9-7　练习题 9.10 图

9.11　如图 T9-8 所示，一半径为 R 的导体球原来不带电，将它放在点电荷 $+q$ 的电场中，球心与点电荷相距为 d。

(1) 求导体球的电势；

(2) 若将导体球接地，求其上的感应电荷电量。

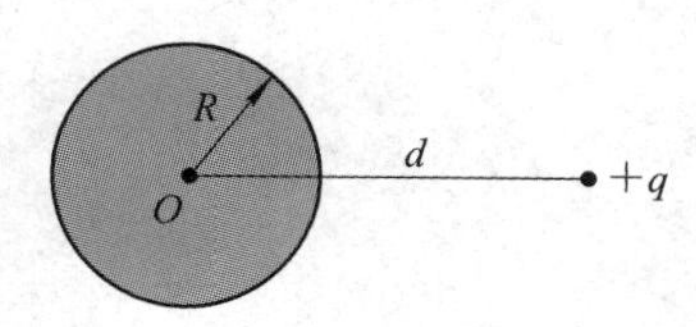

图 T9-8　练习题 9.11 图

提 升 题

提升题 9.1 参考答案

9.1 (1) 一宽为 $2L$ 的无限长均匀带电平面薄带，电荷面密度为 σ ($\sigma>0$)，求带电薄带的电势和电场强度，说明电势和电场强度曲面有什么特点。

(2) 如果还有一块大小相同、带等量异号电荷的无限长薄带，相对平行放置，相距为 d，求两块薄带之间单位长度上的作用力。

9.2 一个半径为 a 的均匀带电圆环，带电量为 $Q(Q>0)$。

提升题 9.2 参考答案

(1) 求圆环平面上的电势和电场强度，说明电势和电场强度随距离变化的曲线有什么特点。

(2) 求圆环周围的电势和电场强度。圆环的电势曲面有什么特点？等势线和电场线有什么特点？

第 10 章　稳恒磁场

磁现象的发现比电现象早得多，人们最早发现并认识磁现象是从天然磁石(磁铁矿)能够吸引铁屑开始的。我国是最早发现和应用磁现象的国家，早在春秋战国时期，《吕氏春秋》中已有“磁石召铁”的记载。东汉著名的唯物主义思想家王充在《论衡》中描述的“司南勺”被公认为最早的磁性指南器具。11 世纪，我国科学家沈括发明了指南针，并发现了地磁偏角。12 世纪初，我国已有关于指南针用于航海的明确记载。

在历史上很长的一段时间里，电学和磁学的研究一直彼此独立地发展着，直到 1820 年丹麦科学家奥斯特(H. C. Oersted)首先发现，位于载流导线附近的磁针会受到力的作用而发生偏转。随后安培(A. M. Ampère)等人又相继发现磁铁附近的载流导线也受到力的作用，两载流导线之间有相互作用力的带电粒子会在磁铁附近发生偏转等。1822 年，安培提出了有关物质磁性本质的假设，他认为一切磁现象的根源是电流，即电荷的运动，任何物体的分子中都存在着分子电流，分子电流相当于基元磁铁，由此产生了磁效应。他的假设与现代物质电结构理论是相符合的，分子中的电子除绕原子核运动外，本身还有自旋运动，分子中电子的这些运动可看作回路电流，即分子电流。由此可知，电流是一切磁现象的根源。

本章将主要讨论稳恒磁场，即不随时间变化的磁场，以及其具有的物理属性和满足的规律。

10.1　电流强度与电流密度

10.1.1　电流强度

大量带电粒子的定向运动形成了电流。带电粒子可以是电子，正、负离子以及半导体中带正电的空穴等，这些带电粒子统称为载流子。

电流的强弱用**电流强度**来描述，它定义为单位时间内通过导体中某一横截面的电量。如果在 $\mathrm{d}t$ 时间内通过导体某一横截面 S 的电量为 $\mathrm{d}q$，则通过该横截面的电流强度为

$$I=\frac{\mathrm{d}q}{\mathrm{d}t}\tag{10.1.1}$$

电流强度是标量，习惯上规定正电荷的运动方向为电流的方向。在国际单位制中，电流强度的单位名称是安[培]，符号是 A。

10.1.2　电流密度

常见的电流是沿着一根导线流动的电流，实际问题中，常常会遇到电流在粗细不均的

导线中流动或在大块导体中流动的情形，如地质勘探中大地中的电流、电解槽内电解液中的电流、气体放电时通过气体的电流等。在这些情况下，导体中不同部分电流的大小和方向都不一样，从而形成了一定的电流分布。为了描述导体中各处电荷定向运动的情况，引入了电流密度的概念。

电流密度 $\boldsymbol{j}$ 的定义：在导体中任意一点，$\boldsymbol{j}$ 的方向与该点电流的方向相同，$\boldsymbol{j}$ 的大小等于在单位时间内通过该点垂直于电流方向的单位面积的电量。在国际单位制中，电流密度的单位是 $\mathrm{A\cdot m^{-2}}$。

如图 10.1.1 所示，设在导体中的某点垂直于电流方向取一面积元 $\mathrm{d}S$，其法向 $\boldsymbol{n}_0$ 取作该点电流的方向。如果通过该面积元的电流为 $\mathrm{d}I$，则该点处电流密度矢量为

$$\boldsymbol{j}=\frac{\mathrm{d}I}{\mathrm{d}S}\boldsymbol{n}_0 \tag{10.1.2}$$

电流密度能精确描述电流场中每一点电流的大小和方向，通常所说的电流分布实际上是指电流密度 $\boldsymbol{j}$ 的分布，而电流的强弱和方向在严格意义上应该是指电流密度的大小和方向。

在大块导体中，电流密度可能各处不同，还可能随时间变化。本章我们只讨论导体内各处的电流密度都不随时间变化的电流，即恒定电流。

设在载流导体内的任一点处取一面积元 $\mathrm{d}\boldsymbol{S}$，如图 10.1.1 所示，$\mathrm{d}\boldsymbol{S}$ 的法向量与该处的电流方向成 θ 角，面元 $\mathrm{d}\boldsymbol{S}$ 在垂直于电流方向上的投影面积 $\mathrm{d}S_{\perp}=\mathrm{d}S\cos\theta$，通过该面积元的电流强度为 $\mathrm{d}I$，则该点的电流密度大小为

$$j=\frac{\mathrm{d}I}{\mathrm{d}S\cos\theta} \tag{10.1.3}$$

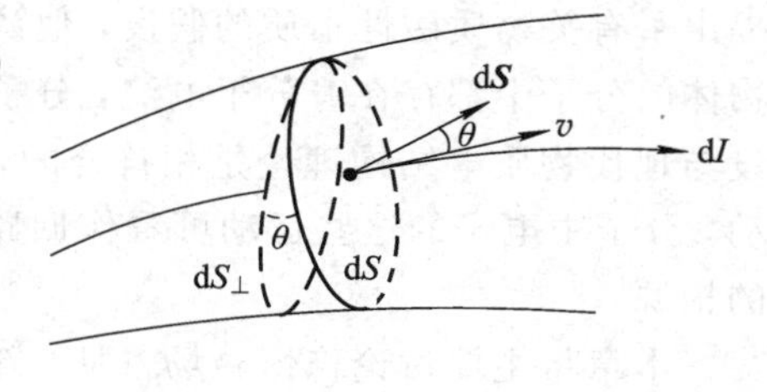

图 10.1.1 电流密度

式(10.1.3)还可写成

$$\mathrm{d}I=j\mathrm{d}S\cos\theta=\boldsymbol{j}\cdot\mathrm{d}\boldsymbol{S} \tag{10.1.4}$$

这就是通过一个面积元 $\mathrm{d}\boldsymbol{S}$ 的电流强度 $\mathrm{d}I$ 与其所在点的电流密度 $\boldsymbol{j}$ 的关系。通过导体中任意横截面 $\boldsymbol{S}$ 的电流强度 I 可表示为

$$I=\int_S\boldsymbol{j}\cdot\mathrm{d}\boldsymbol{S} \tag{10.1.5}$$

式(10.1.5)表明，横截面 $\boldsymbol{S}$ 上的电流强度 I 等于通过该截面的电流密度 $\boldsymbol{j}$ 的通量。

假设导体中只有一种载流子，在没有外加电场的作用下，这些载流子做无规则运动，平均速度为零，不产生电流。在外加电场中，导体中的载流子将有一个平均定向速度 $\boldsymbol{v}$，由此形成电流，这一平均定向速度称为漂移速度。若每个载流子所带的电量为 q，单位体积内载流子数目(即载流子数密度)为 n，则单位时间内通过面积元 $\mathrm{d}\boldsymbol{S}$ 的电流为

$$\mathrm{d}I=(nq\boldsymbol{v})\cdot\mathrm{d}\boldsymbol{S} \tag{10.1.6}$$

比较式(10.1.4)和式(10.1.6)可知，电流密度可写为

$$\boldsymbol{j}=nq\boldsymbol{v} \tag{10.1.7}$$

式中，q 为代数量，对于正载流子($q>0$)，$\boldsymbol{j}$ 与 $\boldsymbol{v}$ 同向；对于负载流子($q<0$)，$\boldsymbol{j}$ 与 $\boldsymbol{v}$ 反向。

10.2 磁感应强度

10.2.1 磁场

现代科学理论和实验都证实，静止电荷之间的相互作用是通过电场来传递的，运动电荷之间、磁铁或电流之间的相互作用也是通过场来传递的，这种场称为**磁场**。

磁场是存在于运动电荷(或电流)周围空间的一种特殊形态的物质。磁场对位于其中的运动电荷有力的作用，这种作用力称为磁场力。运动电荷与运动电荷之间、电流与电流之间、电流或运动电荷与磁铁之间的相互作用，都可看成它们中任意一个激发的磁场对另一个施加作用力的结果。

10.2.2 磁感应强度

在静电学中，为定量描述电场的分布，我们用电场对试验电荷的作用来定义电场强度；类似地，我们采用与研究静电场类似的方法，从磁场对运动电荷的作用出发来定义磁感应强度 $\boldsymbol{B}$。为此，将一电量为 q、以速度 $\boldsymbol{v}$ 运动的试验电荷引入磁场，实验发现，磁场对运动试验电荷的作用力具有如下规律：

(1) 当电荷 q 通过不同场点时，电荷所受到的力各不相同；即便是通过同一场点，当速度的方向不同时，电荷所受到的力也不相同。当电荷速度 $\boldsymbol{v}$ 与磁场方向平行时，电荷不受磁场力的作用。

(2) 当电荷 q 以不同于上述方向的任一方向通过磁场时，其所受磁场力 $\boldsymbol{F}$ 的方向垂直于电荷速度 $\boldsymbol{v}$ 与磁场方向所组成的平面。

(3) 当电荷速度 $\boldsymbol{v}$ 的方向与磁场方向垂直时，电荷所受磁场力最大，而且这个最大磁场力的大小 F_m 与电荷 q 和电荷速度的大小 v 都成正比，但其比值 F_m/qv 与运动电荷的 qv 无关。

根据上面的实验结果定义磁感应强度 $\boldsymbol{B}$ 的大小为

$$B = \frac{F_m}{qv} \qquad (10.2.1)$$

由于最大磁场力 $\boldsymbol{F}_m$ 的方向总是垂直于 $\boldsymbol{B}$ 和 $\boldsymbol{v}$ 组成的平面，如图 10.2.1 所示，因此可以根据正电荷所受最大磁场力 $\boldsymbol{F}_m$ 与电荷的运动速度 $\boldsymbol{v}$ 来确定磁感应强度 $\boldsymbol{B}$ 的方向。$\boldsymbol{B}$ 的方向规定为 $\boldsymbol{F}_m \times q\boldsymbol{v}$ 的方向，这与用小磁针的 N 极确定的磁场方向一致。

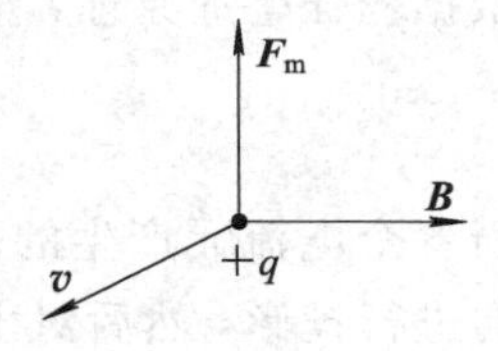

图 10.2.1　磁场中 $\boldsymbol{B}$、$\boldsymbol{v}$、$\boldsymbol{F}_m$ 的关系

在国际单位制中，磁感应强度 $\boldsymbol{B}$ 的单位为 $\mathrm{N \cdot s \cdot C^{-1} \cdot m^{-1} = N \cdot A^{-1} \cdot m^{-1}}$，单位名称为特[斯拉]，符号为 T。根据式(10.2.1)可知，$1\ \mathrm{T} = 1\ \mathrm{N \cdot s \cdot C^{-1} \cdot m^{-1}} = 1\ \mathrm{N \cdot A^{-1} \cdot m^{-1}}$。

地球表面的磁感应强度为 0.3×10^{-4} T(赤道)到 0.6×10^{-4} T (两极)，一般永磁铁的磁感应强度约为 10^{-2} T，大型电磁铁能产生 2 T 的磁场，用超导材料制成的磁体可产生 10^2 T 的磁场。

10.2.3 毕奥-萨伐尔定律

1820 年，法国物理学家毕奥(J. B. Biot)和萨伐尔(F. Savart)对不同形状的载流导线所激发的磁场做了大量实验研究，根据实验结果分析得出了电流元产生磁场的规律。法国数学家和物理学家拉普拉斯(P. S. Laplace)将毕奥和萨伐尔得出的结果归纳为数学公式，总结出了电流元产生的磁感应强度 d$\boldsymbol{B}$ 的公式，我们称之为**毕奥-萨伐尔定律**，其内容表述如下：

真空中，任一电流元 $Id\boldsymbol{l}$ 在给定点 P 所产生的磁感应强度 d$\boldsymbol{B}$ 的大小与电流元的大小成正比，与由电流元 $Id\boldsymbol{l}$ 指向 P 点的矢量 $\boldsymbol{r}$ 和电流元 $Id\boldsymbol{l}$ 之间的夹角 θ 的正弦 $\sin\theta$ 成正比，而与电流元到 P 点的距离 r 的平方成反比。d$\boldsymbol{B}$ 的方向垂直于 $Id\boldsymbol{l}$ 和 $\boldsymbol{r}$ 所构成的平面，指向满足右手螺旋法则，如图 10.2.2 所示，表示成矢量式为

$$\mathrm{d}\boldsymbol{B}=\frac{\mu_0}{4\pi}\frac{I\mathrm{d}\boldsymbol{l}\times\boldsymbol{r}_0}{r^2} \tag{10.2.2}$$

式中：$\boldsymbol{r}_0$ 为由电流元 $Id\boldsymbol{l}$ 指向场点 P 的单位矢量；r 为从电流元所在点到 P 处的矢量 $\boldsymbol{r}$ 的大小；θ 为电流元 $Id\boldsymbol{l}$ 与矢量 $\boldsymbol{r}$ 之间小于 180°的夹角；$\mu_0=4\pi\times10^{-7}\ \mathrm{T\cdot m\cdot A^{-1}}$，称为**真空的磁导率**。

d$\boldsymbol{B}$ 的方向如图 10.2.2 所示，沿矢量积 $Id\boldsymbol{l}\times\boldsymbol{r}_0$ 的方向，即由 d$\boldsymbol{l}$ 小于 180°的角度转向 $\boldsymbol{r}_0$ 时的右手螺旋方向，垂直于 d$\boldsymbol{l}$ 和 $\boldsymbol{r}_0$ 组成的平面。

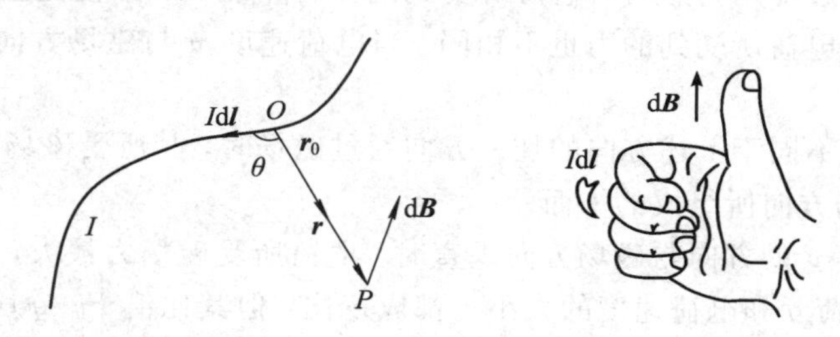

图 10.2.2 电流元的磁感应强度

根据场强叠加原理，整条电流线在 P 点产生的磁场为

$$\boldsymbol{B}=\int_L \mathrm{d}\boldsymbol{B}=\int_L\frac{\mu_0}{4\pi}\frac{I\mathrm{d}\boldsymbol{l}\times\boldsymbol{r}_0}{r^2} \tag{10.2.3}$$

当各个电流元产生的磁感应强度方向不同时，必须选定合适的坐标系，将 d$\boldsymbol{B}$ 沿坐标轴方向进行投影，然后对坐标分量式进行积分，最后把总的磁感应强度矢量表示出来。

需要指出，毕奥-萨伐尔定律是根据大量实验事实分析得出的结果，无法用实验直接验证。然而由该定律得出的结果却与实验符合得很好，这间接地验证了该定律的正确性。

现利用毕奥-萨伐尔定律和叠加原理来计算一些特殊载流回路产生的磁场的磁感应强度。

例 10.2.1 已知载流直导线中通有恒定电流 I，导线长度为 L，导线两端与 P 点连线的夹角分别为 θ_1、θ_2，P 点与导线的距离为 a，如图 10.2.3 所示，求直导线在 P 点产生的磁感应强度。

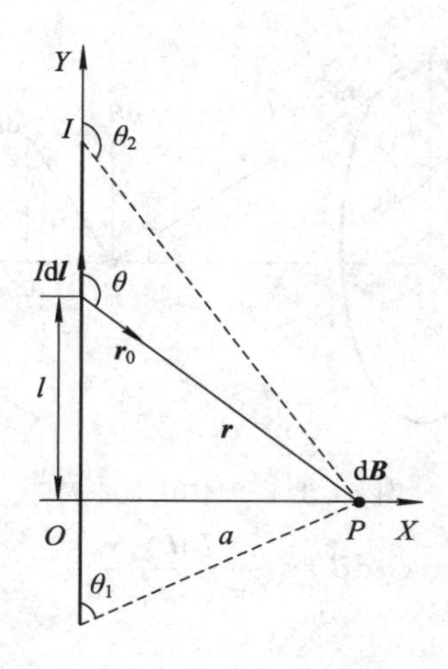

图 10.2.3　例 10.2.1 图

解　如图 10.2.3 所示，选点 P 到导线的垂足为坐标原点，建立直角坐标系 OXY。取电流元 $I\mathrm{d}\boldsymbol{l}$，对应的位置矢量为 $\boldsymbol{r}$，单位矢量为 $\boldsymbol{r}_0$，由毕奥-萨伐尔定律可知，该电流元在 P 点产生的磁场为

$$\mathrm{d}\boldsymbol{B}=\frac{\mu_0}{4\pi}\frac{I\mathrm{d}\boldsymbol{l}\times\boldsymbol{r}_0}{r^2}$$

其大小为

$$\mathrm{d}B=\frac{\mu_0}{4\pi}\frac{I\mathrm{d}l\sin\theta}{r^2}$$

由右手螺旋法则可知，$\mathrm{d}\boldsymbol{B}$ 的方向为垂直于纸面向里，且导线上所有电流元在 P 点产生的磁感应强度方向都在此方向上。

由直角三角形关系得

$$l=-a\cot\theta$$

对等式两边取微分可得 $\mathrm{d}l=a\csc^2\theta\mathrm{d}\theta$，又因为 $r^2=a^2+l^2=a^2\csc^2\theta$，并根据叠加原理可知，整段直电流在 P 点产生的磁感应强度：

$$B=\int_{\theta_1}^{\theta_2}\frac{\mu_0 I}{4\pi a}\sin\theta\mathrm{d}\theta=\frac{\mu_0 I}{4\pi a}(\cos\theta_1-\cos\theta_2)$$

方向为垂直于纸面向里。

当导线的长度远大于点 P 到直导线的距离 a 时，导线可视为无限长，此时可认为 $\theta_1\approx 0$，$\theta_2\approx\pi$，故 $B=\dfrac{\mu_0 I}{2\pi a}$。此式表明，无限长载流直导线周围的磁感应强度大小与 P 点到直线的垂直距离 a 成反比，磁感应强度 $\boldsymbol{B}$ 的方向由右手螺旋法则确定。

例 10.2.2　如图 10.2.4 所示，已知半径为 R 的载流圆环通有恒定电流 I，求圆环轴线上距圆环中心 x 距离处 P 点的磁感应强度。

解　如图 10.2.4 所示，沿轴向建立 OX 轴，在圆环上任取一电流元 $I\mathrm{d}\boldsymbol{l}$，$P$ 点相对于电流元的位置矢量为 $\boldsymbol{r}$，对应的单位矢量为 $\boldsymbol{r}_0$。根据毕奥-萨伐尔定律可知，电流元 $I\mathrm{d}\boldsymbol{l}$ 产生的磁感应强度 $\mathrm{d}\boldsymbol{B}$ 为

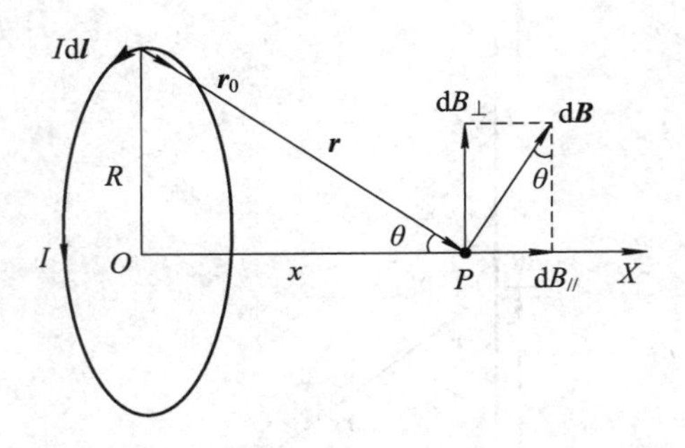

图 10.2.4 例 10.2.2 图

$$\mathrm{d}\boldsymbol{B}=\frac{\mu_0}{4\pi}\frac{I\mathrm{d}\boldsymbol{l}\times\boldsymbol{r}_0}{r^2}$$

其大小为

$$\mathrm{d}B=\frac{\mu_0}{4\pi}\frac{I\mathrm{d}l}{r^2}$$

d$\boldsymbol{B}$ 的方向垂直于 $I\mathrm{d}\boldsymbol{l}$ 与 $\boldsymbol{r}_0$ 确定的平面向上，若选取的电流元不同，则产生的 d$\boldsymbol{B}$ 的方向也不同，载流圆环上各电流元在 P 点激发的 d$\boldsymbol{B}$ 的方向分布在以 OP 为轴、P 为顶点的一个圆锥面上。根据矢量叠加原理可知，P 点磁感应强度的方向沿 OX 轴正向。

将 d$\boldsymbol{B}$ 分解为垂直轴向分量 $\mathrm{d}B_\perp$ 和沿轴向分量 $\mathrm{d}B_{/\!/}$：

$$\mathrm{d}B_\perp=\mathrm{d}B\cos\theta$$
$$\mathrm{d}B_{/\!/}=\mathrm{d}B\sin\theta$$

由对称性可知，$B_\perp=\int\mathrm{d}B_\perp=0$，所以

$$B_{/\!/}=\int_L\mathrm{d}B_{/\!/}=\int_L\frac{\mu_0 I}{4\pi r^2}\sin\theta\mathrm{d}l=\frac{\mu_0 IR^2}{2\sqrt{(R^2+x^2)^3}}$$

即 $\boldsymbol{B}=B_{/\!/}\boldsymbol{i}=\dfrac{\mu_0 IR^2}{2\sqrt{(R^2+x^2)^3}}\boldsymbol{i}$。

讨论：(1) 当 $x=0$ 时，圆环电流在其圆心处产生的磁感应强度的大小为 $B_0=\dfrac{\mu_0 I}{2R}$；一段圆心角为 α 的圆弧电流在圆心处产生的磁感应强度的大小为 $B=\dfrac{\mu_0 I\alpha}{4\pi R}$。

(2) 当 $x\gg R$ 时，圆环在轴线上远离圆心处产生的磁感应强度的大小为 $B\approx\dfrac{\mu_0 IR^2}{2x^3}=\dfrac{\mu_0 IS}{2\pi x^3}$。

对平面载流线圈，通常定义**载流线圈的磁矩**为

$$\boldsymbol{P}_\mathrm{m}=I\boldsymbol{S}\tag{10.2.4}$$

其中，$\boldsymbol{S}=S\boldsymbol{n}_0$，$\boldsymbol{n}_0$ 为平面线圈的法向量，$\boldsymbol{n}_0$ 与电流 I 成右螺旋关系，如图 10.2.5 所示。磁矩是一个重要的物理量，在研究物质的磁性时经常用到。

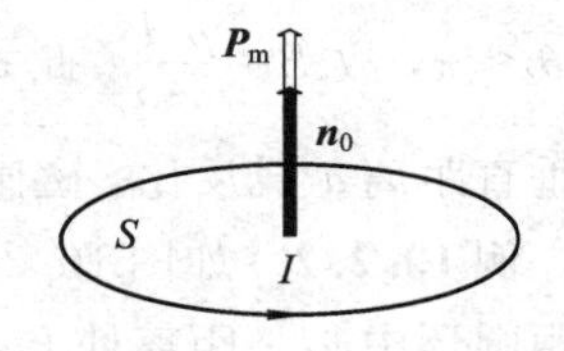

图 10.2.5 载流线圈的磁矩

引入磁矩后，考虑到磁矩方向和 $\boldsymbol{B}$ 方向相同，则轴线上远离圆心处的磁感应强度为

$$\boldsymbol{B}=\frac{\mu_0 \boldsymbol{P}_{\mathrm{m}}}{2\pi x^3}$$

10.2.4　运动电荷产生的磁场

视频 10-1

导体中的电流就是大量带电粒子的定向运动，因此，电流产生的磁场实际上就是运动电荷产生磁场的宏观表现。下面从毕奥-萨伐尔定律导出运动电荷产生的磁场的表达式。

如图 10.2.6 所示，设导体横截面积为 S，单位体积中的载流子数为 n，每个载流子的带电量为 q，以平均速度 $\boldsymbol{v}$ 沿电流方向运动，$\boldsymbol{v}$ 的方向与电流方向一致，则在单位时间内通过横截面 S 的电量 $Q=I=qnvS$，电流元 $I\mathrm{d}\boldsymbol{l}$ 中的载流子数目 $\mathrm{d}N=nS\mathrm{d}l$，由毕奥-萨伐尔定律可知，电流元 $I\mathrm{d}\boldsymbol{l}$ 在 P 点产生的磁场为

$$\mathrm{d}\boldsymbol{B}=\frac{\mu_0}{4\pi}\frac{I\mathrm{d}\boldsymbol{l}\times\boldsymbol{r}_0}{r^2}=\frac{\mu_0}{4\pi}\frac{qnvS\mathrm{d}\boldsymbol{l}\times\boldsymbol{r}_0}{r^2}=\frac{\mu_0}{4\pi}\frac{\mathrm{d}N}{r^2}q\boldsymbol{v}\times\boldsymbol{r}_0$$

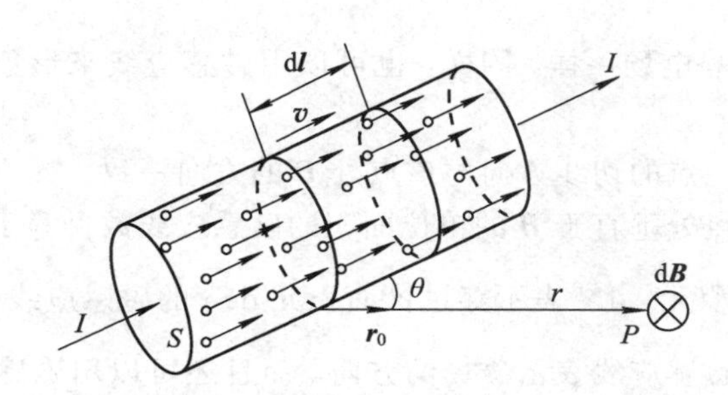

图 10.2.6　运动电荷产生的磁场

该磁场是 $I\mathrm{d}\boldsymbol{l}$ 中的 $\mathrm{d}N$ 个载流子共同产生的，则一个运动电荷在 P 点产生的磁感应强度：

$$\boldsymbol{B}=\frac{\mathrm{d}\boldsymbol{B}}{\mathrm{d}N}=\frac{\mu_0}{4\pi}\frac{q\boldsymbol{v}\times\boldsymbol{r}_0}{r^2}\tag{10.2.5}$$

其中，$\boldsymbol{r}_0$ 是由运动电荷指向 P 点的单位矢量，r 是运动电荷到 P 点的距离。

例 10.2.3　如图 10.2.7 所示，电荷 q 均匀分布于半径为 R 的塑料薄圆盘上，若该圆盘绕垂直于盘面的中心轴以角速度 ω 旋转，试求盘心处的磁感应强度和圆盘的磁矩。

视频 10-2

解　将圆盘看作是由无穷多个圆环组成的。对半径为 r、宽为 $\mathrm{d}r$ 的圆环，其带电量 $\mathrm{d}q=\sigma 2\pi r\mathrm{d}r$，电荷面密度 $\sigma=\dfrac{q}{\pi R^2}$。当盘以角速度 ω 旋转时，圆环转动形成圆电流，电流强度大小为

$$\mathrm{d}I=\frac{\mathrm{d}q}{2\pi/\omega}=\frac{\omega}{2\pi}\mathrm{d}q$$

圆电流在盘心处产生的磁感应强度为

$$\mathrm{d}B=\frac{\mu_0\mathrm{d}I}{2r}=\frac{1}{2}\mu_0\sigma\omega\mathrm{d}r$$

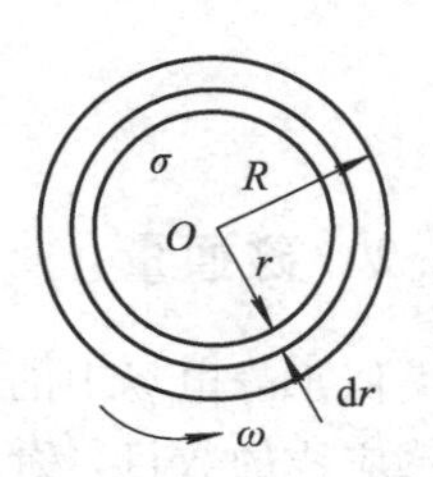

图 10.2.7　例 10.2.3 图

各圆电流在盘心处产生的 $\mathrm{d}B$ 方向都相同，故盘绕垂直于盘面

的中心轴旋转，盘心处的磁感应强度大小为

$$B=\int \mathrm{d}B=\int_0^R \frac{1}{2}\mu_0\sigma\omega\mathrm{d}r=\frac{\mu_0 q\omega}{2\pi R}$$

半径为 r、宽为 $\mathrm{d}r$ 的圆环，以角速度 ω 旋转时形成圆电流，它的磁矩为

$$\mathrm{d}P_\mathrm{m}=S\mathrm{d}I=\pi r^2\mathrm{d}I=\frac{q\omega}{R^2}r^3\mathrm{d}r$$

各圆电流产生的磁矩 $\mathrm{d}P_\mathrm{m}$ 方向都相同，所以圆盘的磁矩为

$$P_\mathrm{m}=\int \mathrm{d}P_\mathrm{m}=\int_0^R \frac{q\omega}{R^2}r^3\mathrm{d}r=\frac{R^2 q\omega}{4}$$

10.3 磁场的高斯定理

10.3.1 磁感应线

如同用电场线描绘静电场一样，同样，也可以用磁感应线来形象地描绘磁场。因此有如下规定：

(1) 磁感应线上任一点的切线方向与该点处 $\boldsymbol{B}$ 的方向一致。

(2) 穿过磁场中某点处垂直于 $\boldsymbol{B}$ 的单位面积的磁感应线数目等于该点 $\boldsymbol{B}$ 的大小，若用 $\mathrm{d}S_\perp$ 表示垂直于 $\boldsymbol{B}$ 的面积元，$\mathrm{d}N$ 表示穿过该面积元 $\mathrm{d}S_\perp$ 的磁感应线条数，则 $\frac{\mathrm{d}N}{\mathrm{d}S_\perp}=B$。

这样，不仅可以用磁感应线表示磁场的方向，而且还可以用磁感应线的疏密表示磁场的强弱。

图 10.3.1 是根据实验描绘的几种磁感应线的示意图。从图 10.3.1 中可以看出，磁感应线具有以下性质：① 任意两条磁感应线不可能在空间相交；② 磁感应线都是闭合曲线；③ 磁感应线的回转方向与电流方向满足右手螺旋法则。磁感应线的这些特点与静电场的电场线是很不相同的。

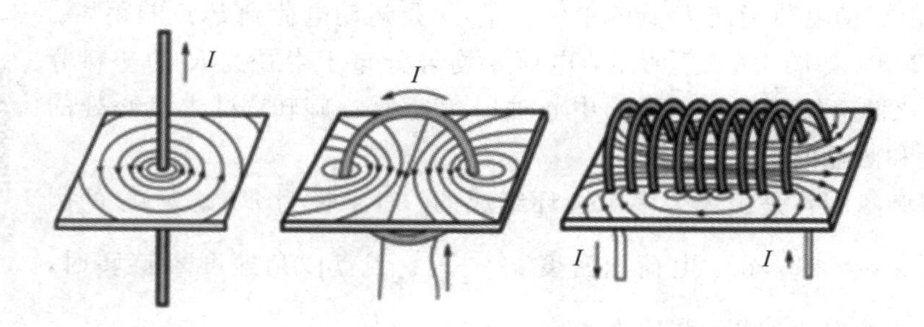

图 10.3.1 几种电流周围磁场的磁感应线

10.3.2 磁通量

类似于静电场中的电通量，在讨论磁场时，引入磁通量的概念。穿过磁场中某一曲面的磁感应线的数目，称为穿过该曲面的**磁通量**，用符号 Φ_m 表示。

在非匀强磁场中，要计算穿过任一曲面的磁通量，需要使用微积分的方法，如图

10.3.2 所示，对曲面 S 进行分割，使每一个面积元 $\mathrm{d}S$ 均可视为平面，对应的磁感应强度可视为均匀情况，则通过面积元 $\mathrm{d}S$ 的磁通量为

$$\mathrm{d}\Phi_{\mathrm{m}} = \boldsymbol{B} \cdot \mathrm{d}\boldsymbol{S} \tag{10.3.1}$$

通过整个曲面的磁通量为

$$\Phi_{\mathrm{m}} = \int_S \mathrm{d}\Phi_{\mathrm{m}} = \int_S \boldsymbol{B} \cdot \mathrm{d}\boldsymbol{S} \tag{10.3.2}$$

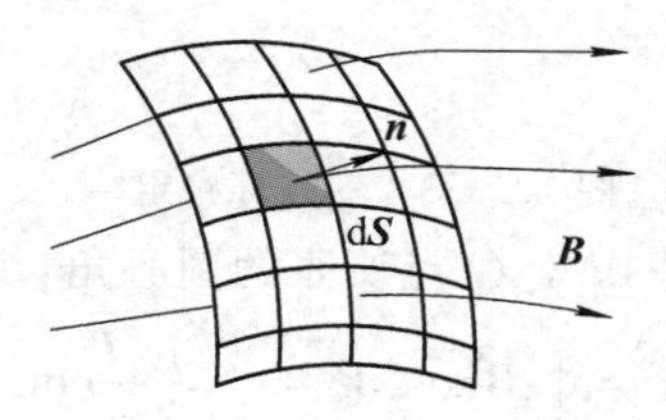

图 10.3.2　磁通量

在国际单位中，磁通量的单位为韦伯(Wb)，1 Wb=1 T·m²。

对于闭合曲面 S，我们仍规定由内向外为法线的正方向。这样，当磁感应线从曲面内穿出时，Φ_{m} 为正；当穿入曲面时，Φ_{m} 为负。因此闭合曲面的总磁通量为

$$\Phi_{\mathrm{m}} = \oint_S \mathrm{d}\Phi_{\mathrm{m}} \tag{10.3.3}$$

它等于从闭合曲面 S 内穿出的磁感应线根数减去穿入 S 面内的磁感应线根数。

10.3.3　磁场的高斯定理

由于载流导线产生的磁感应线是无头无尾的闭合曲线，因此从一个闭合曲面的某处穿入的磁感应线必然要从另一处穿出。也就是说，**通过任意闭合曲面的磁通量恒等于零**，即

$$\oint_S \boldsymbol{B} \cdot \mathrm{d}\boldsymbol{S} = 0 \tag{10.3.4}$$

式(10.3.4)称为**磁场的高斯定理**。磁场的高斯定理表明，磁场是无源场。

对照静电场的高斯定理，磁场的高斯定理实际上表明，不可能存在单极磁荷，或者说磁单极是不存在的。

10.3.4　安培环路定理

在静电场中，电场强度沿任一闭合路径 L 的积分(环流)等于零，即 $\oint_L \boldsymbol{E} \cdot \mathrm{d}\boldsymbol{l} = 0$，它反映了静电场是保守场这一重要性质。那么在恒定磁场中，磁感应强度 $\boldsymbol{B}$ 沿任一闭合路径 L 的积分 $\oint_L \boldsymbol{B} \cdot \mathrm{d}\boldsymbol{l}$ 也称为 $\boldsymbol{B}$ 的环流，它又如何呢？下面以长直载流导线产生的磁场为例来求 $\oint_L \boldsymbol{B} \cdot \mathrm{d}\boldsymbol{l}$ 的值。

如图 10.3.3(a)所示，在垂直于长直载流导线的平面内，环绕载流导线做任意环路 L，在 L 上任取线元 $\mathrm{d}\boldsymbol{l}$，当闭合回路 L 的绕行方向与电流方向满足右手螺旋法则时，$\mathrm{d}\boldsymbol{l}$ 与 $\boldsymbol{B}$ 的夹角等于 θ，$\mathrm{d}\boldsymbol{l}$ 处磁感应强度的大小为 $B = \dfrac{\mu_0 I}{2\pi r}$，$\boldsymbol{B}$ 的方向为沿半径为 r 的圆环的切线方向，

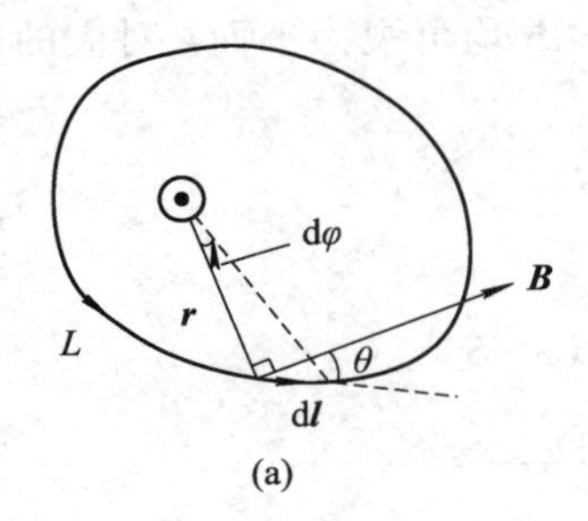

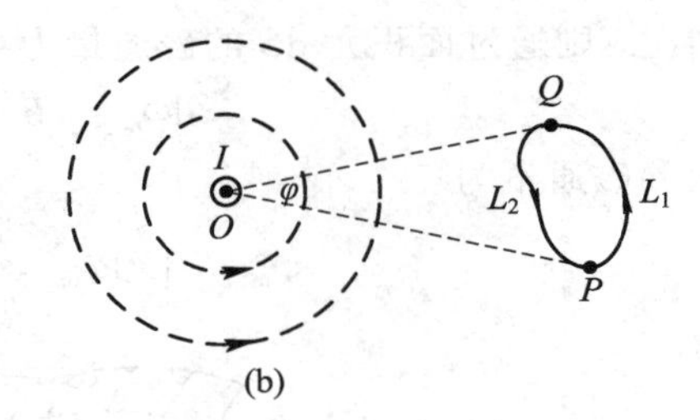

图 10.3.3 安培环路定律

方向由右手螺旋法则确定，$d\varphi$ 是 $d\boldsymbol{l}$ 对 O 点所张的圆心角，则

$$\oint_L \boldsymbol{B} \cdot d\boldsymbol{l} = \oint_L B\cos\theta dl = \oint_L \frac{\mu_0 I}{2\pi r} r d\varphi = \mu_0 I$$

若环路 L 绕向相反，则同理可得

$$\oint_L \boldsymbol{B} \cdot d\boldsymbol{l} = -\mu_0 I$$

当环路 L 不包围电流时，如图 10.3.3(b)所示，上述积分等于零，即

$$\oint_L \boldsymbol{B} \cdot d\boldsymbol{l} = 0$$

若环路不在垂直于电流的平面内，则可将环路分解为在该平面内的环路和与该平面垂直的环路两部分。对与该平面垂直的部分，有 $\boldsymbol{B} \cdot d\boldsymbol{l} = 0$，故只需考虑在该平面内的环路即可。

以上讨论虽然是针对长直载流导线的，但其结论具有普遍性。对于任意的稳恒电流所产生的磁场，闭合回路 L 也不一定是平面曲线，并且穿过闭合回路的电流还可以有许多个，都具有与上面讨论相同的特性。这一普遍性、规律性的关系式称为安培环路定理，可表述如下：

在真空中，磁感应强度 $\boldsymbol{B}$ 沿任意闭合路径 L 的线积分(也称为 $\boldsymbol{B}$ 的环流)，等于这个环路 L 包围的所有电流的代数和的 μ_0 倍。其数学表达式为

$$\oint_L \boldsymbol{B} \cdot d\boldsymbol{l} = \mu_0 \sum I_{\text{int}} \tag{10.3.5}$$

式中，电流 I 的正负规定为：当穿过回路 L 的电流方向与回路 L 的绕行方向服从右手螺旋法则时，电流 I 为正；反之，I 为负。若电流 I 不被回路 L 包围，则它对环流无贡献。为叙述方便，式(10.3.5)中的闭合积分回路 L 称为安培环路。

需要指出的是，式(10.3.5)左端的 $\boldsymbol{B}$ 表示 L 回路上的磁感应强度，它是由空间所有电流共同激发的；式(10.3.5)右端的 $\sum I_{\text{int}}$ 决定了 $\boldsymbol{B}$ 沿回路 L 的环流，它只与回路所包围的电流有关。安培环路定理表明：磁场是有旋场，磁场中的磁感应线是闭合的。

应用安培环路定理可以较为简便地计算某些具有特定对称性的载流导线的磁场分布。

例 10.3.1 已知半径为 R 的无限长均匀载流圆柱体通有恒定电流 I，电流均匀分布在横截面上，求圆柱体内外的磁场分布。

解 如图 10.3.4 所示，无限长均匀载流圆柱体产生的磁场具有对称性，其磁感应线是在垂直于圆柱体的平面上以圆柱体轴线为中心的一系列同心圆，同一圆周上各点 $\boldsymbol{B}$ 的大小

相等，磁感应强度 $\boldsymbol{B}$ 的方向与电流方向满足右手螺旋法则。

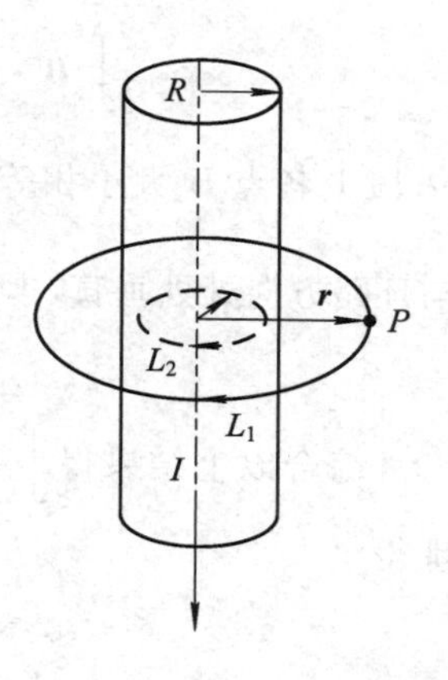

图 10.3.4　例 10.3.1 图

现在计算圆柱体外任一点 P 的磁感应强度。取过 P 点、半径为 r 的圆为闭合回路L_1，回路绕行方向与电流方向满足右手螺旋法则，则

$$\oint_{L_1} \boldsymbol{B} \cdot \mathrm{d}\boldsymbol{l} = \oint_{L_1} B\mathrm{d}l = B\oint_{L_1} \mathrm{d}l = B2\pi r$$

又因为

$$\mu_0 \sum I_{\text{int}} = \mu_0 I$$

所以由安培环路定理可知，载流圆柱体外部 P 点的磁感应强度为

$$B = \frac{\mu_0 I}{2\pi r}$$

若 P 点在圆柱体内部，建立参考回路L_2，则

$$\oint_{L} \boldsymbol{B} \cdot \mathrm{d}\boldsymbol{l} = \oint_{L} B\mathrm{d}l = B\oint_{L} \mathrm{d}l = B2\pi r$$

又因为

$$\mu_0 \sum I_{\text{int}} = \mu_0 \frac{Ir^2}{R^2}$$

所以由安培环路定理可知，载流圆柱体内部 P 点的磁感应强度为

$$B = \frac{\mu_0 Ir}{2\pi R^2}$$

综合两处结果，B 在空间的分布为

$$B = \begin{cases} \dfrac{\mu_0 Ir}{2\pi R^2} & (r < R) \\[2ex] \dfrac{\mu_0 I}{2\pi r} & (r > R) \end{cases}$$

可见，在圆柱体内部，磁感应强度 $\boldsymbol{B}$ 的大小与离轴线的距离 r 成正比；而在圆柱体外，磁感应强度 $\boldsymbol{B}$ 的大小与离轴线的距离 r 成反比。

例 10.3.2　求无限长载流长直密绕螺线管内部的磁场。已知半径为 R 的长直螺线管通有恒定电流 I，单位长度的导线匝数为 n，求长直螺线管内部的磁场分布。

解　由实验可知，长直密绕螺线管距离管壁很近的外部磁场很弱，可近似看作 $\boldsymbol{B}=0$。而在螺线管内部则为一个匀强磁场，方向符合右手螺旋法则，如图 10.3.5 所示。

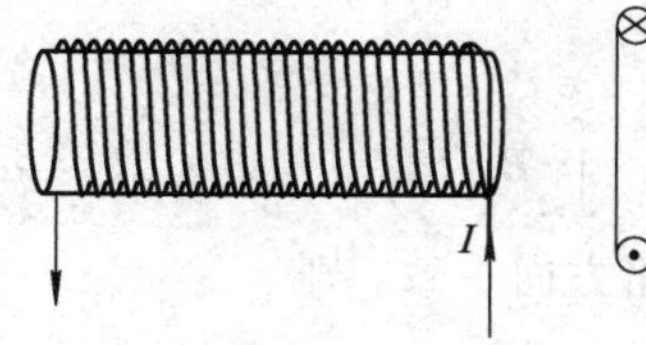

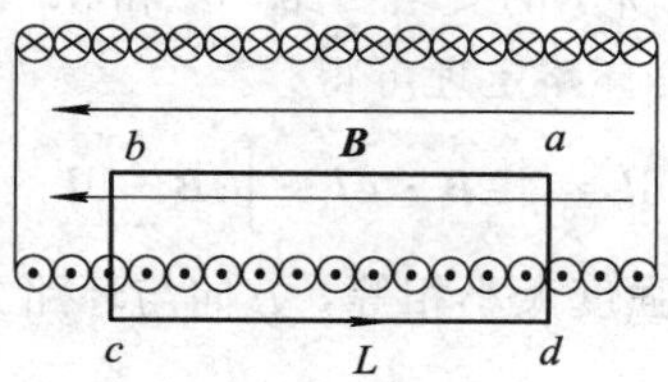

图 10.3.5　例 10.3.2 图

建立 L_{abcda} 闭合矩形环路，根据安培环路定理得

$$\oint_L \boldsymbol{B}\cdot d\boldsymbol{l} = \int_{ab}\boldsymbol{B}\cdot d\boldsymbol{l} + \int_{bc}\boldsymbol{B}\cdot d\boldsymbol{l} + \int_{cd}\boldsymbol{B}\cdot d\boldsymbol{l} + \int_{da}\boldsymbol{B}\cdot d\boldsymbol{l}$$

ab 段上各点 B 大小相等，$\boldsymbol{B}$ 方向与环路方向一致，则 $\int_{ab}\boldsymbol{B}\cdot d\boldsymbol{l} = B\overline{ab}$；$bc$、$da$ 段上，$\boldsymbol{B}$ 方向与环路方向处处垂直，则 $\int_{bc}\boldsymbol{B}\cdot d\boldsymbol{l} = 0$，$\int_{da}\boldsymbol{B}\cdot d\boldsymbol{l} = 0$；$cd$ 段上，$\boldsymbol{B}$ 处处为零，则 $\int_{cd}\boldsymbol{B}\cdot d\boldsymbol{l} = 0$。

综合以上结果得 $\oint_L \boldsymbol{B}\cdot d\boldsymbol{l} = B\overline{ab}$，回路 L 包围的电流代数和为 $nI\overline{ab}$，由安培环路定理得

$$B\overline{ab} = \mu_0 nI\overline{ab}$$
$$B = \mu_0 nI$$

由 $\overline{ab}$ 位置的任意性可知，长直螺线管内各点 $\boldsymbol{B}$ 的大小均为 $\mu_0 nI$，方向平行于轴线。在实验中，常利用载流长直螺线管来获得均匀磁场。

例 10.3.3 设一无限大导体薄平板垂直于纸面放置，其上有方向垂直于纸面朝外的电流通过，面电流密度为 j，求无限大平板电流的磁场分布。

解 无限大平板电流的磁场可视为无限多平行直电流产生的磁场。因此，空间的磁场分布具有对称性。现计算空间任意一点 P 点的磁感应强度。设 P 点在以无限大薄平板为分界面的上半空间。取对称的长直电流元 dx_1 和 dx_2，由图 10.3.6 可以看出，其合磁场方向平行于电流平面且水平向左。根据对称性可知，整个无限大平面电流在 P 点的磁场方向应平行于平面指向左，而在平面下方的场点 P' 处，其磁场方向则应平行于平面指向右。又因为平面具有对称性，所以凡与平面等距离的场点，其 $\boldsymbol{B}$ 的大小应相等。对于平面上下的 P 点与 P' 点来说，磁场的方向虽相反，但只要它们与平面的距离相等，磁感应强度的大小就相等。

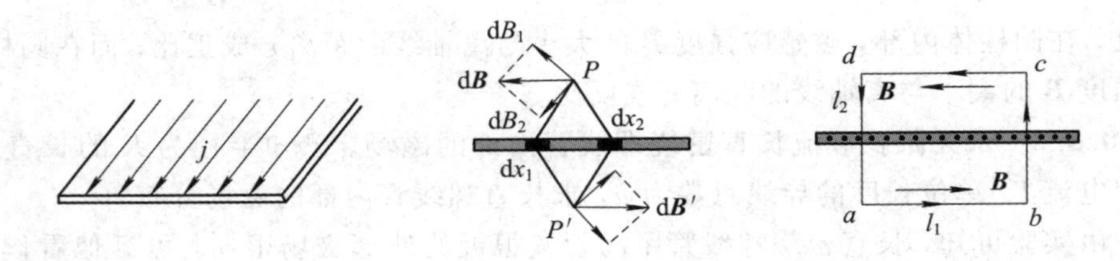

图 10.3.6 例 10.3.3 图

作如图 10.3.6 所示的安培回路，bc 和 da 两边被电流所在平面等分。ab 和 cd 与电流平面平行，根据安培环路定理可得

$$\oint_L \boldsymbol{B}\cdot d\boldsymbol{l} = \int_{ab}\boldsymbol{B}\cdot d\boldsymbol{l} + \int_{bc}\boldsymbol{B}\cdot d\boldsymbol{l} + \int_{cd}\boldsymbol{B}\cdot d\boldsymbol{l} + \int_{da}\boldsymbol{B}\cdot d\boldsymbol{l} = \mu_0\,\overline{ab}j$$

ab 段上各点磁感应强度大小相等，方向与环路方向一致，则

$$\int_{ab}\boldsymbol{B}\cdot d\boldsymbol{l} = B\overline{ab}$$

bc、da 段上，$\boldsymbol{B}$ 方向与环路方向处处垂直，则

$$\int_{bc}\boldsymbol{B}\cdot d\boldsymbol{l} = \int_{da}\boldsymbol{B}\cdot d\boldsymbol{l} = 0$$

cd 段上，各点磁感应强度大小相等，方向与环路方向一致，并且 $B'=B$，则

$$\int_{cd} \boldsymbol{B} \cdot \mathrm{d}\boldsymbol{l} = \int_{cd} \boldsymbol{B}' \cdot \mathrm{d}\boldsymbol{l} = B' \, \overline{cd} = B \, \overline{ab}$$

故

$$\oint_L \boldsymbol{B} \cdot \mathrm{d}\boldsymbol{l} = 2B \, \overline{ab} = \mu_0 \, \overline{ab} j$$

可得

$$B = \frac{1}{2} \mu_0 j$$

可见，在无限大均匀平面电流的两侧的磁场都为均匀磁场，并且大小相等，但方向相反。

10.4　磁场对载流导线的作用

10.4.1　安培力

1820 年，安培根据大量实验结果归纳出电流元在磁场中受力的表达式，即

$$\mathrm{d}\boldsymbol{F} = I \mathrm{d}\boldsymbol{l} \times \boldsymbol{B} \tag{10.4.1}$$

称为安培定律，此力称为**安培力**，也叫**磁场力**。式中，$\boldsymbol{B}$ 是电流元 $I\mathrm{d}\boldsymbol{l}$ 所在位置处的磁感应强度。由力的叠加原理可知，一段载流导线受的安培力为

$$\boldsymbol{F} = \int_L \mathrm{d}\boldsymbol{F} = \int_L I \mathrm{d}\boldsymbol{l} \times \boldsymbol{B} \tag{10.4.2}$$

这是一个矢量积分，若导线上各电流元所受安培力的方向不同，则要先将 $\mathrm{d}\boldsymbol{F}$ 在所选坐标系中分解，再积分，最后求出合力。

由于单独的电流元不能获取，因此无法用实验直接证明安培定律。但是利用式(10.4.2)，我们可以计算各种形状的载流导线在磁场中所受的安培力，其结果都与实验相符合。

例 10.4.1　如图 10.4.1 所示，一根半径为 R 的半圆形导线上通有电流 I，导线放在磁感应强度为 $\boldsymbol{B}$ 的均匀磁场中，磁场方向与导线平面垂直，求磁场作用在导线上的安培力。

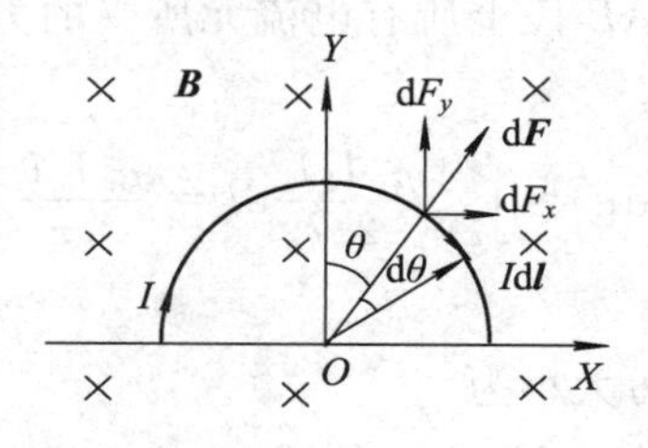

图 10.4.1　例 10.4.1 图

解　建立坐标系 OXY，在半圆形导线上任取一电流元 $I\mathrm{d}\boldsymbol{l}$，则该电流元受到的安培力 $\mathrm{d}\boldsymbol{F}$ 的大小为

$$\mathrm{d}F = IB\mathrm{d}l$$

$\mathrm{d}\boldsymbol{F}$ 的方向垂直于 $I\mathrm{d}\boldsymbol{l}$ 的方向沿径向向外。由于导线上各电流元所受的安培力方向不同，因此将 $\mathrm{d}\boldsymbol{F}$ 沿坐标轴分解如下：

$$\mathrm{d}F_x = \mathrm{d}F\sin\theta, \quad \mathrm{d}F_y = \mathrm{d}F\cos\theta$$

由对称性可知

$$F_x = 0$$

由于 $\mathrm{d}l=R\mathrm{d}\theta$，因此

$$F_y = \int \mathrm{d}F_y = 2\int_0^{\frac{\pi}{2}} BIR\cos\theta\mathrm{d}\theta = 2BIR$$

作用在半圆形导线上的安培力为

$$\boldsymbol{F} = 2BIR\boldsymbol{j}$$

进一步证明得到如下结论：在均匀磁场中，任意形状的载流导线受到的磁场力等效于从导线起点到终点的直线电流在磁场中所受的力。

例 10.4.2 如图 10.4.2 所示，在一条无限长的通有电流 I_1 的直导线旁放置边长为 b 的正方形线圈，通有电流 I_2，求线圈受到的安培力。

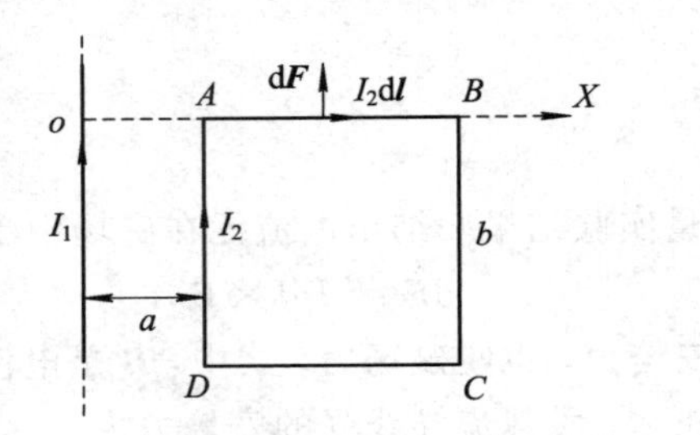

图 10.4.2 例 10.4.2 图

解 如图 10.4.2 所示，长直导线在其垂直距离为 l 处的磁感应强度大小为

$$B = \frac{\mu_0 I_1}{2\pi l}$$

方向垂直纸面向里。

对 AB 段，取电流元 $I_2\mathrm{d}\boldsymbol{l}$，则作用在 $I_2\mathrm{d}\boldsymbol{l}$ 上的安培力 $\mathrm{d}\boldsymbol{F}$ 的大小为

$$\mathrm{d}F = I_2\mathrm{d}lB = \frac{\mu_0 I_1 I_2}{2\pi l}\mathrm{d}l$$

$\mathrm{d}\boldsymbol{F}$ 方向垂直于 I_2 向上，由于 AB 段上所有电流元所受的力方向相同，因此 AB 段受到的安培力大小为

$$F = \int_L \mathrm{d}F = \int_a^{a+b} \frac{\mu_0 I_1 I_2}{2\pi l}\mathrm{d}l = \frac{\mu_0 I_1 I_2}{2\pi}\ln\frac{a+b}{a}$$

方向垂直于 I_2 向上。

同理，可计算 CD 段的受力大小为

$$F = \frac{\mu_0 I_1 I_2}{2\pi}\ln\frac{a+b}{a}$$

方向垂直于 I_2 向下。

对 BC 段，BC 段所在处的磁场大小为 $B=\frac{\mu_0 I_1}{2\pi(a+b)}$，可视为匀强磁场，故 BC 段的受力大小为

$$F = I_2Bb = \frac{\mu_0 I_1 I_2 b}{2\pi(a+b)}$$

方向水平向右。

同理，可计算 DA 段的受力大小为

$$F=\frac{\mu_0 I_1 I_2 b}{2\pi a}$$

方向水平向左。

因此，线圈受力为 $F=\frac{\mu_0 I_1 I_2 b}{2\pi}\left(\frac{1}{a}-\frac{1}{a+b}\right)$，方向水平向左。

10.4.2　均匀磁场对载流线圈的作用

载流线圈在外磁场中要受到磁力矩的作用。在磁力矩的作用下，线圈会发生偏转，这是制造电动机和各种电磁式仪表的基本原理。下面讨论均匀磁场对平面载流线圈的作用。

设在磁感应强度为 $\boldsymbol{B}$ 的匀强磁场中，放置一个刚性的矩形平面载流线圈 $abcd$，电流强度为 I，线圈面积为 S，线圈平面与磁场方向的夹角为 θ，线圈磁矩 $\boldsymbol{P}_{\mathrm{m}}$ 与磁场 $\boldsymbol{B}$ 的夹角 $\varphi=\frac{\pi}{2}-\theta$，如图 10.4.3(a)所示。

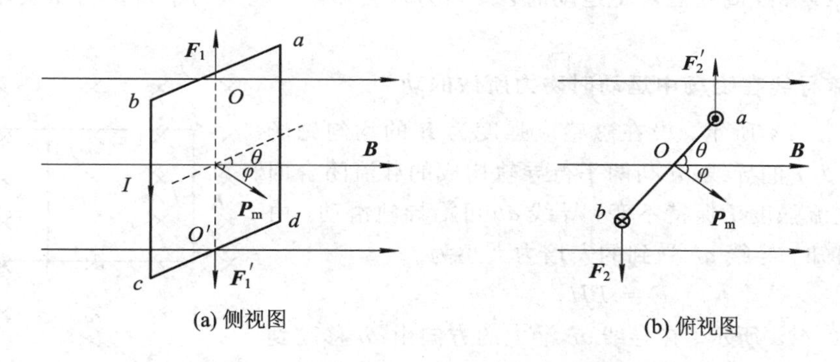

图 10.4.3　平面载流线圈在均匀磁场中所受的力矩

根据载流导线在磁场所受安培力的结论分析可知，导线 ab、cd 受到的安培力大小为

$$F_1=F_1'=IB\,\overline{ab}\sin\theta$$

$\boldsymbol{F}_1$ 与 $\boldsymbol{F}_1'$ 大小相等，方向相反，作用在同一条直线上，其合力为零；同理，导线 bc、da 受到的安培力大小均为

$$F_2=F_2'=IB\,\overline{bc}$$

$\boldsymbol{F}_2$ 与 $\boldsymbol{F}_2'$ 大小相等，方向相反，但不在同一条线上，如图 10.4.3(b)所示，这两个力将对线圈产生力矩，使线圈绕 OO' 轴转动，力矩的大小为

$$M=F_2\,\overline{ab}\sin\varphi=IBS\sin\varphi$$

如前所述，平面线圈的磁矩 $\boldsymbol{P}_{\mathrm{m}}=I\boldsymbol{S}=IS\boldsymbol{n}$，则 $M=P_{\mathrm{m}}B\sin\varphi$，根据矢量关系有

$$\boldsymbol{M}=\boldsymbol{P}_{\mathrm{m}}\times\boldsymbol{B} \tag{10.4.3}$$

力矩 $\boldsymbol{M}$ 的方向与 $\boldsymbol{P}_{\mathrm{m}}\times\boldsymbol{B}$ 的方向一致。式(10.4.3)为载流线圈在匀强磁场中受到的力矩，这个公式虽然是从矩形线圈的特例得到的，但是可以证明它对任意形状的平面载流线圈都是适用的，甚至在带电粒子沿闭合回路运动以及带电粒子因自旋而具有磁矩的情况下，带电粒子在磁场中所受的磁力矩作用均可用公式(10.4.3)来描述。

下面讨论几种特殊情况：

(1) 当 $\varphi=\frac{\pi}{2}$时，线圈平面与 $\boldsymbol{B}$ 平行，$\boldsymbol{P}_m$ 与 $\boldsymbol{B}$ 垂直，线圈所受的磁力矩最大，其值为 $M = BIS$，这时磁力矩有使 φ 减少的趋势。

(2) 当 $\varphi=0$ 时，线圈平面与 $\boldsymbol{B}$ 垂直，$\boldsymbol{P}_m$ 与 $\boldsymbol{B}$ 同方向，线圈所受磁力矩为零，此时线圈处于稳定平衡状态。

(3) 当 $\varphi=\pi$ 时，线圈平面与 $\boldsymbol{B}$ 垂直，但 $\boldsymbol{P}_m$ 与 $\boldsymbol{B}$ 反向，线圈所受磁力矩也为零，这时线圈处于非稳定平衡位置。所谓非稳定平衡位置，是指一旦外界扰动使线圈稍稍偏离这一平衡位置，磁场对线圈的磁力矩作用就将使线圈继续偏离，直到 $\boldsymbol{P}_m$ 转向 $\boldsymbol{B}$ 的方向(即线圈达到稳定平衡状态)时为止。

由上面的讨论可知，平面载流刚性线圈在均匀磁场中由于只受磁力矩作用，因此只发生转动，而不会发生整个线圈的平动。

10.4.3 磁力的功

载流导线和线圈在磁场中运动时，安培力都会做功，现从两个特例得出安培力做功的一般表达式。

1. 载流导线在磁场中运动时磁力所做的功

如图 10.4.4 所示，设在磁感应强度为 $\boldsymbol{B}$ 的均匀磁场中，有一长为 l 的导线 ab 与两平行导轨构成的载流闭合回路 $abcd$，电流强度 I 保持不变，导线 ab 可沿导轨滑动，由安培定律可知，导线 ab 受到的安培力大小为

$$F = BIl$$

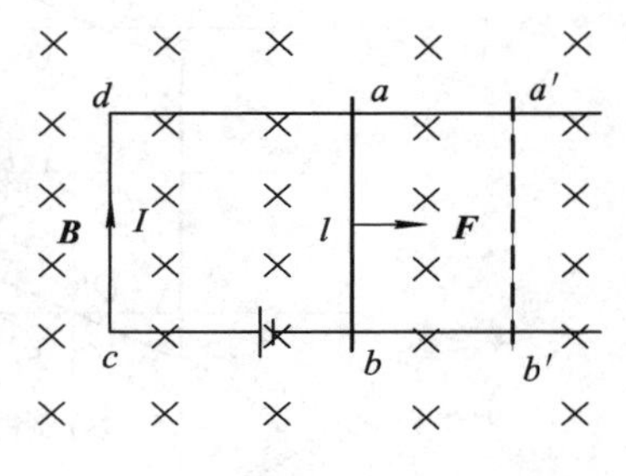

图 10.4.4 磁力所做的功

方向如图 10.4.4 所示。在导线 ab 沿力的方向由 ab 移动到 $a'b'$ 的过程中安培力做功为

$$W = F\overline{aa'} = BIl\,\overline{aa'} = BI\Delta S = I\Delta\Phi_m \tag{10.4.4}$$

式(10.4.4)说明，当载流导线在磁场中运动时，若回路中的电流不变，则安培力所做的功等于电流强度乘以回路所包围面积内磁通量的增量。

2. 载流线圈在均匀磁场中旋转时磁力矩所做的功

如图 10.4.5 所示，设在磁感应强度为 $\boldsymbol{B}$ 的均匀磁场中有一面积为 S、通有恒定电流强度 I 的平面线圈，当线圈转动时，载流线圈在磁场中受到的磁力矩为

$$\boldsymbol{M} = \boldsymbol{P}_m \times \boldsymbol{B}$$

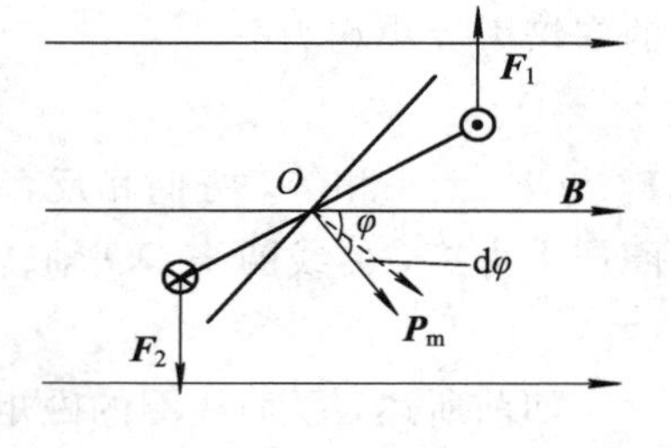

图 10.4.5 磁力矩所做的功

力矩的方向垂直纸面向外，线圈发生偏转，若维持线圈中的电流不变，则当线圈转过小角度 $\mathrm{d}\varphi$ 时，磁力矩所做的元功为

$$\mathrm{d}W = -M\mathrm{d}\varphi = -BIS\sin\varphi\mathrm{d}\varphi = I\mathrm{d}(BS\cos\varphi)$$

负号表示磁力矩做正功时，φ 角减小，$\mathrm{d}\varphi$ 为负值。当线圈从 φ_1 转到 φ_2 时，磁力矩所做的总功为

$$W = \int_{\varphi_1}^{\varphi_2} I\mathrm{d}(BS\cos\varphi) = I(BS\cos\varphi_2 - BS\cos\varphi_1) = I\Delta\Phi_{\mathrm{m}} \tag{10.4.5}$$

式(10.4.5)说明，磁力矩对载流线圈所做的功也等于回路中的电流强度乘以回路所包围面积内磁通量的增量。这一结果与式(10.4.4)相同，为磁力做功的一般表达式。

例 10.4.3　载有电流 I 的半圆形闭合线圈，半径为 R，放在均匀的外磁场 $\boldsymbol{B}$ 中，$\boldsymbol{B}$ 的方向与线圈平面平行，如图 10.4.6 所示。求：

(1) 线圈所受力矩的大小和方向；

(2) 在这个力矩的作用下，当线圈平面转到与磁场 $\boldsymbol{B}$ 垂直的位置时磁力矩所做的功。

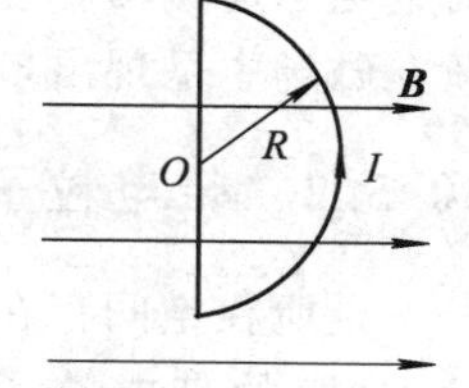

图 10.4.6　例 10.4.3 图

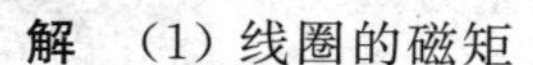

解　(1) 线圈的磁矩

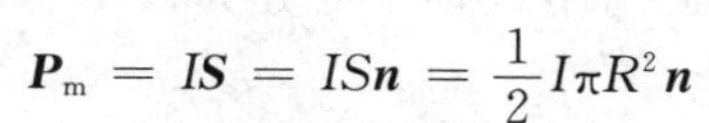

$$\boldsymbol{P}_{\mathrm{m}} = I\boldsymbol{S} = IS\boldsymbol{n} = \frac{1}{2}I\pi R^2\boldsymbol{n}$$

在图 10.4.6 所示位置时，线圈磁矩 $\boldsymbol{P}_{\mathrm{m}}$ 的方向垂直纸面向外，与 $\boldsymbol{B}$ 的夹角为$\frac{\pi}{2}$。

根据 $\boldsymbol{M}=\boldsymbol{P}_{\mathrm{m}}\times\boldsymbol{B}$ 可知，线圈所受磁力矩的大小为

$$M = P_{\mathrm{m}}B = \frac{1}{2}IB\pi R^2$$

磁力矩 $\boldsymbol{M}$ 的方向为纸面内垂直于 $\boldsymbol{B}$ 的方向向上。

(2) 初始位置时，线圈平面与 $\boldsymbol{B}$ 平行，则线圈法向量与 $\boldsymbol{B}$ 垂直，穿过线圈的磁通量 $\Phi_{\mathrm{m}_1}=0$；在磁力矩作用下，线圈转过$\frac{\pi}{2}$角度，线圈法向量与 $\boldsymbol{B}$ 一致，穿过线圈的磁通量 $\Phi_{\mathrm{m}_2}=\boldsymbol{B}\cdot\boldsymbol{S}=B\,\frac{1}{2}\pi R^2$。根据式(10.4.5)可得

$$W = I\Delta\Phi_{\mathrm{m}} = I(\Phi_{\mathrm{m}_2} - \Phi_{\mathrm{m}_1}) = I\left(B\,\frac{1}{2}\pi R^2 - 0\right) = \frac{1}{2}IB\pi R^2$$

也可用积分计算

$$W = \int_{\frac{\pi}{2}}^{0} -M\mathrm{d}\theta = \int_{\frac{\pi}{2}}^{0} -P_{\mathrm{m}}B\sin\theta\mathrm{d}\theta = \frac{1}{2}IB\pi R^2$$

10.5　磁场对运动电荷的作用

10.5.1　洛伦兹力

带电粒子在磁场中运动时，将受到磁场力的作用，这个力称为**洛伦兹力**。载流导线在磁场中受到的安培力就其产生的微观本质来讲，应归结为洛伦兹力。

实验证明，运动的带电粒子在磁场中受到的洛伦兹力 $\boldsymbol{f}_{\mathrm{m}}$ 与粒子所带电荷量 q、粒子速度 $\boldsymbol{v}$ 和磁感应强度 $\boldsymbol{B}$ 之间的关系为

$$\boldsymbol{f}_{\mathrm{m}} = q\boldsymbol{v}\times\boldsymbol{B} \tag{10.5.1}$$

洛伦兹力的大小为

$$f_{\mathrm{m}} = qvB\sin\theta$$

式中，θ 为 $\boldsymbol{v}$ 与 $\boldsymbol{B}$ 之间的夹角。

$\boldsymbol{f}_m$的方向垂直于 $\boldsymbol{v}$ 和 $\boldsymbol{B}$ 组成的平面，指向由右手螺旋法则确定。需要注意的是，$\boldsymbol{f}_m$的方向与带电粒子所带电荷的正负有关，安德森(C. D. Anderson)根据这一理论于 1932 年发现了正电子，为此获得了 1936 年的诺贝尔物理学奖。

由于洛伦兹力垂直于运动速度和磁场确定的平面，因此它只改变电荷的运动方向，不对带电电荷做功。电荷所受洛伦兹力的大小随 $\boldsymbol{v}$ 与 $\boldsymbol{B}$ 的夹角的变化而变化，这使得运动电荷在磁场中呈现出多种运动形式，在电子控制、磁聚焦等方面有实际应用。

10.5.2 带电粒子在均匀磁场中的运动

视频 10-3

设所在空间存在均匀磁场，磁感应强度为 $\boldsymbol{B}$，一电量为 q、质量为 m(不计重力)的带电粒子，以初速度 $\boldsymbol{v}$ 进入磁场中运动，可分为以下三种情况分析。

1. 初速度 $\boldsymbol{v}$ 与磁感应强度 $\boldsymbol{B}$ 平行

如果初速度 $\boldsymbol{v}$ 与磁感应强度 $\boldsymbol{B}$ 平行，作用于带电粒子的洛伦兹力等于零，带电粒子不受磁场的影响，进入磁场后仍做匀速直线运动。

2. 初速度 $\boldsymbol{v}$ 与磁感应强度 $\boldsymbol{B}$ 垂直

如果初速度 $\boldsymbol{v}$ 与磁感应强度 $\boldsymbol{B}$ 垂直，如图 10.5.1 所示，则粒子所受洛伦兹力 F 的大小为

$$F = qvB$$

方向垂直于 $\boldsymbol{v}$ 和 $\boldsymbol{B}$，所以粒子速度的大小不变，只改变方向，带电粒子将作匀速圆周运动，而洛伦兹力起着向心力的作用，因此有

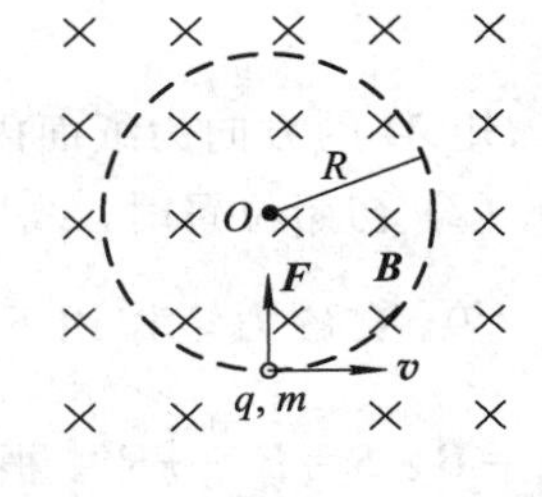

图 10.5.1 洛伦兹力在均匀磁场中的运动

$$qvB = m\frac{v^2}{R}$$

或

$$R = \frac{mv}{qB}$$

式中，R 是粒子的圆形轨道半径。

可见，对于一定的带电粒子$\left(即\dfrac{q}{m}一定\right)$，其轨道半径与带电粒子的速度成正比，与磁感应强度的大小成反比。速度越小，洛伦兹力也越小，轨道弯曲得越厉害。

带电粒子绕圆形轨道一周所需的时间(即周期)为

$$T = \frac{2\pi R}{v} = 2\pi\frac{m}{qB} \tag{10.5.2}$$

由式(10.5.2)可知，周期与带电粒子的运动速度无关，这一特点是后面介绍磁聚焦和回旋加速器的理论基础。

3. 初速度 $\boldsymbol{v}$ 与磁感应强度 $\boldsymbol{B}$ 成夹角 $\boldsymbol{\theta}$

如果初速度 $\boldsymbol{v}$ 与磁感应强度 $\boldsymbol{B}$ 成夹角 θ，如图 10.5.2 所示，可以把初速度分解为两个分量：平行于 $\boldsymbol{B}$ 的分矢量$v_{/\!/} = v\cos\theta$ 和垂直于 $\boldsymbol{B}$ 的分矢量$v_{\perp} = v\sin\theta$。因为磁场的作用，带电粒子不仅在垂直于磁场的平面内以$v_{\perp}$ 作匀速圆周运动，而且在平行于 $\boldsymbol{B}$ 的方向上作匀

速直线运动，所以带电粒子的合运动为等距螺旋运动，轨迹为一条螺旋线，该螺旋线的半径为

$$R = \frac{mv_{\perp}}{qB} \tag{10.5.3}$$

螺距为

$$h = v_{/\!/}\,T = v_{/\!/}\,\frac{2\pi R}{v_{\perp}} = 2\pi\,\frac{mv_{/\!/}}{qB} \tag{10.5.4}$$

式中，T 为旋转一周的时间(即周期)。式(10.5.4)表明，螺距 h 只与平行于 $\boldsymbol{B}$ 的速度分量 $v_{/\!/}$ 有关而与垂直于 $\boldsymbol{B}$ 的速度分量 $v_{\perp}$ 无关。

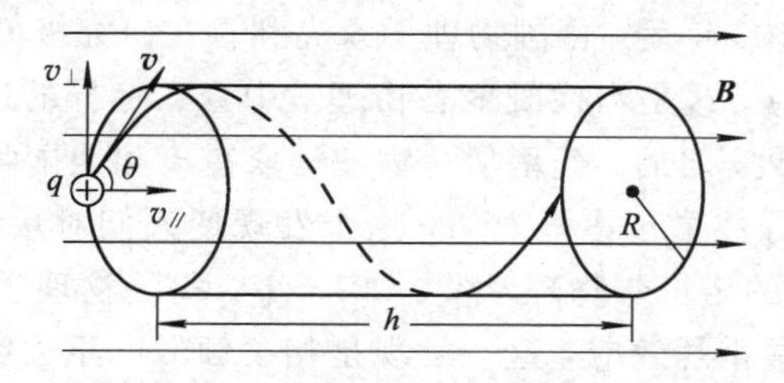

图 10.5.2　带电粒子在均匀磁场中的螺旋运动

10.5.3　霍耳效应

如图 10.5.3 所示，将一导体薄板置于磁场 $\boldsymbol{B}$ 中，当有电流 I 沿着垂直于 $\boldsymbol{B}$ 的方向通过导体时，在导体板上、下两侧会产生一个电势差 U_{H}，这个现象是美国青年物理学家霍耳在 1879 年首先发现的，称为**霍耳效应**，对应的电势差 U_{H} 称为**霍耳电压**。

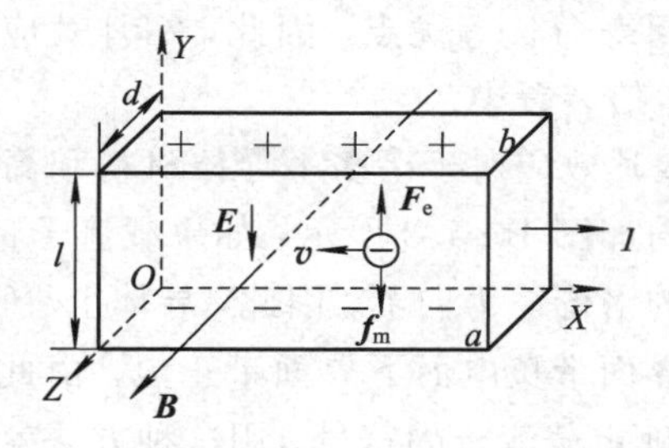

图 10.5.3　霍耳效应

霍耳效应的产生可由洛伦兹力说明。如图 10.5.3 所示，设载流子为负电荷，其运动方向与电流方向相反，在图中向左运动。起始，载流子受到向下的洛伦兹力 $\boldsymbol{f}_{\mathrm{m}}$ 的作用向下偏移，在 a 表面聚集负电荷，在 b 表面聚集等量的正电荷，产生由 b 指向 a 的电场。随后，导体内的载流子将受到向上的电场力 $\boldsymbol{F}_{\mathrm{e}}$ 和洛伦兹力 $\boldsymbol{f}_{\mathrm{m}}$ 的共同作用，直到 $\boldsymbol{f}_{\mathrm{m}}$ 与 $\boldsymbol{F}_{\mathrm{e}}$ 平衡，电荷的积聚达到动态平衡，这时 a、b 表面间便产生了霍耳电压 U_{H}。

设载流子的电量为 q，定向运动的平均速度为 v，受力平衡时有

$$qvB = qE$$

设金属片的宽度为 l，a、b 表面间为匀强电场，则电势差为

$$U_{\mathrm{H}} = El$$

设单位体积内的载流子数为 n，根据电流强度的定义有 $I = nqvS$，式中 $S = ld$ 是薄片

的横截面积。

综合以上结论，整理得

$$U_{\mathrm{H}}=\frac{1}{qn}\frac{IB}{d}=R_{\mathrm{H}}\frac{IB}{d} \tag{10.5.5}$$

式中，$R_{\mathrm{H}}=\frac{1}{nq}$，称为霍耳系数，与霍耳元件的材料有关。

若载流子为空穴正电荷，则此时电荷受到的洛伦兹力方向向下，下表面积聚正电荷，上表面积聚负电荷。霍耳效应为半导体的研究提供了重要的方法。由U_{H}的正负可判断半导体的导电类型，还可以测量载流子的浓度 n。

在霍耳效应发现约 100 年后，德国物理学家克利青在研究极低温度和强磁场中的半导体时发现了量子霍耳效应，这是当代凝聚态物理学中令人惊异的进展之一，他因此获得了 1985 年的诺贝尔物理学奖。之后，美籍华裔物理学家崔琦和美国物理学家劳克林、施特默在更强的磁场下发现了分数量子霍耳效应，这个发现使人们对量子现象的认识更进一步，他们因此获得了 1998 年的诺贝尔物理学奖。2013 年，我国物理学家薛其坤及其团队首次从实验中观测到量子反常霍耳效应，这一发现是相关领域的重大突破，也是世界基础研究领域的一项重要科学发现。

10.5.4 霍耳效应在工程技术中的应用

通常情况下，金属和电解质的霍耳系数很小，霍耳效应不显著；而半导体材料的霍耳系数则较大，霍耳效应显著。从 20 世纪 60 年代起，随着半导体材料和半导体工艺的飞速发展，人们发现用半导体材料制成的霍耳元件具有对磁场敏感、结构简单、体积小、频率响应宽、输出电压变化大和使用寿命长等优点，因此，霍耳效应广泛应用于电磁测量、非电量测量、自动控制、计算与通信装置中。

(1) 测量半导体特性。霍耳效应对于诸多半导体材料和高温超导体的性质测量来说意义重大。设导体中的电流方向如图 10.5.3 所示，如果载流子带负电，则它的运动方向和电流方向相反，作用在它上面的洛伦兹力向下，因此，导体上界面带正电，下界面带负电；如果载流子带正电，则导体上界面带负电而下界面带正电。由此可以看出，只要测得上下界面间霍耳电压的符号就可以确定载流子的符号。用这种方法就能够测定半导体究竟是 P 型还是 N 型。若载流子已知，则通过测定霍耳系数 R_{H}还可以算出导体中载流子的浓度 n，进而得出载流子浓度受其客观因素影响的情况。LakeShore 霍耳效应测量系统如图 10.5.4 所示，可用于测量样品的电阻、电阻率、霍耳系数、霍耳迁移率、载波密度和电子特性，它是理解和研究半导体器件和半导体材料电学特性必备的工具。

(2) 测量磁场。利用霍耳效应可以制造精确测量磁感应强度的仪器——高斯计。高斯计的探头是一个霍耳元件，在它的里面是一个半导体薄片。依据式(10.5.5)，霍耳电压 U_{H}可用毫伏计测量，霍耳系数 R_{H}和电流 I 也可用相应的仪器测量，因此可以方便地算出磁感应强度 B 值。高斯计的表盘是以磁感应强度标记的，只要把高斯计插入待测磁场中，B 便可以直接读出，非常方便。如果被测磁场的精度要求较高，如优于±0.5%，则通常选用砷化镓霍耳元件，其灵敏度高；如果被测磁场的精度要求较低，如低于±0.5%，则可选用硅和锗霍耳元件。

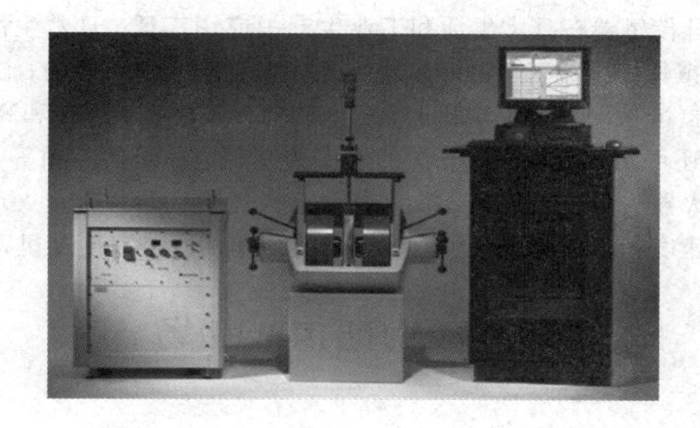

图 10.5.4　霍耳效应测量系统

(3) 磁流体发电。除了固体中的霍耳效应，导电流体中同样也会产生霍耳效应。磁流体发电技术的基本原理就是利用等离子体的霍耳效应，即在横向磁场作用下使通过磁场的等离子体正、负带电粒子分离后积聚于两个极板形成电源电动势，如图 10.5.5 所示。这种新型的高效发电方式通过燃料燃烧发出的热能使气体变成等离子体流而转换成电能，无须像火力发电那样先将燃料燃烧释放的热能转换成机械能以推动发电机轮子转动，再把机械能转换成电能。磁流体发电在提高了热能利用效率的同时，也满足了环保的要求。

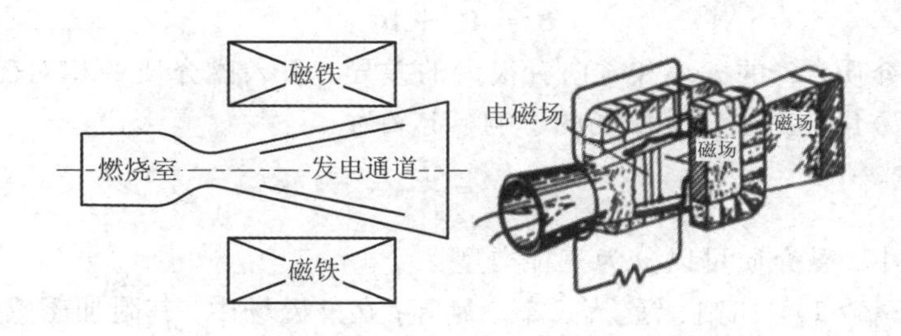

图 10.5.5　磁流体发电机原理图

(4) 电磁无损探伤。电磁无损探伤的原理是建立在铁磁性材料的高磁导率特性之上的，通过测量铁磁性材料中由于缺陷所引起的磁导率变化来检测缺陷。铁磁性材料在外加磁场的作用下被磁化，当材料中无缺陷时，磁力线绝大部分通过铁磁材料，此时在材料的内部磁力线均匀分布。当有缺陷存在时，由于材料中缺陷处的磁导率远比铁磁材料本身小，因此使磁力线发生弯曲，并且有一部分磁力线泄漏出材料表面，采用霍耳元件检测该泄漏磁场 B 的信号变化，就能有效地检测出缺陷的存在。基于霍耳效应的电磁无损探伤方法，安全可靠，并能实现无速度影响的检测，因此，此方法被应用在设备故障诊断、材料缺陷检测中，如起重、运输、提升及承载设备中的钢丝绳探伤检测，管道裂缝无损检测等。

(5) 霍耳传感器。以霍耳效应原理构成的霍耳元件、霍耳集成电路、霍耳组件等通称为霍耳效应磁敏传感器，简称霍耳传感器。利用霍耳电压与外加磁场成正比的线性关系可做成多种电学和非电学测量的线性传感器。例如，控制一定电流时，可以测量交、直流磁感应强度和磁场强度；控制电流电压的比例关系，令输出的霍耳电压与电压乘电流成比例，可制成功率测量传感器；当固定磁场强度大小及方向时，可以用来测量交直流电流和电压。利用这一原理还可以进一步精确测量力、位移、压差、角度、振动、转速、加速度等各种非电学量。霍耳传感器在日常生活和工业生产中应用广泛。日常生活中，如录音机的换向结构就是使用霍耳传感器来检测磁带终点并完成自动换向功能的；洗衣机中的电动机主要依靠霍耳传感器来检测控制电动机的转速、转向以实现正、反转和高、低速旋转功能；霍耳开关类传感器还可用于电饭煲、气炉的温度控制和电冰箱的除霜等方面。在工业生产中，霍耳式汽车点火器与传统点火器不同，具有点火能量高、高速点火可靠、故障率低等优点；霍耳效应式速度和里程测试仪可以精确测量汽车的行驶速度及里程。

10.6 磁介质中的磁场

10.6.1 磁介质的分类

实际的磁场中大多存在着各种各样的物质，这些物质因受磁场的作用而处于一种特殊的状态，即磁化状态。磁化后的物质反过来又对磁场产生影响，我们称能够影响磁场的物质为**磁介质**。

实验表明，不同磁介质对磁场的影响差异很大。设真空中原来磁场的磁感应强度为 $\boldsymbol{B}_0$，放入磁介质后，磁介质因磁化产生的附加磁场的磁感应强度为 $\boldsymbol{B}'$，则磁介质中的总磁感应强度 $\boldsymbol{B}$ 是 $\boldsymbol{B}_0$ 与 $\boldsymbol{B}'$ 的矢量和，即

$$\boldsymbol{B} = \boldsymbol{B}_0 + \boldsymbol{B}' \tag{10.6.1}$$

对不同的磁介质，$\boldsymbol{B}'$ 的大小和方向有很大的差异。引入磁介质的相对磁导率 μ_r，用来描述不同磁介质磁化后对原来外磁场的影响，定义为

$$\mu_r = \frac{B}{B_0} \tag{10.6.2}$$

根据 μ_r 的大小，磁介质可以分为三种类型：

(1) 顺磁质($\mu_r > 1$)，如铂、锰、铬、氧、氮等；在外磁场中，其附加磁感应强度 $\boldsymbol{B}'$ 与 $\boldsymbol{B}_0$ 方向相同，因而总磁感应强度的大小 $B > B_0$。

(2) 抗磁质($\mu_r < 1$)，如硫、铜、铋、氢、铅等；在外磁场中，其附加磁感应强度 $\boldsymbol{B}'$ 与 $\boldsymbol{B}_0$ 方向相反，因而总磁感应强度的大小 $B < B_0$。

(3) 铁磁质($\mu_r \gg 1$)，如铁、钴、镍等；在外磁场中，其附加磁感应强度 $\boldsymbol{B}'$ 与 $\boldsymbol{B}_0$ 方向相同，且 $\boldsymbol{B}' \gg \boldsymbol{B}_0$，因而总磁感应强度的大小 $B \gg B_0$。

顺磁质和抗磁质的相对磁导率 μ_r 只是略大于或小于 1，且为常数，它们对磁场的影响很小，属于弱磁性物质；而铁磁质对磁场的影响很大，属于强磁性物质。

10.6.2 顺磁性和抗磁性的微观机制

在物质分子中，每个电子都同时参与两种运动，即绕原子核的运动和自旋运动。这两种运动都将形成微小的磁矩，分别称为轨道磁矩和自旋磁矩。一个分子中所有电子的这些磁矩的矢量和称为**分子的固有磁矩**，用符号 $\boldsymbol{P}_m$ 表示。这个分子的固有磁矩可以用一个环形电流等效表示，称为**分子电流**。

1. 顺磁质的磁化机制

顺磁质就是分子固有磁矩 $\boldsymbol{P}_m \neq 0$ 的一类磁介质。在没有外磁场存在时，由于分子无规则

热运动，各分子的固有磁矩方向分布杂乱无章，如图 10.6.1 所示，因此整体上不显示磁性。

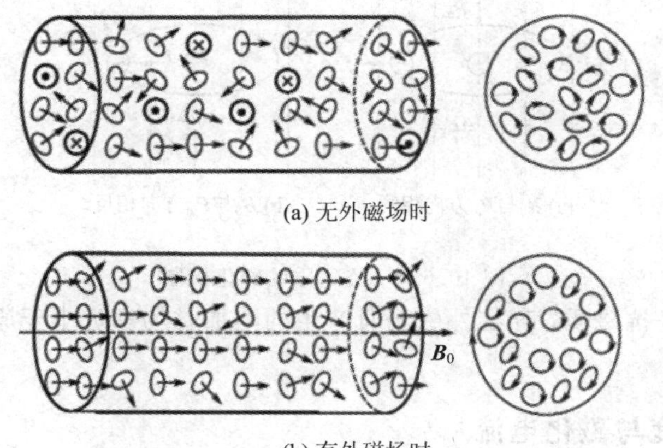

(a) 无外磁场时

(b) 有外磁场时

图 10.6.1　顺磁质的磁化机制

当有外磁场时，$\boldsymbol{P}_m$ 在磁力矩的作用下将转向外磁场的方向且有序排列，这个过程称为转向磁化过程，同时产生一个与原磁场方向一致的附加磁场 $\boldsymbol{B}'$，故顺磁质内磁感应强度 $\boldsymbol{B}=\boldsymbol{B}_0+\boldsymbol{B}'>\boldsymbol{B}_0$，所以 $\mu_r>1$。

2. 抗磁质的磁化机制

抗磁质就是分子固有磁矩 $\boldsymbol{P}_m=0$ 的一类磁介质。由于每个分子的固有磁矩为零，因此无外磁场时不显示磁性。

当存在外磁场时，尽管 $\boldsymbol{P}_m=0$ 不存在转向磁化，但由于分子中每个电子的轨道磁矩和自旋磁矩本身都不为零，轨道磁矩会受到外磁场的影响产生一个与外磁场方向相反的附加磁矩 $\Delta\boldsymbol{P}_m$，因此产生与原磁场反向的附加磁场 $\boldsymbol{B}'$，导致抗磁质内磁感应强度 $\boldsymbol{B}=\boldsymbol{B}_0+\boldsymbol{B}'<\boldsymbol{B}_0$，所以 $\mu_r<1$。对此简要说明如下。

设原子中的电子在库仑力的作用下以速率 v 绕原子核作圆周运动，如图 10.6.2(a)所示。若外磁场 $\boldsymbol{B}_0$ 的方向与电子轨道磁矩方向一致，则电子受到的洛伦兹力沿轨道半径向外，这将会使电子运动的向心力减小。若要使电子轨道半径保持不变，则电子运动的速率就要减小。由于电子磁矩的大小与其运动速率成正比，因此电子磁矩随电子速率的减小而减小，这就等效于产生了一个与 $\boldsymbol{B}_0$ 方向相反的附加磁矩 $\Delta\boldsymbol{P}_m$。如果外磁场 $\boldsymbol{B}_0$ 的方向与电子轨道磁矩方向相反，如图 10.6.2(b)所示，同样可做类似上述分析，得出附加磁矩 $\Delta\boldsymbol{P}_m$ 与 $\boldsymbol{B}_0$ 方向相反的结论。因此，不论电子轨道磁矩的方向与 $\boldsymbol{B}_0$ 的方向相同或相反，均能产生一个与 $\boldsymbol{B}_0$ 方向相反的附加磁矩 $\Delta\boldsymbol{P}_m$，结果也就产生了一个与 $\boldsymbol{B}_0$ 反向的附加磁场 $\boldsymbol{B}'$，从而使磁介质内部的磁感应强度减小，即

$$\boldsymbol{B}=\boldsymbol{B}_0-\boldsymbol{B}'$$

应当指出，抗磁效应不只是抗磁质独有的，任何物质都具有抗磁性，任何物质分子中的电子都在做绕核的圆形轨道运动，在外磁场下都能产生和外磁场反向的附加磁矩。但顺磁质中的抗磁效应和顺磁效应相比，抗磁效应可忽略不计，所以其在外磁场中的磁化主要取决于其顺磁效应，表现出顺磁性。

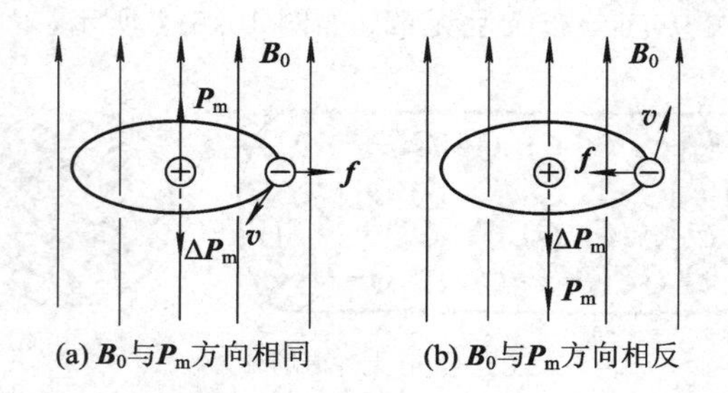

图 10.6.2 抗磁质的磁化机制

不管顺磁质还是抗磁质，存在外磁场时产生的附加磁场都远小于原磁场 $\boldsymbol{B}_0$ 的值，呈现微弱的磁性。

10.6.3 磁化强度与磁化电流

磁介质被磁化前，分子总磁矩为零，对外不显磁性。但磁化后介质内分子总磁矩将不再为零，且介质磁化程度越高，总磁矩也越大。显然，可以用介质内单位体积中分子磁矩的矢量和来描述磁介质的磁化程度，并定义为**磁化强度**，用 $\boldsymbol{M}$ 来表示。如果磁介质中某点附近体积元 ΔV 内分子的总磁矩为 $\sum \boldsymbol{P}_m$，则该点处的磁化强度 $\boldsymbol{M}$ 为

$$\boldsymbol{M}=\frac{\sum \boldsymbol{P}_m}{\Delta V} \tag{10.6.3}$$

不论是顺磁质还是抗磁质，磁化后都会在磁介质的表面产生一层等效的电流 I_S，称为**磁化电流**。从宏观上看，磁介质中的附加磁场 $\boldsymbol{B}'$ 就是由这一层磁化电流 I_S 产生的。

磁介质的磁化强度与磁化电流也有着密切的关系，与电介质极化时极化强度与极化电荷的关系类似。下面通过一简例来说明。

设有一长直载流螺线管，管内充满各向同性的顺磁质，通有电流 I 后螺线管内部将产生均匀磁场，使管内介质均匀磁化，此时介质中各个分子的磁矩将沿着磁场的方向排列，如图 10.6.3 所示。在介质内任一点处，相邻分子圆电流总是成对反向的相互抵消，而在横截面边缘上，各圆电流未被抵消掉，它们彼此首尾相连，结果就形成了沿横截面边缘的圆电流。螺线管每一截面上均有相应的圆电流，总的来看，相当于介质表面出现了一个沿圆柱形表面流动的面电流 I_S。可见，在顺磁质中，磁化电流 I_S 与导线中的传导电流 I 方向相同；在抗磁质中，I_S 与导线中的电流 I 方向相反。

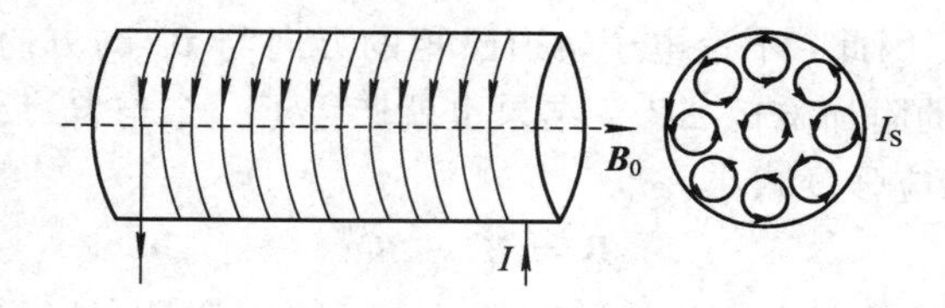

图 10.6.3 长直螺线管中均匀顺磁质表面出现的磁化电流

显然，磁化强度和磁化电流都是对介质磁化程度的描述，可以证明，两者之间的关系为

$$\oint_L \boldsymbol{M} \cdot \mathrm{d}\boldsymbol{l} = \sum I_S \tag{10.6.4}$$

即磁化强度 $\boldsymbol{M}$ 沿任意闭合路径 L 的线积分等于该闭合路径所包围的磁化电流的代数和。

10.6.4 磁介质中的安培环路定理

由上述讨论可知，螺线管中的磁介质磁化后，相当于在螺线管上增加了一个磁化电流 I_S，因此，有磁介质存在时，磁场是由传导电流 I 和磁化电流 I_S 共同产生的，此时，安培环路定理可写为

$$\oint_L \boldsymbol{B} \cdot \mathrm{d}\boldsymbol{l} = \mu_0 \left(\sum I_{\text{int}} + I_S \right) \tag{10.6.5}$$

由于 I_S 不能预先知道，且 I_S 又与磁感应强度 $\boldsymbol{B}$ 有关，因此用上式直接来求磁场的分布较为困难。为了解决这一问题，可采用引入辅助矢量的方法。利用式(10.6.4)将式(10.6.5)改写为

$$\oint_L \boldsymbol{B} \cdot \mathrm{d}\boldsymbol{l} = \mu_0 \left(\sum I_{\text{int}} + \oint_L \boldsymbol{M} \cdot \mathrm{d}\boldsymbol{l} \right)$$

即

$$\oint_L \left(\frac{\boldsymbol{B}}{\mu_0} - \boldsymbol{M} \right) \cdot \mathrm{d}\boldsymbol{l} = \sum I_{\text{int}} \tag{10.6.6}$$

引入一个描述磁场的辅助物理量——磁场强度矢量 $\boldsymbol{H}$，定义为

$$\boldsymbol{H} = \frac{\boldsymbol{B}}{\mu_0} - \boldsymbol{M} \tag{10.6.7}$$

则有

$$\oint_L \boldsymbol{H} \cdot \mathrm{d}\boldsymbol{l} = \sum I_{\text{int}} \tag{10.6.8}$$

式(10.6.8)表明，**稳恒磁场中，磁场强度矢量 $\boldsymbol{H}$ 沿任一闭合路径的线积分($\boldsymbol{H}$ 的环流)等于包围在环路内各传导电流的代数和，而与磁化电流无关**。这就是有磁介质时的安培环路定理。虽然式(10.6.8)是从载流螺线管这一特例导出的，但可以证明它是一个普适定理。

没有磁介质存在时，磁化强度 $\boldsymbol{M}=0$，式(10.6.8)就还原为式(10.3.5)的形式了。显然，式(10.6.8)是稳恒磁场安培环路定理更为普遍的形式。

实验表明，对于各向同性的均匀磁介质，介质内任一点的磁化强度 $\boldsymbol{M}$ 与该点的磁场强度 $\boldsymbol{H}$ 成正比，比例系数 χ_m 是恒量，称为磁介质的**磁化率**，即

$$\boldsymbol{M} = \chi_m \boldsymbol{H} \tag{10.6.9}$$

将式(10.6.9)代入式(10.6.7)得

$$\boldsymbol{B} = \mu_0 (\boldsymbol{H} + \boldsymbol{M}) = \mu_0 (1 + \chi_m) \boldsymbol{H} \tag{10.6.10}$$

通常令

$$\mu_r = 1 + \chi_m$$

$$\mu = \mu_0 \mu_r$$

由此可得 $\boldsymbol{B}$ 与 $\boldsymbol{H}$ 之间的关系为

$$\boldsymbol{B} = \mu \boldsymbol{H} \tag{10.6.11}$$

式中，μ_r 称为磁介质的相对磁导率，它是一个无量纲的量；μ 称为磁介质的磁导率。

利用有磁介质时的安培环路定理可以比较方便地求解有介质时的磁场分布。当磁场分布具有特殊对称性时，可根据传导电流的分布先由式(10.6.8)求出 $\boldsymbol{H}$ 的分布，然后再利用式(10.6.11)求出 $\boldsymbol{B}$ 的分布。

例 10.6.1 如图 10.6.4 所示，一半径为 R_1 的无限长圆柱形导体中均匀流有电流 I，它外面有一半径为 R_2 的同轴圆柱面，并在两柱面间充满相对磁导率为 μ_r 的均匀磁介质，电流 I 沿外壁流回。求空间磁场分布。

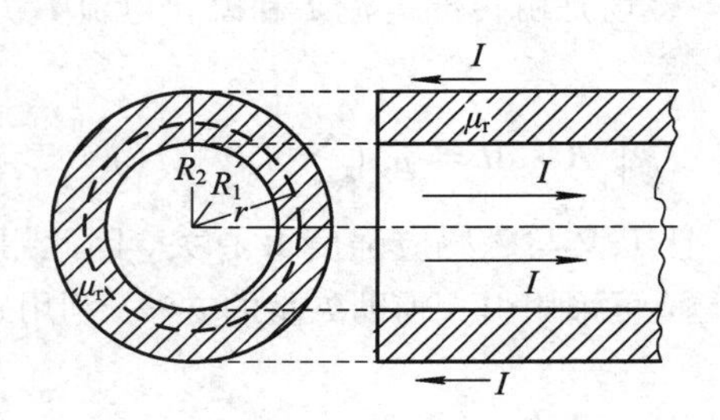

图 10.6.4 例 10.6.1 图

解 由于传导电流 I 和磁介质分布具有轴对称性，因此磁场分布也具有轴对称性。若以轴线上某点为圆心，在与轴线垂直的平面内以任意半径 r 作圆，则圆周上各点的磁场强度 $\boldsymbol{H}$ 和磁感应强度 $\boldsymbol{B}$ 的大小均分别相等，方向都沿圆周切线方向，因此可以把这样的圆作为积分回路 L，由安培环路定理得

$$\oint_L \boldsymbol{H} \cdot \mathrm{d}\boldsymbol{l} = H2\pi r = \sum I_{\text{int}}$$

当 $0 \leqslant r < R_1$ 时：

$$H_1 2\pi r = \frac{I}{\pi R_1^2}\pi r^2$$

可得

$$H_1 = \frac{Ir}{2\pi R_1^2}$$

$$B_1 = \mu_1 H_1 = \frac{\mu_0 Ir}{2\pi R_1^2}$$

当 $R_1 < r < R_2$ 时：

$$H_2 2\pi r = I$$

可得

$$H_2 = \frac{I}{2\pi r}$$

$$B_2 = \mu_2 H_2 = \frac{\mu_0 \mu_r I}{2\pi r}$$

当 $r > R_2$ 时：

$$H_2 2\pi r = 0$$

可得

$$H_3 = 0$$

$$B_3 = 0$$

10.7 铁 磁 质

铁、镍、钴及其金属化合物等具有强磁性的物质，称为**铁磁质**。当存在外磁场时，其产生的附加磁场$\boldsymbol{B}'$远大于原磁场$\boldsymbol{B}_0$的值，且其相对磁导率μ_r随外磁场的变化而变化，并非常高。铁磁质的这一特性无法用一般磁介质的磁化理论解释。

10.7.1 铁磁质的磁化规律

在实验中，用待测的铁磁质为芯制成螺绕环，随着电流由小到大($H=nI$)，测得的B-H变化曲线称为***B-H*** **磁化曲线**，如图10.7.1所示。开始时，$H=0$，$B=0$，磁介质处于未磁化状态；曲线$O\sim M$段，B随H的增加而增加；$M\sim N$段，B随H激增；$N\sim P$段，B仍随H的增加而增加，但增长率变缓；P点以后B不再随H的增加而增加，即B达到了饱和状态。P点对应的磁感应强度B_m称为**饱和磁感应强度**。$O\sim P$段曲线称为**初始磁化曲线**。

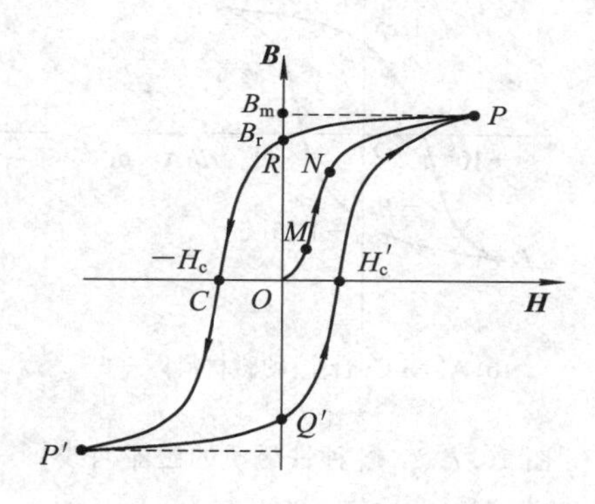

图10.7.1　B-H磁化曲线

当铁磁质的磁化达到饱和后，如果将磁化场去除，即减小H的值并使之为零，则随着H的减小B缓慢减小，即$P\sim R$段。当$H=0$时，对应的B_r值称为**剩余磁感应强度**。若要使介质的磁感应强度减小到0，则必须加一相反方向的磁场，即H反向增加，B值迅速减小，直至$B=0$，完成消磁，即$R\sim C$段，此时对应的H_c值称为**矫顽力**。随着H的反向增大，铁磁质被反向磁化，并达到反向饱和点P'，即$C\sim P'$段；此后使反向的H减小到0，然后又沿正向增大H，直至到P点，即$P'\sim P$段。以上各段形成的闭合曲线称为**磁滞回线**。这种B的变化滞后H的现象称为**磁滞现象**。对应同一H值，B具有多值性且与过程有关，这足以显示了铁磁质磁化的复杂性。

实验表明，铁磁质在交变磁场中的反复磁化过程要伴随着能量损失，这种能量损失称为磁滞损耗。理论和实践都证明，磁滞损耗与磁滞回线所包围的面积成正比。

10.7.2 铁磁质的分类

不同铁磁质的磁滞回线有很大的不同，根据铁磁质矫顽力的大小，可将铁磁材料分为以下几类：

(1) 软磁材料：纯铁、硅钢、坡莫合金等材料的矫顽力较小($H_c<10^2$ A · m^{-1})，因此磁滞回线形状狭长，所围面积较小，如图 10.7.2(a)所示，这些材料叫作软磁材料。软磁材料的磁滞损耗较小，易于磁化和退磁，可用于制作继电器、变压器、电磁铁、电机以及各种高频电磁元件的磁芯等。

(2) 硬磁材料：碳钢、钨钢、铝镍钴合金等材料的矫顽力较大($H_c>10^2$ A · m^{-1})，因而磁滞回线所围的面积较大，如图 10.7.2(b)所示，这些材料叫作硬磁材料。硬磁材料的磁滞损耗较大，剩磁 B_r较大，不易退磁，适用于制作永久磁铁，如磁电式电表、扬声器、耳机中用的永久磁铁都是由硬磁材料制成的。

(3) 矩磁材料：锰镁铁氧体和锂锰铁氧体等材料的磁滞回线形状接近于矩形，如图 10.7.2(c)所示，这些材料叫作矩磁材料。矩磁材料的剩磁 B_r接近于饱和值 B_s，高剩磁比 B_r/B_s、低矫顽力 H_S是矩磁材料的显著特征。根据此特征，矩磁材料可用于制作数字化的磁记录器件、计算机中的存储元件等。

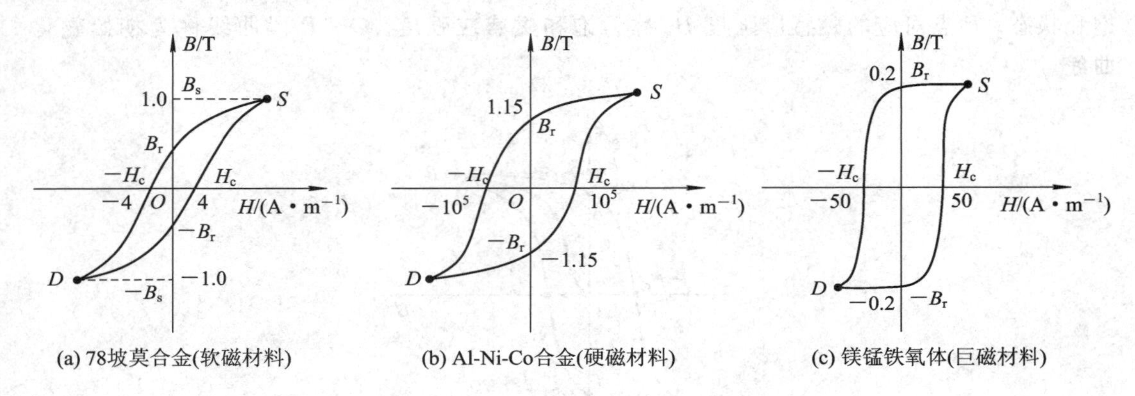

图 10.7.2 各种铁磁质的磁滞回线

10.7.3 磁畴

近代研究表明，铁磁质的磁性主要来源于电子自旋磁矩。在没有外磁场的条件下，铁磁质中的电子自旋磁矩可以在小范围内“自发地”排列起来，形成一个个小的“自发磁化区”，这种自发磁化区叫作**磁畴**。磁畴的线度为毫米级，由 $10^{17}\sim10^{21}$个分子组成。按照量子力学理论，电子之间存在着一种“交换作用”，它使电子自旋在平行排列时能量更低，交换作用是一种纯量子效应。

通常在未磁化的铁磁质中，各磁畴内的自发磁化方向不同，呈杂乱无序排列，在宏观上不显示出磁性，如图 10.7.3(a)所示。在外加磁场作用后，铁磁质内各个磁畴的磁矩都趋向于沿外磁场方向排列，如图 10.7.3(b)所示。当外磁场增强到一定程度时，铁磁质中所有磁畴的磁化方向都沿外磁场方向排列起来，此时，铁磁质的磁化达到饱和状态，由于各磁畴中的磁矩均沿外场整齐排列，因此铁磁质具有很强的磁性。

当铁磁体受到强烈震动或在高温下剧烈运动时，磁畴便会瓦解，这时与磁畴联系的一系列铁磁性质就会全部消失。著名物理学家皮埃尔 · 居里曾发现：对于任何一种铁磁质来说，都存在一个特定的临界温度，当其温度高过这个温度时，铁磁性就会消失，变为顺磁质，这个临界温度叫作铁磁质的**居里温度**，也叫**居里点**。铁、钴、镍的居里点分别为

1040 K、1388 K、631 K。

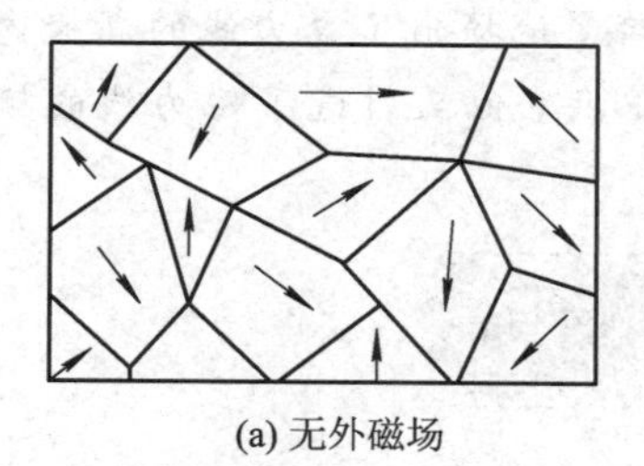
(a) 无外磁场

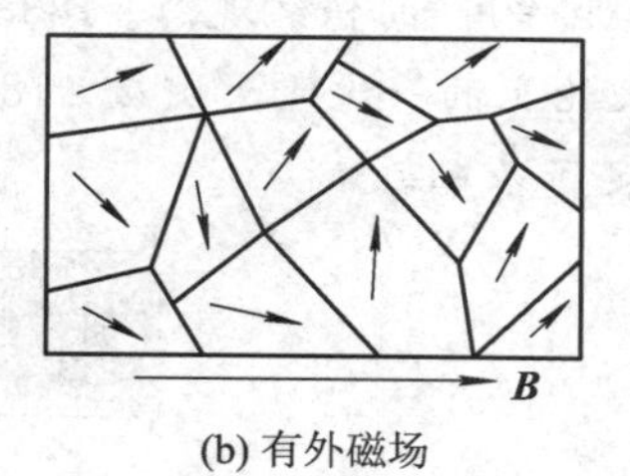

(b) 有外磁场

图 10.7.3　铁磁质的磁畴

科学家简介

法　拉　第

法拉第(Michael Faraday，1791—1867)，英国物理学家、化学家，也是自学成才的著名科学家。由于他在电磁学方面做出了伟大贡献，因此被称为“电学之父”和“交流电之父”。

法拉第1791年出生于萨里郡一个贫苦铁匠家庭，由于家境贫困他只读了两年小学，幼年时也没有受过正规的教育。1803年，为生计所迫，他上街当了报童，后在一个书商兼订书匠的家里当学徒。在订书店当学徒期间，法拉第带着强烈的求知欲望，如饥似渴地阅读了各类书籍，汲取了许多自然科学方面的基础知识。法拉第不放过任何一个学习的机会，他参加了青年科学组织——伦敦城哲学会。通过这些积累，他初步掌握了物理、化学、天文、地质、气象等方面的基础知识，为以后的研究工作打下了良好的基础。法拉第的好学精神感动了一位书店的老主顾，在他的帮助下，法拉第有幸聆听了著名化学家戴维的演讲，他把演讲内容全部记录下来并整理清楚，回去和朋友们认真讨论研究。随后，他还把整理好的演讲记录送给戴维，并且附信表明自己愿意献身科学事业，1811年他做上了戴维的实验助手，从此开始了他的科学生涯。

从1815年开始，法拉第在英国皇家研究所，通过戴维指导进行独立的研究工作并取得了一定的成果。他和斯托达特研究并首创了金相分析方法，用取代反应制得了六氯乙烷和四氯乙烯，找到了氯气等气体的液化方法。1821年法拉第发明的电动机，是世界上第一台使用电流使物体运动的装置。虽然在现代技术角度看来，这个装置十分简陋，但它却开创了电动机的发展史。

1831年，法拉第在实验中发现了电磁感应现象，这也成为法拉第一生最伟大的贡献之一。法拉第的这个发现扫清了探索电磁本质道路上的拦路虎，开通了在电池之外大量产生电流的新道路。根据这个实验，同年法拉第发明了圆盘发电机，这是法拉第关于电的第二项重大发明。这个圆盘发电机结构虽然简单，但它却是人类创造出的第一个发电机，现代的发电机就是从它演变来的。

1837 年，法拉第引入了电场和磁场的概念，指出了电和磁的周围都有场的存在，这打破了牛顿力学"超距作用"的传统观念。1838 年，他提出了电力线的新概念来解释电、磁现象，这是物理学理论上的一次重大突破。1852 年，他又引进了磁力线的概念，为经典电磁学理论的建立奠定了基础。

延伸阅读

磁悬浮列车

传统的轮轨交通是依靠轮子与轨道间的摩擦力提供车辆所需的牵引力，牵引力的大小受最大动摩擦系数的制约。在经验公式中，动摩擦系数与速度成反比关系，速度越大，轮轨间的摩擦系数越小，牵引力也越小，此特点限制了系统牵引能力的发挥，影响列车的加速性能和爬坡能力。磁浮交通作为一种新型的轨道交通方式，利用电磁力实现车辆与轨道的无接触支撑，通过直线电机实现车辆的牵引。与传统轮轨交通相比，磁浮交通避免了车辆与轨道的机械接触，具有速度高、爬坡能力强、转弯半径小、噪声低等优点。

1. 磁悬浮列车的发展历史

磁悬浮是利用磁力使物体处于一个无摩擦、无接触悬浮的平衡状态，磁悬浮看起来简单，但是具体磁悬浮特性的实现却经历了一段漫长的岁月。早在 1842 年，英国物理学家恩休就提出了磁悬浮的概念，但他同时指出，单靠永久磁铁是不能将一个铁磁体在所有六个自由度上都保持在自由稳定的悬浮状态的。为了使铁磁体实现稳定的磁悬浮，必须根据物体的悬浮状态不断地调节磁场力的大小，即采用可控电磁铁来实现，至少要对被悬浮转子的某一个自由度实行主动控制。1938 年，肯佩尔采用电感式传感器和电子管放大器做了一个可控电磁铁，对一个重量为 2100 N 的物体成功实现了稳定磁悬浮，这就是磁悬浮列车的雏形。20 世纪 60 年代，伴随着现代控制理论和电子技术的飞跃发展，原来十分庞大的控制设备变得十分轻巧，这就给磁悬浮列车技术提供了实现的可能。1969 年，德国牵引机车公司的马法伊研制出了小型磁悬浮列车系统模型，以后命名为 TR01 型，该车在 1 km 轨道上速度达 165 km/h，这是磁悬浮列车发展的一个里程碑。1970 年以后，随着世界工业化国家经济实力的不断加强，为提高交通运输能力以适应其经济发展的需要，德国、日本、美国、加拿大、法国、英国等发达国家相继开始筹划进行磁悬浮运输系统的开发。美国和苏联分别在 20 世纪 70 年代和 80 年代放弃了研究计划，英国从 1973 年才开始研究磁悬浮列车，却是最早将磁悬浮列车投入商业运营的国家之一。目前在制造磁悬浮列车的角逐中，对磁悬浮列车研究最为成熟的是日本和德国。1999 年日本研制的超导磁悬浮列车在实验线上速度达到 550 km/h，2015 年进一步达到了载人行驶每小时 603 km/h 的世界最高速度。德国于 1977 年分别研制出常导型和超导型试验列车。但后来经过分析比较，集中力量只发展常导型磁悬浮列车。目前德国在常导磁悬浮列车研究上的技术已经非常成熟，Transrapid 系统成为世界上首次进入技术应用成熟阶段的磁悬浮高速铁路系统，其中，TR08 车型应用在上海高速磁浮交通示范线上，目前正在进行 TR09 型磁浮列车的研发。中国对磁悬浮列车的研究工作起步较迟，1989 年，国防科技大学研制出了中国第一台磁悬浮试验样车。1994 年，西南交通大学建成了我国首条磁悬浮铁路试验线，并同时开展了速度为 30 km/h 的磁悬浮列车的载人试验，这标志着中国已经掌握了制造磁悬浮列车的技术。2016 年，由中车株洲电力机车有限公司牵头研制的速度为 100 km/h 的长沙磁浮快线列车上线运营，它被业界称为中国商用磁浮 1.0 版列车。2018 年，中国首列商用磁浮 2.0 版列车在中车株洲电力机车有限公司下线，该列车设计速度提升到了 160 km/h，并采用三节编组，最大载客量为 500 人。2019 年 5 月，速度 600 km/h 的高速磁浮试验样车在青岛下线，这标志着中国在高速磁浮技术领域实现了重大突破。

2. 磁悬浮列车技术的基本原理

磁悬浮列车的基本原理如图 Y10-1(a)所示，在列车的地板上安装一些磁铁，当列车运动时这些磁铁从金属导轨上方经过，金属导轨因周围磁场发生改变而发生电磁感应现象，导轨上形成感应电流；导轨中的感应电流进一步产生磁场，如同在导轨中形成一块块磁铁，并且这些磁铁的极性与列车中的磁铁极性相对，从而产生向上的斥力。当向上的推力足够大时，列车就可以离开地面，浮在金属导轨之上。虽然磁铁同极性会相斥，可以产生悬浮的浮力；但异性可以相吸，磁浮列车就是运用这个原理前进的。如图 Y10-1(b)所示，当列车下方导轨因电子运动而产生浮力时，两侧导轨的线路开始通电，产生另一组比列车稍前的磁场。经过特殊安排，导轨上的磁铁 S 极会靠近列车上的磁铁 N 极，因为这股吸力，列车得以往前移动。通过调整导轨两侧的电流，可以让这股吸引磁力恰好落在列车前方。磁悬浮列车能抵抗地球引力悬浮于轨道上，根据工作原理不同，可以分为常导电磁吸引式悬浮和超导排斥型悬浮。

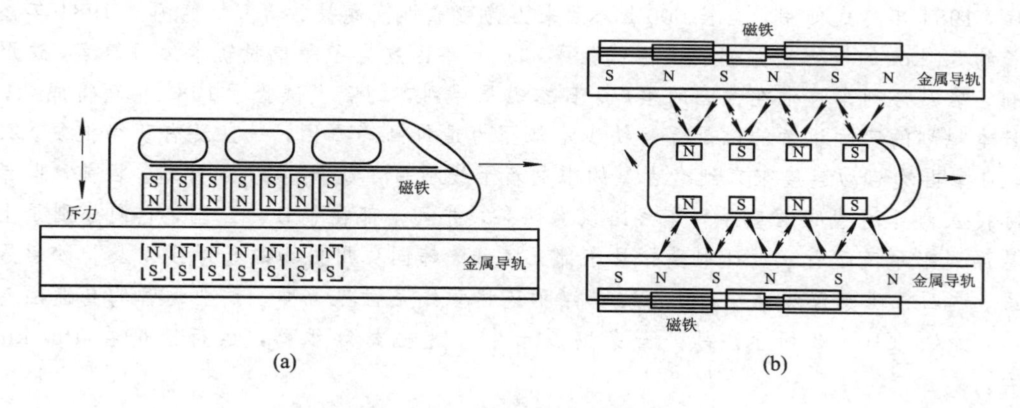

图 Y10-1　磁悬浮列车原理示意图

常导电磁吸引式悬浮：利用装在车辆两侧转向架上的常导电磁铁(悬浮电磁铁)和铺设在线路导轨上的磁铁，可以使车辆在磁场作用产生的吸引力下浮起。车辆和轨面之间的间隙与吸引力的大小成反比。为了保证这种悬浮的可靠性和列车运行的平稳，使直线电机有较高的功率，必须精确地控制电磁铁中的电流，使磁场保持稳定的强度和悬浮力，使车体与导轨之间保持大约 10 mm 的间隙。通常采用测量间隙用的气隙传感器来进行系统的反馈控制。这种悬浮方式不需要设置专用的着地支撑装置和辅助的着地车轮，对控制系统的要求也可以稍低一些。这种磁悬浮列车的运行速度通常在 300～500 km/h 范围内，适合于城际及市郊的交通运输，日本的 HSST 系统、德国的 TR 超高速磁浮列车以及我国的中低速磁浮列车均采用该种技术。

超导排斥型悬浮：此种形式在车辆底部安装超导磁体，在轨道两侧铺设一系列铝环线圈。列车运行时，给车上线圈(超导磁体)通电流后产生强磁场，地上线圈与之相切割，在地上线圈内产生感应电流。感应电流产生的磁场与车辆上超导磁体的磁场方向相反，两个磁场产生排斥力。当排斥力大于车辆重量时，车辆就浮起来了。超导磁体的电阻为零，在运行中几乎不消耗能量，而且磁场强度很大。当车辆向下位移时，超导磁体与悬浮线圈的间距减小，电流增大，使悬浮力增加，又使车辆自动恢复到原来的悬浮位置。这个间隙与速度的大小有关，一般到 100 km/h 时车体才能悬浮。因此，必须在车辆上装设机械辅助支承装置，如辅助支持轮及相应的弹簧支承，以保证列车安全可靠地着地。这种磁悬浮列车的最高运行速度可以达到 1000 km/h，当然其建造技术和成本要比常导吸引型磁悬浮列车高得多，日本的 MLU 系列高速磁浮列车采用的就是这种技术。

3. 磁悬浮列车的未来

磁悬浮列车技术出现至今已有八十余年了，但磁悬浮列车具有造价高、耗电高、辐射大等特点。上海磁浮列车示范运营线全长约 30 km，总投资为人民币 89 亿元，平均每公里造价成本为 3 亿元，其成本是高铁的 2～3 倍。日本目前在建的中央新干线磁悬浮高铁，总长 286 km，修建完成后预计需要约 5250 亿元人民币，平均每公里造价为 18 亿元人民币。如此高昂的建设成本，且成本回收周期长，很难实现盈利。由于磁悬浮系统必须辅之以电磁力来完成悬浮、导向和驱动，因此在断电情况下列车的运行安全仍然是一个没能完全解决的问题。此外，强磁场对人体及环境的影响也需要进一步研究。

磁悬浮列车至今没有得到普遍应用。世界上第一条磁悬浮线路是英国的伯明翰国际机场线，1984 年建成使用，全长 600 m，后来因为可靠性问题被放弃了。德国于 1984 年修建了长约 32 km 的埃姆斯兰德的磁浮试验线，2006 年因发生了严重脱轨事故而停运，这严重影响了磁悬浮列车技术在德国的推广。日本磁悬浮列车的载人试验于 1982 年获得成功，但是日本规划的实际运营的磁悬浮高铁线路却因为造价高等原因，一直没有获得批复。2013 年，日本再次启动连接东京到名古屋的中央新干线项目，力争 2027 年开通。目前，世界上实际投入商业运营的磁悬浮列车线路仅有四条，并且全部在中日韩三国，它们分别是上海磁悬浮列车示范运营线、日本爱知县东部丘陵线、韩国仁川机场磁悬浮线以及长沙磁悬浮快线。这四条磁悬浮线路中，上海磁悬浮示范运营线是世界上唯一商业运营的高速磁悬浮线路，如图 Y10－2 所示。另外三条则属于中低速磁悬浮线路，运行速度在 100 km/h 左右。

图 Y10－2　上海磁悬浮示范运营线

从我国及日本、德国等典型国家的发展现状来看，高速磁悬浮铁路在技术上已经基本成熟，但在商业应用方面缺少成功尝试。日本采用的低温超导材料对环境要求较高，在工程应用中成本巨大，且存在一定安全隐患，为此日本正在积极试验高温超导材料，以便在工程应用方面获得更大便利。总体上看，未来的高速磁悬浮铁路将向技术实用化、低成本方向发展。低真空管道磁悬浮铁路具有速度更高、更加节能环保、能够实现全天候运输等优势，极具新型交通运输方式的发展技术经济特征，具有良好的发展前景。目前，美国的Virgin Hyperloop One、HTT、SpaceX等公司正在积极开展低真空管道磁悬浮铁路的相关技术研究，同时在世界范围内进行快速布局。我国也在加快低真空管道磁悬浮铁路的研究，如图Y10-3所示，中国中车、西南交通大学、中国航天科工、中国铁道科学研究院等多家单位正在积极探索，深圳、贵州等地正在积极引进低真空管道磁悬浮铁路技术。尽管低真空管道磁悬浮铁路距离实现商业化应用还有较大距离，但其独有的速度优势及不受外界环境影响的特点，是其他地面交通运输方式无可比拟的。

图Y10-3 我国首个真空管超高速磁悬浮列车原型实验平台

思考题

10.1 一个电流元 Idl 放在磁场中的某点，当它沿 X 轴放置时不受力，如把它转向 Y 轴正方向，则受到的力沿 Z 轴负方向，该点磁感应强度 $\boldsymbol{B}$ 指向何方？

10.2 在没有电流的空间区域里，如果磁感应线是平行直线，磁感应强度 $\boldsymbol{B}$ 的大小在沿磁感应线和垂直它的方向上是否可能变化(即磁场是否一定是均匀的)？若存在电流，上述结论是否还正确？

10.3 能否用安培环路定理求一段有限长载流导线的磁感应强度，为什么？

10.4 在均匀磁场中放置两个面积相等而且通过相同电流的线圈，一个是三角形，另一个是矩形，这两个线圈受到的最大磁力矩是否相等？磁力的合力是否相等？

10.5 有人说顺磁质的 $\boldsymbol{B}$ 与 $\boldsymbol{H}$ 同方向，而抗磁质的 $\boldsymbol{B}$ 与 $\boldsymbol{H}$ 方向相反，你认为正确吗？为什么？

练习题

10.1 如图T10-1所示，导线单层均匀密绕在截面为长方形的整个木环上，共有 N 匝，求流入电流 I 后，环内的磁感应强度的分布和截面上的磁通量。

10.2 在一半径 $R=1.0\ \text{cm}$ 的无限长半圆柱形金属薄片中，自下而上地通有电流 $I=$

5.0 A，电流分布均匀，如图 T10－2 所示。试求圆柱轴线上任一点 P 处的磁感应强度。

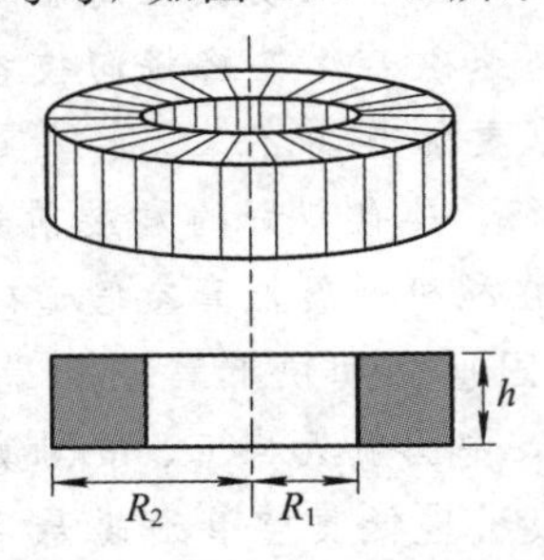

图 T10－1 练习题 10.1 图

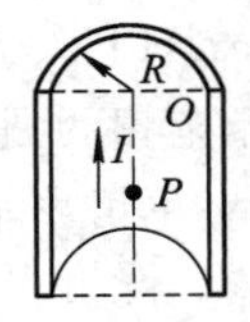

图 T10－2 练习题 10.2 图

10.3 如图 T10－3 所示，AB、CD 为长直导线，$\overset{\frown}{BC}$为圆心在 O 点的一段圆弧形导线，其半径为 R。若通以电流 I，求 O 点的磁感应强度。

10.4 如图 T10－4 所示，一无限长载流平板宽度为 a，沿长度方向通过均匀电流 I，求与平板共面且距平板一边为 b 的点 P 的磁感应强度。

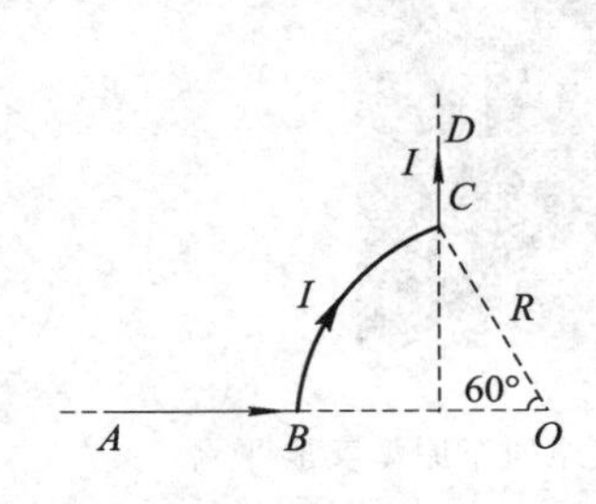

图 T10－3 练习题 10.3 图

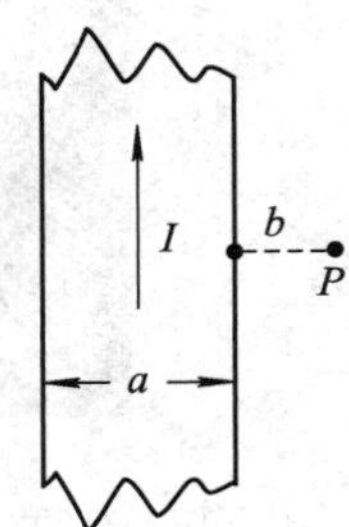

图 T10－4 练习题 10.4 图

10.5 在半径为 R 的长直圆柱形导体内部，与轴线平行地挖成一半径为 r 的长直圆柱形空腔，两轴间距离为 a，且 $a>r$，横截面如图 T10－5 所示。现在电流 I 沿导体管流动，电流均匀分布在管的横截面上，且电流方向与管的轴线平行。求：

(1) 圆柱轴线上的磁感应强度的大小；

(2) 空心部分轴线上的磁感应强度的大小。

10.6 长直同轴电缆由一根圆柱形导线外套同轴圆筒形导体组成，尺寸如图 T10－6 所示。电缆中的电流从中心导线流出，由外面的导体圆筒流回。设电流均匀分布，内圆柱与外圆筒之间可作真空处理，求磁感应强度的分布。

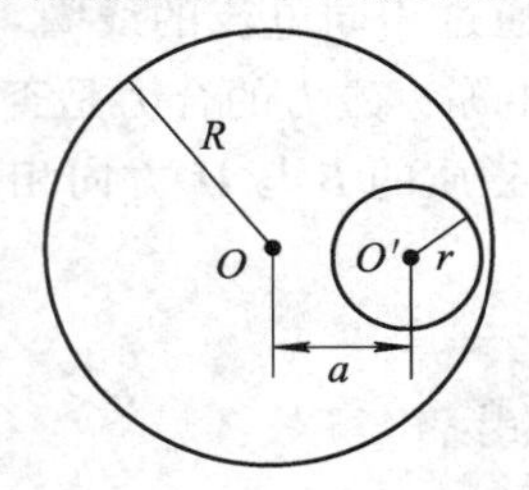

图 T10－5 练习题 10.5 图

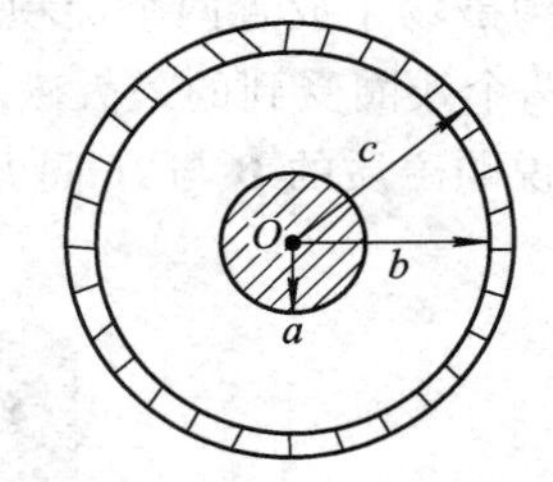

图 T10－6 练习题 10.6 图

10.7 如图 T10－7 所示，在长直导线 AB 内通以电流$I_1=20$ A，在矩形线圈 $CDEF$ 中通有电流$I_2=10$ A，AB 与线圈共面，且 CD 和 EF 都与 AB 平行。已知 $a=9.0$ cm，$b=$

20.0 cm，d =1.0 cm，求：

(1) 导线 AB 的磁场对矩形线圈每边所作用的力；

(2) 矩形线圈所受合力和合力矩。

10.8　边长为 l =0.1 m 的正三角形线圈放在磁感应强度 B =1 T 的均匀磁场中，线圈平面与磁场方向平行。如图 T10-8 所示，将线圈通以电流 I =10 A，求：

(1) 线圈每边所受的安培力；

(2) 对 OO' 轴的磁力矩大小；

(3) 从所在位置转到线圈平面与磁场垂直时磁力所做的功。

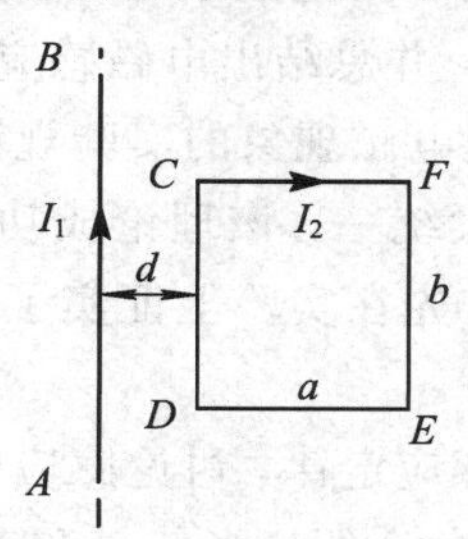

图 T10-7　练习题 10.7 图

图 T10-8　练习题 10.8 图

10.9　有两个半径为 r 和 R 的无限长同轴导体圆柱面，通以方向相反的电流 I，两圆柱面间充以相对磁导率为 μ_r 的均匀磁介质。求：

(1) 磁介质中的磁感应强度；

(2) 两圆柱面外的磁感应强度。

提　升　题

提升题 10.1 参考答案

10.1　均匀密绕螺线管的长度为 $2L$，半径为 a，单位长度上绕有 n 匝线圈，通有电流 I。

(1) 求螺线管轴线上的磁场分布。取长度与直径的比例不同，轴线上的场强曲线有什么特点？

(2) 螺线管的磁感应线有什么特点？磁感应强度分布面有什么特点？

提升题 10.2 参考答案

10.2　一非匀强磁场 $\boldsymbol{B}$ 沿 Z 方向，大小与 Z 成正比，即 $\boldsymbol{B} = Kz\boldsymbol{k}$ (K 为比例常数)。一质量为 m、电量为 q 的带电粒子以初速度 v_0 从原点射入磁场，初速度方向在 OXZ 平面内，与 Z 方向的夹角为 θ，如图 T10-9 所示。粒子的运动轨迹有什么特点？

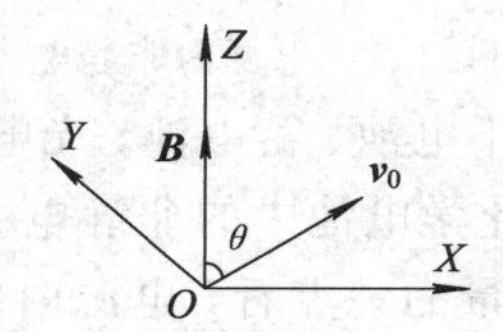

图 T10-9　提升题 10.2 图

第11章 电磁感应

1820年，奥斯特发现了电流的磁效应，引起了大量关于电与磁之间关系的研究。英国物理学家法拉第在1831年发现了电磁感应现象，并总结出电磁感应定律。麦克斯韦提出了变化的电场能激发磁场的观点，并在此基础上把电磁现象的实验规律归纳成体系完整的电磁场理论，用麦克斯韦方程组将电和磁实现了大统一，该理论成功预言了电磁波的存在，并计算出其传播速度等于光速。1887年，赫兹首先在实验上证实了电磁波的存在。电磁理论的建立为现代通信理论的发展奠定了基础。

本章重点介绍电动势的定义和法拉第电磁感应定律，讨论感应电动势的两种形式——动生电动势、感生电动势，并结合自感、互感现象介绍磁场能量和麦克斯韦电磁场方程组。通过本章的学习，读者可加深对电场和磁场的认识，并建立起统一的电磁场概念。

11.1 电动势

如果要在导体内形成恒定的电流，则必须在导体两端维持恒定的电势差。产生和维持这个电势差的装置称为**电源**。如图11.1.1所示，当回路接通后，正电荷在电场力的作用下从电势较高的A极板(电源正极)，经外电路移至电势较低的B极板(电源负极)，并与负电荷中和。因此，两极板的电荷不断减少，两极间的电势差也将逐渐减小直至为零。电源的作用就是把正电荷从电势低的B极板通过电源内部移送至电势高的A极板，以维持两极间恒定的电势差。如果电源内仅有静电力$\boldsymbol{F}_e$，则不能实现这一过程，必须有非静电力$\boldsymbol{F}_{ne}$的作用才行。非静电力是一种在电源内部将正电荷由负极拉向正极的等效力。电源就是提供所需的非静电力的装置。

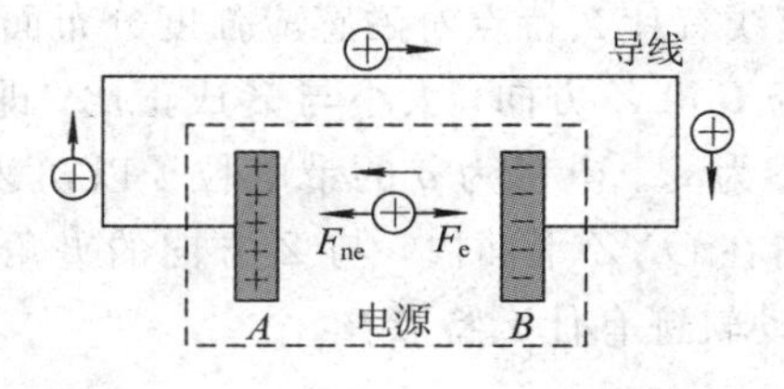

图11.1.1　电源内非静电力的作用

电源的种类很多，常见的有干电池、蓄电池、光电池、发电机等，不同种类的电源提供的非静电力的性质不同。例如，化学电池中的非静电力来源于化学作用，普通发电机中的非静电力来源于电磁感应。从能量的观点看，电源内部非静电力在移动电荷的过程中克服静电力做功，使电荷的电势能增加，从而将其他形式的能量(化学能、热能、机械能等)转换成电能。

在不同的电源内部，把一定量的正电荷从负极转移到正极，非静电力所做的功是不同的。为了定量描述电源转换能量的本领，在这里引入**电动势** $\mathscr{E}$ 的概念。在电源内部，把单位正电荷从负极移动到正极的过程中，非静电力所做的功称为电源的电动势。电源迫使正电荷 q 从负极移动到正极非静电力做功为 W_{ne}，则该电源的电动势定义为

$$\mathscr{E} = \frac{W_{ne}}{q} \tag{11.1.1}$$

在国际单位制中，电动势的单位名称是伏，符号为 V，1 V=1 J·C^{-1}。

注意，虽然电动势和电势差的单位相同，但二者是完全不同的物理量。电动势是描述电源内非静电力做功本领的物理量，其大小仅取决于电源本身的性质，与外电路无关。

下面从场的概念出发来阐述电动势的含义。用场的概念把非静电力的作用等效为非静电场的作用，用 $\boldsymbol{E}_{ne}$ 表示非静电场的场强，则它对电荷 q 的作用为 $\boldsymbol{F}_{ne} = q\boldsymbol{E}_{ne}$。在电源内部，非静电力将电荷 q 由负极移动到正极所做的功为

$$W_{ne} = \int_{(-)}^{(+)} q\boldsymbol{E}_{ne} \cdot \mathrm{d}\boldsymbol{l} \tag{11.1.2}$$

将式(11.1.2)代入式(11.1.1)可得

$$\mathscr{E} = \int_{(-)}^{(+)} \boldsymbol{E}_{ne} \cdot \mathrm{d}\boldsymbol{l} \tag{11.1.3}$$

式(11.1.3)是用场的观点表示的电动势。

电动势是标量，但为了便于判断在电流流通时非静电力做功的正负，也就是电源是放电还是充电，通常把电源内部电势升高的方向(即电源内部负极到正极的指向)规定为电动势的方向。

由于电源外部 $\boldsymbol{E}_{ne}$ 为零，因此电源电动势又可以定义为把单位正电荷绕闭合回路一周时电源中非静电力所做的功，即

$$\mathscr{E} = \oint_L \boldsymbol{E}_{ne} \cdot \mathrm{d}\boldsymbol{l} \tag{11.1.4}$$

式 (11.1.4)也可推广到非静电力作用在整个回路上的情况。

11.2　电磁感应定律

11.2.1　电磁感应现象

法拉第在实验中发现，在用伏打电池给一组线圈通电或断电的瞬间，另一组线圈中也有电流产生，如图 11.2.1(a)所示。随后法拉第又发现磁铁与闭合线圈相对运动时，线圈中也有电流产生，如图 11.2.1(b)所示。经过大量实验研究，法拉第总结出产生感应电流的几种情况：变化的电流，变化的磁场，运动的磁铁，在磁场中运动的导体。这些实验大致可归纳为两种情况：一是闭合回路保持不动，但周围的磁场发生变化；二是闭合回路和磁场间发生了相对运动。无论用上述哪种方法产生电流，可以发现，它们的共同点是穿过所有闭合回路的磁通量都发生了改变。由此可得到如下结论：当穿过一个闭合导体回路所包围面积的磁通量发生变化时(不论这种变化是由什么原因引起的)，在回路中就有电流产生。这种现象称为**电磁感应现象**，回路中产生的电流称为**感应电流**。回路中出现电流，表明回

路中存在电动势，这种由于磁通量的变化而产生的电动势称为**感应电动势**。

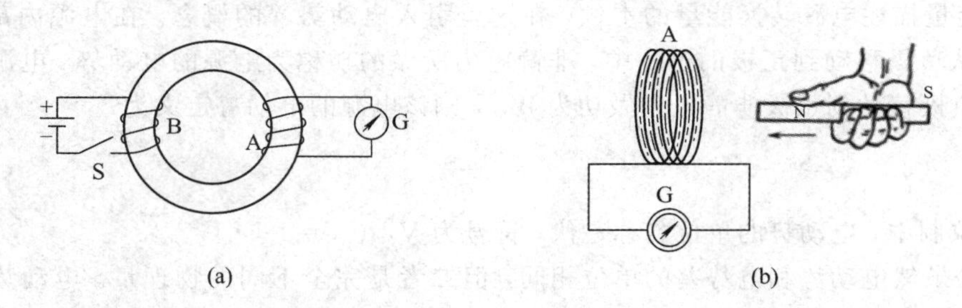

图 11.2.1 电磁感应实验

11.2.2 法拉第电磁感应定律

1831 年，法拉第通过大量实验总结归纳出了电磁感应基本定律：**导体回路中产生的感应电动势的大小与穿过回路的磁通量的变化率成正比**，这就是**法拉第电磁感应定律**，用公式表示为

$$\mathscr{E}_{\mathrm{i}} = -\frac{\mathrm{d}\Phi_{\mathrm{m}}}{\mathrm{d}t} \tag{11.2.1}$$

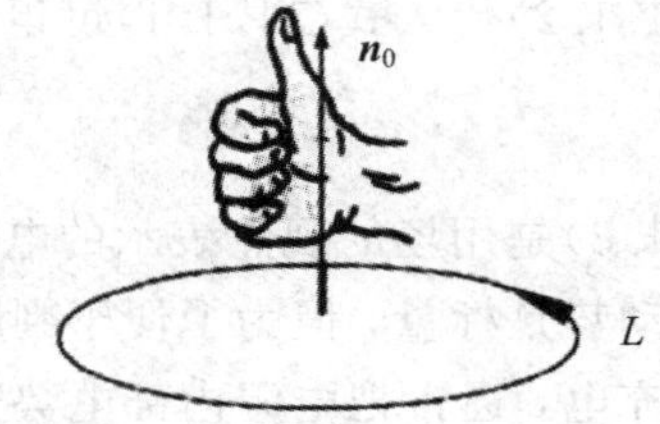

图 11.2.2 回路正法线方向的确定

式中，负号确定了感应电动势的方向。判断感应电动势方向的具体方法是：首先任意选定回路的绕行方向，然后按照右手螺旋法则确定回路所包围面积的法线正方向，如图 11.2.2 所示。规定回路绕行方向是为了确定感应电动势的正负，规定回路所围面积的法线方向是为了确定磁通量的正负。这样，当穿过回路的磁感应强度方向与面法线 $\boldsymbol{n}_0$ 的方向所成夹角 θ 小于 90°时，磁通量 Φ_{m} 为正；当 θ 大于 90°时，磁通量为负。然后根据磁通量随时间的变化率 $\frac{\mathrm{d}\Phi_{\mathrm{m}}}{\mathrm{d}t}$ 来判断感应电动势的方向。如果 $\frac{\mathrm{d}\Phi_{\mathrm{m}}}{\mathrm{d}t}>0$，感应电动势 $\mathscr{E}_{\mathrm{i}}$ 为负值，则感应电动势的方向与所选定回路的绕行方向相反；反之，如果 $\frac{\mathrm{d}\Phi_{\mathrm{m}}}{\mathrm{d}t}<0$，感应电动势 $\mathscr{E}_{\mathrm{i}}$ 为正值，则感应电动势的方向与选定回路的绕行方向相同。根据上述约定，不管在开始时选定什么样的绕行参考正方向，应用法拉第电磁感应定律得到的感应电动势的方向和数值都是相同的，与回路中绕行方向的选择无关。图 11.2.3 给出了线圈中磁通量变化的情形，我们都选定图中的箭头方向为回路的绕行方向，则可按上述方法判断回路中电动势的方向，如图 11.2.3 所示。

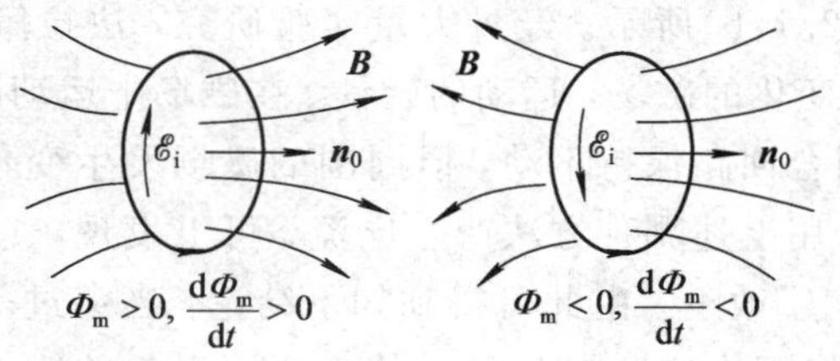

图 11.2.3 感应电动势方向的确定

关于法拉第电磁感应定律，需要强调以下几点：

(1) 回路中产生感应电流的原因是回路中建立了感应电动势，感应电动势比感应电流更本质，即使回路不闭合而使感应电流为零，感应电动势依然存在。

(2) 回路中产生感应电动势的原因是磁通量的变化，而不是磁通量本身，即使磁通量很大，如果不随时间变化，也不会产生感应电动势。

(3) 法拉第电磁感应定律的数学表达式中的"－"号表明，产生的感应电动势总是阻碍原磁通量的变化。这是楞次定律的数学表述。

俄国物理学家楞次在1833年提出了一种判断感应电流方向的法则，称为楞次定律。其内容是：**闭合回路中感应电流的方向，总是使得它自身所产生的磁通量反抗引起感应电流的磁通量的变化**。

当磁铁的N极插入线圈时，穿过线圈的磁通量增加，由楞次定律可知，感应电流激发的磁场将阻碍线圈中磁通量的增加，因此感应电流激发的磁场方向与原磁铁的磁场方向相反，根据右手定则，可判定感应电流的方向如图11.2.4(a)所示。当磁铁的N极拔出线圈时，穿过线圈的磁通量减少，由楞次定律可知，感应电流激发的磁场的作用是阻碍线圈中磁通量的减少，由此可判定感应电流的方向如图11.2.4(b)所示。

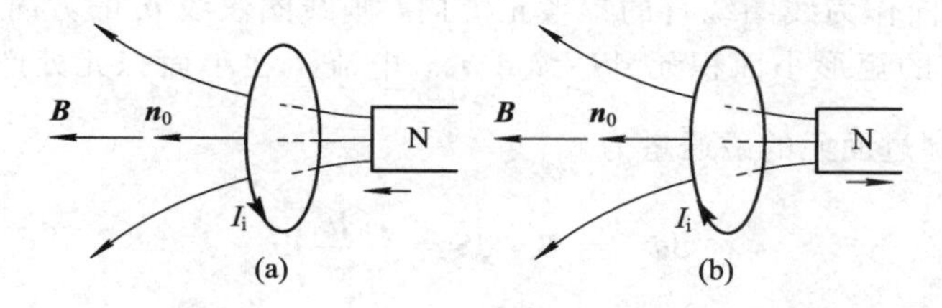

图11.2.4　楞次定律确定感应电流的方向

式(11.2.1)只是针对单匝导体回路，如果回路是N匝线圈串联的回路，则整个线圈的感应电动势等于各匝线圈中的感应电动势之和，即

$$\begin{aligned}\mathscr{E}_{\mathrm{i}} &= -\frac{\mathrm{d}\Phi_{\mathrm{m1}}}{\mathrm{d}t} - \frac{\mathrm{d}\Phi_{\mathrm{m2}}}{\mathrm{d}t} - \cdots - \frac{\mathrm{d}\Phi_{\mathrm{m}N}}{\mathrm{d}t} \\ &= -\frac{\mathrm{d}}{\mathrm{d}t}(\Phi_{\mathrm{m1}} + \Phi_{\mathrm{m2}} + \cdots + \Phi_{\mathrm{m}N}) \\ &= -\frac{\mathrm{d}\Psi_{\mathrm{m}}}{\mathrm{d}t}\end{aligned} \tag{11.2.2}$$

式中，$\Psi_{\mathrm{m}} = \Phi_{\mathrm{m1}} + \Phi_{\mathrm{m2}} + \cdots + \Phi_{\mathrm{m}N}$是穿过各个线圈的总磁通量，也称为**磁通链**。

若闭合导体回路的电阻为R，则由全电路欧姆定律可得回路中的感应电流为

$$I = \frac{\mathscr{E}_{\mathrm{i}}}{R} = -\frac{1}{R}\frac{\mathrm{d}\Phi_{\mathrm{m}}}{\mathrm{d}t}$$

设t_1时刻通过回路的磁通量为Φ_{m1}，t_2时刻通过回路的磁通量为Φ_{m2}，则在$\Delta t = t_2 - t_1$时间内，通过回路的感应电荷量为

$$q = \int_{t_1}^{t_2} I\mathrm{d}t = -\frac{1}{R}\int_{\Phi_{\mathrm{m1}}}^{\Phi_{\mathrm{m2}}} \mathrm{d}\Phi = \frac{1}{R}(\Phi_{\mathrm{m1}} - \Phi_{\mathrm{m2}}) \tag{11.2.3}$$

式(11.2.3)表明，穿过回路中任一截面的感应电量只与磁通量的变化量有关。因此，若测得感应电量，就可计算出磁通量的变化量。常用的测量磁感应强度的磁通计(又称为

高斯计)就是根据这一原理制成的。

例 11.2.1 长直导线中载有恒定电流 I，在它旁边平行放置一匝数为 N、长为 l_1、宽为 l_2 的矩形线框 $abcd$，如图 11.2.5 所示。$t=0$ 时，ad 边离长直导线的距离为 r_0。设矩形线框以匀速 $\boldsymbol{v}$ 垂直于导线向右运动。求任意 t 时刻线框中感应电动势的大小和方向。

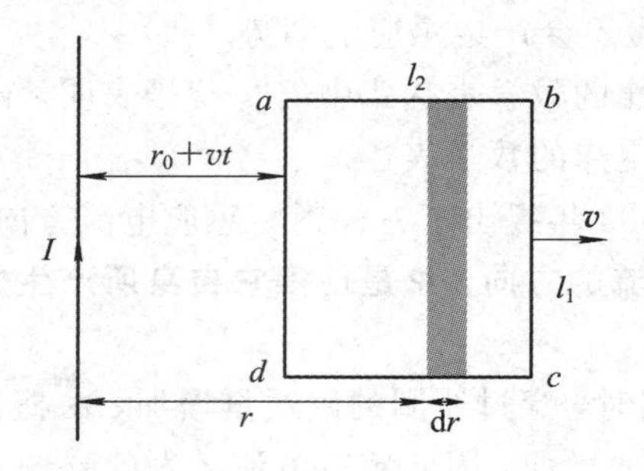

图 11.2.5 例 11.2.1 图

解 载流长直导线的周围空间是一非均匀磁场，当线圈向右运动时，通过线圈的磁通量将发生变化。为求线圈内的感应电动势，需要先求出任意 t 时刻通过线圈的磁通量。为此，选取顺时针方向作为线圈绕行的参考正方向，则线圈法线 $\boldsymbol{n}_0$ 的方向为垂直纸面向里。取距长直导线为 r 的矩形小面积元 $\mathrm{d}\boldsymbol{S}=l_1\mathrm{d}r\boldsymbol{n}_0$，电流 I 在小面积元处产生的磁感应强度 $\boldsymbol{B}=\dfrac{\mu_0 I}{2\pi r}\boldsymbol{n}_0$，$t$ 时刻穿过面元的磁通量为

$$\mathrm{d}\Phi_\mathrm{m}=\boldsymbol{B}\cdot\mathrm{d}\boldsymbol{S}=\frac{\mu_0 Il_1}{2\pi r}\mathrm{d}r$$

t 时刻通过每匝线圈的磁通量为

$$\Phi_\mathrm{m}=\int_S\boldsymbol{B}\cdot\mathrm{d}\boldsymbol{S}=\int_{r_0+vt}^{r_0+l_2+vt}\frac{\mu_0 Il_1}{2\pi r}\mathrm{d}r=\frac{\mu_0 Il_1}{2\pi}\ln\frac{r_0+l_2+vt}{r_0+vt}$$

则 N 匝线圈中的感应电动势为

$$\mathscr{E}_\mathrm{i}=-N\frac{\mathrm{d}\Phi_\mathrm{m}}{\mathrm{d}t}=\frac{N\mu_0 Il_1l_2v}{2\pi(r_0+vt)(r_0+l_2+vt)}$$

$\mathscr{E}_\mathrm{i}$为正值，故感应电动势的方向与所选取的绕行的正方向一致，为顺时针方向。

11.3 动生电动势和感生电动势

法拉第电磁感应定律表明，不论何种原因，只要穿过回路所围面积的磁通量发生变化，回路中就有感应电动势产生。实际问题中，使磁通量发生变化的方式是多种多样的，但最基本的方式只有两类：一类是磁场分布保持不变，导体回路或导体在磁场中运动而引起的感应电动势，称为**动生电动势**；另一类是导体回路不动，磁场随时间发生变化而引起的感应电动势，称为**感生电动势**。下面我们分别讨论这两种电动势。

11.3.1 动生电动势

如图 11.3.1 所示，匀强磁场 $\boldsymbol{B}$(垂直于纸面向里)中放置一 U 形金属导轨，长为 L 的导体棒可在导轨上无摩擦地滑动，与导轨构成矩形回路 $abcd$。当导体棒以速度 $\boldsymbol{v}$ 沿导轨向

右滑动时，由于导线和磁场之间的相对运动而在回路中产生感应电动势，此电动势为动生电动势。导体棒内的自由电子也以速度 $\boldsymbol{v}$ 随之运动，电子受到磁场的洛伦兹力为

视频 11-1

$$\boldsymbol{f}_e = (-e)\boldsymbol{v} \times \boldsymbol{B} \tag{11.3.1}$$

$\boldsymbol{f}_e$的方向由 b 端指向 a 端。在该洛伦兹力的作用下，自由电子向下作定向漂移运动，从而引起负电荷在导体棒的下端积累，正、负电荷在棒的两端累积，使得在棒的内部建立起一个自上而下的静电场。当导体中的电子受到的洛伦兹力和电场力达到平衡时，就会在导体棒 ab 两端形成稳定的电势差，b 端电势高于 a 端电势。此时，这段运动的导体棒相当于电源，它的非静电力是洛伦兹力，电源的电动势就是动生电动势。

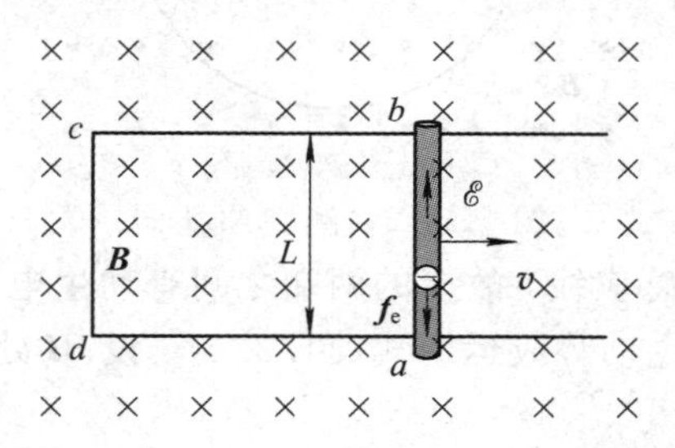

图 11.3.1　动生电动势

我们知道，电动势定义为把单位正电荷从电源的负极通过电源内部移动到正极的过程中非静电力所做的功。对于动生电动势，作用于单位正电荷上的非静电力是洛伦兹力，对应的非静电场强度 $\boldsymbol{E}_{ne}$ 为

$$\boldsymbol{E}_{ne} = \frac{\boldsymbol{f}_e}{-e} = \boldsymbol{v} \times \boldsymbol{B}$$

所以，ab 导线中的动生电动势：

$$\mathscr{E}_{ab} = \int_{-}^{+} \boldsymbol{E}_{ne} \cdot \mathrm{d}\boldsymbol{l} = \int_{a}^{b} (\boldsymbol{v} \times \boldsymbol{B}) \cdot \mathrm{d}\boldsymbol{l} \tag{11.3.2}$$

在图 11.3.1 中，由于 $\boldsymbol{v}$ 与 $\boldsymbol{B}$ 相互垂直，且 $\boldsymbol{v}\times\boldsymbol{B}$ 的方向与 $\mathrm{d}\boldsymbol{l}$ 的方向相同，因此式(11.3.2)可写为

$$\mathscr{E}_{ab} = \int_{a}^{b} (\boldsymbol{v} \times \boldsymbol{B}) \cdot \mathrm{d}\boldsymbol{l} = BLv \tag{11.3.3}$$

对于任意形状的导线，当它在任意稳恒磁场中运动或者形变时，其上线元 $\mathrm{d}\boldsymbol{l}$ 的速度 $\boldsymbol{v}$ 的大小和方向都可能不同，各线元 $\mathrm{d}\boldsymbol{l}$ 所在处的磁感应强度 $\boldsymbol{B}$ 的大小和方向也可能不同，此时导线上的动生电动势可由线元上的动生电动势 $\mathrm{d}\mathscr{E}$ 积分得到，即

$$\mathscr{E} = \int_{L} (\boldsymbol{v} \times \boldsymbol{B}) \cdot \mathrm{d}\boldsymbol{l} \tag{11.3.4}$$

式(11.3.4)提供了计算感应电动势的另一种方法。从以上讨论中也可以看出，动生电动势只可能存在于运动的这段导体上，若运动的导体不构成回路，则在导体上没有感应电流，但仍可能有动生电动势，此时导体相当于一个开路的电源。由前面的分析可见，产生动生电动势的非静电力是洛伦兹力，当运动导体与外电路组成闭合回路时，动生电动势是要做功的；但我们知道洛伦兹力始终与带电粒子的运动方向垂直，即它对电荷的运动是不做功的。这里似乎产生了矛盾。为了帮助读者研究这一问题，这里做两点提示：一是导体中的

电子除了随导体一起定向运动外，还有相对于导体内的定向运动速度；二是要使导体在磁场中持续运动下去，必须有外力作用于导体，导体作为电源的能量其实来自外力的功。

例 11.3.1 长度为 L 的一根铜棒，其一端在垂直于纸面向外的均匀磁场中以角速度 ω 旋转，角速度的方向与磁场平行，如图 11.3.2 所示，求这根铜棒两端的电势差 U_{OA}。

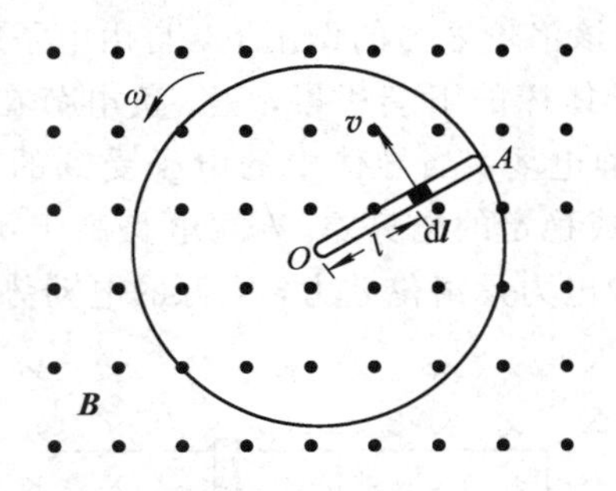

图 11.3.2 例 11.3.1 图

解 铜棒旋转时切割磁感应线，故棒的两端之间有动生电动势。由于棒上每一小段 d$\boldsymbol{l}$ 的速度不同，因此计算动生电动势应运用式(11.3.4)。设 d$\boldsymbol{l}$ 处的速度 $v=\omega l$，这一小段上产生的动生电动势为

$$\mathrm{d}\mathscr{E}=(\boldsymbol{v}\times\boldsymbol{B})\cdot\mathrm{d}\boldsymbol{l}=vB\,\mathrm{d}l=B\omega l\,\mathrm{d}l$$

则整根铜棒上产生的电动势：

$$\mathscr{E}=\int\mathrm{d}\mathscr{E}=\int_0^L B\omega l\,\mathrm{d}l=\frac{1}{2}B\omega L^2$$

这里动生电动势的方向是由 O 指向 A 的，因此 O 端的电势比 A 端的电势低，两者相差 $\mathscr{E}$，所以

$$U_{OA}=-\mathscr{E}=-\frac{1}{2}B\omega L^2$$

例 11.3.2 一长直导线中通有电流 I，在其附近有一长为 L 的金属棒 AB，以速度 $\boldsymbol{v}$ 平行于长直导线做匀速运动，如图 11.3.3 所示，棒的近导线端距离导线为 d，求金属棒 AB 中的动生电动势，并判断哪端电势较高。

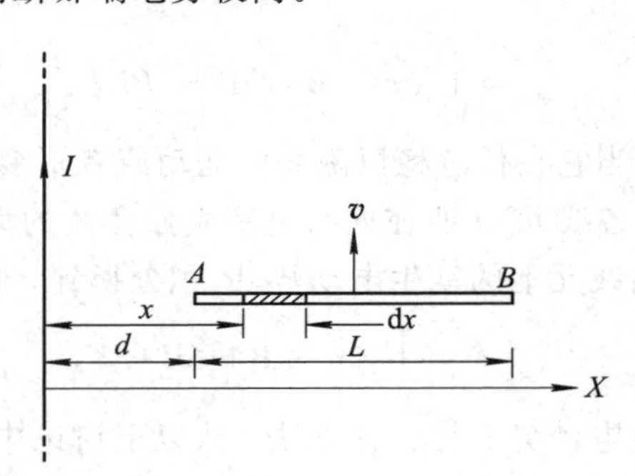

图 11.3.3 例 11.3.2 图

解 长直载流导线所激发的磁场是非匀强磁场，金属棒 AB 上各处的磁感应强度大小不同。在金属棒 AB 上距长直载流导线 x 处取一线元 dx，取其正方向为由 A 指向 B。该线元所在处的磁感应强度大小为

$$B=\frac{\mu_0 I}{2\pi x}$$

运用式(11.3.4)，线元 $\mathrm{d}x$ 上产生的动生电动势为

$$\mathrm{d}\mathscr{E}=(\boldsymbol{v}\times\boldsymbol{B})\cdot\mathrm{d}x\boldsymbol{i}=-vB\,\mathrm{d}x=-\frac{\mu_0 Iv}{2\pi x}\mathrm{d}x$$

由于所有线元上产生的电动势的方向都是相同的，因此金属棒 AB 中的电动势为

$$\mathscr{E}=\int\mathrm{d}\mathscr{E}=\int_d^{d+L}-\frac{\mu_0 Iv}{2\pi x}\mathrm{d}x=-\frac{\mu_0 Iv}{2\pi}\ln\frac{d+L}{d}$$

动生电动势的方向是由 B 指向 A，所以 A 端的电势比 B 端的电势高。

11.3.2　感生电动势

用洛伦兹力能够很好地解释动生电动势，但当导体或者回路不动时，由于磁场变化而激发的电动势无法用前面的分析来解释。1861 年，麦克斯韦在分析电磁感应现象的基础上，大胆地提出了感生电场的假设：**变化的磁场在周围空间激发出的电场线为闭合曲线的电场，称为感生电场或者涡旋电场**，其电场强度用 $\boldsymbol{E}_\mathrm{v}$ 表示。产生感生电动势的非静电力就是这个感生电场力。后来大量的实验证实了麦克斯韦假设的正确性。他的这一开创性的假设将变化磁场与产生的电效应联系起来，为涡旋加速器的建造奠定了理论基础。

在变化的磁场中，感生电场力作为非静电力使固定不动的导体回路产生感应电动势，这种由变化磁场产生的感应电动势称为感生电动势。根据电动势的定义和法拉第电磁感应定律可以得到

$$\mathscr{E}=\oint_L\boldsymbol{E}_\mathrm{v}\cdot\mathrm{d}\boldsymbol{l}=-\frac{\mathrm{d}\Psi_\mathrm{m}}{\mathrm{d}t}=-\frac{\mathrm{d}}{\mathrm{d}t}\int_S\boldsymbol{B}\cdot\mathrm{d}\boldsymbol{S}\tag{11.3.5}$$

当回路固定不动时，磁通量的变化仅来自磁场的变化，式(11.3.5)可以改写为

$$\mathscr{E}=\oint_L\boldsymbol{E}_\mathrm{v}\cdot\mathrm{d}\boldsymbol{l}=-\int_S\frac{\partial\boldsymbol{B}}{\partial t}\cdot\mathrm{d}\boldsymbol{S}\tag{11.3.6}$$

式(11.3.6)说明，在变化的磁场中，感生电场强度对任意闭合路径的线积分等于这一闭合路径所包围面积的磁通量的变化率。式(11.3.6)是电磁学的基本方程之一，它给出了变化的磁场 $\frac{\partial\boldsymbol{B}}{\partial t}$ 和它所激发的感生电场 $\boldsymbol{E}_\mathrm{v}$ 之间的定量关系。式中的负号表示 $\boldsymbol{E}_\mathrm{v}$ 与 $\frac{\partial\boldsymbol{B}}{\partial t}$ 构成左手螺旋关系，如图 11.3.4 所示。

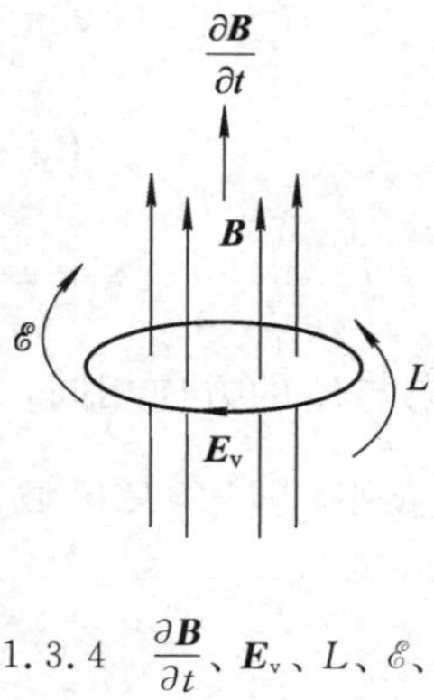

图 11.3.4　$\frac{\partial\boldsymbol{B}}{\partial t}$、$\boldsymbol{E}_\mathrm{v}$、$L$、$\mathscr{E}$、$\boldsymbol{B}$ 间方向的关系

如果空间同时存在静电场 $\boldsymbol{E}_\mathrm{e}$，则总的电场 $\boldsymbol{E}$ 等于感生电场 $\boldsymbol{E}_\mathrm{v}$ 与静电场 $\boldsymbol{E}_\mathrm{e}$ 的矢量和，根据静电场的环路定理知 $\oint_L\boldsymbol{E}_\mathrm{e}\cdot\mathrm{d}\boldsymbol{l}=0$，因此不难得到

$$\mathscr{E}=\oint_L\boldsymbol{E}\cdot\mathrm{d}\boldsymbol{l}=-\int_S\frac{\partial\boldsymbol{B}}{\partial t}\cdot\mathrm{d}\boldsymbol{S}\tag{11.3.7}$$

式(11.3.7)是静电场环路定理的推广，当空间中不存在磁场或者磁场不随时间变化时，此式为静电场的环路定理；当空间中不存在静电场时，此式表示感生电场的环路定理。

感生电场和静电场的共同之处是：它们都是自然界中客观存在的物质，它们对电荷都能施加力的作用。它们的不同之处在于：感生电场是由变化的磁场激发的，其电场线是一系列闭合的曲线，所以它的环流 $\oint_L \boldsymbol{E}_v \cdot d\boldsymbol{l}$ 通常不为零。因此，感生电场不是保守场，而静电场是保守场。

在以上讨论中，我们把感应电动势分成动生电动势和感生电动势，这种分法其实有一定的相对性。如图 11.2.1(b)所示的情形，如果以线圈为静止的参考系来观察，则磁棒的运动引起空间的磁场发生变化，线圈内的电动势是感生的；但如果我们以与磁棒一起运动的参考系来观察，则磁棒是静止的，空间磁场未发生变化，由于线圈的运动产生感应电动势，因此线圈内的电动势是动生的。由于运动是相对的，因此同一感应电动势在某参考系内看是感生的，而在另一参考系内看则可能是动生的。然而，我们也必须看到，参考系的变换只能在一定程度上消除动生和感生的界限，在普遍情况下不可能通过参考系的变换把感生电动势完全归结为动生电动势，反之亦然。

例 11.3.3 如图 11.3.5 所示，一半径为 R 的长直螺线管中载有变化的电流，管内磁场分布均匀，当磁感应强度以恒定变化率 $\dfrac{\partial \boldsymbol{B}}{\partial t}$ 增加时，求管内外的感生电场 $\boldsymbol{E}_v$ 以及同心圆形导体回路中的感应电动势。

解 电流变化引起螺线管内的磁场变化，变化的磁场在螺线管的内外激发出有旋电场。由于磁场分布具有对称性，因此有旋电场的电场线是一簇圆心在螺线管轴线上的圆，并且任意一个圆上各点的 $\boldsymbol{E}_v$ 都相等。任取一个圆作为积分回路 L，取 L 的绕行方向为逆时针方向，半径为 r，将 $\boldsymbol{E}_v$ 沿逆时针方向积分，有

$$\mathscr{E} = \oint_L \boldsymbol{E}_v \cdot d\boldsymbol{l} = \oint_L E_v dl = E_v \oint_L dl = E_v 2\pi r$$

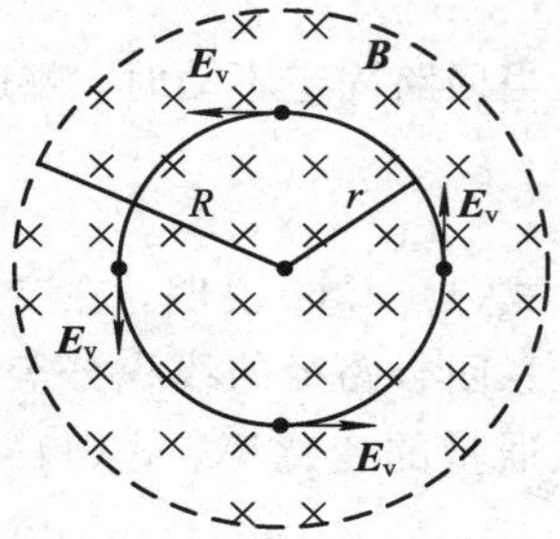

根据式(11.3.6)我们可以得到

$$E_v 2\pi r = \frac{\partial B}{\partial t}\pi r^2$$

$$E_v = \frac{r}{2}\frac{\partial B}{\partial t}$$

$$\mathscr{E} = \pi r^2 \frac{\partial B}{\partial t}$$

图 11.3.5 例 11.3.3 图

$\mathscr{E}$ 的方向与 E_v 的方向相同，为逆时针方向。

在管外，即 $r>R$ 区域，各处的 $B=0$，$\dfrac{\partial B}{\partial t}=0$，故

$$\mathscr{E} = E_v 2\pi r = \pi R^2 \frac{\partial B}{\partial t}$$

因此有

$$E_v = \frac{R^2}{2r}\frac{\partial B}{\partial t}$$

E_v 的方向与 $\mathscr{E}$ 的方向都是逆时针方向。

11.3.3　感生电场在科学技术中的应用

1. 电子感应加速器

电子感应加速器是利用感生电场加速电子的装置，1940 年美国科学家科斯特(D. W. Kerst)研制出了第一台电子感应加速器。电子感应加速器装置如图 11.3.6 所示，在电磁铁的两极间有一环形真空室，电磁铁受交变电流激发，在两极间产生一个由中心向外逐渐减弱且对称分布的交变磁场。这个交变磁场又在真空室内激发感生电场，其电场线是一系列绕磁感应线的同心圆。若用电子枪把电子沿感生电场切线方向射入环形真空室中，则电子将受到环形真空室中的感生电场 $\boldsymbol{E}_v$ 的作用而加速；同时，因受到真空室所在处磁场的洛伦兹力的作用，故电子在半径为 r 的圆形轨道上运动。这就是电子感应加速器的工作原理。

另外，如果使用交流电激发磁场，则由于交流电方向的改变，磁场的方向亦随之发生改变，因此实际上只有电流的上半周期(或者下半周期)产生的磁场能使电子沿轨道做圆周运动。如果电流上升过程的磁场变化产生的感应电场使电子加速，那么电流下降过程产生的磁场的变化所激发的感应电场就使电子减速，所以电流的上半周(或者下半周)中又只有一半区域可以加速电子。或者说，交流电的一个周期内只有 1/4 周期可以用来加速电子且保持电子在圆轨道上运动，如图 11.3.6 所示。然而，在 1/4 周期内电子已经转了几十万周，只要设法在每个周期的前 1/4 周期之末将电子从环形管引出进入靶室，就可以使电子加速到足够高的能量。一台 100 MeV 的大型电子感应加速器可将电子加速到 $0.999\ 986c$。

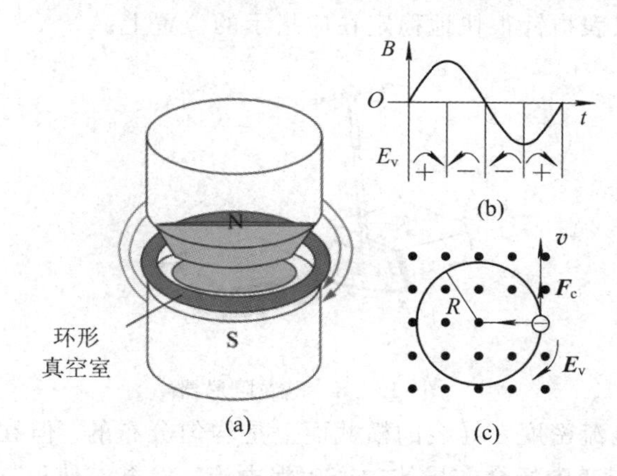

图 11.3.6　电子感应加速器原理图

2. 涡电流

当金属导体在磁场中运动或处在变化的磁场中时，其内部会出现涡旋状感应电流。这些电流在金属内部形成一个个闭合回路，简称**涡电流**或涡流。图 11.3.7(a)为一个通有交变电流的铁芯线圈，铁芯处在交变磁场中会产生涡流。由于大块金属的电阻特别小，所以往往可以产生极强的涡电流，在铁芯内释放出大量的焦耳-楞次热，这就是感应加热的原理。

用涡电流加热的方法有很多优点。这种方法是在物体内部各处同时加热，而不是把热量从外面逐层传导进去，可以利用这种方法溶解易氧化或难溶的金属。例如，冶炼合金时常用高频感应炉，当我们使用高频的电流时，金属块中产生的涡流可以发出巨大的热量，使金属块熔化。这种方法具有加热速度快、温度均匀、易控制、材料不受污染等优点。

涡电流产生的热效应在有些情况下也有弊害，如变压器或其他电机的铁芯会由于涡电流而产生无用的热量，不仅消耗电能，而且会因铁芯发热而不能正常工作。为减少热能损耗，铁芯通常不用整块金属导体，而用高电阻率的硅钢片叠合而成，并使硅钢片的绝缘层与涡流方向垂直，如图 11.3.7(b)所示，这样涡电流变小，且被限制在薄片内流动，使能量损耗大大减小。

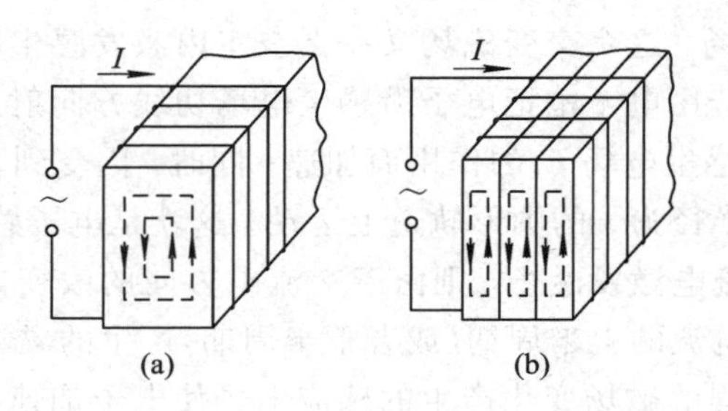

图 11.3.7　变压器铁芯中的涡电流

除热效应外，涡电流还具有磁效应。如图 11.3.8 所示，在电磁铁未通电时，由铜板 A 做成的阻尼摆要往复摆动多次才能停止下来。如果电磁铁通电，则磁场在摆动的铜板 A 中产生涡电流，涡电流受到的磁场作用力方向与摆动方向相反，因而增大了摆的阻尼，摆很快就能停止下来。这种现象称为电磁阻尼。电磁仪表中的电磁阻尼器就是根据涡电流磁效应制作的，它可以使仪表指针很快地稳定在应指示的位置上。

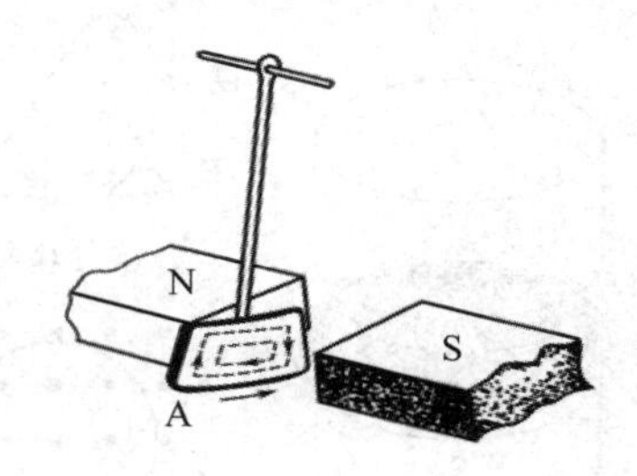

图 11.3.8　电磁阻尼器

对于直流电路，电流密度在导线的横截面上是均匀分布的。但在通入高频交变电流的情况下，电流激发的交变磁场会在导体中产生涡电流，涡电流使得交变电流在导体的横截面上不再均匀分布，而是越靠近导体表面处的电流密度越大。这种交变电流集中于导体表面的效应叫作趋肤效应。趋肤效应使得我们在高频电路中可以用空心导线代替实心导线。在工业应用方面，利用趋肤效应可以对金属进行表面淬火。

11.4　自感与互感

由法拉第电磁感应定律可知，当穿过闭合回路的磁通量发生改变时，该闭合回路内就一定有感应电动势出现。11.3 节我们研究了动生电动势和感生电动势，本节我们将把法拉第电磁感应定律应用到实际电路中，讨论在实际中有着广泛应用的两种电磁感应现象——

自感和互感。

11.4.1　自感

如果线圈回路中的电流发生变化，那么它所激发的磁场穿过线圈自身的磁通量也将发生变化，从而使线圈产生感应电动势。**这种因线圈中电流变化而引起的电磁感应现象叫作自感现象**。它产生的电动势称为自感电动势，用 $\mathscr{E}_L$ 表示。

自感现象可以通过下述实验来观察。在图 11.4.1 所示的电路中，S_1 和 S_2 是两个规格相同的灯泡，L 是自感线圈，实验前调节变阻器 R 使其电阻阻值和线圈 L 的电阻值相等。在接通开关 S 的瞬间，可以观察到灯泡 S_1 立刻点亮，而灯泡 S_2 逐渐变亮，一段时间后两灯泡达到同样的亮度。这个实验现象可以解释为：在接通开关 S 的瞬间，电路中的电流由零开始增加，在 S_2 支路中，电流的变化使线圈中产生自感电动势，按照楞次定律，自感电动势要阻碍电流的增加，因此在 S_2 支路中电流的增大要比没有自感线圈的 S_1 支路缓慢，于是灯泡 S_2 也比 S_1 亮得缓慢一些。当把开关 S 断开时，可以看到两个灯泡没有立即熄灭，而是更亮一些再缓慢地暗下去。这是因为切断电源时，在线圈中电流要快速减小，自感线圈产生自感电动势。这时虽然电源已经断开了，但线圈 L 和两个灯泡组成了闭合回路，自感电动势在回路中引起了感应电流。

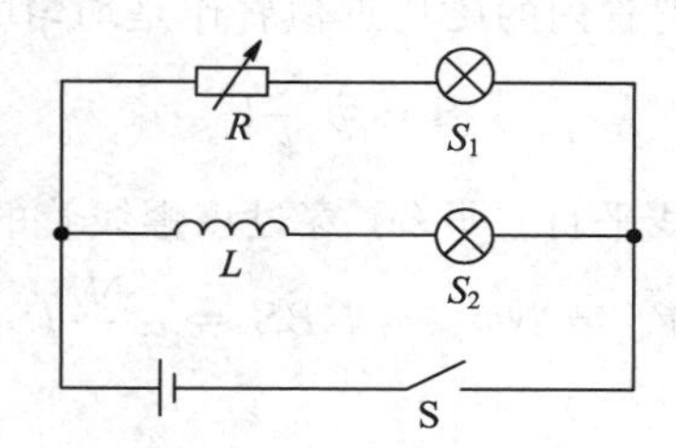

图 11.4.1　自感现象

如果回路的几何形状保持不变，那么根据毕奥-萨伐尔定律可知，空间中任一点的磁感应强度 $\boldsymbol{B}$ 与回路中的电流成正比，通过回路所围面积的磁通链 Ψ_m 也与 I 成正比，即

$$\Psi_m = LI \tag{11.4.1}$$

式中，L 为比例系数，称为该回路中的自感系数，简称**自感**。实验表明，自感系数与回路中的电流无关，其取决于线圈回路的大小、几何形状、匝数及周围磁介质的磁导率，如同电阻和电容一样，自感是自感元件的一个参量。

在国际单位制中，自感的单位名称为亨利，符号为 H，实际上常用毫亨(mH)与微亨(μH)。

根据法拉第电磁感应定律可知，回路中产生的自感电动势在自感 L 一定时可表示为

$$\mathscr{E}_L = -\frac{\mathrm{d}\Psi_m}{\mathrm{d}t} = -L\frac{\mathrm{d}I}{\mathrm{d}t} \tag{11.4.2}$$

当线圈本身参数不变且周围介质为弱磁质(无铁磁质)时，自感系数是一个与电流无关的恒量。式(11.4.2)中的负号是楞次定律的数学表述，它表明自感电动势将反抗回路中电流的变化。当线圈回路中的 $\frac{\mathrm{d}I}{\mathrm{d}t}>0$ 时，$\mathscr{E}_L<0$，即自感电动势与原电流方向相反；反之，当

$\frac{dI}{dt}<0$ 时，$\mathscr{E}_L>0$，即自感电动势与原电流方向相同。换句话说，自感作用越强的回路，保持其回路中电流不变的性质越强。自感系数 L 的这一特性与力学中的质量 m 相似，所以常把自感 L 不太确切地称为“电磁惯量”。

自感应现象在电工和无线电技术中有广泛的应用。自感线圈是一个重要的电路元件，在电路中具有通直流、阻交流、通低频、阻高频的特性，如电工中的镇流器、无线电技术中的振荡线圈等。另外，将自感线圈与电容共同组成滤波电路，可使某些频率的交流信号顺利通过，而将另一些频率的交流信号挡住，从而达到滤波的目的。除此之外，还可以利用自感线圈与电容器构成谐振电路。

在某些情况下，自感又是有害的。例如，大型电动机、发电机等，它们的绕组线圈都具有很大的自感，在电闸接通和断开时，强大的自感电动势可能使电介质击穿，因此必须采取必要措施以保证人员和设备的安全。

自感系数的计算比较复杂，一般用实验方法进行测量。对于一些形状规则的简单回路，可以通过计算求得。

例 11.4.1 有一长密绕直螺线管，长度为 l，横截面积为 S，线圈的总匝数为 N，管中介质的磁导率为 μ，试求其自感系数。

解 忽略边缘效应，可以把管内的磁场近似看作是均匀的，其磁感应强度 $\boldsymbol{B}$ 的大小为

$$B=\mu\frac{N}{l}I$$

$\boldsymbol{B}$ 的方向可看成与螺线管的轴线平行。那么，穿过该螺线管的磁通链为

$$\Psi_{\mathrm{m}}=N\Phi_{\mathrm{m}}=NBS=\mu\frac{N^2}{l}IS$$

由 $\Psi_{\mathrm{m}}=LI$ 可得自感系数：

$$L=\frac{\Psi_{\mathrm{m}}}{I}=\mu\frac{N^2}{l}S$$

设螺线管单位长度上线圈的匝数为 n，螺线管的体积为 V，则该螺线管的自感系数为

$$L=\mu\frac{N^2}{l}S=\mu\frac{N^2}{l^2}lS=\mu n^2V$$

例 11.4.2 如图 11.4.2 所示，一长同轴电缆由半径为 R_1 的内圆筒和半径为 R_2 的外圆筒同轴组成，其间充满磁导率为 μ 的磁介质。两圆柱面上通过的电流 I 大小相等，方向相反。求电缆单位长度的自感系数。

解 由安培环路定理可知，磁场只局限于两圆柱面之间的范围内，在内圆柱面以内、外圆柱面以外的空间中，磁感应强度为0。在内外圆柱面之间，离轴线距离为 r 处的磁感应强度为

$$B=\frac{\mu I}{2\pi r}\quad(R_1<r<R_2)$$

考虑长度为 l 的部分电缆，通过阴影部分面积的磁通量为

$$\mathrm{d}\Phi_{\mathrm{m}}=Bl\,\mathrm{d}r=\frac{\mu Il}{2\pi r}\mathrm{d}r$$

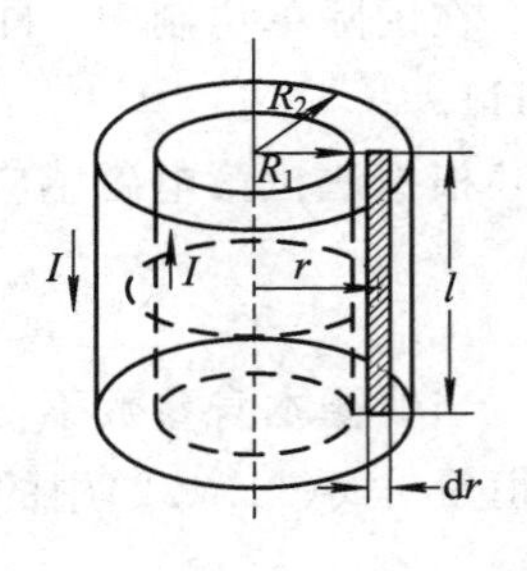

图 11.4.2 例 11.4.2 图

通过长度为 l 的电缆的磁通量为

$$\Phi_m = \int d\Phi_m = \int_{R_1}^{R_2} \frac{\mu I l}{2\pi r} dr = \frac{\mu I l}{2\pi} \ln \frac{R_2}{R_1}$$

电缆单位长度的自感系数为

$$L = \frac{\Phi_m}{lI} = \frac{\mu}{2\pi} \ln \frac{R_2}{R_1}$$

11.4.2　互感

两个邻近的载流回路，由于一个回路的电流变化而在另一回路中产生感应电动势的现象称为互感现象，所产生的感应电动势叫作互感电动势。如图 11.4.3 所示，两个相邻的线圈 1 和 2，当线圈 1 的电流发生变化时，根据毕奥-萨伐尔定律可知，I_1 在周围空间中任意一点产生的磁感应强度都与 I_1 成正比，因此线圈 1 产生的磁场穿过线圈 2 的磁通量Φ_{m21}也必然和 I_1 成正比，即

$$\Phi_{m21} = M_{21} I_1$$

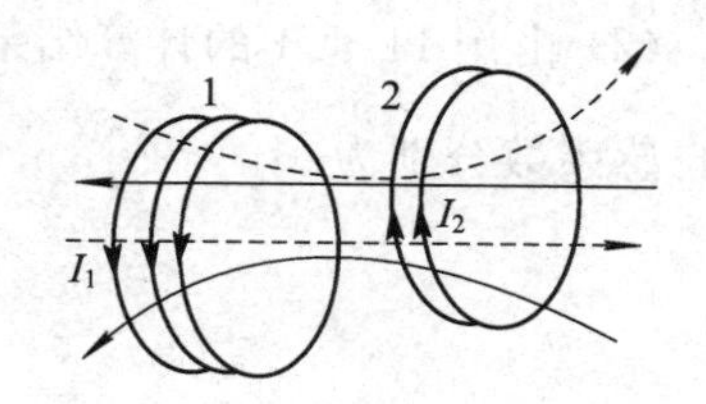

图 11.4.3　互感现象

同理，当线圈 2 的电流发生变化时，线圈 2 产生的磁场穿过线圈 1 的磁通量Φ_{m12}为

$$\Phi_{m12} = M_{12} I_2$$

式中，M_{21}和 M_{12}是两个比例系数，只与两个线圈回路的形状、大小和周围磁介质的磁导率有关。可以证明，$M_{21}=M_{12}$，因此我们统一用 M 来表示，称为**线圈的互感系数。**

根据法拉第电磁感应定律，在线圈回路的形状、大小、相对位置及周围磁介质的磁导率不变的情况下，电流 I_1 在线圈 2 中产生的互感电动势为

$$\mathscr{E}_{21} = -M \frac{dI_1}{dt} \tag{11.4.3}$$

同理，电流 I_2 在线圈 1 中产生的互感电动势为

$$\mathscr{E}_{12} = -M \frac{dI_2}{dt} \tag{11.4.4}$$

由此可见，一个线圈中的互感电动势正比于另一个线圈的电流变化率，也正比于它们的互感系数。当电流变化一定时，互感系数越大，互感电动势就越大。互感系数是表征两个回路相互感应能力强弱的物理量。在国际单位中，互感系数的单位名称也是亨利。

互感现象被广泛应用于无线电技术和电磁测量中。各种电源变压器、电压互感器、电流互感器等都是利用互感原理制造的。此外，电路之间的互感也会引起相互间干扰，所以必须采用磁屏蔽的方法来减少这样的干扰。

与自感系数一样，互感系数通常是通过实验来测定的，只有在一些简单回路的情况下才可以通过计算求得。

例 11.4.3　变压器是根据互感原理制成的。设某一变压器的原线圈和副线圈是两个长度为 l、半径为 R 的同轴长直螺线管，如图 11.4.4 所示，它们的匝数分别为N_1 和N_2，管内磁介质的磁导率为 μ。求：

(1) 两线圈间的互感系数；

(2) 两线圈的自感系数和互感系数的关系。

解　(1) 设原线圈 1 中通有电流I_1，管内的磁场可视为均匀磁场，磁感应强度 $\boldsymbol{B}_1$ 的大

小为

$$B_1 = \mu \frac{N_1}{l} I_1$$

$\boldsymbol{B}_1$ 的方向与螺线管的轴线平行，通过副线圈的磁通链为

$$\Psi_{m21} = N_2 B_1 S_2 = \mu \frac{N_2 N_1 \pi R^2}{l} I_1$$

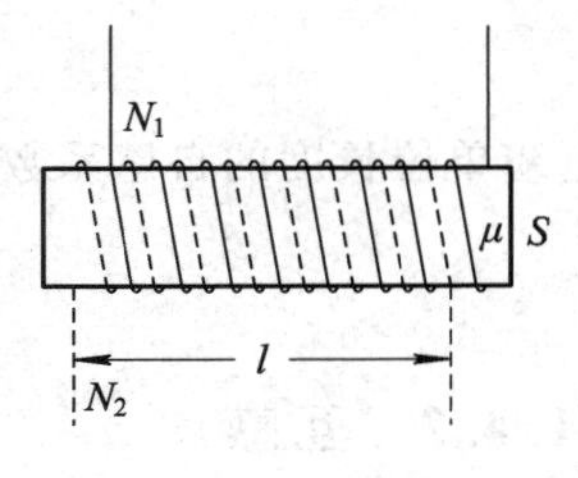

图 11.4.4 例 11.4.3 图

由互感系数的定义可得，互感系数为

$$M = \frac{\Psi_{m21}}{I_1} = \mu \frac{N_1 N_2 \pi R^2}{l}$$

(2) 由例 11.4.1 的计算结果可知，长直螺线管的自感系数 $L = \mu \frac{N^2 \pi R^2}{l}$。原、副线圈的自感系数分别为

$$L_1 = \mu \frac{N_1^2 \pi R^2}{l}$$

$$L_2 = \mu \frac{N_2^2 \pi R^2}{l}$$

由此得

$$M^2 = L_1 L_2$$

即

$$M = \sqrt{L_1 L_2}$$

一般情况下，当两个有互感耦合的线圈串联时，由于存在互感，因此其总的自感系数可以表示为 $L = L_1 + L_2 \pm 2M$，其中 L_1、L_2、M 分别表示两个自感线圈的自感系数和它们之间的互感系数。正负号取决于两个自感线圈的串联是正串(两个线圈产生的磁场方向相同)还是反串(两个线圈产生的磁场方向相反)。两个线圈之间的互感系数可以用各自的自感系数及耦合系数来表示，即

$$M = k\sqrt{L_1 L_2}$$

式中，L_1、L_2 是两线圈各自的自感系数，k 为线圈间的耦合系数。一般地，$k \leqslant 1$。$k=1$ 称为两回路完全耦合，这只有在没有磁漏时，即两回路中每个回路产生的磁通量都完全通过另一个回路时才能实现。绕在同一圆筒上的两个长直密绕螺线管以及在一个铁芯上的两个线圈，可以近似看作是完全耦合的。

11.5 自感磁能与磁场能量

磁场和电场一样，也具有能量。下面从分析自感现象中的能量转换关系入手进行讨论。

11.5.1 自感磁能

图 11.5.1 所示的电路中，当开关 S 接通后，灯泡 S 发光发热的能量是由电源提供的，迅速断开电路中的电源，灯泡 S 并不立即熄灭，而是猛然一亮后才熄灭。这时线圈中所存储的磁能通过自感电动势做功全部释放出来，变成灯泡 S 在很短时间内发出的光能和热能。

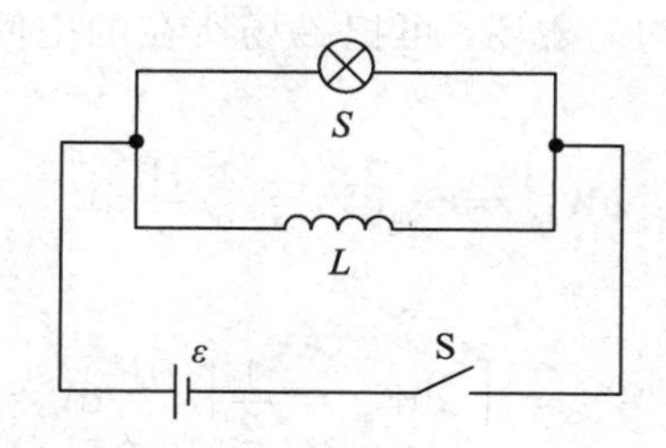

图 11.5.1　RL 电路图

现以图 11.5.1 所示的电路为例来推导磁场能量公式。切断电源后，经过一段时间，线圈中的电流才由 I 减小到零。这时线圈中的自感电动势会阻碍电流的减小，也就是说，自感电动势的方向与电流的方向相同。在 $\mathrm{d}t$ 时间内，自感电动势所做的功为

$$\mathrm{d}W=\mathscr{E}_L i\,\mathrm{d}t=-Li\,\mathrm{d}i \tag{11.5.1}$$

在这个过程中自感电动势所做的总功为

$$W=\int_I^0 -Li\,\mathrm{d}i=\frac{1}{2}LI^2 \tag{11.5.2}$$

自感电动势所做的功等于自感线圈中储藏的磁能。显然，一个自感为 L、通有电流 I 的线圈所储存的磁能为

$$W_\mathrm{m}=\frac{1}{2}LI^2 \tag{11.5.3}$$

11.5.2　磁场能量

与电场一样，磁能是定域在磁场中的。下面以长直螺线管为例来说明。

当螺线管通以电流 I 时，管内的磁感应强度为

$$B=\mu nI$$

螺线管的自感系数为

$$L=\mu n^2 V$$

n 为螺线管单位长度的匝数，V 为螺线管的体积。代入自感磁能公式可得，螺线管储存的磁场能量为

$$W_\mathrm{m}=\frac{1}{2}LI^2=\frac{1}{2}\mu n^2 VI^2=\frac{1}{2}\frac{B^2}{\mu}V \tag{11.5.4}$$

由 $H=\dfrac{B}{\mu}=nI$ 可得磁能的另一表达式

$$W_\mathrm{m}=\frac{1}{2}BHV \tag{11.5.5}$$

由于长直螺线管内部的磁场是均匀的，因此单位体积内的磁场能量 w_m 为

$$w_\mathrm{m}=\frac{W_\mathrm{m}}{V}=\frac{1}{2}\frac{B^2}{\mu}=\frac{1}{2}BH \tag{11.5.6}$$

w_m 称为**磁场能量密度**(磁能密度)。虽然式(11.5.6)是从一个特例推导得到的，但可以证明它对于非均匀磁场的情况也是成立的。

由此可见，磁场与电场一样，是一种物质形态，因而具有能量。磁场能量与其他形式的能量可以相互转换，电磁感应现象就是能量转换的一种具体形式。一般情况下，磁能密

度是空间位置的函数。对于非均匀磁场，可把磁场所在的空间划分为无数个体积元，任一体积元 $\mathrm{d}V$ 内的磁能为

$$\mathrm{d}W_\mathrm{m} = w_\mathrm{m}\mathrm{d}V = \frac{1}{2}\frac{B^2}{\mu}\mathrm{d}V$$

有限体积 V 内的磁能则为

$$W_\mathrm{m} = \int_V \mathrm{d}W_\mathrm{m} = \frac{1}{2}\int_V \frac{B^2}{\mu}\mathrm{d}V \tag{11.5.7}$$

一个载流线圈储存的磁场能量可以表示如下：

$$W_\mathrm{m} = \frac{1}{2}LI^2 = \int_V \frac{1}{2}\frac{B^2}{\mu}\mathrm{d}V \tag{11.5.8}$$

这为自感 L 提供了另外一种计算方法，即磁能法定义自感，如下：

$$L = \frac{2W_\mathrm{m}}{I^2} \tag{11.5.9}$$

例 11.5.1 如图 11.5.2 所示，一长同轴电缆由半径为R_1 的内圆柱体和半径为R_2 的外圆筒同轴组成，其间充满磁导率为 μ 的磁介质。内外导体中通有大小相等、方向相反的轴向电流 I，且电流在圆柱体内均匀分布。求长为 l 的一段电缆内储存的磁能。

解 根据安培环路定理可求得，圆柱体与圆筒之间离轴线距离为 r 处的磁感应强度

$$B = \frac{\mu I}{2\pi r} \quad (R_1 < r < R_2)$$

此处的磁能密度为

$$w_\mathrm{m1} = \frac{B^2}{2\mu} = \frac{\mu I^2}{8\pi^2 r^2}$$

两导体间的磁能密度是 r 的函数。取半径为 r、厚度为 $\mathrm{d}r$、长度为 l 的圆柱体壳体积 $\mathrm{d}V$ 作为体积元，则 $\mathrm{d}V=2\pi rl\mathrm{d}r$，其中的磁能为

$$\mathrm{d}W_\mathrm{m1} = w_\mathrm{m1}\mathrm{d}V = \frac{\mu I^2}{8\pi^2 r^2}2\pi rl\,\mathrm{d}r = \frac{\mu I^2 l\mathrm{d}r}{4\pi r}$$

所以储存在长为 l 的内外两载流导体之间的总磁能为

$$W_\mathrm{m1} = \int \mathrm{d}W_\mathrm{m1} = \int_{R_1}^{R_2}\frac{\mu I^2 l\mathrm{d}r}{4\pi r} = \frac{\mu I^2 l}{4\pi}\ln\frac{R_2}{R_1}$$

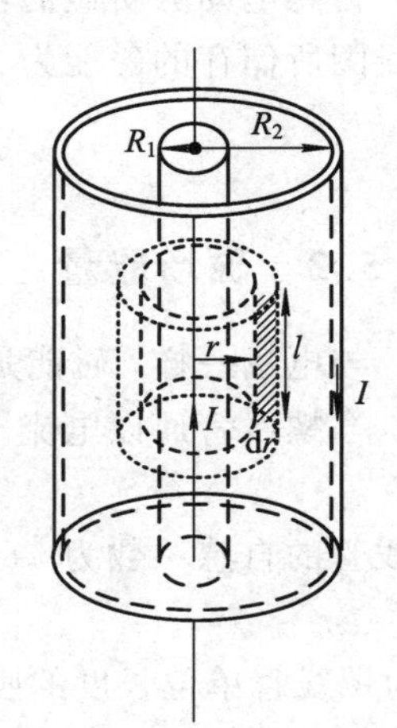

图 11.5.2 例 11.5.1 图

由于在内圆柱体横截面内电流是均匀分布的，因此根据安培环路定理可求得此圆柱体内的磁感应强度 B 的大小为

$$B = \frac{\mu_0 Ir}{2\pi R_1^2}$$

因导体的磁导率接近于真空中的磁导率，故导体中的磁导率取为μ_0。用上述同样的方法可求出长为 l 的圆柱体内储存的磁能为

$$W_\mathrm{m2} = \int_V \frac{B^2}{2\mu_0}\mathrm{d}V = \int_0^{R_1}\frac{\mu_0 I^2 lr^3\mathrm{d}r}{4\pi R_1^4} = \frac{\mu_0 I^2 l}{16\pi}$$

所以载有电流 I、长为 l 的同轴电缆内储存的总磁能为

$$W_\mathrm{m} = W_\mathrm{m1} + W_\mathrm{m2} = \frac{\mu I^2 l}{4\pi}\ln\frac{R_2}{R_1} + \frac{\mu_0 I^2 l}{16\pi}$$

注意，若已知W_m，则由 $W_m=\frac{1}{2}LI^2$ 可求得自感系数 L。此处长为 l 的同轴电缆的自感系数 L 为

$$L=\frac{\mu l}{2\pi}\ln\frac{R_2}{R_1}+\frac{\mu_0 l}{8\pi}$$

选择适当的电缆尺寸，使$\frac{\mu_0 l}{8\pi}$相对$\frac{\mu l}{2\pi}\ln\frac{R_2}{R_1}$可忽略不计；或者选择电缆的内导体不是圆柱体，而是空心圆筒，则由于筒内磁场为零，$\frac{\mu_0 l}{8\pi}$项不存在，因此单位长度同轴电缆的自感即为

$$L=\frac{\mu}{2\pi}\ln\frac{R_2}{R_1}$$

11.6　麦克斯韦电磁理论简介

前面两章我们分别介绍了静电场和恒定磁场的基本性质和基本规律，静电场和恒定磁场都是不随时间变化的静态场，然而最普遍的情形却是随时间变化的电磁场。法拉第电磁感应定律指出变化的磁场能激发电场，麦克斯韦在研究了安培环路定理应用于随时间变化的电流之后，提出了变化的电场激发磁场的观点，从而进一步揭示了电场和磁场的内在联系及依存关系。在此基础上，麦克斯韦把特殊条件下总结出的电磁现象的规律归纳成体系完整的普遍的电磁场理论——麦克斯韦方程组。根据电磁场理论，麦克斯韦还预言了电磁波的存在。1887 年，赫兹用实验证实了电磁波的存在，这给予了麦克斯韦电磁场理论以决定性的支持。

本节我们从麦克斯韦位移电流假设入手，介绍反映电磁运动规律的麦克斯韦方程组。

11.6.1　位移电流与全电流安培环路定理

视频 11－2

从前面的学习我们可知，恒定电流的磁场满足安培环路定理

$$\oint_L \boldsymbol{H}\cdot d\boldsymbol{l}=I=\oint_S \boldsymbol{j}\cdot d\boldsymbol{S}$$

这个定理表明，磁场强度沿任一闭合回路的环流等于此闭合回路所围传导电流的代数和。那么在非恒定电流的情况下，这个定理是否依然适用呢？这可以通过下面这个特例来说明。

在电容器充放电过程中，对整个电路来说，传导电流是不连续的，电路导线中的电流 I 是随时间变化的非恒定电流。如图 11.6.1 所示，若在极板 A 附近取一个闭合回路 L，则以此回路为边界可作两个曲面 S_1 和 S_2。其中，S_1 与导线相交；S_2 在两极板之间，不与导线相交；S_1 和 S_2 构成一个闭合曲面。若以曲面 S_1 作为衡量有无电流穿过 L 所包围面积的依据，则由于其与导线相交，穿过 L 所包围面积(即 S_1 面)的电流为 I_c，因此由安培环路定理有

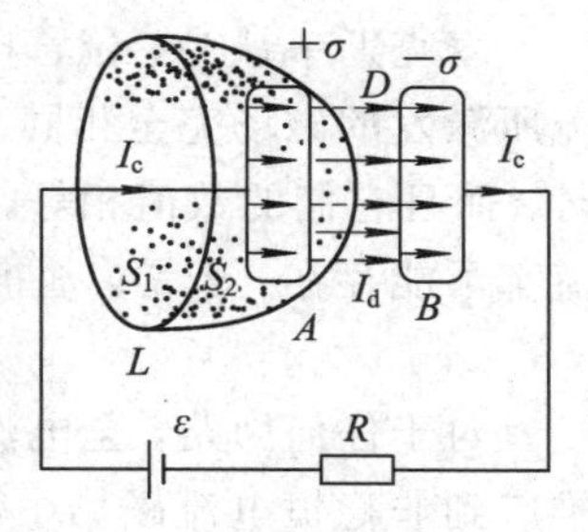

图 11.6.1　位移电流

$$\oint_L \boldsymbol{H}\cdot d\boldsymbol{l}=I_c$$

若以曲面 S_2 为依据，则没有电流通过 S_2，于是由安培环路定理有

$$\oint_L \boldsymbol{H} \cdot \mathrm{d}\boldsymbol{l} = 0$$

由此说明，安培环路定理在非稳恒电流磁场中出现了矛盾，安培环路定理不适用于非恒定电流的情形。

麦克斯韦认为上述矛盾的出现，是由于把磁场强度的环流认为是由唯一的传导电流决定的，而传导电流在电容器两极板间却中断了。他注意到，在电容器充放电过程中，电容器两极板间虽无传导电流，但存在着电场，电容器极板上的自由电荷随时间变化的同时，极板间的电场也随时间变化着。

设任一时刻电容器极板 A 上的电荷面密度为 $+\sigma$，极板 B 上的电荷面密度为 $-\sigma$。极板面积为 S 的电路中充电电流为 I_c，则

$$I_c = \frac{\mathrm{d}q}{\mathrm{d}t} = \frac{\mathrm{d}(S\sigma)}{\mathrm{d}t} = S\frac{\mathrm{d}\sigma}{\mathrm{d}t}$$

传导电流密度为

$$j_c = \frac{\mathrm{d}\sigma}{\mathrm{d}t}$$

两极板间电位移矢量的大小($D=\sigma$)和电位移通量($\Phi_D = DS = \sigma S$)都随时间而变化，分别代入上两式为

$$I_c = \frac{\mathrm{d}q}{\mathrm{d}t} = \frac{\mathrm{d}\Phi_D}{\mathrm{d}t}, \quad j_c = \frac{\mathrm{d}D}{\mathrm{d}t}$$

由此可见，两极板之间的电位移通量随时间的变化率在数值上等于电路中的充电电流 I_c，并且当电容器充电时，极板间$\frac{\mathrm{d}D}{\mathrm{d}t}$的方向也是由正极板指向负极板，与电路中传导电流密度的方向相同。因此，麦克斯韦把变化电场假设为电流，引入**位移电流**的概念：**通过电场中某截面的位移电流 I_d 等于通过该截面的电位移通量的时间变化率**，电场中某点的位移电流密度 j_d 等于该点电位移的时间变化率，即

$$I_d = \frac{\mathrm{d}\Phi_D}{\mathrm{d}t} \tag{11.6.1a}$$

$$j_d = \frac{\mathrm{d}D}{\mathrm{d}t} \tag{11.6.1b}$$

麦克斯韦认为，位移电流和传导电流一样都能激发磁场，该磁场和与它等值的传导电流所激发的磁场完全相同。这样，在整个电路中，传导电流中断的地方就由位移电流来接替，而且它们的数值相等，方向一致。对于普遍的情况，麦克斯韦认为传导电流和位移电流都可能存在。于是，他推广了电流的概念，将二者之和称为**全电流**，用 I_s 表示为

$$I_s = I_c + I_d \tag{11.6.2}$$

对于任何回路，全电流是处处连续的。运用全电流的概念，可以自然将安培环路定理推广到非稳恒电流磁场中，从而解决了在电容器充放电过程中电流的连续性问题。麦克斯韦位移电流假设的核心是变化着的电场激发有旋磁场。位移电流虽有“电流”之名，但它本质上是变化的电场。麦克斯韦位移电流假设的正确性，已由它所导出的许多结论和实验结果得到证实。

根据全电流的概念，在一般情况下，安培环路定理被修正为

$$\oint_L \boldsymbol{H} \cdot \mathrm{d}\boldsymbol{l} = I_s = I_c + \frac{\mathrm{d}\Phi_D}{\mathrm{d}t} \tag{11.6.3a}$$

或

$$\oint_L \boldsymbol{H} \cdot \mathrm{d}\boldsymbol{l} = \iint_S \left(j_c + \frac{\partial \boldsymbol{D}}{\partial t}\right) \cdot \mathrm{d}\boldsymbol{S} \tag{11.6.3b}$$

上式表明，**磁场强度 $\boldsymbol{H}$ 沿任意闭合回路的环流等于穿过此闭合回路所围曲面的全电流**，这就是**全电流安培环路定理**。麦克斯韦创造性地将变化的电场与磁场相联系，不仅传导电流可以在空间激发磁场，变化的电场也可以在空间激发磁场，且均为有旋磁场。这就是说，在磁效应方面位移电流和传导电流等效。然而形成位移电流不需要导体，因此它不会产生热效应。

例 11.6.1　如图 11.6.2 所示，圆盘形平行板电容器的极板半径为 R，放在真空中，忽略边缘效应，充电时若极板间的电场变化率为 $\mathrm{d}E/\mathrm{d}t$，求：

(1) 极板间的位移电流；

(2) 距圆板轴线为 r 处的磁感强度 B。

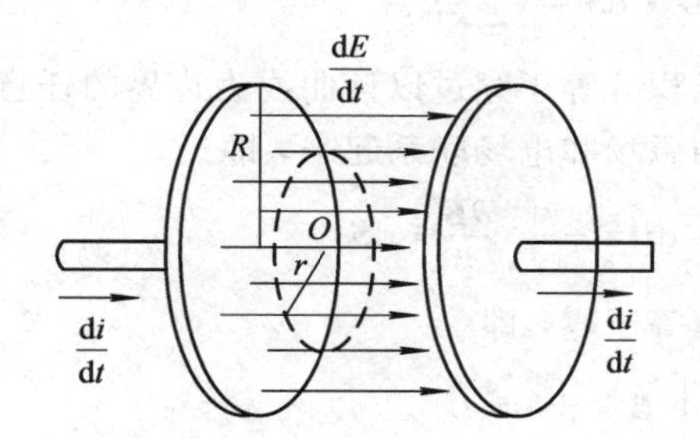

图 11.6.2　例 11.6.1 图

视频 11-3

解　(1) 根据位移电流的定义可得

$$I_d = \frac{\mathrm{d}\Phi_D}{\mathrm{d}t} = \frac{\mathrm{d}(\boldsymbol{D} \cdot \boldsymbol{S})}{\mathrm{d}t} = \frac{\mathrm{d}(\varepsilon_0 E \cdot \pi R^2)}{\mathrm{d}t} = \pi R^2 \varepsilon_0 \frac{\mathrm{d}E}{\mathrm{d}t}$$

(2) 因为磁场分布具有对称性，并且是非稳恒电路，所以利用全电流的安培环路定理求解磁感应强度。

当 $r<R$ 时：

$$\oint_{L_1} \boldsymbol{H}_1 \cdot \mathrm{d}\boldsymbol{l} = \frac{I_d}{\pi R^2}\pi r^2$$

$$H_1 2\pi r = \frac{I_d}{\pi R^2}\pi r^2 \Rightarrow H_1 = \frac{\varepsilon_0 r}{2}\frac{\mathrm{d}E}{\mathrm{d}t}$$

根据磁感应强度和磁场强度的关系可得

$$B_1 = \mu_0 H_1 = \frac{\mu_0 \varepsilon_0 r}{2}\frac{\mathrm{d}E}{\mathrm{d}t}$$

同理可得，当 $r>R$ 时：

$$\oint_{L_2} \boldsymbol{H}_2 \cdot \mathrm{d}\boldsymbol{l} = I_d$$

$$H_2 2\pi r = I_d \Rightarrow H_2 = \frac{\varepsilon_0 R^2}{2r}\frac{\mathrm{d}E}{\mathrm{d}t}$$

根据磁感应强度和磁场强度的关系可得

$$B_2 = \mu_0 H_2 = \frac{\mu_0 \varepsilon_0 R^2}{2r} \frac{\mathrm{d}E}{\mathrm{d}t}$$

11.6.2 麦克斯韦电磁场方程组

经过库仑、安培等多位物理学家的努力，建立了静电场和恒定磁场的基本规律。考虑到随时间变化的电场和磁场的情况，麦克斯韦提出了感生电场和位移电流两个基本假设，前者指出了变化的磁场要激发感生电场，后者则指出变化的电场要激发感生磁场。这两个假设揭示了电场和磁场之间的内在联系。存在变化电场的空间必存在磁场，同样，存在变化磁场的空间必存在电场。即变化电场和变化磁场是紧密联系在一起的，它们构成了一个统一的电磁场整体。这就是麦克斯韦关于电磁场的基本概念。1865 年，麦克斯韦提出了表述电磁场普遍规律的四个方程，即麦克斯韦方程组，具体如下：

(1) 通过任意闭合曲面的电位移通量等于该曲面所包围自由电荷的代数和，即

$$\oint_S \boldsymbol{D} \cdot \mathrm{d}\boldsymbol{S} = \sum q_{\text{int}} \tag{11.6.4}$$

(2) 电场强度沿任意闭合曲线的线积分等于穿过以该曲线为边界的任意闭合曲面的磁通量对时间变化率的负值，这将变化的磁场和电场联系起来，即

$$\oint_L \boldsymbol{E} \cdot \mathrm{d}\boldsymbol{l} = -\int_S \frac{\partial \boldsymbol{B}}{\partial t} \cdot \mathrm{d}\boldsymbol{S} \tag{11.6.5}$$

(3) 通过任意闭合曲面的磁通量恒等于零，即

$$\oint_S \boldsymbol{B} \cdot \mathrm{d}\boldsymbol{S} = 0 \tag{11.6.6}$$

(4) 磁场强度沿任意闭合曲线的线积分等于穿过以该曲线为边界的曲面的全电流，即

$$\oint_L \boldsymbol{H} \cdot \mathrm{d}\boldsymbol{l} = I_c + \int_S \frac{\partial \boldsymbol{D}}{\partial t} \cdot \mathrm{d}\boldsymbol{S} \tag{11.6.7}$$

以上四个电磁理论关系式称为麦克斯韦方程组的积分形式。

麦克斯韦方程组是对电磁场基本规律所做的总结性、统一性的简明而完美的描述。麦克斯韦电磁场理论是从宏观电磁现象总结出来的，可以应用在各种宏观电磁现象中，在高速领域中也是正确的。但在分子原子等微观过程的电磁现象中，麦克斯韦理论不完全适用，需要由更普遍的量子电动力学来解决，麦克斯韦理论可以看作是量子电动力学在某些特殊条件下的近似规律。

在应用麦克斯韦方程组去解决实际问题时，常常要涉及电磁场和物质的相互作用，为此要考虑介质对电磁场的影响，即

$$\boldsymbol{D} = \varepsilon \boldsymbol{E}$$

$$\boldsymbol{B} = \mu \boldsymbol{H}$$

在非均匀介质中，还要考虑电磁场量在界面上的边值关系，以及具体问题中 $\boldsymbol{E}$ 和 $\boldsymbol{B}$ 的初始值条件，通过求解方程组，可求得任一时刻的 $\boldsymbol{E}(x,y,z)$ 和 $\boldsymbol{B}(x,y,z)$，这样也就确定了空间某处任意时刻的电磁场。

麦克斯韦的电磁场理论对 20 世纪末到 21 世纪初以来的生产技术以及人类生活带来了深刻的变化。同时，麦克斯韦方程组的建立为现代通信理论和光的电磁波理论的发展奠定

了坚实的基础。

科学家简介

麦克斯韦

麦克斯韦(James Clerk Maxwell，1831—1879)，英国物理学家、数学家。经典电动力学的创始人，统计物理学的奠基人之一。

麦克斯韦聪明早慧，1846 年他就向爱丁堡皇家学院递交了一份科研论文，1847 年进入爱丁堡大学学习数学和物理，1850 年转入剑桥大学三一学院数学系学习，1871 年受聘为剑桥大学新设立的卡文迪许试验物理学教授，负责筹建著名的卡文迪许实验室。

麦克斯韦的主要贡献是建立了麦克斯韦方程组，创立了经典电动力学，并且预言了电磁波的存在，提出了光的电磁说。麦克斯韦是电磁学理论的集大成者。他出生于电磁学理论奠基人法拉第提出电磁感应定理之时，后来又与法拉第结成忘年交，共同构筑了电磁学理论的科学体系。物理学历史上认为牛顿的经典力学打开了机械时代的大门，而麦克斯韦的电磁学理论则为电气时代奠定了基石。

麦克斯韦对许多其他学科也做出了重要的贡献，其中包括天文学和热力学。麦克斯韦认识到并非所有的气体分子都按同一速度运动，有些分子运动得慢，有些分子运动得快，有些则以极高速度运动。麦克斯韦推导出了已知气体中的分子按某一速度运动的百分比公式，即麦克斯韦分布式，它是应用最广泛的科学公式之一，在许多物理分支中起着重要的作用。

麦克斯韦的另一项重要工作是筹建了剑桥大学的第一个物理实验室——著名的卡文迪许实验室。该实验室对整个实验物理学的发展产生了极其重要的影响，众多著名科学家都曾在该实验室工作过。卡文迪许实验室甚至被誉为“诺贝尔物理学奖获得者的摇篮”。作为该实验室的第一任主任，麦克斯韦在 1871 年的就职演说中对实验室未来的教学方针和研究精神作了精彩的论述，这个演说是科学史上一个具有重要意义的演说。麦克斯韦的本行是理论物理学，但他却清楚地知道实验称雄的时代还没有过去。他批评当时英国传统的“粉笔”物理学，呼吁加强实验物理学的研究及其在大学教育中的作用，为后世确立了实验科学精神。

麦克斯韦在电磁学上取得的成就被誉为继牛顿之后物理学的第二次大统一，麦克斯韦被普遍认为是对 20 世纪最有影响力的 19 世纪物理学家。1931 年，爱因斯坦在麦克斯韦百年诞辰的纪念会上评价其建树是“牛顿以来，物理学最深刻和最富有成果的工作”。

延伸阅读

电磁理论与对称性

对称性是人们观察自然和认识自然过程中所产生的一种古老的观念，它给人一种满、匀称、均衡、流畅的美感。对称现象遍布于自然界的各个方面，如人体的左右对称、照镜子时的镜像对称、正方形的中心对称等。对称现象是物质世界某种本质和内在规律的体现，作为自然科学的物理学，对称性无处不在，物理学中的对称性包含两方面的意义：一方面是指物理理论自身追求的一种对称，这是物理美学的三大标准(简单、对称、和谐)之一；另一方面是指物理规律是对自然界对称性的反映。

科学的一个目标是寻求不同现象之间的联系，牛顿通过下落的苹果与月亮之间的相关性，把天上和地下统一起来。类似地，19世纪的科学家发现电和磁都是由于带电体的存在而产生的，而且这两种力可以看作是带电物体之间单一的电磁力的两个方面。1820年，奥斯特发现了电流的磁效应，电现象与磁现象的关联开始被人们所认识。法拉第重复了奥斯特的实验后，意识到反向的思考也应该成为可能，即磁也具有电效应。这是对称性思维产生的结果，这一思想的提出其实是唯象的，也就是说物理学家只是觉得它应该是这样的，但是不是这样、为什么是这样还不清楚。法拉第经过长期的科学探索最终将这个想法变成了现实，发现了电磁感应的基本规律。

19世纪60年代，麦克斯韦对电和磁两方面做了深入思考，他仔细对比了当时已经发现的有关电磁的三条基本定律，分别是反映带电体电场的库仑定律、载流体激发磁场的毕奥-萨伐尔定律和电磁相互作用的电磁感应定律。像大多数理论物理学家一样，麦克斯韦相信一个对自然规律正确的和根本的描述应该是和谐对称的，他认为电磁规律应该以对称的方式讨论它的两个方面——电现象和磁现象。而在这方面，三条基本定律似乎都缺少了什么，第一个和第二个定律反映的是电场由带电体产生以及磁场由运动电荷产生，法拉第电磁感应定律经麦克斯韦引申后认为电场可以通过另一种方式——变化的磁场来产生。在麦克斯韦看来，这显然还不够完美，还应该存在第四条定律，那就是还存在一个反映产生磁场的第二种方式的定律，这条定律应该与法拉第电磁感应定律对称。既然变化的磁场可以产生电场，那么变化的电场也应该能产生磁场。

1862年，麦克斯韦发表了电磁学论文《论物理学的力线》。英国物理学家、电子发现者汤姆逊后来回忆说：“我到现在还清晰地记得那篇论文。当时，我还是一个十八岁的学生，读到它我兴奋极了！那是一篇非常长的文章，我竟把它全部抄了下来。”这是一篇划时代的论文，它不再是法拉第观点的单纯数学翻译和引申，而是做了重大的发展，其中具有决定意义的是麦克斯韦根据电与磁的对称性提出的，既然变化的磁场会引起感生电场，那么变化的电场也会引起感生磁场。在这之前，人们讨论电流产生磁场的时候，指的总是传导电流，也就是在导体中自由电子运动所形成的电流。如果变化的电场产生磁场的话，那这个变化的电场所起的作用就等效于传导电流的作用，但它又不是真正的电荷流动而形成的电流，麦克斯韦通过严密的数学推导求出了表示这种电流的方程式，并把它称为位移电流。

从理论上引出位移电流的概念是电磁学继法拉第电磁感应定律之后的一项重大突破。根据这个科学假设，麦克斯韦推导出了一组高度抽象的微分方程式，这就是著名的麦克斯韦方程式。这组方程式从两方面发展了法拉第的成就，一是位移电流，它表明不但变化的磁场能产生电场，而且反过来也是存在的，即变化着的电场也能产生磁场；二是感生电场，凡是有变化磁场的地方，它的周围不管是导体还是电介质，都有感生电场的存在。经过麦克斯韦的创造性的总结，电磁现象的规律终于被他用数学的形式揭示出来了。库仑定律、毕奥-萨伐尔定律、法拉第电磁感应定律、位移电流假设构成了麦氏方程组简单的逻辑基础。

从物理学的发展史来看，对物理定律、公式形象对称的追求，往往对理论的发展起到了积极的建设作用。电磁学从最初的静电力、磁力的平方反比规律的发现，就是试图与万有引力平方反比率相对称。而麦克斯韦出于经典物理学家对完美、对称、和谐的钟爱，在没有任何实验根据的情况下，按照电与磁的对称性，在安培定律中加入位移电流一项，使公式的形象呈现出优美的对称性。追求物理学的和谐统一，用最简洁的理论描述自然规律，这是物理学家梦想的目标。麦克斯韦方程组就是一个非常漂亮的统一，是电场和磁场本质上的统一。它揭示了电场与磁场相互转换中优美的对称性，这种优美以现代数学形式得到充分的表达，无愧于“诗一般美丽的方程”的称号。

在自然科学史上，只有当某一种科学达到了高峰，才可能用数学表示成定律形式。这些定律不但能够解释已知的物理现象，而且还可以揭示出某些还没有发现的事物。正像牛顿的万有引力定律预见了海王星一样，麦克斯韦理论预见了电磁波的存在。将麦克斯韦方程的四个偏微分形式化为两个二阶的偏微分方程，就会发现电场和磁场都满足波动方程，也就是说它们是一种波。麦克斯韦指出，既然交变的电场会产生交变的磁场，交变的磁场又会产生交变的电场，那么，这种交变的电磁场就会以波的形式向空间传播出去，形成电磁波。按照麦克斯韦理论，电磁波在真空中的传播速度为 $c=\dfrac{1}{\sqrt{\varepsilon_0\mu_0}}$，在实验误差范围内，这个常数 c 与已测得的光速相等。麦克斯韦没有把这一结果当成一种巧合，他相信其中必定有物理上的奥秘，他大胆预言了光也是一种电磁波，“从柯尔劳斯和韦伯的电磁学实验中计算出来的假想介质中横波的速率，与从光学菲索实验中计算出来的光的速率是如此的吻合，以致我们不能不得出这样一个推论：光是一种横波，这是电现象和磁现象的起因。”据此，麦克斯韦提出了光的电磁理论。

麦克斯韦的电磁场理论在19世纪60年代实现了物理学的一次大统一，即电、磁、光的统一。如同牛顿力学理论一样，以麦克斯韦方程组为核心的电磁理论是经典物理学最引以为傲的成就之一，它所揭示的物理理论的完美统一还引领了物理学追求统一的热潮，这股热潮中最突出的人物就是爱因斯坦。物理学家发现，牛顿定律经过伽利略变换式后形式保持不变(力学相对性原理)，所以牛顿定律对伽利略变换来讲是对称的。而麦克斯韦方程在伽利略变换中却不具有对称性，这令物理学家们十分苦恼。正是这个问题带来了现代物理学的一次革命，爱因斯坦坚信物理学理论的对称性，认为应该有一个新的变换法则可使麦克斯韦方程组经过这个变换后形式保持不变，而且新的变换法应该包含伽利略变换。这个新的变换式就是洛伦兹变换式，它是高速运动物体所遵循的时空变换式。爱因斯坦在他的两个狭义相对论基本原理基础上导出了洛伦兹变换，然后又导出了麦克斯韦方程。这样麦克斯韦方程的时空变换的对称性并没有缺损，它具有更高层次的对称，而同时一个新的时空变换理论也诞生了。

11.1　在电磁感应定律 $\mathscr{E}_i=-\dfrac{d\Phi_m}{dt}$ 中，负号的含义是什么？如何根据负号来判断感应

电动势的方向?

11.2　条形磁铁沿铜质圆环的轴线插入圆环时铜环中有感应电流和感应电场吗?如果用塑料圆环代替铜质圆环，环中仍有感应电流和感应电场吗?

11.3　两个相似的扁平圆线圈怎样放置它们的互感系数最小?(设二者中心距离不变)

11.4　什么叫位移电流?它和传导电流有什么异同?

练　习　题

11.1　一半径 $r=10$ cm 的圆形回路放在 $B=0.8$ T 的均匀磁场中，回路平面与 $\boldsymbol{B}$ 垂直。当回路半径以恒定速率 $\frac{dr}{dt}=80\ \text{cm}\cdot\text{s}^{-1}$ 收缩时，求回路中感应电动势的大小。

11.2　如图 T11-1 所示，在马蹄形磁铁的中间 A 点处放置一半径 $r=1$ cm、匝数 $N=10$ 匝的线圈，且线圈平面法线平行于 A 点的磁感应强度，现将此线圈移到足够远处，在这期间若线圈中流过的总电量为 $Q=\pi\times10^{-6}$ C，A 点处的磁感应强度是多少?(已知线圈的电阻 $R=10\ \Omega$)

11.3　半径为 R 的四分之一圆弧导线位于均匀磁场 $\boldsymbol{B}$ 中，圆弧的 a 端与圆心 O 的连线垂直于磁场，现以 ao 为轴让圆弧 ac 以角速度 ω 旋转，当转到如图 T11-2 所示的位置时(此时 c 点的运动方向向里)，求导线圆弧上的感应电动势。

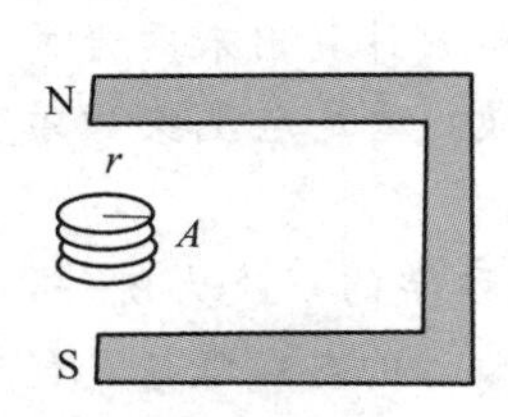

图 T11-1　练习题 11.2 图

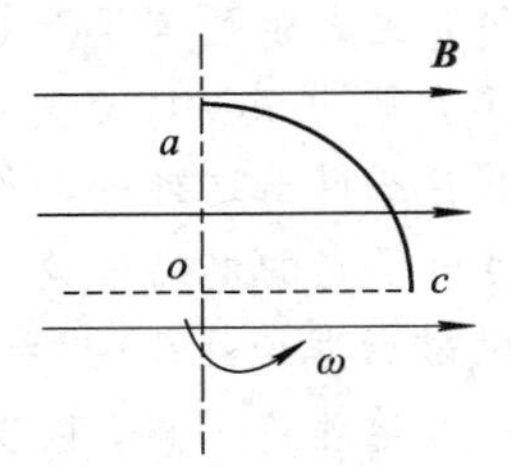

图 T11-2　练习题 11.3 图

11.4　有一很长的 U 形导轨，宽为 l，竖直放置，裸导线 ab 可沿金属导轨(电阻忽略)无摩擦地下滑，导轨位于磁感应强度为 $\boldsymbol{B}$ 的水平均匀磁场中，如图 T11-3 所示，设导线 ab 的质量为 m，它在电路中的电阻为 R，$abcd$ 形成回路，$t=0$ 时，$v=0$，试求导线 ab 下滑的速度 v 与时间 t 的函数关系。

11.5　导线 ab 长为 l，绕过 O 点的垂直轴以匀角速 ω 转动，$aO=\frac{l}{3}$，磁感应强度 $\boldsymbol{B}$ 平行于转轴，如图 T11-4 所示。试求：

(1) ab 两端的电势差;

(2) a、b 两端哪一点电势高。

11.6　如图 T11-5 所示，在两平行载流的无限长直导线的平面内有一矩形线圈。两导线中的电流方向相反、大小相等，且电流以 $\frac{dI}{dt}$ 的变化率增大，求：

(1) 任一时刻线圈内通过的磁通量;

(2) 线圈中的感应电动势。

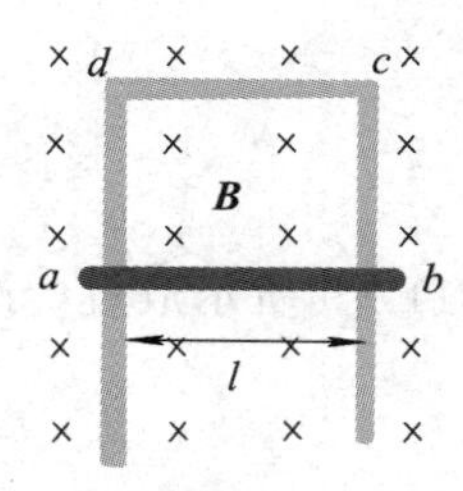

图 T11-3　练习题 11.4 图

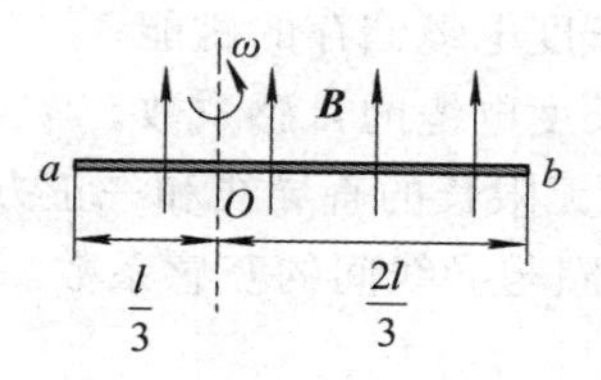

图 T11-4　练习题 11.5 图

11.7　磁感应强度为 $\boldsymbol{B}$ 的均匀磁场充满一半径为 R 的圆柱形空间，一金属杆放在如图 T11-6 所示的位置，杆长为 $2R$，其中一半位于磁场内，另一半在磁场外。当 $\frac{\mathrm{d}B}{\mathrm{d}t}>0$ 时，求杆两端的感应电动势的大小和方向。

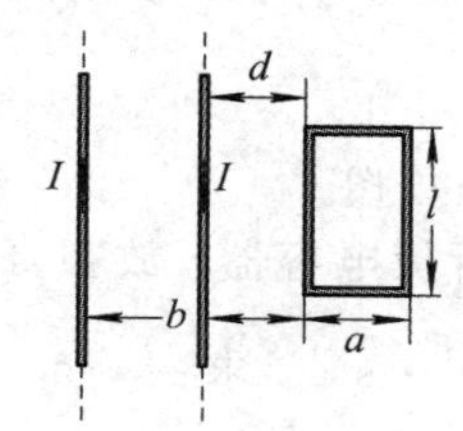

图 T11-5　练习题 11.6 图

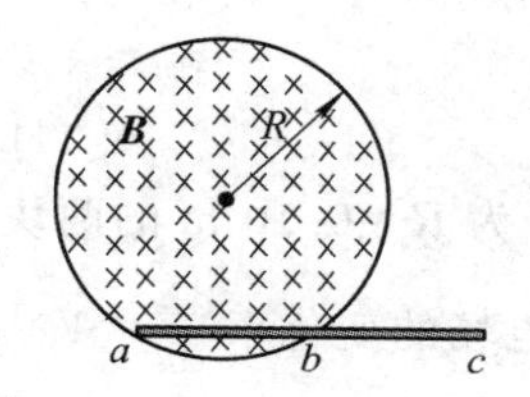

图 T11-6　练习题 11.7 图

11.8　半径为 R 的直螺线管中有 $\frac{\mathrm{d}B}{\mathrm{d}t}>0$ 的磁场，一任意闭合导线 $abca$ 的一部分在螺线管内绷直成 ab 弦，a、b 两点与螺线管绝缘，如图 T11-7 所示。设 $ab=R$，试求闭合导线中的感应电动势。

11.9　截面为矩形的螺绕环共 N 匝，尺寸如图 T11-8 所示。图下面两矩形表示螺绕环的截面，在螺绕环的轴线上另有一无限长直导线。求：

(1) 螺绕环的自感系数；

(2) 长直导线和螺绕环的互感系数。

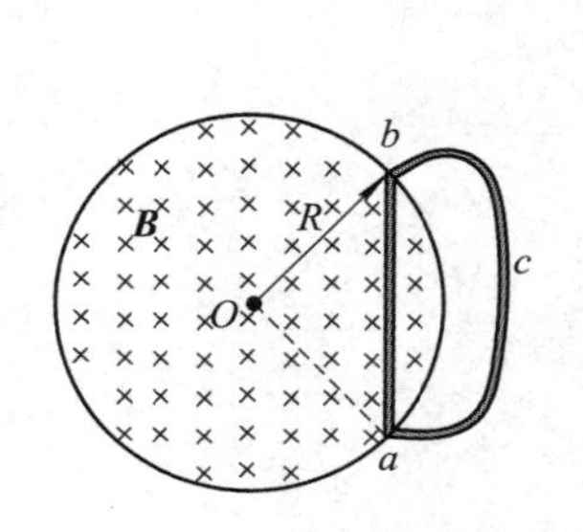

图 T11-7　练习题 11.8 图

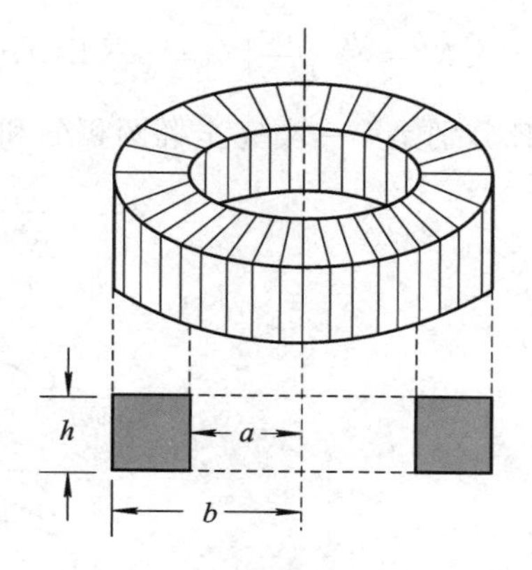

图 T11-8　练习题 11.9 图

11.10　长直同轴电缆的芯线半径为 R_1，外圆筒半径为 R_2，芯线与圆筒间充满磁介质，其相对磁导率为 μ_r。电流 I 由芯线流去，经外圆筒流回，电流均匀分布在芯线横截面上。试求：

(1) 单位长度电缆储存的磁能；

(2) 单位长度电缆的自感系数。

11.11　一无限长的直导线和一正方形的线圈如图 T11－9 所示放置(导线与线圈接触处绝缘)，求线圈与导线间的互感系数。

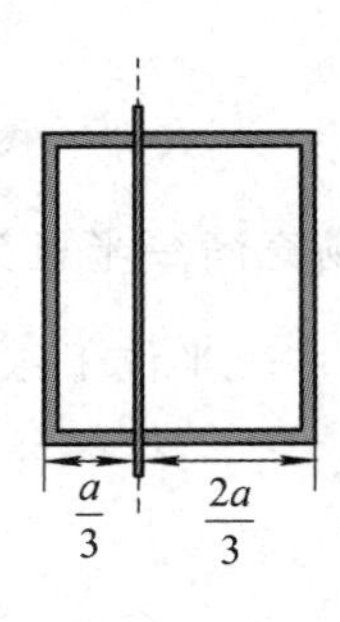

图 T11－9　练习题 11.11 图

11.12　半径为 $R=0.10$ m 的两块圆板构成平行板电容器，放在真空中，现对电容器充电，使两板间电场的变化率 $\frac{dE}{dt}=1.0\times10^{13}\ \text{V}\cdot\text{m}^{-1}\cdot\text{s}^{-1}$。求：

(1) 板间的位移电流；

(2) 电容器内距中心轴线为 $r=9\times10^{-3}$ m 处的磁感应强度。

提　升　题

如图 T11－10 所示，A 和 C 两个共轴圆环的半径分别为 a 和 c，相距为 d。如果把 C 环处的磁场近似当作均匀磁场，求两线圈的互感系数。对于不同的 c/a 值，观察互感系数与两环距离的关系曲线，并与互感的精确公式进行比较。互感的精确公式如下：

提升题参考答案

$$M=\frac{\mu_0\sqrt{ac}}{k}[(2-k^3)\text{E}(k)-2\text{K}(k)]$$

其中，K 和 E 分别是第一类完全椭圆积分和第二类完全椭圆积分；k 为参数，满足：

$$k^2=\frac{4ac}{d^2+(a+c)^2}$$

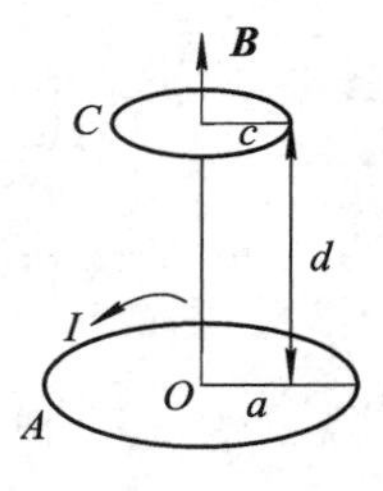

图 T11－10　提升题图

第四篇　波动光学

光学是物理学中发展较早的一门基础学科。人类对光的研究至少已有两千多年的历史，光的直线传播、光的反射和光的折射等是人类最早观察和意识到的光现象，此后以这些现象为依据，大约在17世纪中叶科学家提出了光的反射和折射定律，奠定了几何光学的基础。17世纪和18世纪是光学发展史上的一个重要时期，科学家不仅从实验上对光进行了观测和研究，而且对已有的光学知识进行了系统化和理论化。17世纪初，李普希、伽利略和开普勒等人发明了用于天象观测的望远镜。1621年，菲涅尔发现了光线在穿过两种介质的界面时方向发生变化的折射定律，之后不久，笛卡尔导出了用正弦函数表示的折射定律。

关于光的本性认识一直是光学发展中争论的焦点。早在17世纪，关于光的本性问题就有两派不同的学说。一种学说是以牛顿为代表的微粒说，认为光是以一定速度在空间传播的微粒集合，光的微粒说理论能够解释光的直线传播、光的反射和光的折射等现象；另一种学说是以惠更斯为代表的光的波动说，认为光是在介质中传播的一种波动，由于当时牛顿的观点具有权威性，因此一直到18世纪光的微粒说始终占主导地位。此外，由于当时人们还无法通过实验准确测定光在空气中和水中的传播速度，因此无法根据实验事实去判断这两种学说的优劣。

19世纪初，随着科学的发展和实验条件的改善，人们陆续发现了光的干涉、衍射、偏振等现象，这些现象与微粒说是不相容的，而应用光学的波动说能够成功地解释这些现象。关于光在水和空气中传播的速度问题，直到牛顿提出微粒说200年之后的1850年，才分别由傅科和斐索用实验的方法测出了光在水中的传播速度小于在空气中的传播速度的结果，这些都成为光的波动说的有力证据，光的波动说取得了决定性的胜利。

19世纪中期，以麦克斯韦为代表的科学家找到了光和电磁理论之间的联系，认为光是一种电磁波。19世纪末到20世纪初，光学的研究深入到了光的发生、光和物质相互作用的微观领域中。人们通过对一系列新现象(如黑体辐射、光电效应、康普顿效应等现象)的研究，对光的本性认识又向前推进了一步，确立了光是具有一定能量和动量的粒子所组成的粒子流，这种粒子称为光子。这里所说的光子不同于牛顿微粒说中的粒子，光同时具有微粒和波动两种特性，即光具有波粒二象性。

20世纪50年代，人们发现了激光，光学又取得了新的进展。光学出现了许多分支，如光纤技术、激光全息技术、非线性光学、近代光学和量子光学等。

第12章 波动光学

本章主要介绍波动光学，研究光在传播过程中所发生的现象和遵循的规律。读者通过一些构思奇妙的经典光学实验，可以领会从观察实验现象到形成理论体系的方法。

12.1 光的电磁理论

根据麦克斯韦电磁波理论可知，电磁波是电场强度矢量 $\boldsymbol{E}$ 与磁场强度矢量 $\boldsymbol{H}$ 在空间周期性变化形成的。自从赫兹用电磁振荡的方法产生了电磁波，并证明了它的性质和光波的性质完全相同以后，物理学家又做了许多实验，不仅证明了光波是电磁波，而且证明了后来发现的X射线、γ 射线等都是电磁波。对人眼或感光仪器起作用的主要是电矢量 $\boldsymbol{E}$，因此，在以后的讨论中我们提到的光波中的振动矢量指的就是电矢量 $\boldsymbol{E}$，称为**光矢量**。$\boldsymbol{E}$ 矢量和 $\boldsymbol{H}$ 矢量在同一地点同时出现，它们的方向相互垂直，且都与光的传播方向垂直，三者满足右手螺旋关系，如图12.1.1所示，这说明光是横波，这一点将在光的偏振部分进行详细讨论。

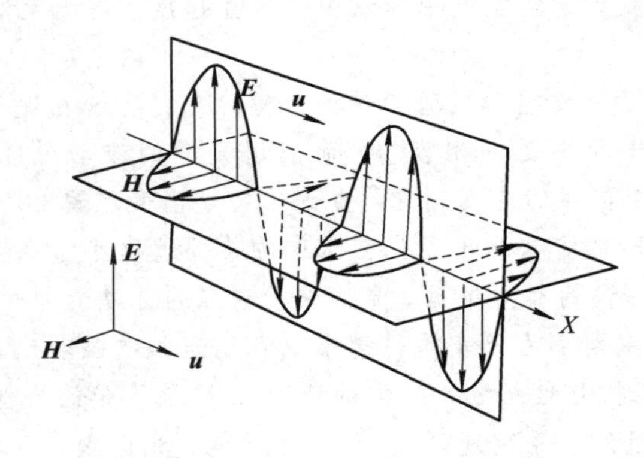

图12.1.1 光波矢量示意图

根据麦克斯韦电磁波理论可知，电磁波在真空中的传播速度为

$$u = \frac{1}{\sqrt{\varepsilon_0 \mu_0}} \tag{12.1.1}$$

在实验误差范围内，u 与光在真空中的传播速度相等，约等于 $3\times10^8\ \text{m}\cdot\text{s}^{-1}$。光波在介质中的传播速度为

$$u = \frac{c}{\sqrt{\varepsilon_r \mu_r}} \tag{12.1.2}$$

将光波在真空中传播的速度与在介质中的速度比定义为折射率，即

$$n = \frac{c}{u} \tag{12.1.3}$$

将式(12.1.3)代入式(12.1.2)可得

$$n = \sqrt{\varepsilon_r \mu_r} \tag{12.1.4}$$

在一般情况下，大多数光学透明物质的折射率由介质本身的性质决定，折射率大的介质相对于折射率小的介质而言称为**光密介质**，反之称为**光疏介质**。

对于真空中速度为c、频率为ν、波长为λ的光波，有

$$c = \nu\lambda \tag{12.1.5}$$

频率只与光源有关，与介质无关，因此，光波在折射率为n的介质中传播时的速度为

$$u = \nu\lambda_n \tag{12.1.6}$$

此时，介质中的波长λ_n为

$$\lambda_n = \frac{u}{\nu} = \frac{\lambda}{n} \tag{12.1.7}$$

即同频率的光波在介质中的波长小于真空中的波长。

12.2　相　干　光

12.2.1　光源的发光机制

任何能发光的物体都称为**光源**。常见的光源有太阳、日光灯和水银灯等。通常意义上的光是指可见光，即能引起人们视觉的电磁波。可见光的频率在3.9×10^{14} Hz到7.5×10^{14} Hz之间，相应地，在真空中的波长在760 nm到400 nm之间。不同频率的可见光给人们以不同颜色的感觉，频率从大到小呈现从紫到红的各种颜色。从发光机制来分，光源可分为普通光源和激光光源。普通光源按激发方式不同又可分为以下几种：利用电激发引起发光的电致发光，如闪电、霓虹灯、半导体发光二极管等；利用光激发引起发光的光致发光，如日光灯，它是通过灯管内气体放电产生的紫外线激发管壁上的荧光粉而发光的；由化学反应而发光的化学发光，如燃烧过程、萤火虫的发光、磷在空气中缓慢氧化而发出的磷光；除此之外还有热辐射发光，任何物体都向外辐射电磁波，低温时，物体以辐射红外线为主，高温时则可辐射可见光、紫外线等。

普通光源的发光是处于激发态的原子(或分子)的自发辐射形成的。按照现代物理学理论，原子(或分子)的能量只能处于一系列分立的能级上，能量处于最低能级的状态称为基态，处于其他较高能级的状态称为激发态。当原子吸收外界能量处于激发态时，激发态极不稳定，会自发地回到较低的能级上，在这一过程中，原子向外发射光波(电磁波)。原子从高能级向低能级跃迁的过程，即原子每次发光的过程所持续的时间很短，只有约10^{-8} s，这也就是一个原子一次发光所持续的时间。因此，每个原子一次发光只辐射出一列长度有限、频率一定的光波，称为**光波波列**。一般来说，光源中大量原子的激发和辐射是彼此独立、随机、间歇进行的；同一瞬间不同原子或者同一原子不同时间辐射的光波，其频率、初相位及振动方向是相互独立的、无规则的，所以一束普通光是由频率不一定相同、振动方向各异、无确定相位差的一系列各自独立的波列组成的。

具有单一波长的光波称为**单色光**。然而，严格的单色光在实际中是不存在的，一般光源的发光是由大量分子或原子在同一时刻发出的，它包含了各种不同的波长成分，称为**复色光**。如果光波中包含波长范围很窄的成分，则这种光称为准单色光，也就是通常所说的单色光。波长范围越窄，其单色性越好。利用光谱仪可以把光源所发出的光中波长不同的成分彼此分开，所有的波长成分就组成了光谱。光谱中每一波长成分所对应的亮线或暗线，称为光谱线，它们都有一定的宽度，如图 12.2.1 所示。每种光源都有自己特定的光谱结构，利用它可以对化学元素进行分析，或对原子和分子的内部结构进行研究。

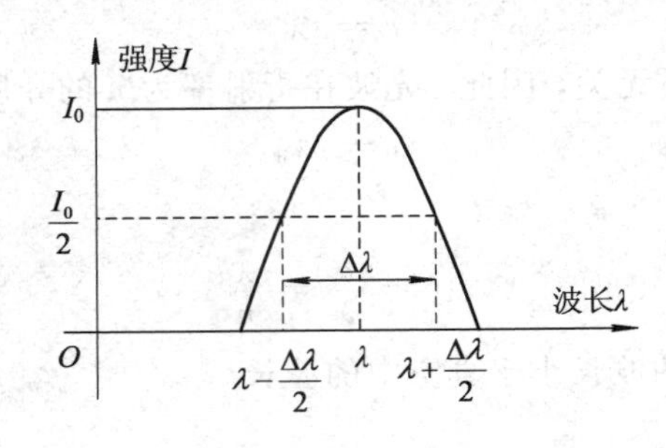

图 12.2.1 谱线及其宽度

12.2.2 相干光

在机械波一章中我们讨论了波的叠加原理，两列(或多列)波在空间传播时，空间各点都参与每列波在该点引起的振动，它们相遇区域内任一点的振动是各列波单独存在时在该点产生振动的合成。波的叠加原理对光波也适用，对于光波来说，光波的叠加就是两光波在相遇点所引起的 $\boldsymbol{E}$ 矢量的振动叠加。

设从单色光源 S_1 和 S_2 发出频率相同、振动方向相同的两列简谐光波，如图 12.2.2 所示，在同一均匀介质中传播至空间任意点 P 处相遇时，其光矢量振动方程分别为

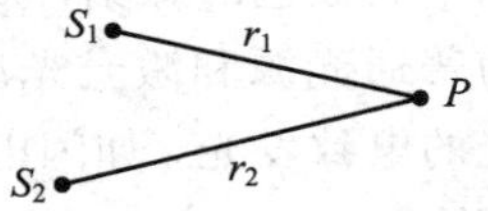

$$\begin{cases} E_1 = E_{10}\cos\left(2\pi\nu t - \dfrac{2\pi}{\lambda_n} r_1 + \varphi_{10}\right) \\ E_2 = E_{20}\cos\left(2\pi\nu t - \dfrac{2\pi}{\lambda_n} r_2 + \varphi_{20}\right) \end{cases}$$

图 12.2.2 光波的叠加

其中，ν 是光波频率，λ_n 为光波在介质中的波长，φ_{10} 和 φ_{20} 为两列光波的初相位。

根据叠加原理，如果 $\boldsymbol{E}_1$ 和 $\boldsymbol{E}_2$ 的振动方向相同，则 P 点合成光矢量的振幅为

$$E_0 = \sqrt{E_{10}^2 + E_{20}^2 + 2E_{10}E_{20}\cos\Delta\varphi} \tag{12.2.1}$$

其中，$\Delta\varphi$ 为两列光波在相遇位置的相位差，即

$$\Delta\varphi = (\varphi_{20} - \varphi_{10}) - \frac{2\pi}{\lambda_n}(r_2 - r_1) \tag{12.2.2}$$

显然，合振动的振幅是随时间变化的，实际观察到的光强是在较长时间内的平均强度，因此，合振动的平均相对强度是 E^2 对时间的平均值，即

$$\begin{aligned} I = \overline{E^2} &= E_{10}^2 + E_{20}^2 + 2E_{10}E_{20}\,\overline{\cos\Delta\varphi} \\ &= I_1 + I_2 + 2\sqrt{I_1 I_2}\,\overline{\cos\Delta\varphi} \end{aligned} \tag{12.2.3}$$

其中，I_1和I_2分别为光源单独存在时在P点产生的光强，其不随时间变化，因此，合光强I取决于干涉项$\sqrt{I_1 I_2}\overline{\cos\Delta\varphi}$，下面分别进行讨论。

1. 非相干叠加

如果这两列光波分别由两个独立的普通光源发出，则由于光源发光的随机性，两列光波的初相位差$\Delta\varphi_0$也将瞬息万变，从而使两列光波在P点的相位差$\Delta\varphi$可以取$0\sim 2\pi$之间的一切数值，且机会均等，因而在所观察的时间内，$\overline{\cos\Delta\varphi}=0$，即干涉项为零，由式(12.2.3)得

$$I=\overline{E^2}=I_1+I_2 \tag{12.2.4}$$

也就是说，在相对于光波周期较长的时间内，观测到的光强是两列光波单独存在时光强的和，这种叠加就是**非相干叠加**。

2. 相干叠加

如果两光源的相位差是恒定的，则$\varphi_{20}-\varphi_{10}$就是恒定的，不随时间变化。空间任一$P$点，两列光波的相位差$\Delta\varphi$的变化仅与其位置有关，不随时间变化，$\cos\Delta\varphi$不是时间函数，其对时间的平均值不为零，叠加后的合光强为

$$I=I_1+I_2+2\sqrt{I_1 I_2}\cos\Delta\varphi \tag{12.2.5}$$

由此可见，对于空间不同的点，由于r_1和r_2不同，因此相位差$\Delta\varphi$将取不同的数值，引起光波在相遇区域叠加形成稳定的、有强有弱的光强分布，这种叠加就是**相干叠加**。因光波的相干叠加而引起光强按空间周期性变化的现象称为**光的干涉**，空间分布图像称为**干涉图(花)样**。干涉图样一般是明暗相间的图样。

由式(12.2.5)可知，当$\Delta\varphi=\pm 2k\pi(k=0, 1, 2, \cdots)$，即两列光波在相遇位置同相时，有

$$I_{\max}=I_1+I_2+2\sqrt{I_1 I_2} \tag{12.2.6}$$

这些位置处光强最大，称为**干涉相长(加强)**。

当$\Delta\varphi=\pm(2k+1)\pi(k=0, 1, 2, \cdots)$，即两列光波在相遇位置反相时，有

$$I_{\min}=I_1+I_2-2\sqrt{I_1 I_2} \tag{12.2.7}$$

这些位置处光强最小，称为**干涉相消(减弱)**。其中，k为**干涉级数**。

当相位差$\Delta\varphi$为其他任意值时，相干叠加的光强介于最大与最小之间，是明暗图样的过渡区域。

可以发现，光的干涉本质上是光强(光的能量)在空间的重新分配。光强的空间分布由相位差决定，体现了参与相干叠加的光波之间相位的空间分布情况。也就是说，干涉图样记录了相位信息。这一概念是信息光学的基础，是全息照相的基本原理。

如果两列光波的光强相等，即$I_1=I_2=I_0$，则由式(12.2.5)得

$$I=4I_0\cos^2\frac{\Delta\varphi}{2} \tag{12.2.8}$$

此时，$I_{\max}=4I_0$(即为一列光波强度的四倍)，$I_{\min}=0$(即完全消光)。这种情况下，干涉图样的明暗对比度最大。

由以上讨论可知，两列光波叠加时发生干涉的条件是：光矢量振动频率相同，振动方向相同，相位差恒定。满足这些干涉条件的光称为**相干光**，能够产生相干光的光源称为**相**

干光源。在实验中，为了获得强弱对比清晰的干涉图样，还要求参与叠加的相干光波的振幅相差不大。

12.2.3 获得相干光的方法

单频的激光光源具有很好的相干性，在现实生活中我们也能观察到普通光的干涉现象。从普通光中获得相干光的具体方法有两种：分波阵面法和分振幅法。分波阵面法是从同一波阵面上的不同部分产生的次级波相干，如下面将要讨论的双缝干涉就采用分波阵面法来获得相干光；分振幅法是利用光在透明介质薄膜表面的反射和折射将同一光束分割成振幅较小的两束相干光，如后面要介绍的薄膜干涉、牛顿环和迈克尔逊干涉仪等就采用分振幅法来获得相干光。

12.3 光程与光程差

由12.2节讨论的光波的相干叠加可知，空间叠加区域光强的强弱分布取决于相位差$\Delta\varphi$，而相位差$\Delta\varphi$与两列光波的传播路径有关。为了便于计算光波在不同介质中传播时产生的相位差，引入光程及光程差的概念。

12.3.1 光程

光波波长反映了光波的空间周期性，与机械波波长的概念一样，光波在其传播路径上每经过一个波长的距离，相位的改变为2π。由于光波的波长与介质的折射率有关，因此，同频率的单色光在不同介质中传播同样的路程，产生的相位改变是不相同的；在改变同样相位的情况下，在不同介质中传播的路程也就不同。如果光波在介质中传播的距离为r，在改变相同的相位时，在真空中传播的路程为r_0，则有

$$2\pi\frac{r}{\lambda_n}=2\pi\frac{r_0}{\lambda} \tag{12.3.1}$$

得

$$r_0=\frac{\lambda}{\lambda_n}r=nr \tag{12.3.2}$$

式(12.3.2)表明，在相位改变相同的情况下，光波在介质中传播r的路程与该光波在真空中传播nr的路程相当。我们把光波在介质中传播的路程与介质折射率的乘积nr定义为**光程**。光程是个折合量，其物理含义是在相位改变相同时或在相同的时间内，把光在介质中的传播路程折合为光在真空中传播的路程，这样做是为了便于讨论光波在不同介质中的传播情况。光波只有在真空中传播时光程等于路程。

12.3.2 光程差

下面讨论两列光波在空间相遇时的相位差与光程差的关系。如图12.3.1所示，从两相干光源S_1和S_2发出的光波，经折射率分别为n_1和n_2的介质传播传至P点相遇，由于传播路径不同而产生的相位差$\Delta\varphi$为

$$\Delta\varphi=2\pi\frac{r_2}{\lambda_2}-2\pi\frac{r_1}{\lambda_1}=2\pi\left(\frac{n_2r_2}{\lambda}-\frac{n_1r_1}{\lambda}\right)=\frac{2\pi}{\lambda}\delta$$

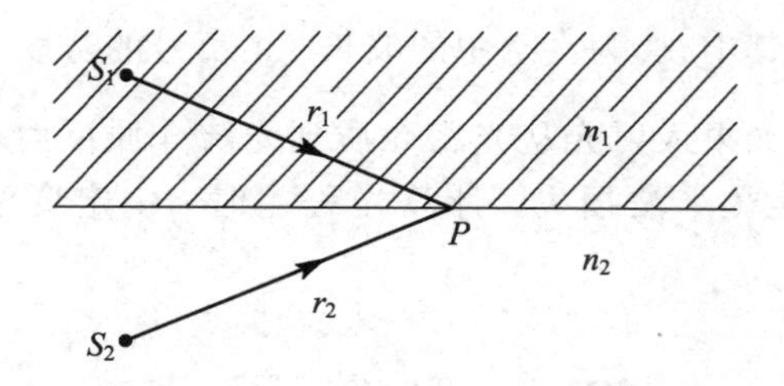

图 12.3.1　光波经不同介质传播

其中：

$$\delta = n_2 r_2 - n_1 r_1 \tag{12.3.3}$$

表示两列光波到达 P 点时的**光程差**，即

$$\text{相位差} = \frac{2\pi}{\lambda} \times \text{光程差}$$

相干光发生干涉时各处干涉加强和干涉减弱的情况取决于两相干光在该处的光程差，而不是几何路程之差。若两相干光源是采用从同一列波上获得相干光波的方法得到的，那么当光程差满足

$$\delta = n_2 r_2 - n_1 r_1 = \pm k\lambda \quad (k = 0, 1, 2, \cdots) \tag{12.3.4}$$

时，干涉相长，形成明纹。

当光程差满足

$$\delta = n_2 r_2 - n_1 r_1 = \pm (2k + 1) \frac{\lambda}{2} \quad (k = 0, 1, 2, \cdots) \tag{12.3.5}$$

时，干涉相消，形成暗纹。

光程差相等的点在空间构成同一级条纹，即条纹是 $\delta = n_2 r_2 - n_1 r_1$ 相等点的轨迹，因此，光程及光程差的概念非常重要，正确计算光程差是讨论光波相干叠加的关键。计算光程差时，还需要注意以下两点。

(1) 薄透镜的等光程性。在光学系统中，光路上一般都放置有薄透镜，如图12.3.2 所示，光源(或物点)S 经薄透镜成像时，像点 S'是亮点，说明各光波是同相位叠加，也就是物点与像点之间的光程相等。从物点 S 到达像点 S'的各条光线具有不同的几何路程，它们在透镜玻璃中经过的路程也不同，几何路径较长的光线在透镜中经过的路程较短，几何路径较短的光线在透镜中经过的路程较长，而透镜的折射率大于空气，折合成光程后，各条光线具有相同的光程。可见，透镜只改变各条光线的传播方向，不产生附加的光程差。

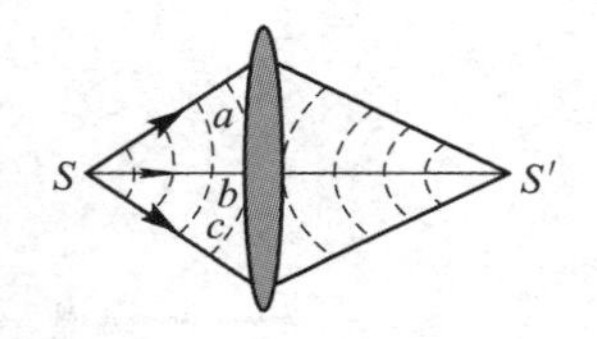

图 12.3.2　薄透镜的等光程性

(2) 半波损失。根据光的电磁理论，当光波从光疏介质正入射(入射角为 0°)或掠入射(入射角为 90°)到光密介质时，在两种介质的分界面上，反射光的相位与入射光的相位之间产生 π 的相位突变，这一变化相当于反射光光程改变了半个波长，也就是说增加或损失了半个波长，这种现象称为**半波损失**。反射光与入射光在入射点“就地”产生的光程差为

$\pm\frac{\lambda}{2}$，也叫**附加光程差**。其中，λ 为真空中的波长。正负号的选取对计算干涉图样分布没有影响，本书统一取正号。如果入射光从光密介质到光疏介质反射，则没有半波损失。在任何情况下，折射光都不存在半波损失。计算光程差时，一定要注意是否存在半波损失。

12.4 双缝干涉

如前所述，分波阵面法是获得相干光的方法之一。由于从光源发出的同一波阵面上各点的振动具有相同的相位，因此从同一波阵面上取出的两部分可以作为相干光源。本节将要介绍的杨氏双缝干涉实验和洛埃镜干涉实验中的相干光，都是用分波阵面法得到的。

12.4.1 杨氏双缝干涉

视频 12-1

1801 年托马斯·杨(T. Young)首次利用单一光源获得了两列相干光波，观察到了光的干涉现象，并且用光的波动性成功解释了光的干涉现象，从而进一步证实了光的波动理论。托马斯·杨，英国物理学家，波动光学的伟大奠基人之一，在光学、生理光学、材料力学等方面都有重要的贡献。

1. 杨氏双缝干涉实验装置

如图 12.4.1(a)所示，用一普通的单色光源(如钠光灯)发出的单色光垂直照射到单缝 S 上，单缝 S 可看作一个单色线光源，其出射光波照射到两个平行于 S 且相距很近的狭缝 S_1 和 S_2 上，S_1 和 S_2 到 S 的距离相等。S_1 和 S_2 可看作从同一波阵面上分割出的两个线状单色子波源，它们是相干光源，S_1 和 S_2 出射的两列子波在空间相遇，将会发生干涉现象。在 S_1 和 S_2 后放置一平行于狭缝的接收屏，屏上将会出现明暗相间、等间距的直线干涉条纹，如图 12.4.1(b)所示。当激光问世以后，利用它的相干性好和亮度高的特性，直接用激光束照射双孔，便可在屏幕上获得清晰明亮的干涉条纹。

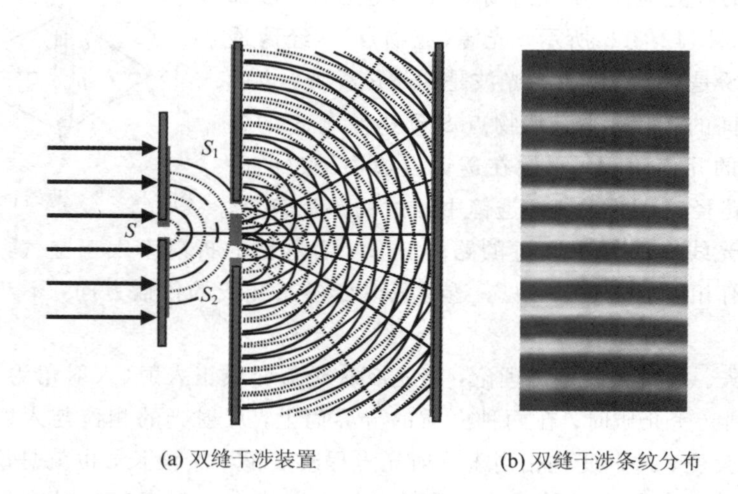

(a) 双缝干涉装置 (b) 双缝干涉条纹分布

图 12.4.1 杨氏双缝干涉实验

2. 干涉条纹的分布

如图12.4.2所示，设双缝的间距为d，双缝到接收屏的距离为D，一般情况下，d的数量级小于毫米，而D的数量级可达到米。设两狭缝S_1和S_2的中垂线与屏幕交于O点，即$OS_1=OS_2$。S_1和S_2到接收屏上任意一点P的距离分别为r_1和r_2，P到O点的距离为x。$D\gg d$，到达屏上任意一点P的两列光波与双缝平面法线的夹角设为θ。

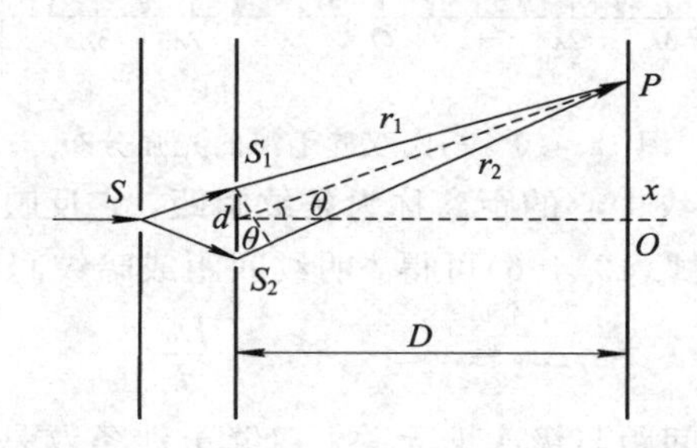

图12.4.2　双缝干涉原理图

因子光源S_1和S_2与S的间距相等，故其初相位差为零，其发出的两列光波到P点的光程差$\delta = r_2 - r_1$。由几何关系可得

$$r_2 - r_1 \approx d\sin\theta \approx d\tan\theta = d\,\frac{x}{D} \tag{12.4.1}$$

光程差为

$$\delta = r_2 - r_1 = \frac{d}{D}x \tag{12.4.2}$$

由明纹条件公式(12.3.4)和式(12.4.2)有

$$\delta = \frac{d}{D}x = \pm k\lambda \tag{12.4.3}$$

可得明纹中心位置：

$$x = \pm k\,\frac{D\lambda}{d}\quad (k = 0,\ 1,\ 2,\ \cdots) \tag{12.4.4}$$

式中，当$k=0$时，$x=0$，在接收屏中心位置对应的光程差$\delta=0$，为零级明纹；$k=1, 2, \cdots$的明纹分别称为第一级、第二级……明纹。正负号表示其他明纹在零级明纹两侧呈对称分布。

由暗纹条件公式(12.3.5)有

$$\delta = \frac{d}{D}x = \pm(2k-1)\,\frac{\lambda}{2} \tag{12.4.5}$$

可得暗纹中心位置：

$$x = \pm(2k-1)\,\frac{D\lambda}{2d}\quad (k = 1,\ 2,\ \cdots) \tag{12.4.6}$$

式中，正负号表示干涉条纹在零级明纹两侧呈对称分布。

杨氏双缝干涉实验中，如果两狭缝宽窄相等，则两列出射光波的强度相等，由式(12.2.8)得光波经双缝后产生的干涉光强分布为

$$I = 4I_0\cos^2\frac{\Delta\varphi}{2} = 4I_0\cos^2\frac{\delta\pi}{\lambda} \tag{12.4.7}$$

图 12.4.3 给出了双缝干涉光强与光程差的关系曲线，不同级明纹的光强都相等。

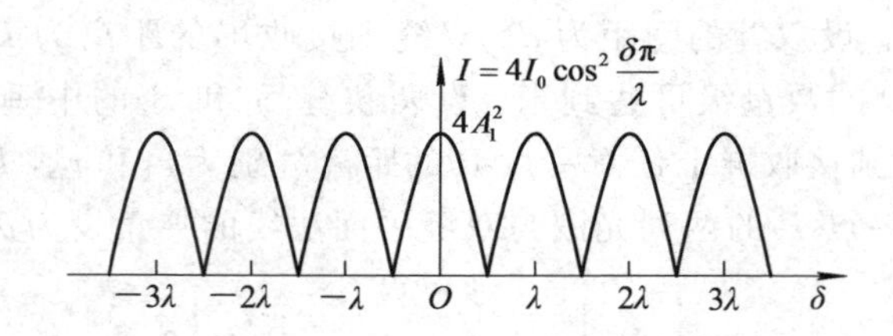

图 12.4.3 杨氏双缝干涉的光强分布

相邻明纹中心或相邻暗纹中心的距离称为**条纹间距**，它反映了干涉条纹光强分布的空间周期性。由式(12.4.4)和式(12.4.6)可得，明纹间距或暗纹间距为

$$\Delta x = x_{k+1} - x_k = \frac{D\lambda}{d} \tag{12.4.8}$$

式(12.4.8)表明，条纹间距与级次 k 无关，双缝干涉条纹是等间距的。两暗纹中心之间的距离 Δx 也称为**条纹宽度**，双缝干涉的条纹宽度和条纹间距相等。由图 12.4.3 可以看出，明纹内各点的光强并不相等，由最小逐步过渡到最大，再过渡到最小，其中心位置最亮，暗纹情况类似。

由式(12.4.8)可以看出，双缝干涉的物理本质是把波长这个反映光波纵向空间周期性、难以直接观察的物理量，通过干涉的方法加以转化放大，变为可观察的横向干涉图样。

如果入射光是白光，则除零级明纹因各色光的光程差都为零，各色光重叠仍为白色外，不同波长同级明纹的位置是不同的，并按波长由短到长的顺序自靠近零级明纹一侧依次向外分开排列，形成颜色依次由紫色到红色排列的彩色条纹带，称为**干涉光谱**。波长较大的 k 级明纹可能与波长较小的 $k+1$ 级明纹发生重叠，导致高级明纹的条纹模糊不清。因此，实验一般都是采用准单色光源。

例 12.4.1 在杨氏双缝干涉实验中，整个装置放在空气中，用波长 $\lambda=500$ nm 的单色平行光垂直入射缝间距 $d=1\times10^{-4}$ m 的双缝，屏到双缝的距离 $D=2$ m。求中央明纹两侧的两条第一级明纹中心的间距。

解 由双缝干涉明纹的位置公式 $x=\pm k\frac{D\lambda}{d}$ 可得

$$x_1 = \pm\frac{D\lambda}{d} = \pm\frac{2\times500\times10^{-9}}{1\times10^{-4}}\ \text{m} = \pm0.01\ \text{m}$$

其中 $k=1$，故中央明纹两侧的两条第一级明纹中心的间距为

$$\Delta x = 0.02\ \text{m}$$

中央明纹两侧的两条第一级明纹的中心关于中心明纹对称分布。

例 12.4.2 设杨氏双缝干涉实验的缝间距为 d，整个装置处于空气中，用波长分布在 400～750 nm 范围内的可见光垂直照射，试求能观察到的清晰可见的光谱级次。

解 由双缝干涉的明纹条件：

$$\delta = r_2 - r_1 = \pm k\lambda \quad (k=0,1,2,\cdots)$$

可知，除中央明纹因各色光的光程差都为零，各色光重叠仍为白色外，各种波长同一级次的其他明纹，由于波长不同而位置不同，因而彼此错开，并可能产生不同级次的条纹重叠。所谓重叠，是指不同波长不同级次的条纹处于接收屏上的同一位置，也就是不同波长不同

级次的光具有相同的光程差。显然，最先发生重叠的是某一级次（设为 k）的红光与高一级次（$k+1$）的紫光，即 $k\lambda_{红}=(k+1)\lambda_{紫}$，代入数据计算可得

$$k=\frac{\lambda_{紫}}{\lambda_{红}-\lambda_{紫}}=\frac{400\ \text{nm}}{(750-400)\text{nm}}=1.1$$

因为 k 只能取整数，也就是从第二级开始重叠，因此，只能看到正负一级从紫到红排列清晰可见、完整的光谱。在重叠的区域内，靠近中央明纹的两侧观察到的是由各色光形成的彩色条纹，更远处则各色光几乎完全重叠在一起，看不到条纹。

例 12.4.3　如图 12.4.4 所示，双缝干涉装置处于空气中，用折射率 $n=1.58$ 的透明薄膜覆盖其中一条狭缝 S_1。

（1）若入射单色光的波长为 550 nm，薄膜厚度 $e=8.53\times10^{-6}$ m，则此时零级明纹将移动到原来的第几级明纹处？

（2）若已知缝间距为 0.5 mm，接收屏幕到双缝的距离为 0.5 m，薄膜覆盖后发现屏上的干涉条纹移动了 10 mm，求薄膜的厚度。

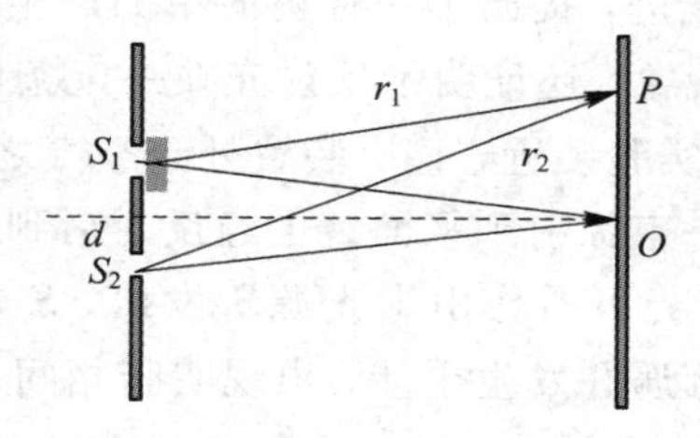

图 12.4.4　例 12.4.3 图

解　如图 12.4.4 所示，当没有盖薄膜时，零级明纹在 O 点处。当薄膜覆盖在缝 S_1 上后，光线 S_1P 的光程增大。由于零级明纹对应的光程差为零，这时零级明纹只有上移至 P 点才能使光程差为零，因此整个干涉图样也就向上移动。

（1）当不覆盖薄膜时，设 P 点为第 k 级明纹，满足条件

$$r_2-r_1=k\lambda$$

覆盖薄膜后，若 P 点变为零级明纹，则光程差满足

$$r_2-(r_1-e+ne)=0$$

即

$$r_2-r_1=(n-1)e$$

由以上两式可得

$$(n-1)e=k\lambda$$

故有

$$k=\frac{(n-1)e}{\lambda}=\frac{(1.58-1)\times8.53\times10^{-6}\ \text{m}}{550\times10^{-9}\ \text{m}}\approx9$$

所以零级明纹将移到原来的 9 级明纹处。

（2）由题意知，零级明纹也向上移动了同样距离 $x=10$ mm，覆盖前，从两狭缝至 P 点的光程差为

$$r_2-r_1=\frac{dx}{D}$$

覆盖后，P 点处为零级明纹，则有

$$r_2 - r_1 = (n-1)e$$

即

$$(n-1)e = \frac{dx}{D}$$

可得

$$e = \frac{dx}{(n-1)D} = \frac{0.5 \times 10}{(1.58-1) \times 500}\ \text{mm} = 1.72 \times 10^{-2}\ \text{mm}$$

可见，利用双缝干涉条纹变动情况也可以测量透明薄膜的厚度、折射率等。

12.4.2 洛埃镜干涉实验

在杨氏双缝干涉实验中，仅当缝S_1、S_2和 S 都很窄时，才能保证S_1和S_2处的光振动有相同的相位，但这时通过狭缝的光强很弱，干涉条纹常常不够明亮清晰。1834 年，洛埃在杨氏双缝干涉装置上进行了改进，提出了一种更简单的产生双光束干涉的装置。该实验装置不但能产生更清晰的干涉现象，还证明了反射光在一定条件下存在半波损失。

图 12.4.5 为洛埃镜干涉实验装置，整个装置处于空气之中，从狭缝S_1射出的光波，一束直接射到接收屏 E 上，另一束掠射到平面镜上经反射后到达接收屏，这两束光波源来自同一波振面，是相干光。反射光可看作由虚光源S_2发出，S_1和S_2构成一对相干线光源，两束光波在图示的阴影区域内相遇并发生干涉，出现明暗相间、平行于狭缝的直线条纹。

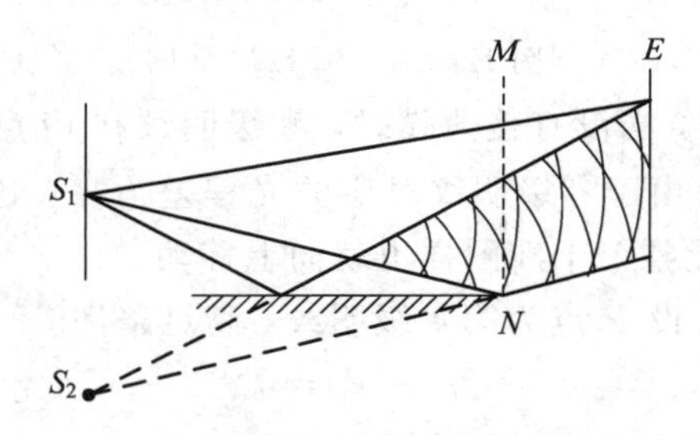

图 12.4.5 洛埃镜干涉实验装置

当将接收屏幕移到与反射镜边缘接触的位置 MN 时，入射光与反射光的路程相等，在 N 处应该出现明条纹，但实验发现是暗纹，这表明直接入射到屏上的光波与由镜面反射的光波在 N 处的相位相反，即相位差为 π。其他位置的条纹也都出现了相同的情况，即按杨氏双缝干涉明纹公式(12.4.4)理应计算出明纹的位置，实际上出现的是暗纹。直接射向屏幕的光是在空气或均匀介质中传播的，不可能有相位改变，所以只能是经镜子反射的光才有相位突变 π，也就是有半波损失，产生了附加光程差。这一实验结果验证了电磁理论中关于半波损失的结论。

12.5 薄 膜 干 涉

前面讨论的是分波阵面法产生的干涉，本节我们研究分振幅法产生的干涉。薄膜干涉是一种最常见的分振幅干涉。所谓薄膜，是指透明介质形成的厚度很薄的一层介质膜，如肥皂液膜、浮于水面的油膜、光学仪器透镜表面所镀的膜层等，当光照射到透明薄膜上时，经薄膜上下两表面产生的反射光(或透射光)相互叠加而产生的干涉称为薄膜干涉。肥皂泡上的彩色条纹、水面油膜上的条纹、昆虫翅翼上所呈现的彩色花纹都是薄膜干涉的结果。

12.5.1　薄膜干涉

如图 12.5.1 所示，厚度为 e、折射率为n_2的透明薄膜，处于折射率分别为n_1和n_3的介质中。由单色点光源发出的一列光波以入射角 i 射入到薄膜上表面，在 A 点被分割为两列光波，一列形成反射光 1，另一列透射进入薄膜，形成折射光，进入薄膜的折射光在薄膜下表面的 B 点被反射到上表面 C，再折射回到原来的介质中形成光波 2，两列光波 1 和 2 源自同一入射光波，是相干光，并且相互平行，其相干区域位于无穷远处。通常利用透镜 L 将其会聚在置于透镜焦平面的接收屏上的 P 点，产生相干叠加。

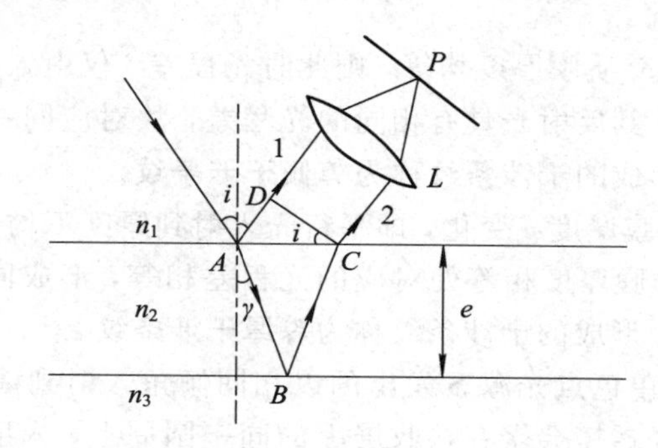

图 12.5.1　薄膜干涉

作 $CD\perp AD$，因为透镜不产生附加光程差，CP 与 DP 之间的光程相等，所以两列光波的光程差是在波振面 DC 之前产生的。它由两部分构成：一是由于传播路径不同而产生的光程差，二是在薄膜上下表面反射时可能存在半波损失而产生的附加光程差。因此，总的光程差可表示为

$$\delta = n_2(AB + BC) - n_1 AD + \delta'$$

其中，δ' 为附加光程差，不同折射率情况下的取值分别为

$$\delta' = \begin{cases} 0 & (n_1 < n_2 < n_3 \text{ 或} n_1 > n_2 > n_3) \\ \dfrac{\lambda}{2} & (n_1 < n_2 > n_3 \text{ 或} n_1 > n_2 < n_3) \end{cases}$$

由几何关系

$$AB = BC = \frac{e}{\cos\gamma}$$

$$AD = AC\sin i = 2e\tan\gamma\sin i$$

可得

$$\delta = 2n_2\frac{e}{\cos\gamma} - 2n_1 e\tan\gamma\sin i + \delta'$$

$$= \frac{2e}{\cos\gamma}(n_2 - n_1\sin\gamma\sin i) + \delta'$$

根据折射定律

$$n_1 \sin i = n_2 \sin\gamma$$

有

$$\delta = \frac{2n_2 e}{\cos\gamma}(1 - \sin^2\gamma) + \delta' = 2n_2 e\cos r + \delta' \qquad (12.5.1)$$

或

$$\delta = 2n_2 e\sqrt{1 - \sin^2\gamma} + \delta' = 2e\sqrt{n_2^2 - n_1^2\sin^2 i} + \delta' \qquad (12.5.2)$$

由此得出干涉明暗纹：

$$\delta = 2e\sqrt{n_2^2 - n_1^2\sin^2 i} + \delta' = \begin{cases} k\lambda & (k = 1, 2, 3, \cdots, \text{明纹}) \\ (2k+1)\dfrac{\lambda}{2} & (k = 0, 1, 2, \cdots, \text{暗纹}) \end{cases} \qquad (12.5.3)$$

由式(12.5.3)可知，当 n_1 和 n_2 一定时，光程差 δ 由薄膜厚度 e 和入射角 i 决定。薄膜干涉可分为以下两种情况：

(1) 如果 e 不变，即介质膜厚度均等，则此时光程差 δ 仅由入射光的倾角 i 决定，具有相同入射角的入射光线，其反射光具有相同的光程差，故对应同一级干涉条纹，我们把这种干涉称为等倾干涉，形成的干涉条纹称为**等倾干涉条纹**。

(2) 如果 i 不变，薄膜厚度 e 变化，即平行光入射到厚度不均匀的薄膜上，则光程差 δ 仅与薄膜厚度 e 有关，薄膜厚度相等处对应的光程差相等，形成同一级干涉条纹，我们把这种干涉称为等厚干涉，形成的干涉条纹称为**等厚干涉条纹**。

如图 12.5.2 所示，单色点光源 S 发出的以相同倾角入射到薄膜表面上的光线都在同一圆锥面上，其反射光经透镜会聚在接收屏上的同一圆周上，入射光倾角连续变化时，会形成一系列明暗相间、内疏外密的同心圆环。

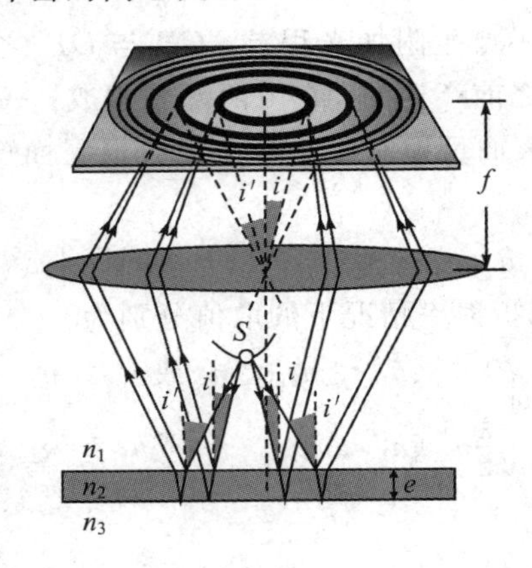

图 12.5.2 点光源的等倾干涉条纹

透射光也有干涉现象，只不过亮度较低，且与反射光的明暗正好相反，即同一膜厚度，若反射光干涉为暗纹，则透射光干涉为明纹，反之亦然，这也是遵守能量守恒定律的必然结果。

在现代光学仪器中，为减少入射光能量在透镜等光学器件表面上反射引起的损失，常在其表面镀一层厚度均匀的透明薄膜(如 MgF_2)，其折射率介于空气和玻璃之间。当膜的厚度适当时，可使某些波长的反射光因干涉而减弱，从而增加透过器件的光能。这种能使透射光增强的薄膜称为**增透膜**。

如图 12.5.3 所示，在折射率 $n_g=1.60$ 的玻璃表面上镀一层厚度为 e、折射率 $n=1.38$ 的氟化镁薄膜，并将其置于空气中。由于在氟化镁薄膜上下表面反射的光都存在半波损失，因此不考虑附加光程差。由式(12.5.3)可知，当光波接近垂直($i=90°$)入射时，反射光满足减弱条件：

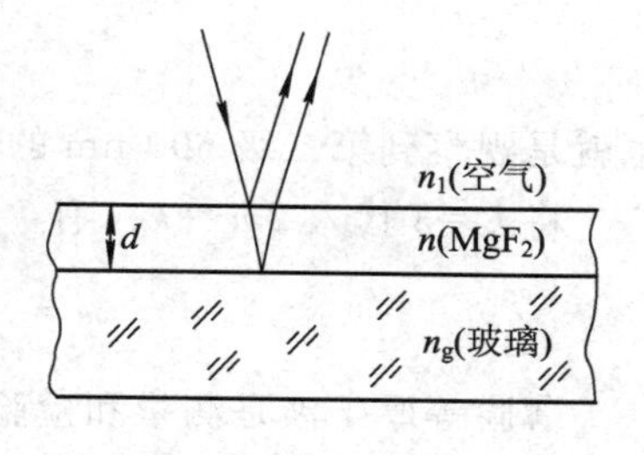

图 12.5.3　增透膜示意图

$$\delta = 2ne = (2k+1)\frac{\lambda}{2} \quad (k=0, 1, 2, \cdots)$$

由此得出膜厚度为

$$e = \frac{(2k+1)\lambda}{4n} \tag{12.5.4}$$

所需镀膜的最小厚度($k=0$)$e=\dfrac{\lambda}{4n}$。

由式(12.5.4)可知，一定厚度的薄膜只能使得某一特定波长及其相近波长的光增强。在照相机和助视仪器的镜头上镀膜，往往使膜厚对应于人眼最敏感的波长 $\lambda=550$ nm 的黄绿光透射增强，这样的厚度恰好会使蓝光和红光的反射满足干涉加强的条件，因此在可见光照射下，镜头表面呈现蓝紫色或紫红色。

另一方面，在有些光学系统中，又要求某些光学元件具有较高的反射性能。例如，要求激光器中的反射镜对某种频率的单色光的反射率在 99%以上。为了增强反射能量，常在玻璃表面上镀一层高反射率的透明薄膜，利用薄膜上、下表面反射光的光程差满足干涉相长的条件，从而使反射光增强，这种薄膜叫**增反膜**。由于反射光的能量约占入射光能量的 5%，因此为了达到高反射率的目的，常在玻璃表面交替镀上折射罩高低不同的多层介质膜，一般镀到 13 层，有的高达 15 层、17 层。宇航员头盔和面罩上都镀有对红外线具有高反射率的多层膜，以屏蔽宇宙空间中极强的红外线照射。

例 12.5.1　一束平行白光垂直入射到空气中厚度均匀的薄膜上，薄膜的折射率 $n=1.4$，反射光中出现波长为 400 nm 和 600 nm 的两条暗线，求此薄膜的厚度。

解　因反射光有半波损失，所以两列光波的光程差为

$$\delta = 2ne + \frac{\lambda}{2}$$

由于只有两条暗线，因此两个波长的暗纹级次应当只差一个级，即 $\lambda_1=400$ nm 的 k 级和 $\lambda_2=600$ nm 的 $k-1$ 级，故有

$$\begin{cases} 2ne + \dfrac{\lambda_1}{2} = (2k+1)\dfrac{\lambda_1}{2} \\ 2ne + \dfrac{\lambda_2}{2} = (2k-1)\dfrac{\lambda_2}{2} \end{cases}$$

分别得出

$$\begin{cases} 2ne = k\lambda_1 \\ 2ne = (k-1)\lambda_2 \end{cases}$$

由以上两式可得

$$k\lambda_1 = (k-1)\lambda_2$$

解出

$$k = \frac{\lambda_2}{\lambda_2 - \lambda_1} = \frac{600\ \text{nm}}{(600-400)\ \text{nm}} = 3$$

也就是观察到第二级 600 nm 的暗纹和第三级 400 nm 的暗纹。

将 $k=3$ 代入 $2ne=k\lambda_1$ 有

$$e = \frac{k\lambda_1}{2n} = \frac{3\times 400}{2\times 1.4}\ \text{nm} = 428.6\ \text{nm}$$

薄膜等厚干涉是测量和检验精密机械零件或光学元件的重要方法，在现代科学技术中有着广泛的应用，下面介绍两种有代表性的等厚干涉实验。

12.5.2 劈尖干涉

实验室常用的劈尖干涉装置如图 12.5.4(a)所示，将两块玻璃平板一端棱边接触，另一端夹入一厚度为 h 的薄片(或直径为 h 的细丝)，这样就在两玻璃板之间形成角为 θ 的劈形空气层，称为空气劈尖，两玻璃接触处为劈尖的棱边。如果在两块玻璃平板之间充以折射率为 n 的透明介质，就形成了不同材料的劈尖。

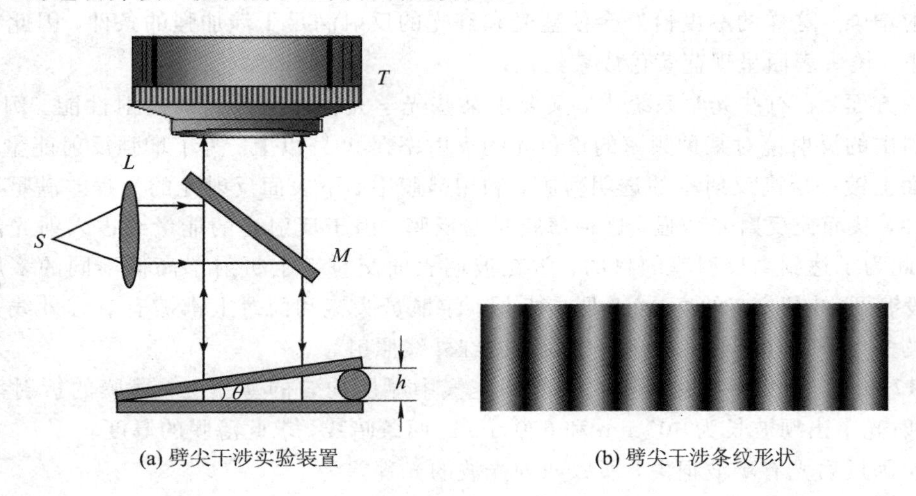

(a) 劈尖干涉实验装置

(b) 劈尖干涉条纹形状

图 12.5.4 平行光垂直入射的劈尖干涉

单色光源 S 发出的光经透镜 L 后形成平行光，经倾角为 $\frac{\pi}{4}$ 的半反射镜 M 反射后垂直($i=0$)射向劈尖，因 θ 非常小，故可近似认为入射光线既垂直于劈尖薄膜的上表面，也垂直于其下表面。此时经劈尖薄膜的上、下表面反射所形成的光为相干光，因而发生干涉。从显微镜中可观察到明暗交替且均匀分布的干涉条纹，如图 12.5.4(b)所示。如果上、下玻璃的折射率都为 n_1，则无论 n 与 n_1 的大小关系如何，两反射光的光程差都为

$$\delta = 2ne + \frac{\lambda}{2} \tag{12.5.5}$$

可得劈尖干涉明暗纹条件：

$$\delta = 2ne + \frac{\lambda}{2} = \begin{cases} k\lambda & (k=1, 2, 3, \cdots, \text{明条纹}) \\ (2k+1)\dfrac{\lambda}{2} & (k=0, 1, 2, \cdots, \text{暗条纹}) \end{cases} \tag{12.5.6}$$

式(12.5.6)表明，对于劈尖棱边处，有 $e=0$，$\delta=\frac{\lambda}{2}$，故劈尖棱边处为零级暗纹。如果上、下玻璃的折射率不同，请根据三种折射率的大小关系自行讨论明暗纹条件。

由式(12.5.6)可得，相邻两明纹或暗纹所对应的劈形膜的厚度差 Δe 为

$$\Delta e = e_{k+1} - e_k = \frac{\lambda}{2n} = \frac{\lambda_n}{2} \tag{12.5.7}$$

即相邻明(暗)纹所对应薄膜的厚度差等于介质中波长的1/2。

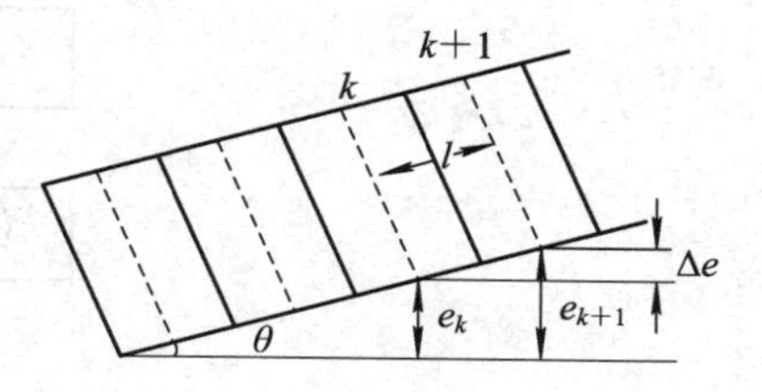

图 12.5.5 劈尖干涉条纹分布

设劈尖的夹角为 θ，由图 12.5.5 中的几何关系可知，相邻明纹(或暗纹)的间距 l 应满足关系式

$$\Delta e = l\sin\theta$$

通常 $\theta<1°$，所以有

$$l = \frac{\Delta e}{\sin\theta} \approx \frac{\lambda}{2n\theta} = \frac{\lambda_n}{2\theta} \tag{12.5.8}$$

即条纹是近似等间距的，而且对于一定波长的入射光，条纹间距与劈尖角 θ 和介质折射率 n 成反比。

劈尖干涉中每级干涉明纹或暗纹都与一定的膜厚 e 相对应，同一厚度对应同一级条纹，条纹的形状取决于薄膜上厚度相同点(等厚线)的轨迹，而劈尖的等厚线是平行于棱边的直线，因此劈尖干涉的条纹是一系列明暗相间、等间距、平行于棱边的直条纹。需要强调的是，膜是指玻璃之间夹的空气膜或介质膜，而不是玻璃，玻璃因为厚度较大，所以采用普通光源不会产生干涉条纹。

由式(12.5.8)可知，如果已知劈尖角 θ 和干涉条纹间距 l，就可以计算出入射单色光的波长 λ；反之，如果已知单色光的波长 λ 和干涉条纹间距 l，就可求出劈尖角 θ，进而由几何关系可求得夹在两玻璃片之间的细小物体的线度。工程技术上常用此原理测定细丝的直径或薄膜的厚度。例如，在半导体元件的制备过程中，常在半导体材料硅(Si)片上镀一层很薄的二氧化硅薄膜以保护半导体元件，要对二氧化硅薄膜的厚度进行测量，可将其制成劈尖形状，如图 12.5.6 所示。利用劈尖干涉装置可测出干涉明条纹(或暗条纹)的数目，再利用几何关系，就可计算出二氧化硅薄膜的厚度 e。

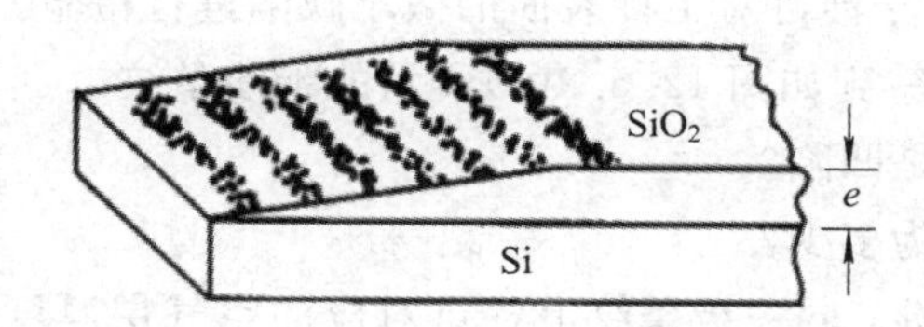

图 12.5.6 二氧化硅劈尖上的干涉条纹

劈尖干涉在生产中还常用来检测工件表面的平整度。若劈尖的上下表面都是标准的光学平面，则干涉条纹是一系列平行且等间距的明暗条纹。如果两玻璃片中一块是标准的光学平面，而另一块是凹凸不平的待检玻璃片或金属抛光面，那么干涉条纹将不再是直条纹，而是疏密不均匀且不规则的条纹，如图 12.5.7 所示。根据条纹弯曲的程度及弯曲的方向，还可对待检平板在该处的凹凸情况做出判断。因相邻明(暗)条纹间空气薄膜的厚度相

差是$\frac{\lambda}{2}$，所以用该种方法能检测出的凹凸缺陷精密度可达0.1 μm左右。

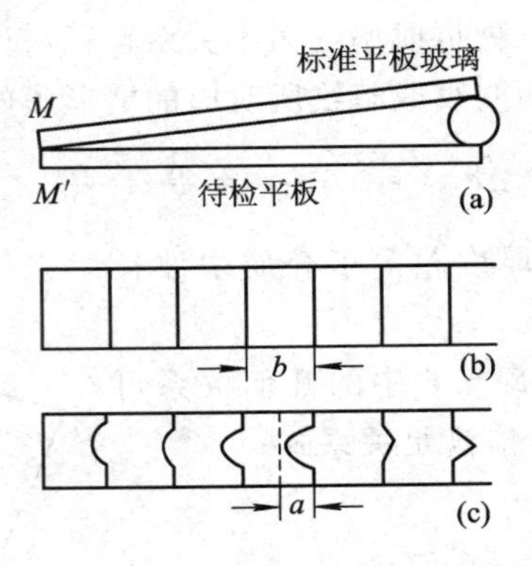

图 12.5.7 检验工件表面微小缺陷

例 12.5.2 为测量一根细金属丝的直径D，采用图12.5.8所示的办法形成空气劈尖，用平行单色光垂直照射空气劈尖形成等厚干涉条纹，用读数显微镜测出干涉明条纹的间距就能算出D。设入射光的波长为550 nm，金属丝与劈尖顶点距离为$l=28.350$ mm，第1条明纹到第31条明纹的距离为4.328 mm，求细金属丝的直径D。

解 因角度θ很小，故可取

$$\sin\theta \approx \frac{D}{l}$$

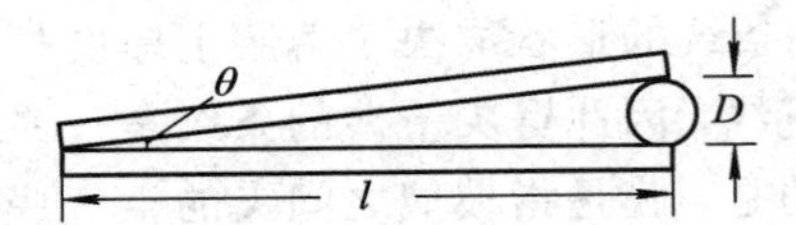

图 12.5.8 例 12.5.2 图

相邻两条明纹间的距离满足关系式

$$a\sin\theta = \frac{\lambda}{2}$$

其中，a是相邻两条明纹间的距离，由题知

$$a = \frac{l}{30} = \frac{4.328}{30}\ \text{mm} \approx 0.144\ 27\ \text{mm}$$

故金属丝的直径为

$$D = l\frac{\lambda}{2a} = 28.350\ \text{mm} \times \frac{550\times 10^{-6}}{2\times 0.144\ 27}\ \text{mm} = 0.054\ 04\ \text{mm}$$

例 12.5.3 利用劈尖干涉可对工件表面的微小缺陷进行检验。当波长为λ的单色光垂直入射到劈尖上方时可观察到如图12.5.9(a)所示的干涉条纹。

(1) 不平处是凸起还是凹陷？

(2) 凹凸不平的高度为多少？

解 (1) 对于等厚干涉，同一级条纹上各点对应的空气层厚度相等，由于同级干涉条纹向着棱边方向弯曲，因此只有凹陷才能保证同级条纹对应的空气层厚度相等，所以不平处是凹陷。

(2) 如图12.5.9(b)所示，干涉条纹间距为b时，对应的空气层厚度为$\lambda/2$；设间距为a时，对应的空气层厚度为h，则由相似三角形关系得

$$\frac{\lambda/2}{h} = \frac{b}{a}$$

因此有

$$h = \frac{a}{b}\frac{\lambda}{2}$$

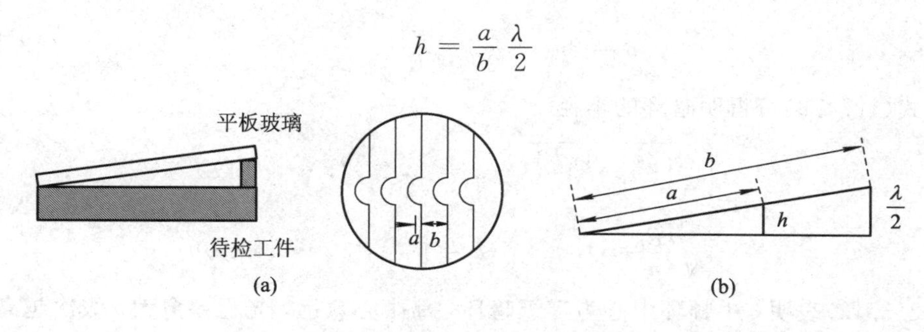

图 12.5.9　例 12.5.3 图

12.5.3　牛顿环

牛顿环现象是牛顿于 1675 年首先发现的，其实验装置如图 12.5.10 所示，将一曲率半径 R 很大的平凸透镜的曲面与一平面玻璃接触，其间形成了一层平凹球形的空气或其他透明介质的薄膜，这种薄膜厚度相同处的轨迹是以接触点为中心的同心圆。若以单色平行光入射到薄膜上，在球形薄膜的上表面或下表面处就会观察到一系列明暗相间的同心圆环图样，这种等厚干涉条纹就称为**牛顿环**。

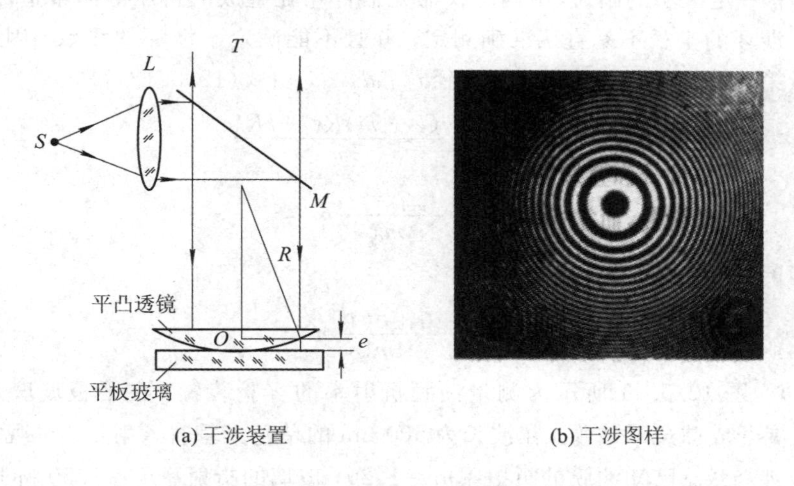

图 12.5.10　牛顿环实验装置及干涉图样

设上下玻璃的折射率相同为n_1，薄膜的折射率为 n，与劈尖干涉一样，牛顿环干涉的明暗条件为

$$\delta = 2ne + \frac{\lambda}{2} = \begin{cases} k\lambda & (k = 1, 2, 3, \cdots, \text{明条纹}) \\ (2k+1)\dfrac{\lambda}{2} & (k = 0, 1, 2, \cdots, \text{暗条纹}) \end{cases} \tag{12.5.9}$$

若半径为 r 的环对应的膜厚度为 e，由图 12.5.10(a)中的几何关系可知

$$(R - e)^2 + r^2 = R^2$$

略去高阶小量e^2可得

$$e = \frac{r^2}{2R} \tag{12.5.10}$$

反射光的光程差为

$$\delta = 2ne + \frac{\lambda}{2} = \frac{nr^2}{R} + \frac{\lambda}{2} \tag{12.5.11}$$

根据式(12.4.9)可得明暗环的半径

$$r = \begin{cases} \sqrt{\left(\dfrac{2k-1}{2}\right)\dfrac{R\lambda}{n}} & (k = 1, 2, 3, \cdots, \text{明纹}) \\ \sqrt{\dfrac{kR\lambda}{n}} & (k = 0, 1, 2, \cdots, \text{暗纹}) \end{cases} \tag{12.5.12}$$

式(12.5.12)表明，牛顿环中心为零级暗环，离中心愈远，光程差愈大，级次越高。

因薄膜厚度是非线性增加的，明暗环半径与 k 的平方根成正比，所以条纹间距不等。根据式(12.5.12)可得相邻两个暗环的半径差为

$$\Delta r = r_{k+1} - r_k = (\sqrt{k+1} - \sqrt{k})\sqrt{\frac{R\lambda}{n}}$$

可见，牛顿环级次越高，条纹间距愈小，这也说明牛顿环的干涉图样的分布随着级数的变大而变密。可见，牛顿环是一系列明暗相间、间距不均匀的同心圆环。

在实验中，常用牛顿环实验测量透镜的曲率半径 R。由于实际观察到的牛顿环中心并非暗点，而是有一定大小的暗斑(由实际仪器元器件相互叠放的挤压等因素造成的)，暗斑的出现导致干涉环的半径不易直接准确测定，并且不能确定干涉环的级数。因此，常用读数显微镜测量第 k 和第 $k+m$ 个圆环的直径d_k和d_{k+m}，由式(12.5.12)得

$$r_{k+m}^2 - r_k^2 = \frac{(k+m)R\lambda - kR\lambda}{n}$$

$$R = \frac{r_{k+m}^2 - r_k^2}{m\lambda}n$$

则有平凸透镜的曲率半径为

$$R = \frac{d_{k+m}^2 - d_k^2}{4m\lambda}n$$

例 12.5.4 图 12.5.11 所示为测量油膜折射率的实验装置。在平板玻璃片上放一滴油，油滴缓慢展开成球冠形油膜。在波长为 600 nm 的单色光垂直入射下，可观察到油膜反射光形成的干涉条纹。已知油膜的折射率$n_1 = 1.20$，玻璃的折射率$n_2 = 1.50$。问：当油膜中心最高点与玻璃片的上表面相距 $h = 875$ nm 时，产生明纹的条数及各明纹处的薄膜的厚度。中心点的明暗程度如何？若油膜展开，条纹如何变化？

解 此测量装置的原理与牛顿环的原理是类似的。不同的是，该装置中光在油膜上下表面反射时都存在半波损失，故不考虑附加光程差，产生明纹的条件为

$$\delta = 2hn = k\lambda$$

可得

$$h_k = \frac{k}{2n}\lambda$$

当 $k=0$ 时，$h_0 = 0$；当 $k=1$ 时，$h_1 = 250$ nm；当 $k=2$ 时，$h_2 = 500$ nm；当 $k=3$ 时，$h_3 = 750$ nm；当 $k=4$ 时，$h_4 = 1000$ nm。

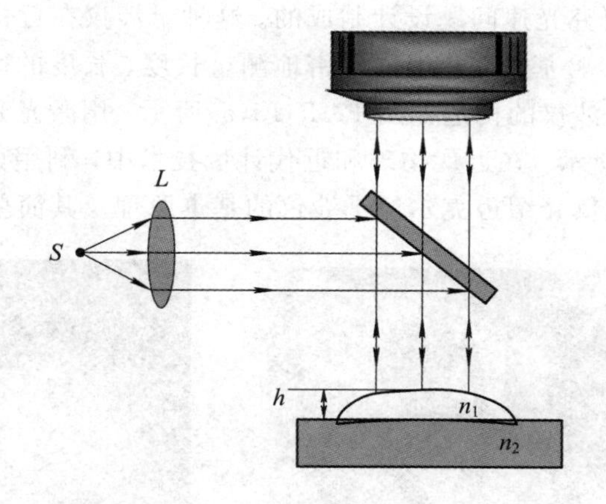

图 12.5.11　例 12.5.4 图

由于油膜厚度相同的地方干涉情况相同，因此从反射光中观察到的干涉条纹为明暗相间的同心圆环。当 $h = 875$ nm 时，可观察到四条明纹($k= 0, 1, 2, 3$)。油膜外缘 $h=0$ 处为零级明纹中心，油膜中心处 $h = 875$ nm。

例 12.5.5　如图 12.5.12 所示，在牛顿环装置的平凸透镜与平板玻璃之间有一小缝隙 e_0，已知平凸透镜的曲率半径为 R，若用波长为 λ 的单色光垂直照射，求反射光形成的牛顿环的各级暗环半径。

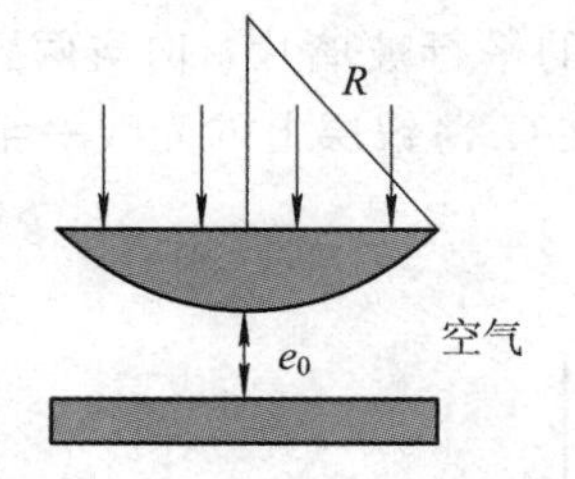

图 12.5.12　例 12.5.5 图

视频 12 - 2

解　设某级暗环半径为 r，若$e_0=0$，则根据几何关系有

$$e \approx \frac{r^2}{2R} \tag{1}$$

考虑e_0及半波损失，则光程差为

$$\delta = 2e + 2e_0 + \frac{\lambda}{2}$$

根据干涉减弱的条件得

$$2e + 2e_0 + \frac{\lambda}{2} = (2k+1)\frac{\lambda}{2} \quad (k = 1, 2, 3, \cdots) \tag{2}$$

把式(1)代入式(2)可得

$$r = \sqrt{R(k\lambda - 2e_0)} \quad (k \geqslant 2e_0/\lambda,\ k \text{ 为整数})$$

显然，中央明纹或暗纹的级数由e_0决定。只有当$e_0=0$ 时，中央才会是零级暗纹。

12.5.4　迈克尔逊干涉仪

迈克尔逊干涉仪是用分振幅法产生双光束干涉的一种精密仪器，它是由美籍德国物理学家迈克尔逊和莫雷为研究光速问题设计制成的。这种干涉仪在近代物理发展史上曾为狭义相对论的建立提供了实验基础，它可以精密地测量长度、长度的微小变化以及透明材料的折射率等。迈克尔逊干涉仪的构造如图 12.5.13(a)所示，用激光光源获得的迈克尔逊干涉条纹如图 12.5.13(b)所示。在近代物理和近代计量技术中，利用该仪器的原理还研制出了多种专用干涉仪，在此仅介绍迈克尔逊干涉仪的基本原理及其简单应用。

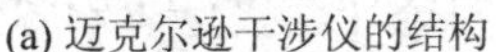

(a) 迈克尔逊干涉仪的结构

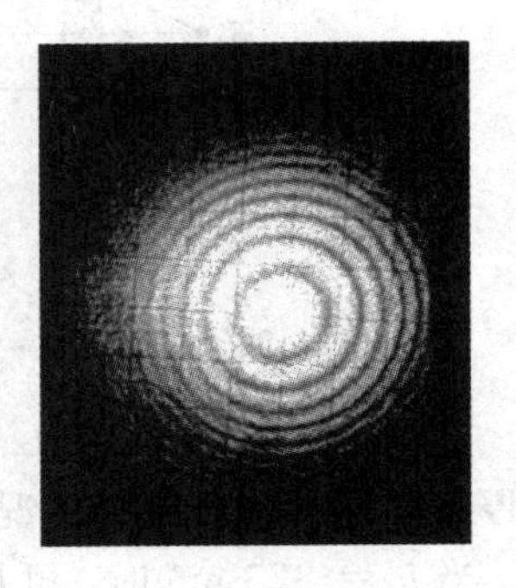

(b) 迈克尔逊干涉仪的干涉条纹

图 12.5.13 迈克尔逊干涉仪

迈克尔逊干涉仪的原理如图 12.5.14 所示。M_1 和 M_2 是两块精细磨光的平面反射镜，分别安装在相互垂直的两臂上，其中 M_2 是固定的，M_1 用螺旋控制，可在导轨上做微小移动。G_1 和 G_2 是两块材料相同、厚度均匀且相等的平行玻璃片，均与两臂倾斜成 45°角。在 G_1 的一个表面上镀有半透明的薄银层，使照射在 G_1 薄银层上的光线一半反射一半透射，所以 G_1 被称为分光板。

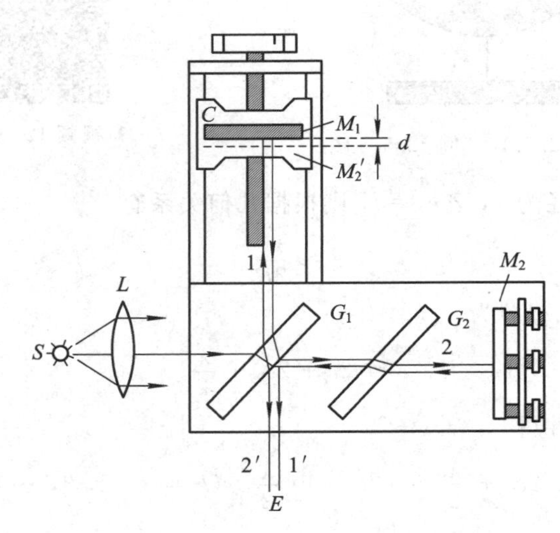

图 12.5.14 迈克尔逊干涉仪的原理图

光源 S 发出的光线经透镜 L 扩束后射向分光板 G_1，折射进入 G_1 的光线一部分被薄银层反射后再次穿过 G_1 射向 M_1，这部分光线用 1 表示，经过 M_1 反射后的 1 光线第三次穿过 G_1 后向 E 传播，到达观察屏。分束后的另外一部分光线透过薄银层，这部分光线用 2 表示，穿过 G_2 后被 M_2 反射，再次穿过 G_2 后到达 G_1，被反射后射向 E，也到达观察屏。显然，1 路光线和 2 路光线是两束相干光，在 E 处可以看到如图 12.5.13(b)所示的干涉条纹。装置 G_2 的作用是使光线 1 和 2 分别三次穿过等厚度的玻璃片，以免光线所经历的路程不同而引起较大的光程差，因此，G_2 又称作补偿板。

假设银层形成的 M_2 的虚像是 M_2'，则从 M_2 反射的光线可以看成是从虚像 M_2' 发出来的，于是在 M_2' 和 M_1 之间就构成了一个等效的“空气薄膜”。从“薄膜”两个表面 M_1 和 M_2' 反射的光线 1 和 2 的干涉，可以当作薄膜干涉来处理。如果 M_1 和 M_2 不是严格地相互垂直，则 M_1 和 M_2' 之间的“空气薄膜”就是劈尖状，形成的干涉条纹将近似为平行的等厚干涉条纹。如果 M_1 和 M_2 严格地相互垂直，则 M_1 和 M_2' 之间的“空气薄膜”是一个厚度均匀的空气薄膜，那么干涉条纹将为环形的等倾干涉条纹。

根据薄膜干涉的理论可知，当调节 M_1 向前或向后平移半个波长的距离时(对应空气薄膜的厚度变化 $\lambda/2$)，可以观察到干涉条纹从中心涌出或消失一条。所以，若在视场中涌出或消失的条纹数目为 ΔN，则 M_1 移动的距离 Δd 为

$$\Delta d = \Delta N \frac{\lambda}{2} \tag{12.5.13}$$

式(12.5.13)建立的条纹移动数量 ΔN、单色光波长 λ 及微小移动距离 Δd 的关系，可用于测量微小长度的变化，其测量精度可达 $\frac{\lambda}{2}$ 至 $\frac{\lambda}{200}$。

迈克尔逊用他设计的干涉仪最早以光的波长测定了国际标准米尺的长度，由此建立了一个永久不变的标准。此外，迈克尔逊还用干涉仪研究了光谱的精细结构，推动了原子物理和计量科学的发展。为此，迈克尔逊获得了 1907 年的诺贝尔物理学奖。后来，人们又以迈克尔逊干涉仪为原型研制了多种形式的干涉仪，用来测定物质的折射率和杂质浓度，以及检查光学元件的质量等。基于迈克尔逊干涉仪研制的引力波探测器如图 12.5.15 所示，它于 2015 年测量到在距离地球 13 亿光年处两个黑洞合并发射出的引力波信号。

图 12.5.15　激光干涉引力波天文台(简称 LIGO)

例 12.5.6　在迈克尔逊干涉仪的一臂中放置 100 mm 长的玻璃管，并充以一个大气压的空气。用波长为 585 nm 的光照射，如果将玻璃管中的空气逐渐抽成真空，就会发现有 100 条干涉条纹移动过，求空气的折射率。

解　迈克尔逊干涉仪的一臂中放置了玻璃管，以光通过玻璃管中空气的光程为研究对象。设玻璃管的长度为 l，管中空气的折射率为 n，由于光束在玻璃管中往返通过了两次，因此光通过有空气的玻璃管的光程为 $2nl$。

当玻璃管中由于空气被抽走而变为真空时，该部分的光程将变为 $2l$。抽气前后管中的

光程变化为

$$2nl-2l=2(n-1)l$$

由于迈克尔逊干涉仪另一臂的光程在实验中未发生变化，因此两个臂的光程差变化仅由玻璃管中的光程变化引起，当光程每变化$\frac{\lambda}{2}$时，就有一个条纹移过。条纹移过的数量ΔN和光程的变化关系为

$$2(n-1)l=\Delta N\lambda$$

故空气的折射率为

$$n=1+\frac{\Delta N\lambda}{2l}$$

将$\Delta N=100$、$l=100$ mm、$\lambda=585$ nm代入可得

$$n=1.000\,292$$

12.6 光波的衍射

12.6.1 光波的衍射现象

波在传播过程中遇到障碍物时，能够绕过障碍物的边缘前进，到达按直线传播不能到达的地方，波的这种偏离直线传播的现象称为波的衍射现象。衍射和干涉一样，也是波动的主要特征之一。光是一种电磁波，也存在衍射现象。光源S发出的光照射到可调节的狭缝K上，当狭缝的宽度比较大时，在接收屏E上显示的是一条亮度均匀的光斑，如图12.6.1(a)所示。如果将狭缝的宽度逐渐缩小，则接收屏上的光斑也随之缩小，这体现了光的直线传播特征。当狭缝的宽度变得很小，与入射光的波长可比拟时，接收屏上的光斑将不再继续缩小，反而变大起来，这说明光波已“弯绕”到狭缝的几何阴影区，光斑的亮度也由原来的均匀分布变成一系列的明暗条纹，条纹的边缘也失去了明显的界限，变得模糊不清，如图12.6.1(b)所示。这种光绕过障碍物的边缘进入几何阴影内传播，并且在接收屏上出现光强分布不均匀的现象，称为**光的衍射**。

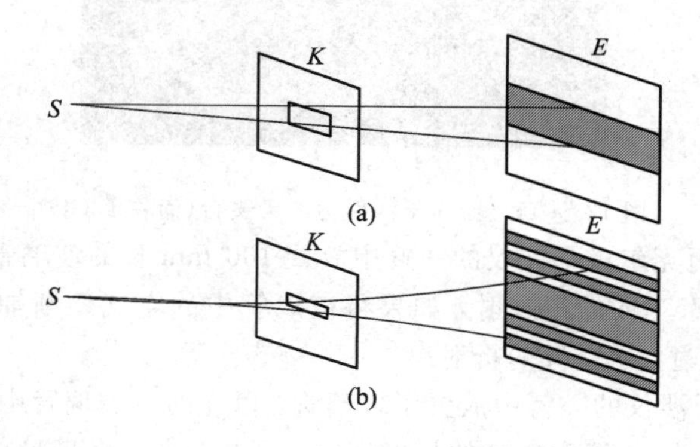

图12.6.1 光的衍射现象

12.6.2 光的衍射分类

在实验室中观察和测量光的衍射现象，通常需要光源、衍射屏和观察屏，如图 12.6.2 所示，S 为单色光源，K 为衍射屏(可以是狭缝、小孔等)，E 是观察屏。

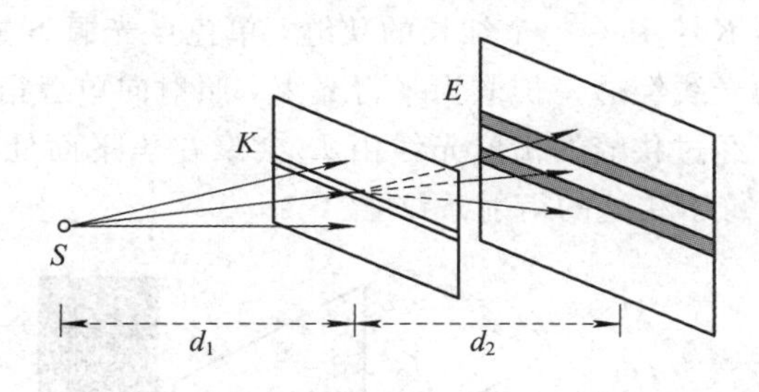

图 12.6.2　光的衍射实验

根据光源与衍射屏之间的距离 d_1 和衍射屏与观察屏之间的距离 d_2 的大小，可以把衍射现象分为两类：一类是 d_1 或 d_2 中至少有一个距离为有限远，此类衍射称为**菲涅尔衍射**，衍射分析方法比较复杂；另一类是 d_1 和 d_2 均接近无限大，此类衍射称为**夫琅禾费衍射**。现实中很难实现 d_1 和 d_2 两个距离均为无限大，因此实验中使用单色平行光照射衍射屏，等效于 d_1 为无限大，同时在衍射屏后放置一个会聚凸透镜，将观察屏置于透镜焦平面上，等效于 d_2 接近无限大。由于夫琅禾费衍射可以看作是平行光通过衍射屏后发生衍射，并在无限远处观察衍射条纹，因此理论分析相对比较简单。

12.6.3 惠更斯-菲涅耳原理

惠更斯原理指出，波在介质中传播到任意位置处时，波阵面上的每一点都可看成是发射子波的新波源，任意时刻子波的包迹决定了新的波阵面。惠更斯原理可以解释光通过衍射屏时传播方向会发生改变，但不能详细解释衍射条纹的位置和光强的分布。在这方面，菲涅耳用子波相干叠加的概念发展了惠更斯原理。

菲涅耳发展了惠更斯原理，补充了描述子波的相位和振幅的定量表达式，并在此基础上提出了子波相干叠加的原理，此原理称为**惠更斯-菲涅耳原理**，可简述为：波阵面上的每一点都可看成是产生子波的子波源，从同一波阵面上各点发出的子波是相干波，这些子波在空间某点相遇时会产生相干叠加。

根据惠更斯-菲涅耳原理，S 为光波在某时刻的波阵面，如图 12.6.3 所示，空间任一点 P 的光振动由波阵面 S 上每个面元 $\mathrm{d}S$ 发出的子波在 P 点叠加。若面元 $\mathrm{d}S$ 发出的子波在 P 点引起的光振动为 $\mathrm{d}\boldsymbol{E}$，则 $\mathrm{d}E$ 与 $\mathrm{d}S$ 成正比，与 P 点到 $\mathrm{d}S$ 的距离成反比，而且和倾角 θ 有关，P 点的光振动为

$$\boldsymbol{E}=\int_S \mathrm{d}\boldsymbol{E}$$

由于各面元引起的 $\mathrm{d}\boldsymbol{E}$ 不同，更重要的是其相位互不相同，因此原则上可应用惠更斯-菲涅耳原理解决一般衍射问题，但积分计算常常十分复杂，在讨论夫琅禾费单缝衍射时，我们将采用半波带法进行巧妙处理。

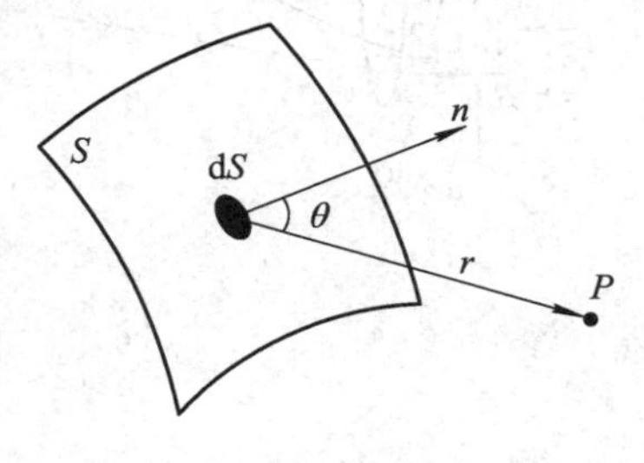

图 12.6.3　惠更斯-菲涅耳原理

12.7 单缝夫琅禾费衍射

视频 12-3

1821 年，夫琅禾费(J. von Fraunhofer)研究了一种单缝衍射，如图 12.7.1 所示。在衍射屏 K 上开有一个细长的狭缝，单色点光源 S 放置于透镜 L_1 的焦点，发出的光线经透镜扩散为平行光束，照射向单缝衍射屏 K。在紧贴衍射屏后面设置会聚透镜 L_2，经过狭缝的衍射光线由 L_2 会聚在焦平面处的观察屏 E 上，在观察屏上可以看到一系列平行于狭缝的衍射条纹。

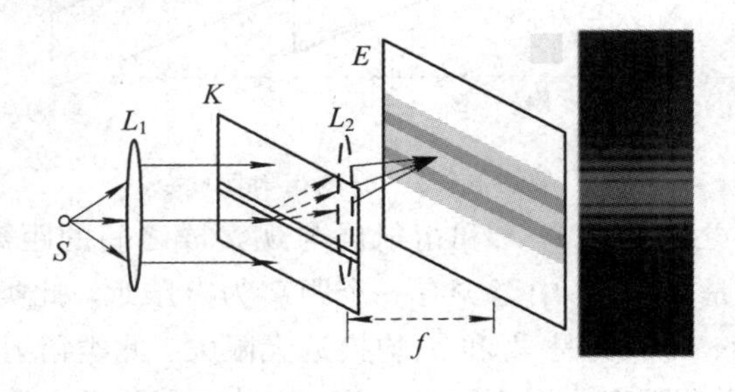

图 12.7.1 单缝夫琅禾费演示实验装置示意图

根据惠更斯-菲涅耳原理可知，单缝后接收屏上任一点的光振动是位于单缝处波阵面上所有子波波源发出的子波传到该点的振动的相干叠加。如图 12.7.2(a)所示，单色平行光垂直照射宽度为 a 的狭缝 AB，狭缝所在处的波阵面 AB 上的各点都可视为子波波源向缝的右边各个方向发射衍射光线。衍射光线的传播方向与狭缝平面法线方向之间的夹角称为**衍射角**。对于任意衍射角 φ，各子波在 φ 方向上发出的衍射光线是一束平行光，如图 12.7.2(a)中的 2 光线，在透镜的会聚作用下，这些光线会聚于焦平面上的 P 点。随着衍射角 φ 的不同，P 点的位置不同。我们知道透镜 L 不产生附加的光程差，且平行的入射光在 AB 面是等相位的，所以，单缝 AB 两边缘光线之间的光程差最大，可表示为

$$BC = a\sin\varphi \tag{12.7.1}$$

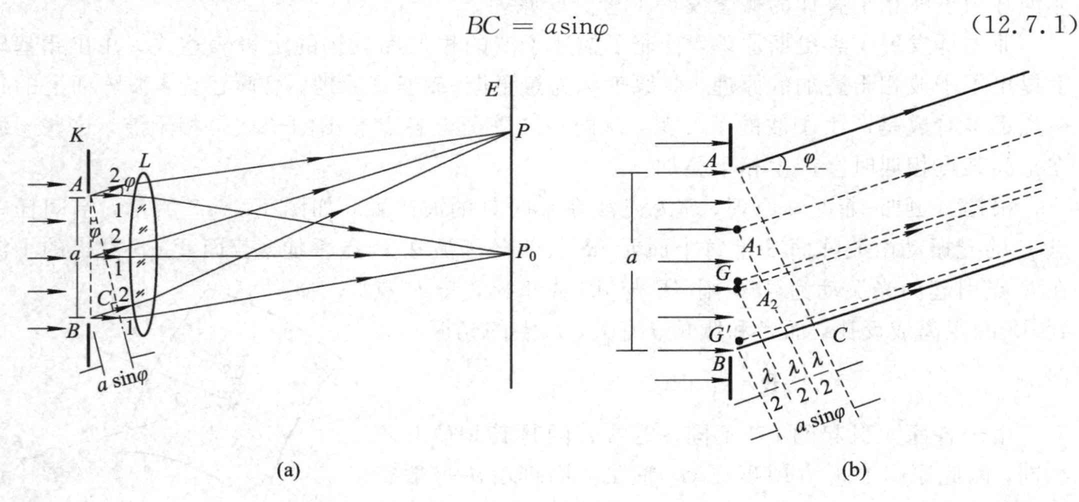

图 12.7.2 单缝衍射条纹分析图

在惠更斯-菲涅耳原理的基础上，菲涅尔提出了将波阵面分割成许多面积相等的半波

带的方法。在12.7.2(b)中，做一系列平行于AC的平面，使相邻平面之间的距离等于入射光的半波长，即$\frac{\lambda}{2}$。假定这些平面将单缝处的波阵面AB分成AA_1、A_1A_2、A_2B等若干个面积相等的带状区域，这样的区域称为**半波带**。由于各个半波带的面积相等，因此各个半波带在P点所引起的光振幅接近相等。两个相邻半波带上，任何两个对应点(如AA_1带上的G点与A_2B带上的G'点)发出的光线的光程差总是$\frac{\lambda}{2}$，相位差总是π，经透镜会聚到P点，由于透镜不引入额外光程差，因此到达P点时的相位差仍然是π。结果，由相邻半波带发出的任何光线将两两相消，在P点将完全相互抵消。

由此可见，当BC等于半波长的偶数倍时，对应衍射角方向上，单缝可被分成偶数个半波带，所有半波带的作用两两相互抵消，对应的P点处将是暗条纹；而BC等于半波长的奇数倍时，对应衍射角方向上单缝可被分成奇数个半波带，相邻半波带两两相互抵消后，留下一个半波带的衍射光未被完全抵消，此时P点处是明条纹。

根据以上分析，当单色平行光垂直入射到单缝时，单缝衍射明暗条纹与衍射角的关系为

$$a\sin\varphi=\begin{cases}0 & (\text{中央明纹中心})\\ \pm k\lambda & (k=1,2,3,\cdots,\text{暗条纹})\\ \pm(2k+1)\dfrac{\lambda}{2} & (k=1,2,3,\cdots,\text{明条纹})\end{cases} \tag{12.7.2}$$

式中，k为级数；正、负号表示衍射条纹对称分布于中央明纹的两侧；φ为该级明、暗条纹中心对应方向的衍射角。

对于任意衍射角φ，如果AB不能被恰好分成整数个半波带，即BC不等于$\frac{\lambda}{2}$的整数倍，则对应这些衍射角方向的衍射光线经会聚透镜在P点相干叠加时，其亮度介于最亮与最暗之间。因而，在单缝衍射条纹中，强度分布是不均匀的。如图12.7.3所示，中央明纹最亮，条纹也最宽，即两个第一级暗纹中心的间距，$a\sin\varphi_{-1}=-\lambda$与$a\sin\varphi_1=\lambda$之间对应的宽度。当$\varphi_{\pm1}$很小时，$\varphi_{\pm1}\approx\sin\varphi_{\pm1}=\pm\frac{\lambda}{a}$，因此中央明纹的角宽度(条纹对透镜中心的张角)等于$2\varphi_1\approx2\frac{\lambda}{a}$，有时也可用半角宽度$\varphi_1$描述，即

$$\varphi_1\approx\frac{\lambda}{a} \tag{12.7.3}$$

而其他明纹的角宽度显然等于中央明条纹的一半，其角宽度近似为

$$\Delta\varphi=(k+1)\frac{\lambda}{a}-k\frac{\lambda}{a}=\frac{\lambda}{a} \tag{12.7.4}$$

设会聚透镜L_2的焦距为f，则在衍射角较小的情况下，屏幕上观察到的各级明纹的宽度(称作线宽度)为

$$\begin{cases}\Delta x_0=2f\tan\varphi_1\approx2f\sin\varphi_1=2f\dfrac{\lambda}{a} & (\text{中央明纹})\\ \Delta x=f\tan\Delta\varphi\approx f\sin\Delta\varphi=f\dfrac{\lambda}{a} & (\text{其他明纹})\end{cases} \tag{12.7.5}$$

可见，其他各级明纹宽度为中央明纹宽度的一半。随着级数的增大，其他各级明纹的亮度

迅速减小。这是因为衍射角 φ 越大，AB 波面被分成的半波带数越多，每个半波带的面积也相应减小，透过来的光通量也随之减小。因而，未被抵消的半波带上发出的光在屏幕上叠加形成的明纹的亮度就越弱。

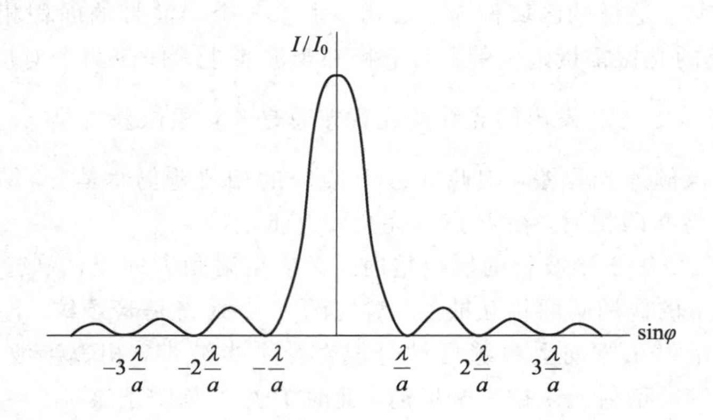

图 12.7.3 单缝衍射的光强分布

当缝宽 a 一定时，对于同一级衍射条纹，波长 λ 越大，衍射角 φ 就越大，距离中心明纹的位置越远。因此，若用白光作光源，除了中央明纹的中部仍是白色外，其两侧将依次出现一系列由紫色到红色的衍射条纹，称为**衍射光谱**。

由式(12.7.2)和式(12.7.3)可知，若入射光是波长为 λ 的单色光，则缝宽 a 越小(a 不能小于λ)，各级衍射条纹的衍射角 φ 越大，即衍射现象越明显；当缝宽 a 越大时，各级衍射条纹的衍射角 φ 越小，衍射条纹将密集排列在中央明纹两侧附近而逐渐不可分辨，衍射现象将不明显。当 $a\gg\lambda$ 时，各级衍射条纹将并入中央明纹中，形成单一的明纹，即透镜形成的单缝的像，衍射现象将消失，这时光可看成是直线传播的。由此可见，光的直线传播现象是光的波长较通光孔或狭缝(或障碍物)的线度小很多时，衍射现象不显著的情形。只有当缝较窄，以至其缝宽可与波长相比拟时，衍射现象才较为显著。

例 12.7.1 用波长 $\lambda=500$ nm 的单色光垂直入射到缝宽 $a=0.2$ mm 的单缝上，缝后面的会聚透镜焦距 $f=1.0$ m，将观察屏放置在透镜焦平面上。在观察屏上，选焦点处为坐标原点，垂直缝的方向建立 x 坐标系。

(1) 求中央明纹的角宽度、线宽度；

(2) 第 1 级明纹的位置以及单缝此时可分为几个半波带?

(3) 求其他明纹的线宽度。

解 (1) 中央明纹是上、下两个第 1 级暗纹之间的区域，根据单缝夫琅禾费衍射公式，第 1 级暗纹对应的衍射角φ_1应满足关系

$$\sin\varphi_1=\frac{\lambda}{a}=\frac{500\times10^{-9}\ \text{m}}{0.2\times10^{-3}\ \text{m}}=2.5\times10^{-3}$$

因 $\sin\varphi_1$很小，所以$\varphi_1\approx\sin\varphi_1$，中央明纹的角宽度为

$$\Delta\varphi=2\varphi_1\approx2\sin\varphi_1=5\times10^{-3}\ \text{rad}$$

根据几何关系可知，第 1 级暗纹的位置 x_1 为

$$x_1=\pm f\tan\varphi_1\approx\pm f\sin\varphi_1=\pm f\frac{\lambda}{a}=\pm1.0\times2.5\times10^{-3}\ \text{m}=\pm2.5\ \text{mm}$$

所以中央明纹的线宽度为

$$\Delta x_0 = 2x_1 = 2 \times 2.5 \times 10^{-3}\ \text{m} = 5.0\ \text{mm}$$

（2）第 1 级明纹对应的衍射角φ_1满足

$$\sin\varphi_1 = (2+1)\frac{\lambda}{2a} = \frac{3 \times 500 \times 10^{-9}\ \text{m}}{2 \times 0.2 \times 10^{-3}\ \text{m}} = 3.75 \times 10^{-3}$$

所以，第 1 级明纹的坐标

$$x_1 = \pm f\tan\varphi_1 \approx \pm f\sin\varphi_1 = \pm 1.0 \times 3.75 \times 10^{-3}\ \text{m} = \pm 3.75\ \text{mm}$$

对应φ_1方向上，单缝可被分为 $2k+1$ 个半波带，即 $k=1$，则

$$2k+1 = 2+1 = 3\ 个$$

（3）第 k 级明纹线宽度 Δx_k 为相邻的第 k 级和第 $k+1$ 级暗纹中心之间的间距，即

$$\Delta x_k = x_{k+1} - x_k = f\sin\varphi_{k+1} - f\sin\varphi_k = f\frac{\lambda}{a} = 1.0\ \text{m} \times \frac{500 \times 10^{-9}}{0.2 \times 10^{-3}}\ \text{m} = 2.5\ \text{mm}$$

可见，其他明纹的宽度为中央明纹宽度的一半。

12.8 衍射光栅

视频 12-4

由 12.7 节的讨论我们知道，原则上可以利用单色光通过单缝时产生的衍射条纹来测定该单色光的波长。但为了测量准确，要求衍射条纹必须分得很开，条纹要既细又明亮。然而对单缝衍射来说，这两个要求难以同时达到。因为若要条纹分得开，单缝的宽度 a 就要很小，这样通过单缝的光能量就少，以致条纹不够明亮且难以看清楚；反之，若加大缝宽 a，虽然观察到的条纹较明亮，但条纹间距变小，不容易分辨。所以实际上测定光波波长时，往往不是使用单缝，而是采用能满足上述测量要求的衍射光栅。

12.8.1 光栅衍射现象

由大量等宽度、等间距的平行狭缝组成的光学元件称为**衍射光栅**。用于透射光衍射的叫透射光栅，用于反射光衍射的叫反射光栅，如图 12.8.1 所示。常用的透射光栅是在一块玻璃片上刻划许多条等间距、等宽度的平行刻痕，在每条刻痕处，入射光向各个方向散射而不易透过，两刻痕之间的光滑部分可以透光，相当于一个透光狭缝。若缝的宽度为 a，刻

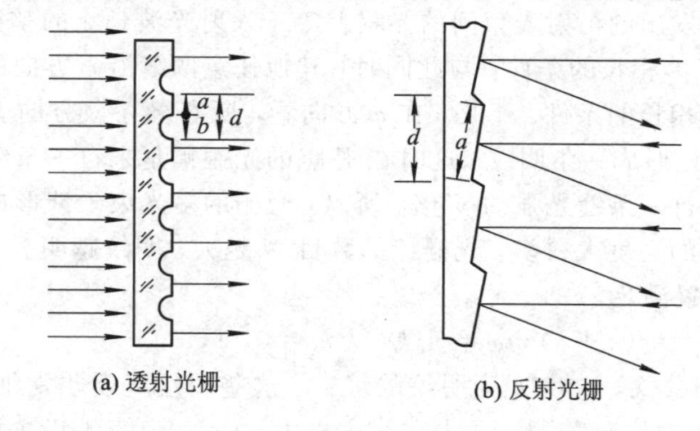

(a) 透射光栅　(b) 反射光栅

图 12.8.1　光栅

痕宽度为 b，则 $d=a+b$ 称为光栅常数。现代用的衍射光栅，在 1 cm 内刻痕可以达到 $10^3\sim10^4$ 条，所以，一般的光栅常数约为 $10^{-5}\sim10^{-6}$ m。光栅透光缝的总数用 N 表示，光栅常数和总缝数是光栅的两个重要特征参数。

如图 12.8.2 所示，一束单色平行光垂直照射在光栅上，光线经过透镜 L 后会聚在焦平面处的观察屏 E 上，透过光栅每个狭缝的光都要发生衍射，并且每个狭缝的衍射图样通过透镜后完全重合，而通过光栅不同狭缝的光还要发生干涉。所以说，光栅的衍射实际上是每一个狭缝的衍射和不同狭缝间干涉叠加的总效果。

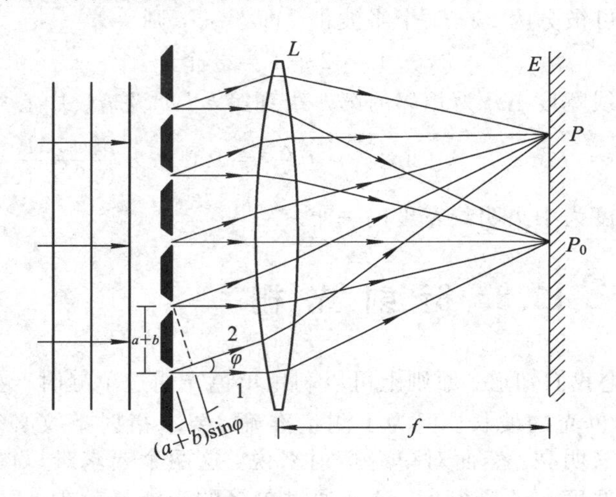

图 12.8.2 光栅衍射

12.8.2 光栅衍射的规律

当单色平行光垂直照射光栅时，每个缝均向各方向发出衍射光，发自各缝具有相同衍射角 φ 的光线是一束平行光，会聚于观察屏上的同一点。如图 12.8.2 中的 P 点，这些光波彼此叠加产生干涉，称为多光束干涉。从图 12.8.2 中可以看出，选取任意相邻两缝上位置相对应的两点，它们在 φ 方向上发出的衍射光线到达 P 点处的光程差均为

$$\delta=(a+b)\sin\varphi \tag{12.8.1}$$

1. 光栅方程

如果相邻两狭缝发出的衍射光束间的光程差等于入射光波长 λ 的整数倍，则这两条衍射光线在 P 点满足干涉相长的条件，与此同时，其他任意两缝沿 φ 方向的衍射光线到达 P 点处也必然满足干涉相长的条件。于是，在 φ 方向看，所有缝在该方向上的衍射光线会聚后均相互加强，P 点处形成一条明纹。这时在 P 点的光振幅是来自一条缝的衍射光振幅的 N 倍，合光强则是来自一条缝光强的 N^2 倍。所以，光栅的多光束干涉形成的明纹的亮度要比一条缝形成的明纹的亮度大得多。光栅缝的数目 N 越大，明纹越明亮。满足以上条件的这些衍射明纹，其位置满足

$$(a+b)\sin\varphi=\pm k\lambda \quad (k=0,1,2,\cdots) \tag{12.8.2}$$

式(12.8.2)称为**光栅公式**，式中 k 为明纹的级数。这些明纹宽度非常细，但亮度非常高，通常称为光栅衍射主极大条纹。$k=0$ 为零级主极大，$k=1$ 为第 1 级主极大，其余依此类推。正、负号表示其他各级主极大在零级主极大两侧对称分布。

2. 暗纹条件

如果在点 P 处光振动的合振幅为零，则此处将出现暗纹。设相邻两狭缝发出的光束间的相位差为 $\Delta\varphi$，分振动的振幅矢量分别为 $\boldsymbol{E}_1$，$\boldsymbol{E}_2$，$\boldsymbol{E}_3$，…，$\boldsymbol{E}_N$。要使这 N 个矢量叠加后完全相消，那么它们要恰好组成如图 12.8.3 所示的闭合多边形。此时，相位差与光程差的关系为

$$\Delta\varphi = \frac{2\pi}{\lambda}\delta$$

图 12.8.3　N 个光振动

N 个矢量构成闭合多边形时有

$$N\Delta\varphi = \pm k'2\pi \quad (k' = 1, 2, 3, \cdots)$$

用光程差表示为

$$N\delta = \pm k'\lambda$$

即

$$(a+b)\sin\varphi = \pm k'\frac{\lambda}{N} \quad (k' = 1, 2, 3, \cdots) \tag{12.8.3}$$

应该注意的是，式(12.8.3)的讨论中包含了 $\Delta\varphi = \pm k2\pi$ 或 $\delta = \pm k\lambda$ 的情况，而这些情况是产生主明纹的条件，所以应该舍去 $k' = kN$ 的情况。因此，光栅衍射的暗纹条件为

$$(a+b)\sin\varphi = \pm k'\frac{\lambda}{N} \quad (k' = 1, 2, 3, \cdots \text{ 且 } k' \neq kN) \tag{12.8.4}$$

也就是说，k' 不含 N、$2N$ 等值，因为这些已属于式(12.8.2)光栅方程所规定的衍射主明纹情形了。由式(12.8.4)可以看出，两相邻主明纹之间有 $N-1$ 条暗纹。

3. 次明纹

相邻的两主明纹之间有 $N-1$ 条暗纹，而在两暗纹之间必定有一明纹，所以两相邻主明纹之间有 $N-2$ 条明纹。这些地方的振动矢量并未完全抵消，只是部分抵消，但计算表明这些明条纹的光强度仅为主明纹光强度的 4%左右，所以称为次明纹或次极大。

综上所述，由于光栅的狭缝总数 N 很大，两相邻主明纹之间的暗纹和次明纹数目很多，因此两相邻主明纹之间实际上是一片暗区，明条纹明显分开且很细，光强集中在很小的区域内，明纹变得很亮，光栅的衍射图样是在几乎黑暗的背景上出现了一系列分得很开的又细又亮的明纹，如图 12.8.4(b)所示。

(a) $N=3$

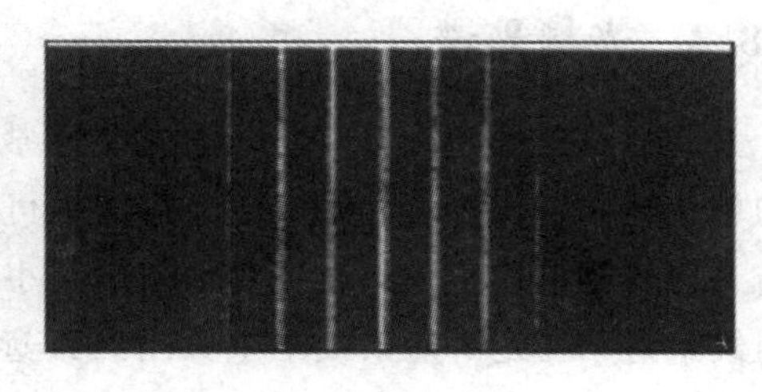

(b) $N=20$

图 12.8.4　光栅衍射图样

以上讨论多光束干涉时，并没有考虑各缝(单缝)衍射对屏上条纹强度分布的影响。实

际上，由于单缝衍射在不同 φ 方向上衍射光的强度是不同的，因此光栅衍射后接收屏上的不同位置的明纹是来源于不同光强度的衍射光的干涉加强，即多光束干涉的各级明纹要受单缝衍射的调制。单缝衍射光强大的方向明纹的光强也大，单缝衍射光强小的方向明纹的光强也小。图 12.8.5 是光栅衍射的光强分布示意图，图中光栅衍射各级明纹强度的包络线与单缝衍射的强度曲线相类似，多缝干涉和单缝衍射共同决定光栅衍射的总光强分布。

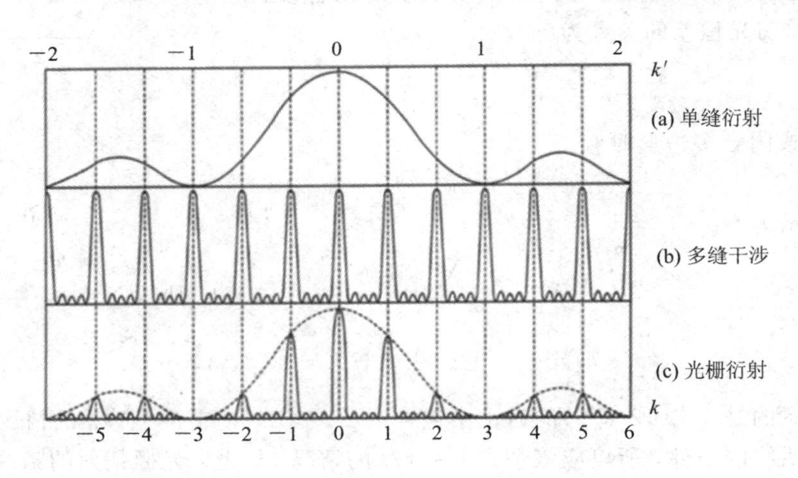

图 12.8.5 光栅衍射的光强分布示意图

4. 缺级现象

前面讨论光栅公式 $(a+b)\sin\varphi=\pm k\lambda$ 时，只是从多光束干涉的角度说明了叠加光强最大而产生明纹的必要条件，但当这一衍射角 φ 同时也满足单缝衍射的暗纹条件 $a\sin\varphi=\pm k'\lambda$ 时，这一位置将是光强度为零的干涉加强。所以从光栅公式来看，应出现某 k 级明纹的位置实际上却是暗纹，即 k 级明纹不出现，这种现象称为光栅的**缺级现象**。将上述两式相结合，可知缺级条件为

$$k=\frac{a+b}{a}k' \quad (k'=1, 2, 3, \cdots) \tag{12.8.5}$$

由式(12.8.5)可知，缺级的级数由光栅常数 $a+b$ 和缝宽 a 决定。如果光栅常数 $a+b$ 与缝宽 a 构成整数比，就会发生缺级现象。如 $(a+b)=3a$ 时，光栅缺级的级数 $k=3, 6, 9, \cdots$。

12.8.3 光栅光谱

上面讨论的是单色光经光栅衍射后形成的衍射图样。如果用白光照射光栅，则各种波长的单色光将各自产生衍射，由光栅方程可知，对于给定的光栅，各级主明纹衍射角的大小与入射光的波长有关，波长短的衍射角小，波长长的衍射角大。所以紫光衍射条纹距中央明纹最近，红光衍射条纹距中央明纹最远。这样除中央明纹仍由各色光混合为白光外，其两侧各级明纹都将形成由紫色到红色对称排列的彩色光带，这种把光栅衍射产生的按波长排列的谱线称为**光栅光谱**。如图 12.8.6 所示，同一级光谱中，由于短波长的光衍射角小，长波长的光衍射角大，因此波长较短的紫光(图中用 V 表示)靠近中央明纹，波长较长的红光距中央明纹最远(图中用 R 表示)，级数较高的光谱将会发生重叠。

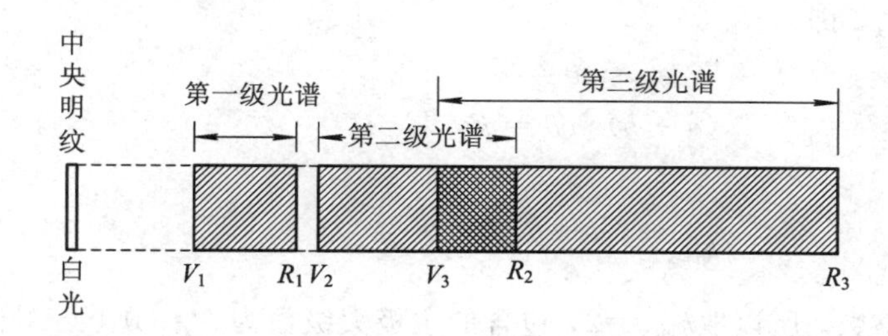

图 12.8.6　光栅衍射的光谱示意图

光栅衍射光谱被广泛应用于分析、鉴定及标准化测量等。当入射的复色光只包含若干个不连续的波长成分时，光栅光谱为与各波长对应的分立亮线，形成线状光谱。由于各种元素(或化合物)都有自己特定的谱线，因此我们可以把某种待分析材料进行燃烧发光，经光栅后获得其光谱线图，再与已知的各种元素谱线比较，就可以定性分析出该材料所含的元素或化合物。测定各谱线的相对强度就可以定量分析各元素含量的多少，这种方法叫光谱分析。

例 12.8.1　用波长 $\lambda=590$ nm 的单色平行光垂直照射在一块每毫米有 500 条刻痕的光栅上，已知光栅透光缝的宽度 $a=1\times10^{-6}$ m。最高能观察到第几级主极大明纹？总共能看到多少条主极大明纹？

解　根据给定的光栅刻划参数可知此光栅的光栅常数为

$$a+b=\frac{1\times10^{-3}\ \text{m}}{500\ 条}=2\times10^{-6}\ \text{m}$$

由光栅公式(12.8.2)可知，当衍射角 $\varphi=\frac{\pi}{2}$时，观察到的主极大明纹级次取最大值 k_{m}，所以

$$k_{\text{m}}=\frac{(a+b)\sin\frac{\pi}{2}}{\lambda}=\frac{2\times10^{-6}\ \text{m}}{590\times10^{-9}\ \text{m}}\approx3.4\ 级$$

由于级次是整数，因此对计算结果取整，即$k_{\text{m}}=3$，最高能观察到第 3 级主极大明纹。再根据式(12.8.5)的缺级条件，代入数据计算得

$$k=\frac{a+b}{a}k'=\frac{2\times10^{-6}\ \text{m}}{1\times10^{-6}\ \text{m}}k'=2k'\quad(k'=1,\ 2,\ \cdots)$$

所以此光栅缺级的级次有 2，4，6，…，实际能看到的主极大明纹级次为 0、1、3 级，关于 0 级对称分布的共有 5 条明纹。

例 12.8.2　一衍射光栅，每厘米有 200 条透光缝，每条透光缝的宽度为 $a=2\times10^{-3}$ cm，光栅后放置焦距 $f=1$ m 的凸透镜。若以波长 $\lambda=600$ nm 的单色平行光垂直照射光栅，那么

(1) 缝宽为 a 的单缝衍射的中央明纹宽度是多大？

(2) 该中央明纹宽度范围内共有几条光栅衍射主极大？

解　(1) 由单缝衍射中央明纹宽度公式得

$$\Delta x_0=2\frac{\lambda}{a}f=2\times\frac{600\times10^{-9}}{2\times10^{-5}}\ \text{m}\times1=0.06\ \text{m}$$

(2) 在由单缝衍射第一级暗纹公式 $a\sin\theta=\lambda$ 所确定的衍射角 θ 内，包含的衍射主极大

最大级数设为 k_{max}，即

$$a\sin\theta = \lambda$$
$$(a+b)\sin\theta = k_{max}\lambda$$

两式联立得

$$k_{max} = \frac{a+b}{a} = 2.5$$

因为 k_{max} 为整数，所以取 $k_{max}=2$，包含的主极大级数为 $k=0, \pm1, \pm2$，共有五个主极大。

12.8.4　X 射线的衍射

1895 年德国物理学家伦琴(W. K. Roentgen)发现，当高速电子撞击金属板时，会产生一种穿透力极强的射线，它能使包装完好的照相底片感光，能使许多物质产生荧光，这种射线被称为 X 射线，1901 年伦琴因发现 X 射线而获得首届诺贝尔物理学奖。图 12.8.7 是产生 X 射线的真空管的示意图，图中 K 为发射电子的热阴极，A 是阳极。在两极间加上数万伏的高电压，阴极发射的电子在强电场作用下加速，高速电子撞击阳极时可从阳极发出 X 射线。

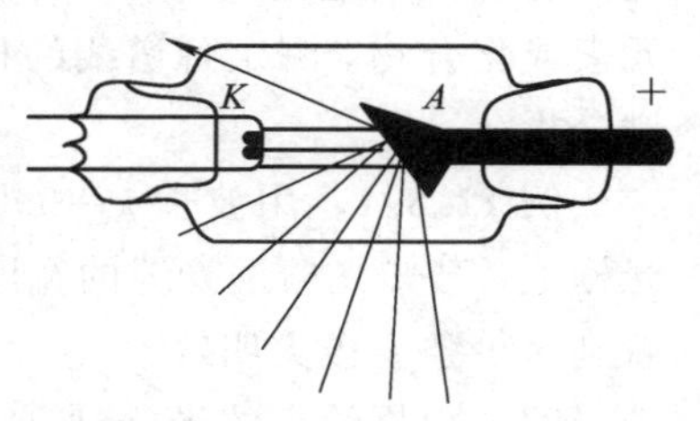

图 12.8.7　X 射线管

X 射线在本质上与可见光一样是电磁波，但它的波长很短，约在 0.01 nm 到 10 nm 之间。既然 X 射线是电磁波，就应该有干涉和衍射等现象，但是由于它的波长非常短，用普通的光栅观察不到其衍射现象，因此也无法用机械方法制造出适用于 X 射线衍射的光栅。

1912 年德国物理学家劳厄(M. V. Laue)提出，晶体是由一组有规则排列的微粒组成的，各微粒之间的间隔与 X 射线波长的数量级相同，它或许能构成一种适合于 X 射线衍射用的三维空间光栅。据此劳厄进行了实验，并成功地获得了 X 射线的衍射图样，从而证实了 X 射线是电磁波，同时也证实了晶体内原子是等间隔排列的。劳厄的实验装置如图 12.8.8(a)所示，图中 PP' 是带有小孔的铅板，C 为晶体，E 为照相底片。实验时 X 射线通过铅板 PP' 上的小孔投射到薄晶体片上，在照相底片上发现衍射形成的衍射斑点，此斑点又称劳厄斑点，如图 12.8.8(b)所示。

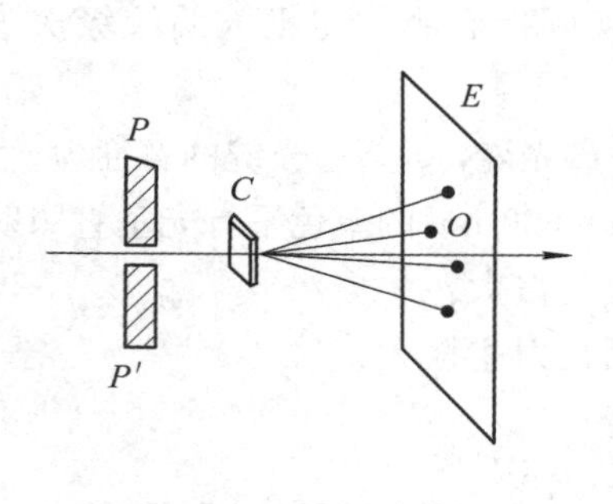

(a) X射线衍射实验示意图

(b) 晶体的X射线衍射图样

图 12.8.8　劳厄实验

劳厄通过实验获得了X射线的衍射图样，但在进行分析时涉及空间光栅，定量分析十分复杂。1931年英国物理学家布拉格父子(W. H. Bragg和W. E. Bragg)提出了一种新的研究方法，即把X射线衍射图样看作是由X射线对晶体每一个点阵平面组的相干反射形成的，此方法的原理和定量计算都较为简单，布拉格父子把空间点阵简化，想象晶体是由一系列平行的晶面(即原子层)组成的，如图12.8.9所示。设各晶面之间的距离为d，当一束波长为λ的单色平行X射线以掠射角φ入射到晶面时，一部分被晶体表面散射，其余的被晶体内部的晶面散射，在符合反射定律的方向上射线的强度最大。由图12.8.9可得，相邻两晶面间反射光线的光程差为

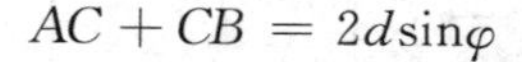

$$AC + CB = 2d\sin\varphi$$

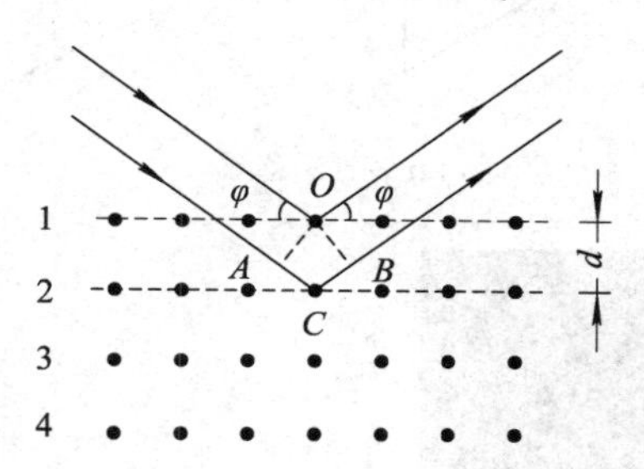

图12.8.9 布拉格反射

显然，当φ满足下列条件

$$2d\sin\varphi = k\lambda \quad (k = 1, 2, \cdots) \tag{12.8.6}$$

时，各层晶面的反射线都将相互加强而形成亮点，式(12.8.6)就是著名的**布拉格公式**，又称为布拉格方程。

由式(12.8.6)可以看出，如果已知晶体的晶格常数d，则只需测出φ角就可以算出X射线的波长λ；反之，已知X射线的波长λ，调出φ角即可算出晶格常数d，从而确定晶体结构。X射线的晶体结构分析已成为应用物理学的一个重要分支，在化学、生物学、矿物学及工程技术等领域都有广泛的应用。著名的脱氧核糖核酸(DNA)的双螺旋结构，就是在1953年根据对样品的X射线衍射图样分析而首次提出的。为此，威尔金斯、沃森和克里克荣获了1962年度的诺贝尔生理学或医学奖。

12.9 圆孔夫琅禾费衍射

12.9.1 圆孔夫琅禾费衍射

在单缝夫琅禾费实验装置中，若将图12.7.1中的单缝衍射屏K替换为有小圆孔的衍射屏，如图12.9.1(a)所示，则也可以观察到衍射现象。如图12.9.1(a)所示，当单色平行光垂直照射小圆孔K时，在透镜L_2焦平面处的屏幕E上可以观察到圆孔夫琅禾费衍射图样，其中央是一明亮圆斑，周围为一组明暗相间的同心圆环，由第一暗环所围成的中央光斑称为**爱里斑**。爱里斑的直径为d，其半径对透镜L_2光心的张角θ称为爱里斑的半角宽度。经理论计算可以证明，衍射图样的光强分布曲线如图12.9.1(c)所示。爱里斑占整个入射光强的84%左右。爱里斑的半角宽度为

$$\theta \approx \sin\theta = 0.610\frac{\lambda}{R} = 1.22\frac{\lambda}{D} \tag{12.9.1}$$

式中，$D=2R$ 是圆孔的直径，λ 是入射光的波长。显然，D 越小或 λ 越大，衍射现象越明显。

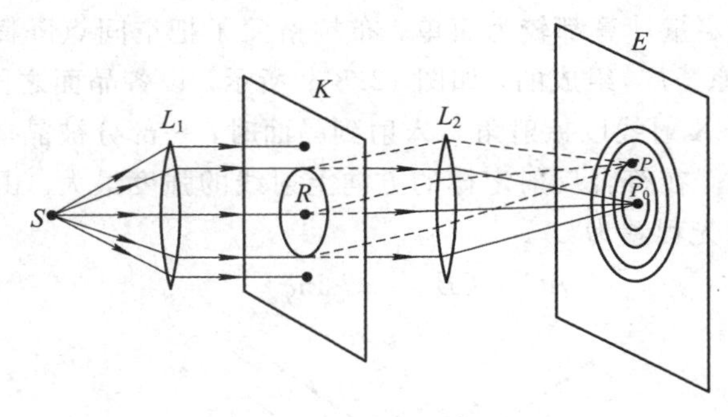

(a) 装置示意图

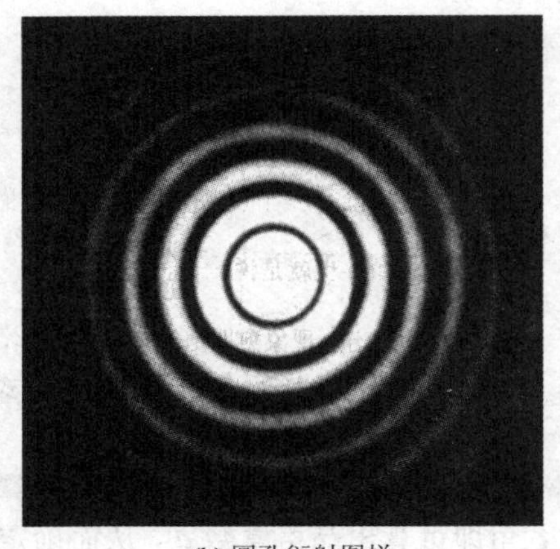

(b) 圆孔衍射图样

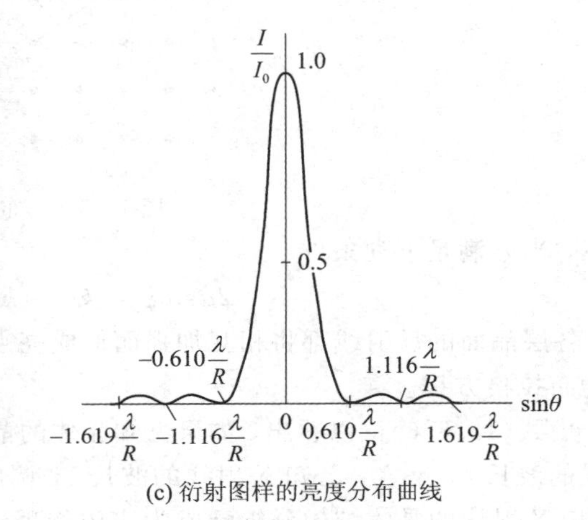

(c) 衍射图样的亮度分布曲线

图 12.9.1 圆孔夫琅禾费衍射

12.9.2 光学仪器的分辨率

从几何光学来看，物体通过透镜成像时，每一物点都有一个对应的像点。只要适当选择透镜的焦距，任何微小物体都可见到清晰的图像。然而，从波动光学来看，组成各种光学仪器的透镜等部件均相当于一个透光小孔，因此，我们在屏上见到的像是圆孔的衍射图样，粗略地说，见到的是一个具有一定大小的爱里斑。如果两个物点距离很近，其相对应的两个爱里斑很可能部分重叠而不易分辨，以至被看成是一个像点。这就是说，光的衍射现象限制了光学仪器的分辨能力。

那么光学仪器的分辨能力与哪些因素有关呢？为了简单起见，设光学仪器的物镜由单透镜组成，两个点光源 a、b 离透镜足够远，它们射入透镜的光可看成平行光，所形成的两组衍射图样如图 12.9.2 所示。在图 12.9.2(a)中，光源 a、b 的像斑(爱里斑)分得比较开，相互间没有重叠或重叠较小，因此我们能够分辨出 a、b 两点的像，从而可判断原来的物点是两个点。若两个像斑大部分重叠，如图 12.9.2(b)所示，则这两个光源就分不清楚了。这样，在不能分辨与能够分辨之间，可以规定两个点光源所产生的爱里斑之间的一个临界位置，这个位置对两个点光源来说是刚刚能分辨或恰好能分辨。临界位置是由瑞利规定的，并为人们所接受，称之为**瑞利判据**。其内容是：如果一个点光源的衍射图样的中央最亮处(爱里斑的中心)与另一个点光源衍射图样的第一个最暗处(爱里斑的边缘)相重合，如图12.9.2(c)所示，则说这两个点光源恰好能够被该光学仪器所分辨。

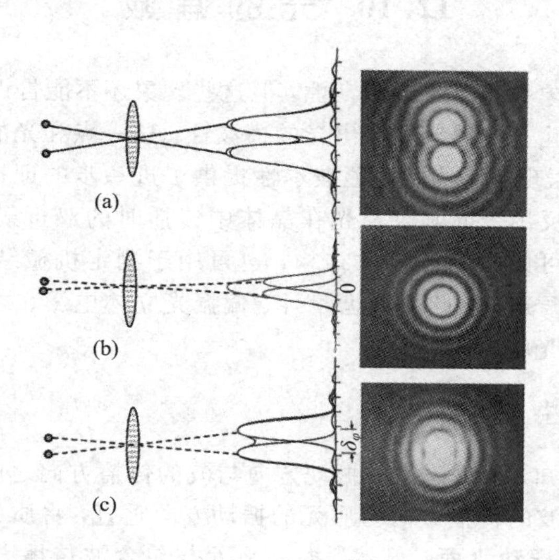

图 12.9.2　光学仪器的分辨率

当两个点光源处于被光学仪器恰能分辨的位置时，两个点光源对透镜的张角称为该仪器的**最小分辨角**，用δ_φ表示，它正好等于每个爱里斑的半角宽度，即

$$\delta_\varphi = \theta \approx \sin\theta = 1.22\,\frac{\lambda}{D} \tag{12.9.2}$$

通常把光学仪器的最小分辨角δ_φ的倒数称为其分辨本领，用R来表示，则望远镜的分辨本领为

$$R = \frac{1}{\delta_\varphi} = \frac{D}{1.22\lambda} \tag{12.9.3}$$

由式(12.9.3)可知，光学仪器的分辨本领与其口径成正比，与入射光的波长成反比，因此，在天文观测中，为了分清远处靠得很近的几个星体，需要采用孔径很大的望远镜。而对于显微镜，为了提高分辨率，则尽量采用波长短的紫光。近代物理的实验证实，电子也具有波动性，而且其波长可与固体中原子间距相比拟(约为0.1～1 Å 数量级)，因此，电子显微镜的分辨率要比普通光学显微镜的分辨率高数千倍。

例 12.9.1　在通常亮度条件下，人眼瞳孔的直径约为 3 mm，如果在白板上用黄绿颜色(λ=550 nm)的笔画两条平行直线，间距为 1 cm，人距离白板多远时恰能分辨两条平行线？

解　根据式(12.9.2)计算人眼的最小分辨角为

$$\delta_\varphi = 1.22\,\frac{\lambda}{D} = 1.22 \times \frac{550\times10^{-9}}{3\times10^{-3}}\ \text{m} = 2.2\times10^{-4}\ \text{rad}$$

设人距白板的距离为s，平行线间距为l，其对人眼的相应张角$\theta\approx\frac{l}{s}$，根据瑞利判据

恰能分辨时 $\theta=\delta_\varphi$ 得

$$s=\frac{l}{\theta}=\frac{l}{\delta_\varphi}=\frac{1\times10^{-2}\ \mathrm{m}}{2.2\times10^{-4}\ \mathrm{rad}}=45.5\ \mathrm{m}$$

12.10 光的偏振

光的干涉和衍射现象显示了光的波动性，但这些现象还不能告诉我们光是纵波还是横波。光的偏振现象从实验上清楚地显示出光的横波性，这一点和光的电磁理论的预言完全一致。可以说，光的偏振现象为光的电磁波本性提供了进一步的证据。光的偏振现象在自然界中普遍存在。光的反射、折射以及光在晶体中传播时的双折射都与光的偏振现象有关。利用光的这种性质可以研究晶体的结构，也可用于测定机械结构内部的应力分布情况。激光器就是一种偏振光源，此外如糖量计、偏振光立体电影、袖珍计算器及电子手表的液晶显示等都属偏振光的应用。

12.10.1 光的偏振性

在机械波中我们已知，根据质元的振动方向与波的传播方向之间的关系，可以将机械波分为纵波和横波。横波的传播方向与质元的振动方向垂直，将质元的振动方向与波的传播方向构成的平面称为**振动平面**。显然，振动平面与包含波传播方向的其他平面性质不同，这种波的振动方向相对传播方向的不对称性，称为波的**偏振**。实验表明，只有横波才有偏振现象。如图 12.10.1 所示，在波的传播方向上放置一个狭缝 AB，对横波来说，若波的振动方向与狭缝方向一致，则波动可以通过狭缝向前传播，如图 12.10.1(a)所示；若波的振动方向与狭缝方向垂直，则波动不能通过狭缝向前传播，如图 12.10.1(b)所示。但是对纵波来说，不管狭缝的方向如何，波总能通过它继续向前传播，如图 12.10.1(c)、(d)所示。

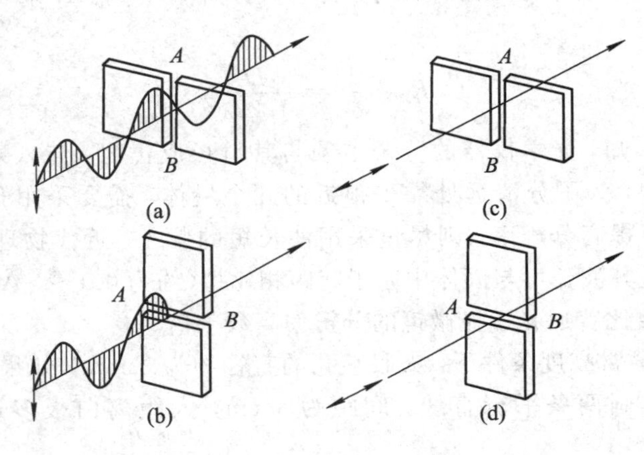

图 12.10.1 横波与纵波的区别

光是电磁波，电矢量和磁矢量均与光的传播方向垂直。由于人的眼睛只能感受到光的电矢量，而看不到磁矢量，因此人眼观察到的光是由电矢量振动构成的横波。通常所讲的光矢量即是电矢量，**光矢量平面**就是电矢量振动方向与光传播方向构成的平面，类似机械波中的振动平面。因此，光具有与机械波类似的偏振性。

虽然一个光子在空间传播时，其光矢量在光矢量平面内振动具有偏振性，但由光源发出的光束包含了大量的光子，光子间不存在相干性，且其偏振方向具有随机性，所以统计来看光束整体不具有偏振性。当光在介质表面发生反射、折射或经过特殊处理时，光矢量可能具有各种不同的偏振状态，这种不同的偏振状态称为光的**偏振态**。按照光振动状态的不同，可以把光分为五类：自然光、线偏振光、部分偏振光、椭圆偏振光和圆偏振光。下面仅对前三种光分别予以说明。

1. 自然光

普通光源的发光机制是为数众多的原子或分子等的自发辐射。它们之间无论在发光的先后次序(相位)、光矢量振动的取向和大小(偏振和振幅)还是发光的持续时间(光波列长度)方面都相互独立。所以在垂直光传播方向的平面上看，几乎各个方向都有大小不等、前后参差不齐而快速变化的光矢量振动，但按照统计平均来说，无论哪一个方向的振动都不比其他方向更占优势，这种光称为**自然光**，如图 12.10.2(a)所示。自然光中任何一个方向的光振动都可以分解成某两个相互垂直方向的振动，他们在每个方向上的时间平均值相等，因为这两个分量是相互独立的，没有固定的相位关系，所以通常可以把自然光用两个相互独立的、等振幅的、振动方向相互垂直的线偏振光表示，如图 12.10.2(b)所示。这仅是一种表示方法，不代表自然光由两个强度相同且相互垂直的线偏振光合成。由对称性可得这两个振动的平均能量相等，各具有自然光总能量的一半。图 12.10.2(c)是自然光的表示法，图中用短线和点分别表示平行于纸面和垂直于纸面的光振动，点和短线被交替均匀地画出来则表示光矢量对称且均匀地分布着。

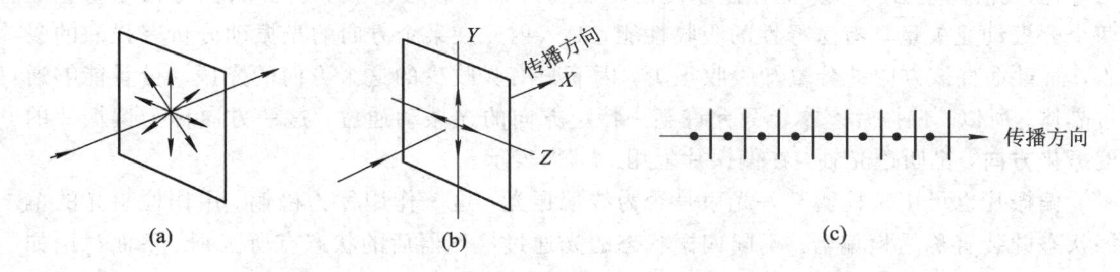

图 12.10.2　自然光示意图

2. 线偏振光

如果一束光的光矢量方向始终不变，只沿一个固定的方向振动，则称这种光为**线偏振光**。因为不可能把一个原子发射的光波分离出来，所以实验中获得的线偏振光是包含众多原子的光波中光矢量方向相互平行的成分。实验中通常是让普通光源发出的光通过特殊的装置来获得线偏振光。

图 12.10.3 是线偏振光的示意图，其中图 12.10.3(a)表示光矢量振动方向平行于纸面的线偏振光，图 12.10.3(b)表示光矢量振动方向垂直纸面的线偏振光。

3. 部分偏振光

当自然光在大多数透明介质表面发生反射或折射后，其偏振态会发生改变，在垂直于光传播方向的平面内，各方向的光矢量振动都有，但它们的振幅大小不相等，这种光称为

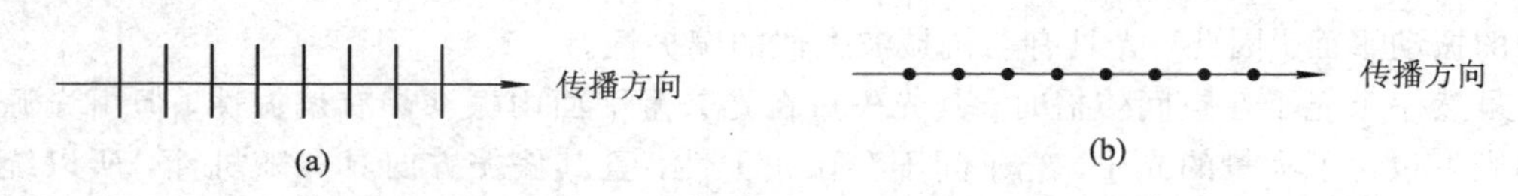

图 12.10.3 线偏振光示意图

部分偏振光。部分偏振光可以看作是线偏振光与自然光的混合光，常将其表示为某一确定方向的光振动较强，而与之垂直方向的光振动较弱，这两个方向的光振动对比度越高，其越接近于线偏振光，对比度越低则越接近于自然光。图 12.10.4 是部分偏振光的示意图，其中图 12.10.4(a)表示垂直纸面的光振动较强，图 12.10.4(b)表示平行纸面的光振动较强。

图 12.10.4 部分偏振光示意图

12.10.2 偏振片的起偏与检偏

普通光源发出的光都是自然光。从自然光中获得线偏振光的装置叫作起偏器，利用偏振片从自然光获取线偏振光是最简便的方法。除此之外，利用光的反射和折射或晶体棱镜(如尼科耳棱镜、渥拉斯顿棱镜等)也可以获得线偏振光。

偏振片是在透明的基片上蒸镀一层沿固定方向排列的晶体颗粒(如硫酸碘奎宁、电气石等)，或沿固定方向"刷"上一定厚度的含有特殊晶体颗粒的胶。这种晶粒对相互垂直的两个分振动光矢量具有选择性的吸收性能，对入射光在某个方向的光振动分量有强烈的吸收，而对垂直该方向的分量却吸收很少，因而只有吸收少的这个方向的光振动分量能够通过晶体。所以，偏振片基本上只允许某一特定方向的光振动通过，这一方向称为偏振片的**偏振化方向**，也叫透光轴，在偏振片上用"↕"来表示。

偏振片也可用来检验某一光束是否为线偏振光，这一作用称为**检偏**。用作检验光的偏振状态的装置称为检偏器。不同偏振状态的光通过检偏器后的状态有所区别，下面讨论如何对自然光、线偏振光、部分偏振光进行检偏和区分。

当一束自然光垂直入射到检偏器上时，由于自然光在任意方向分量的强度都为全部光强的一半，所以不管偏振片的偏振化方向如何放置，透射光的强度均不会发生变化。当以光的传播方向为轴将检偏器旋转一周时，透射光的强度不会发生变化，均为入射光强的一半。

当入射光为线偏振光时，透射光的强度会受到偏振光的光矢量方向与偏振片偏振化方向之间夹角的影响，当检偏器以光传播方向为轴旋转一周时，透射光会出现两次最大光强和两次光强为零的状态。

部分偏振光的检偏与线偏振光类似，只是当检偏器以光传播方向为轴旋转一周时，透射光会出现两次最大光强和两次光强极小的状态，但光强极小值不为零。

图 12.10.5 是利用偏振片进行起偏和检偏的示意图。A 为起偏器，用自然光垂直入射，出射光为线偏振光，光强是自然光的一半。B 为检偏器，由 A 出射的线偏振光射到 B

时，若 B 的偏振化方向与线偏振光的振动方向平行，如图 12.10.5(a)所示，则光将完全通过，得到最大的透射光强；而当 B 的偏振化方向与线偏振光的振动方向垂直时，光不能通过，透射光强度为零，呈现消光状态，如图 12.10.5(b)所示。

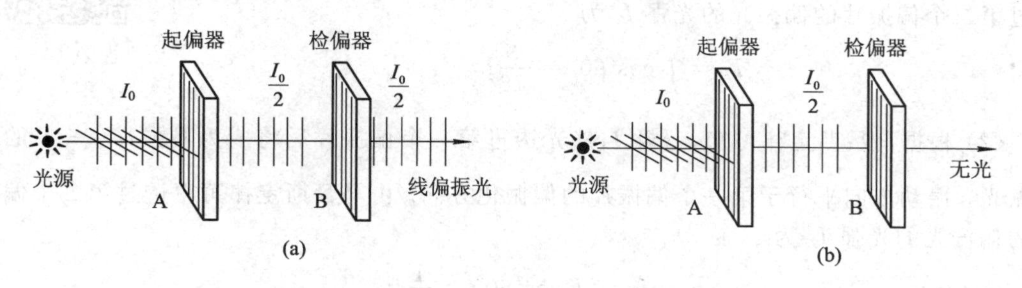

图 12.10.5　偏振片的起偏和检偏

12.10.3　马吕斯定律

线偏振光通过转动的检偏器时光强会连续变化，那么入射的线偏振光的强度与通过检偏器后的透射光强度之间有何关系？1809 年，马吕斯通过研究得出了著名的**马吕斯定律**：如果入射线偏振光的光强为I_0，则透过检偏器后透射光的光强 I 为

视频 12－6

$$I = I_0\cos^2\alpha \tag{12.10.1}$$

式中，α 是线偏振光的振动方向与检偏器的透光轴方向之间的夹角。现证明如下。

如图 12.10.6 所示，设入射线偏振光的光矢量振幅为E_0，检偏器的偏振化方向为 OP 方向，光矢量与偏振化方向之间的夹角为 α。偏振光入射到检偏器上时，只有平行于偏振化方向的光振动分量能够通过，现将光矢量振幅分解为与偏振化方向平行的分量$E_{//}$和垂直的分量$E_{\perp}$，透射光的光矢量振幅 $E=E_{//}$。根据几何关系可知

$$E_{//} = E_0\cos\alpha \tag{12.10.2}$$

由光强与光矢量振幅的平方成正比可得，透射光的强度与入射光的光强之比为

$$\frac{I}{I_0} = \frac{E_{//}^2}{E_0^2} = \cos^2\alpha \tag{12.10.3}$$

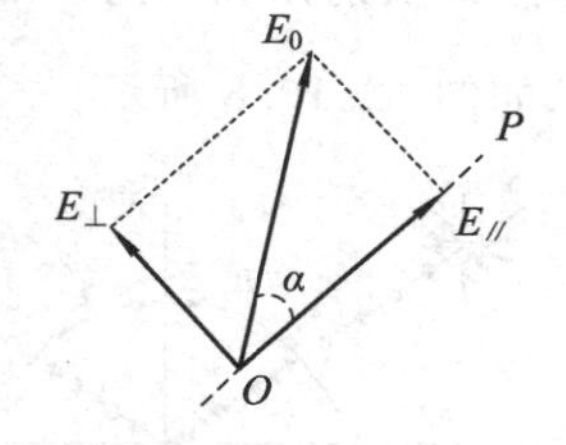

图 12.10.6　马吕斯定律

即

$$I = I_0\cos^2\alpha$$

由上式可得，当 $\alpha=0$ 或 π 时，光矢量与偏振片偏振化方向平行，$I=I_0$，透射光最强；当 $\alpha=\frac{\pi}{2}$或$\frac{3\pi}{2}$时，光矢量与偏振片偏振化方向垂直，$I=0$，出现消光现象。

例 12.10.1　将两个偏振片叠放在一起，此两偏振片的偏振化方向之间的夹角为 60°，一束光强为 I_0的线偏振光垂直入射到偏振片上，该光束的光矢量振动方向与两偏振片的偏振化方向皆成 30°角。

(1) 求透过每个偏振片后的光束强度；

(2) 若将原入射光束换为强度相同的自然光，求透过每个偏振片后的光束强度。

解 (1) 由马吕斯定律可得透过第一个偏振片的偏振光的光强 I_1 为

$$I_1 = I_0\cos^2 30° = \frac{3}{4}I_0$$

透过第二个偏振片的偏振光的光强 I_2 为

$$I_2 = I_1\cos^2 60° = \frac{3}{16}I_0$$

(2) 根据马吕斯定律可知，入射自然光透过第一个偏振片后将成为光强$I_1=\frac{1}{2}I_0$的线偏振光，振动方向平行于第一个偏振片的偏振化方向。由马吕斯定律可得透过第二个偏振片的偏振光的光强 I_2 为

$$I_2 = I_1\cos^2 60° = \frac{1}{8}I_0$$

12.10.4 反射与折射的偏振

实验发现，自然光在两种透明的各向同性介质表面发生反射和折射时，反射光和折射光都将是部分偏振光，如图 12.10.7 所示，MM'是两种介质(如空气和玻璃)的分界面，SI是一束自然光的入射线，IR 和 IR'分别为反射线和折射线，i 为入射角，γ 为折射角。实验发现，在反射光束中，垂直于入射面的振动多于平行于入射面的振动；而在折射光束中，平行于入射面的振动多于垂直于入射面的振动，即反射光和折射光均为部分偏振光。

1815 年，布儒斯特在研究反射光的偏振化程度时发现，反射光的偏振化程度和入射角有关，当入射角等于某一特定值 i_0时，反射光中只有垂直入射面的分振动，为线偏振光；而折射光仍为部分偏振光，平行于入射面的分振动较强；同时，反射光线和折射光线相互垂直，即反射角和折射角之和等于$\frac{\pi}{2}$，这称为**布儒斯特定律**，对应的特殊角称为**布儒斯特角**，如图 12.10.8 所示。

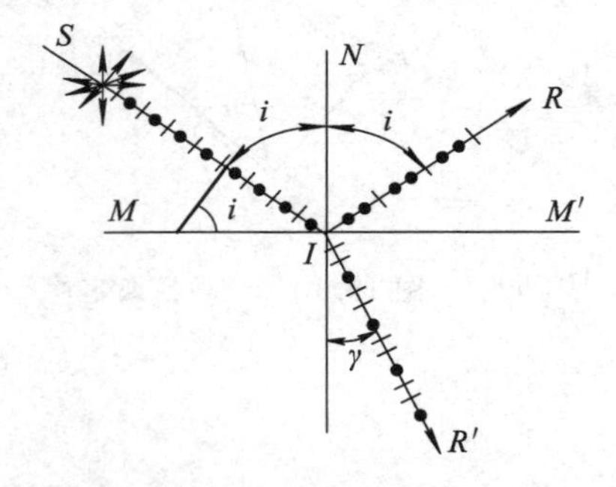

图 12.10.7 反射光和折射光的偏振

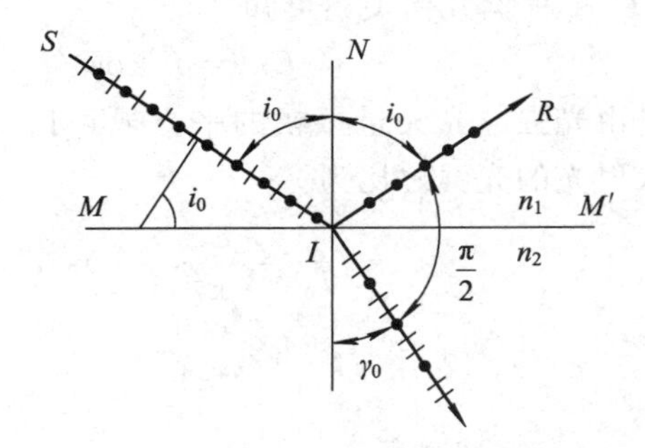

图 12.10.8 布儒斯特定律

由于反射光线和折射光线垂直，因此$i_0+\gamma=\frac{\pi}{2}$，$\sin\gamma=\cos i_0$。根据折射定律可得$\frac{\sin i_0}{\sin\gamma}=\frac{n_2}{n_1}$，式中 n_1和 n_2分别为入射光和折射光所在介质的折射率。所以，$\tan i_0=\frac{n_2}{n_1}$，布儒斯特角可表示为

$$i_0 = \arctan\left(\frac{n_2}{n_1}\right) \tag{12.10.4}$$

当自然光在两种介质表面反射时，若入射角 $i=i_0$，则反射光为线偏振光，而折射光一般仍然是部分偏振光，而且偏振化程度不高，这是因为对于多数透明介质，折射光的强度要比反射光的强度大很多。例如，自然光由$n_1=1$ 的空气射向$n_2=1.50$ 的玻璃时，当入射角等于布儒斯特角，即 $i=i_B=\arctan\left(\frac{n_2}{n_1}\right)=56.3°$时，入射光中平行于入射面的光振动全部被折射，垂直于入射面的光振动也有 85%被折射，反射光只占垂直入射面光振动的 15%左右。

由于一次反射得到的偏振光的强度很小，折射光的偏振化程度又不高，因此为了能够增强反射光的强度和提高折射光的偏振化程度，可以把许多相互平行的玻璃片叠在一起，构成玻璃片堆，如图 12.10.9 所示。自然光以布儒斯特角入射时，容易证明光在各层玻璃面上的反射和折射都满足布儒斯特定律，这样就可以在多次的反射和折射中使折射光的偏振化程度提高。当玻璃片足够多时，在透射方向将得到光振动方向平行于入射面的线偏振光，这也是一种获得线偏振光的方法。

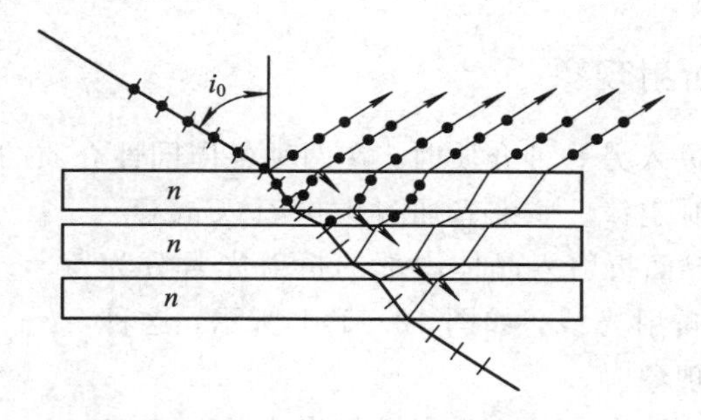

图 12.10.9　玻璃片堆

布儒斯特定律还有很多实际的用途。例如，可用布儒斯特定律测量介质的折射率，将自然光由空气射向这种介质表面，测出起偏振角i_0的大小，即可由 $\tan i_0=n$ 计算出该物质的折射率。又例如，在外腔式激光器中，把激光管的封口设计为倾斜式，保证激光以布儒斯特角入射，使平行于入射面的光矢量分量不反射而完全通过，进而减小激光器的能量损耗，提高激光的偏振性。

例 12.10.2　如图 12.10.10 所示，具有平行平面的玻璃板放置在空气中，空气的折射率近似为 1，玻璃的折射率为 1.50，当入射光以布儒斯特角入射到玻璃的上表面时，问：

(1) 折射角是多少？

(2) 折射光在下表面反射时，其反射光是否为线偏振光？

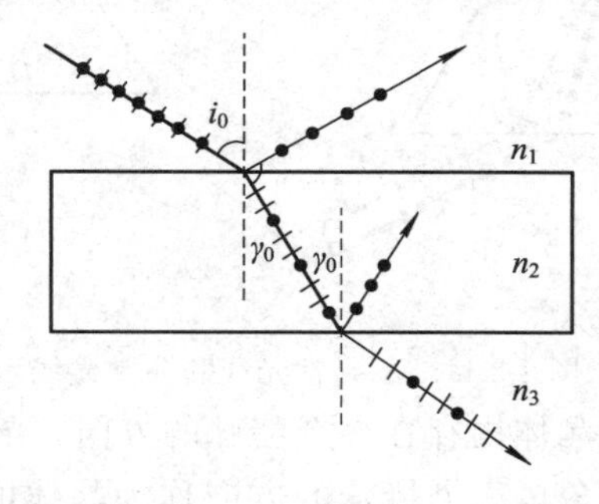

图 12.10.10　例 12.10.2 图

解　(1) 由布儒斯特定律得

$$i_0 = \arctan\frac{n_2}{n_1} = \arctan1.5 = 56°18'$$

又因入射光以布儒斯特角入射时，反射光线和折射光线互相垂直，从而得 $i_0+\gamma_0=\frac{\pi}{2}$，则

$$\gamma_0 = \frac{\pi}{2} - i_0 = 90° - 56°18' = 33°42'$$

(2) 折射光在下表面反射时，布儒斯特角为

$$i_0' = \arctan\frac{n_3}{n_2} = \arctan\frac{1}{1.5} = 33°42'$$

可见，玻璃板内的折射光也是以布儒斯特角入射到下表面，反射光也为线偏振光。

12.11 光的双折射

12.11.1 晶体的双折射现象

一束光由一种介质进入另一种介质时，在两种各向同性介质的分界面产生的折射光通常只有一束，它遵守折射定律。一束光通过方解石($CaCO_3$)等各向异性介质时，在界面折射入晶体内部的折射光常分为两束沿不同方向传播的折射光线，如图12.11.1所示，这种现象称为晶体的双折射现象。

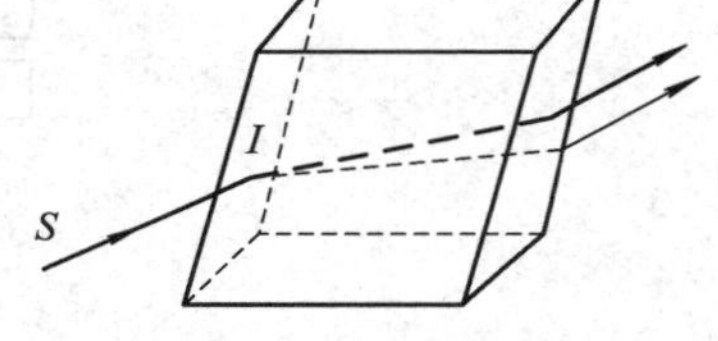

图12.11.1 方解石的双折射

实验发现，当改变入射角 i 时，两束折射光中的一束光始终在入射面内，并遵守通常的折射定律，这束光称为寻常光，简称o光；另一束折射光一般不在入射面内，不遵守折射定律，其传播速度随入射光方向的变化而变化，这束光称为非常光，简称e光。在入射角 $i=0$ 时，寻常光沿原方向传播，而非常光一般不沿原方向传播。当以入射光为轴转动晶体时，o光不动，而e光绕轴旋转。利用检偏器可以发现，晶体中的o光和e光是互相垂直的线偏振光，如图12.11.2所示。

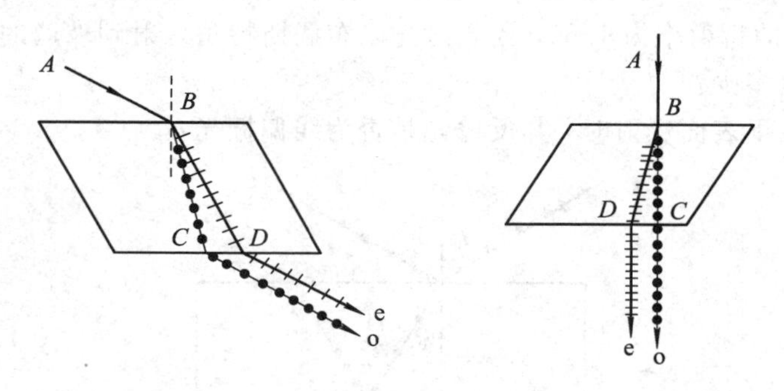

图12.11.2 寻常光线和非常光线

实验表明，在方解石一类晶体内存在一个特殊的方向，光线沿该方向传播时，o光和e光不再分开，不产生双折射现象，这个特殊的方向称为晶体的光轴。必须注意，晶体的光轴是晶体的一个特定方向，任何平行于这个方向的直线都是晶体的光轴。图12.11.3所示

为各棱边长相等的方解石晶体，AD 连线是它的光轴方向。有一个光轴方向的晶体称为单轴晶体，如方解石、石英、冰等；有两个光轴方向的晶体称为双轴晶体，如云母、硫黄等。在晶体中，某光线和晶体光轴组成的平面叫作这条光线对应的主平面。由 o 光线和光轴组成的平面称为 o 光主平面，由 e 光线和光轴组成的平面叫 e 光主平面，如图 12.11.4 所示。o 光光矢量振动的方向垂直于自己的主平面，e 光光矢量的振动在 e 光自己的主平面内。

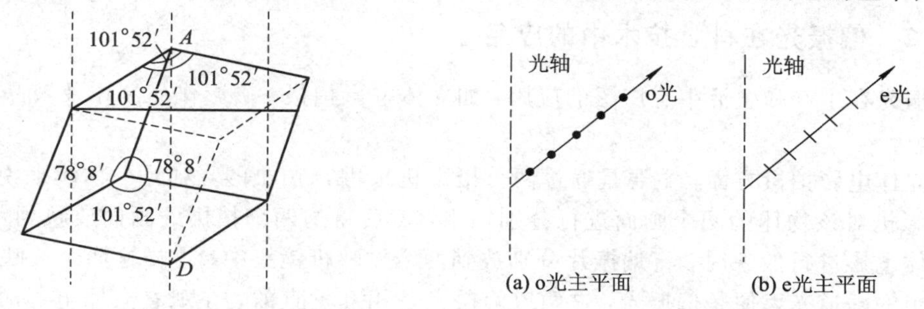

图 12.11.3　方解石晶体的光轴　　图 12.11.4　光线的主平面

光线在晶体的表面上入射，此界面的法线与晶体的光轴构成的平面称为主截面。当入射光线在主截面内，即入射面与主截面重合时，两折射光均在入射面内。此时用检偏器可以判定，o 光的振动垂直于主截面，e 光的振动方向平行于主截面。此时 o 光和 e 光的振动方向相互垂直。

光的双折射现象是由于光在晶体中的传播速率和光偏振状态有关而产生的。o 光在晶体中传播时其光矢量方向始终与光轴垂直，光的速度在各个方向上都一样，o 光波面上任一点在晶体中发出的子波波面是球面。e 光在晶体中传播时其光矢量方向与光轴间的夹角随传播方向而异，因此其速率在各个方向是不同的。e 光波面上任一点在晶体中发出的次波波面是以光轴为轴的旋转椭球面。如图 12.11.5 所示，o 光和 e 光只有在光轴方向上速度是相等的，因此上述两子波波阵面在光轴方向上相切。在垂直于光轴的方向上，两光的速率相差最大。用 v_o表示 o 光在晶体中传播的速率，以 v_e表示 e 光在晶体中沿垂直于光轴方向上的速率。对于有些晶体，$v_o > v_e$，则球面包围椭球面，如图 12.11.5(a)所示，这样的晶体称为正晶体(如石英)；另外有些晶体，$v_o < v_e$，则椭球面包围球面，如图 12.11.5(b)所示，这样的晶体称为负晶体(如方解石)。

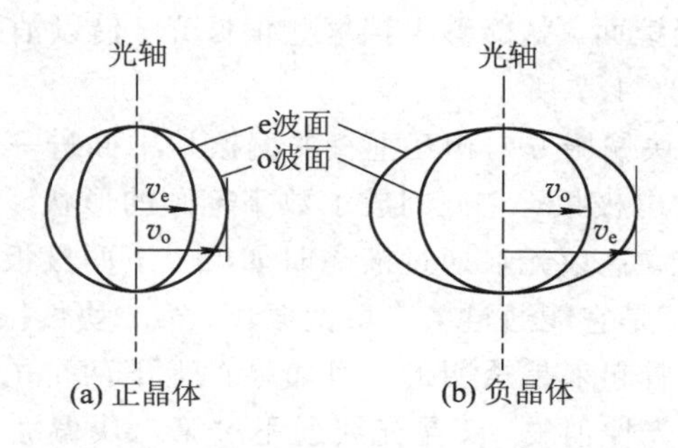

图 12.11.5　正晶体和负晶体的波阵面

根据折射率的定义，对于 o 光，晶体的折射率 $n_o = \frac{c}{v_o}$，它与 o 光的传播方向无关，是只由晶体材料决定的常数。对于 e 光，由于各方向的速率不同，因此不存在普遍意义的折射率。通常把真空中的光速 c 与 e 光垂直于光轴方向的传播速率之比 $n_e=\frac{c}{v_e}$ 称为 e 光的折射率。n_o 和 n_e 都称为单轴晶体的主折射率，知道了晶体光轴方向和 n_o、n_e 两个主折射率，就可以确定 o 光和 e 光的折射方向。

12.11.2　偏振光在科学技术中的应用

偏振光在生产和生活中有广泛的应用，如立体电影拍摄、摄影作品制作及液晶显示器等方面。

在立体电影拍摄方面，主要是通过两个摄影机来进行拍摄的，对同一物体来说，可由两个摄影机对该物体的两个画面进行分别拍摄，然后将这两个拍摄的画面放映到荧幕中。在对立体电影进行放映时，将偏振片分别放到两个放映机镜头中，这样这两个放映机在放映时射出的两道光束便是偏振光，这两道偏振光是相互垂直的，在观看立体电影时，观众需要佩戴相应的偏振片眼镜，该眼镜的左右眼两个偏振片分别与左右放映机的偏振光相同，这样就能使观众的左、右眼只能看到相应的画面，进而使电影在观看时产生立体感，如图 12.11.6 所示。

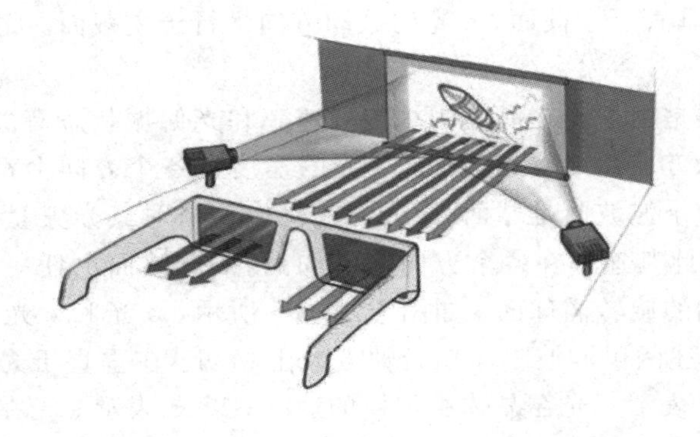

图 12.11.6　立体电影的光路示意图

在摄影作品制作过程中，当拍摄表面光滑的物体如玻璃器皿、水面、陈列橱柜、油漆表面、塑料表面等时，常常会出现亮斑或反光，这是由光线的偏振引起的。在拍摄时加用偏振镜并适当地旋转偏振镜面，就能够阻挡这些偏振光，借以消除或减弱这些光滑物体表面的反光或亮斑，如图 12.11.7 所示。

液晶显示器中，在两块偏振方向相互垂直的偏振片中插进一个液晶盒(旋光物质)，盒内液晶层的上下是透明的电极板，它们刻成了数字笔画的形状。外界的自然光通过第一块偏振片后变成了线偏振光。这束光在通过液晶时如果上下两极板间没有电压，则光的偏振方向会被液晶旋转 90°，于是它能通过第二块偏振片。第二块偏振片的下面是反射镜，光线被反射回来，这时液晶盒看起来是透明的。但如果在上下两个电极间有一定大小的电压，液晶的性质就改变了，旋光性消失，于是光线通不过第二块偏振片，这个电极下的区域将变暗。如果电极刻成了数字笔画的形状，那么用这种方法就可以显示数字。

在科学研究中，根据偏光现象制成的偏光显微镜广泛地应用于矿物、化学、生物学和植物学等领域。在光学显微镜中添加偏振装置，利用偏振光能够对物体进行偏光、明视场

图 12.11.7　使用偏振镜前后拍摄照片对比图

与暗视场等不同模式下的观察，经过偏光后的图像在视觉效果上会更加清晰，能清楚地看到物体的详细状况。在矿物学研究中，利用偏光显微镜可以观察、测定晶体的形态、晶体颗粒大小、百分含量、解理、贝克线以及颜色和多色性等，如图 12.11.8 所示。在生物体中，不同的纤维蛋白结构显示出明显的各向异性，使用偏光显微镜可得到这些纤维中分子排列的详细情况，如胶原蛋白、细胞分裂时的纺锤丝等。在人体及动物学方面，常利用偏光显微术来鉴别骨骼、牙齿、胆固醇、神经纤维、肿瘤细胞、横纹肌和毛发等。

图 12.11.8　偏光显微镜下的矿物结构

在工程应用中，应用偏振光可以探测工程构件中的应力分布。工程构件承受荷载时，其内部各处受力情况一般是不均匀的，而构件的破坏总是从应力最大的部位开始。因而，了解构件中各点的应力状态，找出最大应力的位置十分重要。对于承受复杂荷载的形状复杂的构件，理论分析和计算十分繁难，甚至无法进行，因而各种实验应力分析方法得到了广泛应用，应用偏振光的光弹性方法是其中一种成熟的方法。在应力检测中，可以通过人工双折射材料来对构件模型进行制作，并对模型进行加热和施加外力，待模型冷却后撤去施加外力，这时制成的双折射模型便会具备施加外力时的应力，然后将该模型制作成薄片形式，并将其放置到检偏器与起偏器之间，这时，在进行不同构件部位的应力分析时，薄片模型会在不同应力部位产生不同的折射率。该模型具备人工双折射效应，这使其产生光弹条纹，此时便可以在视野中通过等差线与等倾线这两类黑条纹来找出相同主应力方向与相同主应力差方向，通过对等差线与等倾线进行分离与分析，就能够获得工程构件不同部位的应力分布情况，如图 12.11.9 所示。

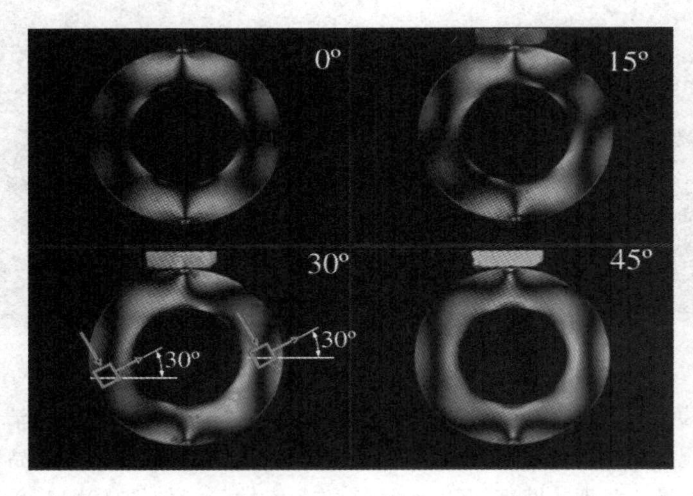

图 12.11.9 径向受压圆盘光弹实验中的等倾线

王 大 珩

王大珩(1915—2011)，祖籍江苏省吴县(今苏州市)，我国光学界公认的学术奠基人、开拓者和组织领导者，“两弹一星功勋奖章”获得者，中国工程院院士。

王大珩 1936 年毕业于清华大学物理系，1938 年考取留英公费生，赴英国伦敦帝国理工学院攻读应用光学，1941 年转入谢菲尔德大学，在世界著名玻璃学家特纳(W. E. S. Turner)教授指导下进行有关光学玻璃的研究。1942 年受聘于伯明翰昌司(Chance)玻璃公司，专攻光学玻璃研究。1948 年回国，历任大连大学教授、中国科学院仪器馆馆长、长春光机所所长、中国科学院长春分院院长、国防科委十五院副院长、中国光学学会理事长、中国科学院技术科学部主任。王大珩在激光技术、遥感技术、计量科学、色度标准等方面有重要研究成果，是我国“863”高技术计划的主要倡导者，为国家科技决策发挥了积极作用和影响，为国家培养了大量光学科技骨干。

从 20 世纪 60 年代开始，王大珩和他领导的长春光机所转向以国防光学技术及工程研究为主，先后在红外和微光夜视、核爆与靶场光测设备、高空和空间侦察摄影等诸多领域做出了重要贡献。1960 年，为适应国防工程的需要，国家提出了研制大型精密光学跟踪电影经纬仪的任务。在王大珩的技术指导下，经过五年的不懈努力，终于研制出了超过原来设计指标的中国第一台大型光测装备，开创了中国独立自主地从事靶场光学观测设备研制和小批量生产的历史。1965 年，王大珩参加了研制中国第一颗人造地球卫星的总体方案工作，任中国科学院地面设备组负责人、总体设计组副组长。他对卫星采用的跟踪体制及地面跟踪系统的具体技术路线提出了有见地的看法，并得到采纳。王大珩是中国航天相机技术研究的开拓者，20世纪60年代中，他在长春光机所组建空间对地摄影技术组，后来以这个组的技术骨干为基础，在北京扩建了中国首支航天相机研制队伍，在他的主持下，1975年成功研制出了首台航天相机。

1975年，王大珩主持编制了我国第一个遥感科学规划，推动了我国遥感工作的迅速发展。王大珩还参与了中国遥感卫星地面站建设，他对地面站的选址定点、机房建设、人才培养、运营服务等多方面提出了指导性的建议，为中国遥感卫星地面站系统成为国家空间信息的基础设施和全国广大遥感用户重要的技术支撑体系做出了重要贡献。

1992年4月，王大珩和其他五位学部委员(院士)联名向中央建议成立中国工程院，得到了党中央和国务院的批准，对中国工程界产生了深远的影响。1994年6月，中国工程院正式成立。王大珩被中国科学院推荐并当选为第一批工程院院士之一，任第一届主席团成员。

延伸阅读

光的“微粒说”与“波动说”之争

人类对光的研究起源很早，对光本质的认识经历了一个漫长的过程。光究竟是粒子还是波？从17世纪开始至20世纪初，“微粒说”与“波动说”两大理论展开了激烈的争论，最终以光的波粒二象性结果而告终。正是这场争论推动了科学的发展，并导致了20世纪物理学的重大成就——量子力学的诞生。

1. 第一次“波粒大战”

1655年，意大利波仑亚大学的数学教授格里马第，在观测放在光束中的小棍子的影子时首先发现了光的衍射现象，据此他推想光可能是与水波类似的一种流体。格里马第设计了一个实验：他让一束光穿过两个小孔后照到暗室里的屏幕上，这时得到了有明暗条纹的图像。他认为这种现象与水波十分相像，认为光是一种能够做波浪式运动的流体，光的不同颜色是波动频率不同的结果。格里马第提出了“光的衍射”这一概念，他是光的波动学说最早的倡导者。不久后，英国物理学家胡克重复了格里马第的试验，并通过对肥皂泡沫的颜色观察提出了“光是以太的一种纵向波”的假说，根据这一假说，胡克也认为光的颜色是由其频率决定的。

然而在1672年，牛顿在他的论文《关于光和色的新理论》中谈到了他所做的光的色散实验：让太阳光通过一个小孔后照在暗室里的棱镜上，在对面的墙壁上会得到一个彩色光谱。他认为，光的复合和分解就像不同颜色的微粒混合在一起又被分开一样。在这篇论文里他用微粒说阐述了光的颜色理论。

第一次波动说与粒子说的争论由“光的颜色”这根导火索引燃了，从此胡克与牛顿之间展开了漫长而激烈的争论。1672年，以胡克为主席组成的英国皇家学会评议委员会对牛顿提交的论文《关于光和色的新理论》基本上持以否定的态度。牛顿开始并没有完全否定波动说，也不是微粒说偏执的支持者，但在争论展开以后，牛顿在很多论文中对胡克的波动说进行了反驳。1675年，牛顿在《说明在我的几篇论文中所谈到的光的性质的一个假说》一文中再次反驳了胡克的波动说，重申了他的微粒说。由于此时的牛顿和胡克都没有形成完整的理论体系，因此波动说和微粒说之间的论战并没有全面展开。但科学上的争论就是这样，一旦产生便要寻个水落石出，旧的问题还没有解决，新的争论已在酝酿之中了。

1666年，荷兰著名天文学家、物理学家和数学家惠更斯在剑桥会见了牛顿，二人交流了对光的本性看法，但此时惠更斯的观点更倾向于波动说，因此他和牛顿之间产生了分歧。正是这种分歧激发了惠更斯对物理光学的强烈热情，惠更斯仔细研究了牛顿的光学试验和格里马第实验，认为其中有很多现象都是微粒说无法解释的，因此他提出了波动学说比较完整的理论。惠更斯认为，光是一种机械波，光波是一种靠物质载体来传播的纵向波，传播它的物质载体是“以太”，波面上的各点本身就是引起介质振动的波源。根据这一理论，惠更斯证明了光的反射定律和折射定律，也比较好地解释了光的衍射、双折射现象和著名的“牛顿环”实验。

1678年，惠更斯向巴黎科学院提交了他的光学论著《光论》，书中他系统地阐述了光的波动理论，同年惠更斯发表了反对微粒说的演说。就在惠更斯积极地宣传波动学说的同时，牛顿的微粒学说也逐步建立起来了。牛顿修改和完善了他的光学著作《光学》，书中牛顿一方面提出了两点反驳惠更斯的理由：第一，光如果是一种波，它应该同声波一样可以绕过障碍物，不会产生影子；第二，冰洲石的双折射现象说明光在不同的边上有不同的性质，波动说无法解释其原因。另一方面，牛顿把他的物质微粒观推广到了整个自然界，并与他的质点力学体系融为一体，为微粒说找到了坚强的后盾。

为了与胡克不再发生争执，胡克去世后的第二年(1704年)牛顿的《光学》才正式公开发行，此时惠更斯与胡克已相继去世，波动说一方无人应战。而由于牛顿对科学界做出过巨大贡献，因此他成为当时无人能及的一代科学巨匠。随着牛顿声望的提高，人们对他的理论顶礼膜拜，重复他的实验，并坚信与他相同的结论。整个18世纪，几乎无人向微粒说挑战，也很少再有人对光的本性作进一步的研究。

2. 第二次“波粒大战”

18世纪末，在德国自然哲学思潮的影响下，人们的思想逐渐解放，英国著名物理学家托马斯·杨开始对牛顿的光学理论产生怀疑。1801年，托马斯·杨进行了著名的杨氏双缝干涉实验，实验所使用的白屏上明暗相间的黑白条纹证明了光的干涉现象，从而证明了光是一种波。托马斯·杨认为光是在以太流中传播的弹性振动，并指出光是以纵波形式传播的，他同时指出光的不同颜色和声的不同频率是相似的。虽然杨氏的理论在当时没有得到足够的重视，甚至遭人毁谤，但波动学说终于在经过百年的沉默之后重新发出了它的呐喊，同时激起了牛顿学派对光学研究的兴趣。

1808年，拉普拉斯用微粒说分析了光的双折射线现象，批驳了杨氏的波动说。1809年，马吕斯在试验中发现了光的偏振现象，在进一步研究时他发现光在折射时是部分偏振的。因为惠更斯曾提出过光是一种纵波，而纵波不可能发生这样的偏振，这一发现成为反对波动说的有力证据。1811年，布儒斯特在研究光的偏振现象时发现了光的偏振现象的经验定律。光的偏振现象和偏振定律的发现，使当时的波动说陷入了困境，使物理光学的研究朝向更有利于微粒说的方向发展。面对这种情况，托马斯·杨对光学再次进行了深入的研究，1817年，他放弃了惠更斯的光是一种纵波的说法，提出了光是一种横波的假说，比较成功地解释了光的偏振现象。吸收了一些牛顿派的看法之后，他又建立了新的波动说理论。

1817年，法国科学院决定把光衍射理论作为1819年悬赏征文的课题。主持这项活动的著名科学家毕奥和泊松都是微粒说的积极拥护者。他们的本意是希望通过这次悬赏征文，鼓励用微粒理论解释衍射现象，以期微粒说取得决定性的胜利。然而，出乎意料的是，不知名的学者菲涅耳以严谨的数学推理，从光的横波观点出发，圆满地解释了光的偏振现象，并用半波带方法定量地计算了圆孔、圆板等形状的障碍物所产生的衍射图样，结果与实验非常一致。之后，主持悬赏征文活动的泊松运用菲涅耳的方程推导了圆盘衍射，得到了一个令人惊讶的结果：在圆盘后方一定距离的屏幕上，圆盘影子的中心将出现亮点。泊松认为这是不可想象的荒谬结论，于是就声称驳倒了光的波动说理论。后来，人们通过实验精彩地证实了菲涅耳的理论，圆盘影子的中心处果然出现了亮点。这一事实轰动了法国科学院，菲涅耳当之无愧地荣获了这一届的科学奖，后来人们戏剧性称这个亮点为"泊松亮点"。由此，光的波动说又战胜了微粒说，使光学又进入了一个新的时期——弹性以太光学时期。1865年，麦克斯韦建立了电磁场理论，预言了电磁波的存在，指出了光也是电磁波，他为光现象建立了全面、完整、严谨的理论。1887年，赫兹通过实验探测到了电磁波，出色地证实了麦克斯韦理论的正确性；此后，光的波动理论居于绝对的统治地位。

3. 第三次"波粒大战"

随着光的波动学说的建立，人们开始为光波寻找载体，以太说又重新活跃起来，一些著名的科学家成为以太说的代表人物，但人们在寻找以太的过程中遇到了许多困难，1887年，迈克尔逊与家莫雷的"以太漂流"实验否定了以太的存在，这预示了波动说所面临的危机。

19世纪末20世纪初，人们又发现了一些新的光学现象，如光电效应、热辐射、光谱、康普顿效应等，在解释这些现象时波动说遇到了困难，而微粒说却能较好地解释这些现象。在这场物理学革命中，普朗克首先用能量子假设解释了黑体辐射实验，随后爱因斯坦用光量子理论成功地解释了光电效应，接着玻尔用光的量子论解释了氢原子光谱。一系列量子理论的杰出表现，意味着过去被彻底推翻了的牛顿微粒说开始复活，而光的波动说却暂时退到了后台。

实际上，光的量子论也不是万能的，它仅反映了光的间断性，但它并不能解释光的波动现象。反过来，光的波动说也不能解释光的量子性，它们都有存在的合理性。微粒说与波动说两大理论的长期激烈争论有效地推动了科学的发展，最终导致了一种新的思想和成果的出现，那就是波粒二象性。光的波粒二象性由爱因斯坦于1905年提出，并被后来的实验所证实。随后，德布罗意在这种新思想的影响下，类比光的波粒二象性提出实物粒子也具有波粒二象性，之后经过海森堡、薛定谔、玻恩和狄拉克等人的开创性工作，终于在1926年形成了完整的量子力学理论，由此引发了一系列划时代的科学发现与技术发明，对人类社会的进步和发展做出了非常重要的贡献。

200多年的波粒之争给了我们许多启示：科学的发展是一个艰难而曲折的过程，是一个积累和斗争的过程，它迫使我们去创造新的观念和新的理论。科学的发展离不开探索，离不开百家争鸣的大环境，离不开不迷信权威和敢于向权威提出挑战的求实精神和批判精神。

思　考　题

12.1　用一束激光照射两平行狭缝，远处屏上可观察到干涉图样，假如缓慢减小两缝间距，图样将会发生什么变化？

12.2　在空气中做杨氏双缝实验，然后用同一装置在水中重复做实验，那么在水中做实验与在空气中做实验相比，干涉条纹变得更密、更稀还是不变？

12.3　劈尖干涉和牛顿环都是等厚干涉，它们的干涉条纹形状、条纹间距有何不同？厚度增减时条纹怎样移动？间距会变化吗？

12.4　在单缝衍射中，增大波长与增大缝宽对衍射图样分别会产生什么影响？

12.5　有人认为$(a+b)\sin\varphi=\pm(2k-1)\frac{\lambda}{2}(k=1, 2, \cdots)$为光栅衍射的暗纹条件，对吗？如果不对，那么错在哪里？

12.6　在分析光栅衍射明、暗纹分布时，如果把每个缝都用菲涅耳半波带法分成若干波带，再把所有缝的各个半波带发出的光进行叠加，其结果是否与光栅方程算出的结果相同？为什么？

12.7　偏振片的偏振化方向通常是没有标明的，可用什么方法将其确定下来？

12.8　一束以起偏角入射的平行于纸面的入射光有没有反射光？

练　习　题

12.1　在杨氏双缝干涉实验中，用波长为5.0×10^{-7} m的单色光垂直入射到间距$d=0.5$ mm的双缝上，屏到双缝中心的距离$D=1.0$ m，整个装置处于真空中。

(1) 求屏上中央明纹第10级明纹中心的位置；

(2) 求条纹宽度；

(3) 用一云母片($n=1.58$)遮盖其中一缝，中央明纹移到原来第8级明纹中心处，云母片的厚度是多少？

12.2　处于真空中的杨氏双缝实验装置，光源波长$\lambda=6.4\times10^{-5}$ cm，两狭缝间距d为0.4 mm，光屏离狭缝距离D为50 cm。

(1) 试求光屏上第一明纹和中央明纹之间的距离；

(2) 若有P点离中央明纹的距离x为0.1 mm，两束光在P点的相位差是多少？

12.3　在折射率为1.50的玻璃板上有一层折射率为1.30的油膜。已知对于波长为500 nm和700 nm的垂直入射光都发生反射相消，而这两波长之间没有别的波长光反射相消，求此油膜的厚度。

12.4　如图T12-1所示，波长为680 nm的平行光垂直照射到$L=0.12$ m长的两块玻璃片上，两玻璃片一边相互接触，另一边被直径$d=0.048$ mm的细钢丝隔开。

(1) 两玻璃片间的夹角θ是多少？

(2) 相邻两条明纹间空气膜的厚度差是多少？

(3) 相邻两条暗纹的间距是多少？

(4) 在这 0.12 m 内呈现多少条明纹？

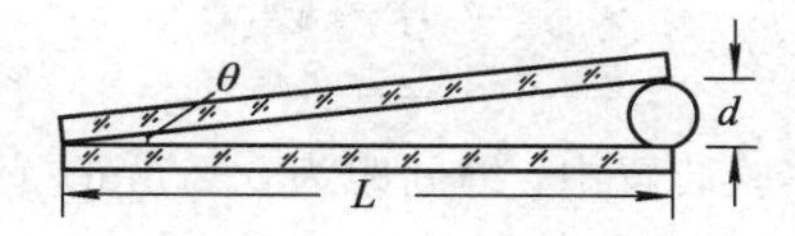

图 T12－1　练习题 12.4 图

12.5　若用波长不同的光观察牛顿环，$\lambda_1=6000$ Å，$\lambda_2=4500$ Å，观察到用 λ_1 时的第 k 个暗环与用 λ_2 时的第 $k+1$ 个暗环重合，已知透镜的曲率半径是 190 cm。

(1) 求用 λ_1 时第 k 个暗环的半径。

(2) 如在此牛顿环中用波长为 5000 Å 的第 5 个明环与用波长为 λ_2 的第 6 个明环重合，求未知波长 λ_2。

12.6　利用迈克尔逊干涉仪可测量单色光的波长。当 M_1 移动距离为 0.322 mm 时，观察到干涉条纹移动数为 1024 条，求所用单色光的波长。

12.7　波长为 600 nm 的单色平行光，垂直入射到缝宽 $a=0.6$ mm 的单缝上，缝后有一焦距为 $f=60$ cm 的透镜。在透镜焦平面观察到的中央明纹宽度为多少？两个第三级暗纹之间的距离为多少？

12.8　单缝宽 0.10 mm，透镜焦距为 50 cm，用 $\lambda=500$ nm 的绿光垂直照射单缝。

(1) 位于透镜焦平面处的屏幕上中央明纹的宽度和半角宽度各为多少？

(2) 若把此装置浸入水中($n=1.33$)，则中央明纹的半角宽度又为多少？

12.9　已知天空中两颗星相对于一望远镜的角距离为 4.84×10^{-6} rad，它们都发出波长为 550 nm 的光，望远镜的口径至少要多大才能分辨出这两颗星？

12.10　波长为 600 nm 的单色平行光垂直照射到一光栅上，第 2 级、第 3 级条纹分别出现在 $\sin\varphi_2=0.20$、$\sin\varphi_3=0.30$ 处，第 4 级缺级。

(1) 求光栅常数；

(2) 求光栅狭缝 a 可能的最小宽度；

(3) 按上述选定的 a、b 值求出光屏上实际呈现的全部级数。

12.11　波长为 5000 Å 的平行单色光垂直照射到每毫米有 200 条刻痕的光栅上，光栅后的透镜焦距为 60 cm。

(1) 求屏幕上中央明纹与第一级明纹的间距；

(2) 当光线与光栅法线成 30°斜入射时，中央明纹的位移为多少？

12.12　一缝间距 $d=0.1$ mm、缝宽 $a=0.02$ mm 的双缝，用波长 $\lambda=600$ nm 的平行单色光垂直入射，双缝后放一焦距为 $f=2.0$ m 的透镜。

(1) 求单缝衍射中央明纹的宽度内有几条干涉主极大条纹；

(2) 在这双缝的中间再开一条相同的单缝，中央明纹的宽度内又有几条干涉主极大？

12.13　自然光垂直照射到两块互相重叠的偏振片上，如果透射光强为入射光强的一半，两偏振片的偏振化方向间的夹角为多少？如果透射光强为最大透射光强的一半，则两偏振片的偏振化方向间的夹角又为多少？

12.14　自然光以 53°的入射角照射到某两介质交界面时，反射光为完全偏振光，则折射角为多少？

提 升 题

12.1　在杨氏双缝干涉实验装置中，缝间距为0.2 mm。蓝色线光源的波长 $\lambda_1 = 440$ nm，绿色线光源的波长 $\lambda_2 = 540$ nm，它们分别垂直射入双缝时，明纹的张角是多少？当它们同时射入双缝时，观察双缝干涉条纹的明暗分布。如果采用加有蓝绿色滤光片的白光光源，连续光的波长范围为多少？平均波长为多少？试估算从第几级开始条纹将变得无法分辨。

提升题12.1参考答案

12.2　光栅衍射的光强为

$$I = I_0\left(\frac{\sin u}{u}\right)^2\left(\frac{\sin Nv}{\sin v}\right)^2$$

其中，N 是缝的条数，$u=\pi a\sin\theta/\lambda$，$v=\pi d\sin\theta/\lambda$。$d=a+b$，称为光栅常数。$a$ 是透光的缝宽度，b 是不透光的挡板宽度。

提升题12.2参考答案

(1) 在缝宽和光栅常数一定的情况下，光栅衍射条纹与缝数有什么关系？

(2) 说明缝间干涉受到单缝衍射的调制和缺级现象。

(3) 光栅衍射条纹的分布与缝宽和光栅常数有什么关系？

第五篇 近代物理

19 世纪末，物理学理论已发展到了相当完善的阶段，并取得了巨大的成就。许多物理学家认为，物理学理论的基本原则问题都已得到了解决，今后的任务只是使物理学规律更进一步完善。正当物理学家为经典物理学理论的辉煌成就欢欣鼓舞之际，一些新的实验事实却与经典物理学理论发生了尖锐的矛盾。例如，1887 年的迈克尔逊-莫雷实验否定了绝对参考系的存在；1900 年瑞利和金斯用经典电磁理论和能量均分定理解释热辐射现象时出现了所谓的紫外灾难。经典物理学无法对这些新的实验现象做出正确的解释，因此其发展陷入了困境。

为了摆脱经典物理学的困境，一些思想敏锐而又不为旧观念束缚的物理学家重新思考物理学的基本概念，经过艰苦而曲折的道路，终于在 20 世纪初诞生了近代物理学的两块理论基石——相对论和量子理论。本篇我们将介绍近代物理的基本知识，主要内容有狭义相对论基础和量子物理基础。

第 13 章　狭义相对论基础

每当谈起相对论，人们都会缅怀相对论的创建者、物理学革命的旗手——爱因斯坦(A. Einstein)。1879 年，爱因斯坦出生于德国乌尔姆市，1900 年毕业于瑞士苏黎世联邦工业大学。爱因斯坦创立了光量子理论，首次揭示了微观客体具有波粒二象性；他建立了狭义相对论和广义相对论，推动了整个物理学理论的革命，也为核能的利用打下了坚实的理论基础；他创建了辐射量子理论和现代科学的宇宙论，其中辐射量子论为激光技术的发展奠定了理论基础；他对分子运动论创造性的研究为分子动理论的发展建立了科学理论体系，提供了理论依据。爱因斯坦在物理学的许多领域做出了具有划时代意义的贡献，于1921 年获得诺贝尔物理学奖，被公认为物理学界教父级的科学家。

1905 年爱因斯坦在洛伦兹、庞加莱等科学家的工作的基础上，发表了《论动体的电动力学》一文，建立了狭义相对论，颠覆了人们对时间和空间以及物质的认识。1915 年，爱因斯坦将该理论进一步推广，创立了广义相对论，提出了引力波的概念。这些理论早已被原子钟环球旅行、水星近日点进动、引力波测量等大量的实验所验证。本章主要介绍狭义相对论的基本概念和基础知识。

13.1　经典力学时空观

13.1.1　力学相对性原理

伽利略在 1632 年出版的《关于托勒密和哥白尼两大世界体系的对话》中，对在作匀速直线运动的封闭船舱里所观察到的运动现象作了如下生动描述：在一艘相对地面作匀速直线运动的密闭船舱中，观察舱中飞虫的运动，会发现飞虫向任何方向飞行的情况都完全相同，不会更省力，也不会更费力；观察水滴从空中自由下落，总是落进正下方的瓶中，不会偏出；观察茶杯中热气蒸腾，冒出的白雾也不会偏向任何方向。在这里，伽利略所描述的情景是发生在相对于地球这个惯性系作匀速直线运动的船舱。因此，下面的结论是显而易见的：

(1) 在相对于惯性系作匀速直线运动的参考系中，所总结出的力学规律都不会由于整个系统的匀速直线运动而有所不同。

(2) 既然相对于惯性系作匀速直线运动的参考系与惯性系中的力学规律无差异，我们也就无法区分这两个参考系，或者说**相对于惯性系作匀速直线运动的一切参考系都是惯性系**。

由以上两点我们自然会得出这样的结论：对于描述力学规律而言，所有惯性系都是等价的。这个结论便是**伽利略相对性原理**，也被称为**力学相对性原理**。

13.1.2 伽利略变换

物质的运动是绝对的，但对运动的描述是相对的，观测者所选参考系不同，对运动的描述也不同。伽利略给出了力学相对性原理的数学表达，即伽利略变换式。如图 13.1.1 所示，设有两个惯性参考系 S 和 S'，在其上分别固连直角坐标系 $OXYZ$ 及 $O'X'Y'Z'$，S'系相对于 S 系以速度 $\boldsymbol{u}$ 沿 X 轴方向作匀速直线运动。在长度测量的绝对性和同时测量的绝对性的假定下，认为时间和空间是相互独立的、绝对不变的，并与物体的运动无关，S 系与 S'系之间的变换可以表示为

$$\begin{cases} x' = x - ut \\ y' = y \\ z' = z \\ t' = t \end{cases} \quad 或 \quad \begin{cases} x = x' + ut \\ y = y' \\ z = z' \\ t = t' \end{cases} \tag{13.1.1}$$

式 (13.1.1)称为**伽利略坐标变换**。

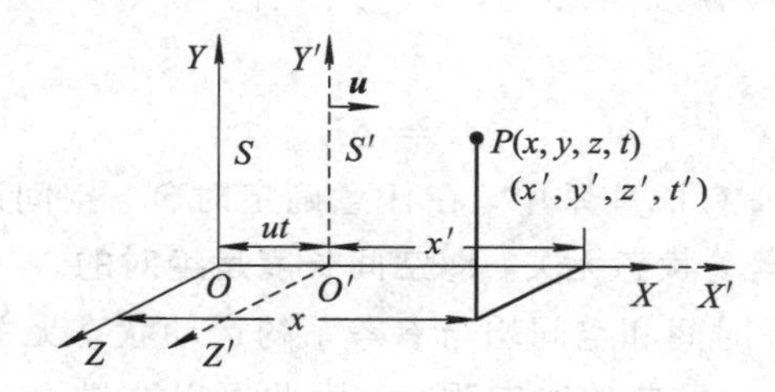

图 13.1.1 伽利略坐标变换

上面我们所说的力学规律在“所有惯性系都是等价的”，是指牛顿运动定律及由它所导出的力学中的其他基本规律在所有惯性系中都具有相同的形式，而不是说在不同的惯性系中所观察到的物理现象都相同。下面让我们看一下牛顿第二定律在伽利略变换下的情形。将伽利略坐标变换式(13.1.1)关于时间求导，我们可以得到速度变换式：

$$\begin{cases} v_x' = v_x - u \\ v_y' = v_y \\ v_z' = v_z \end{cases} \tag{13.1.2}$$

加速度变换式：

$$\begin{cases} a_x' = a_x \\ a_y' = a_y \\ a_z' = a_z \end{cases} \tag{13.1.3}$$

根据伽利略加速度变换式(13.1.3)可知，不同惯性系中物体的加速度相同；而经典力学认为力和质量与参考系无关，牛顿第二定律在 S 系中为 $\boldsymbol{F}=m\boldsymbol{a}$，在 S'系中为 $\boldsymbol{F}'=m\boldsymbol{a}'$，即牛顿第二定律的数学形式在伽利略变换下保持不变，称为伽利略变换的不变性。由此得到推论：所有经典力学的基本定律都满足伽利略变换的不变性，或者说力学规律对一切惯性系都是等价的。这就是**力学的相对性原理**。伽利略变换式是经典力学相对性原理的数学表达形式。

13.1.3 经典时空观

在伽利略变换中已经清楚地写着

$$t = t'$$

这表示在所有惯性系中时间都是相同的，或者说存在着与参考系的运动状态无关的时间，即**时间是绝对的**。既然时间是同一的，那么在所有惯性系中时间间隔也必定是相同的，即

$$\Delta t = \Delta t' \tag{13.1.4}$$

式(13.1.4)表明，在伽利略变换下**时间间隔也是绝对的**。在伽利略变换中还有一个不变量，这就是在任意确定时刻，空间两点的长度对于所有惯性系是不变的。在同一时刻，空间两点的长度在两个惯性系中分别表示为

$$\Delta L = \sqrt{(x_2 - x_1)^2 + (y_2 - y_1)^2 + (z_2 - z_1)^2}$$

和

$$\Delta L' = \sqrt{(x_2' - x_1')^2 + (y_2' - y_1')^2 + (z_2' - z_1')^2}$$

由伽利略变换容易证明

$$\Delta L = \Delta L' \tag{13.1.5}$$

式(13.1.5)表明，在所有惯性系中，在任意确定时刻，空间两点的长度都是相同的，或者空间长度与参考系的运动状态无关，即**空间长度是绝对的**。

所以，在伽利略变换下时间和空间均与参考系的运动状态无关，时间和空间之间是不相联系的，是绝对的，这正是**经典的时空观念**。因此可以这样说，伽利略变换是经典时空观的集中体现。

牛顿曾说："绝对的、真正的和数学的时间，就其本质而言，永远均匀地流逝着，与任何外界事物无关""绝对空间，就其本质而言，是与任何外界事物无关的，它永远不动，永远不变"，这就是经典力学的绝对时空观。按照这种观点，时间和空间是彼此独立、互不相关并且独立于物质和运动之外的。空间就像盛有宇宙万物的一个无形的永不运动的框架，而时间就像是独立的不断流逝着的流水。绝对时空观下时间间隔、空间间隔是绝对不变的，不同惯性系中观测的结果总相同，这正是伽利略变换的前提，即由绝对时空观可以导出伽利略变换。

13.2 狭义相对论的基本原理

13.2.1 狭义相对论的产生背景

19世纪后期，电磁理论的发展促使了麦克斯韦电磁理论的建立。麦克斯韦方程组不仅完整地反映了电磁运动的普遍规律，还预言了电磁波的存在，揭示了光的电磁本质。这是继牛顿力学定律之后经典物理学的又一伟大成就。

但是长期以来，物理学界机械论盛行，认为物理学可以用单一的经典力学图像加以描述，其突出表现就是"以太假说"。这个假说认为，以太是传递包括光波在内的所有电磁波的弹性介质，它充满整个宇宙。电磁波是以太介质的机械运动状态，带电粒子的振动会引

起以太的形变，而这种形变以弹性波的形式传播就形成了电磁波。如果波速如此之大且为横波的电磁波真是通过以太传播的话，那么以太必须具有极高的剪切模量，同时宇宙中大大小小的天体在以太中穿行时又不会受到它的任何拖曳力。

同时，从麦克斯韦方程组出发，可以得到在自由空间传播的电磁波的波动方程，而且在波动方程中，真空光速 $c=\frac{1}{\sqrt{\mu_0\varepsilon_0}}$ 是以普适常量的形式出现的，即光波在真空中的传播速度与真空的介电常数和磁导率有关，而与参考系的相对运动及传播方向无关。但是从伽利略变换的角度看，速度总是相对于具体的参考系而言的，所以在经典力学的基本方程式中速度是不允许作为普适常量出现的。当时人们普遍认为，既然在电磁波的波动方程中出现了光速 c，就说明麦克斯韦方程组只在相对于以太静止的参考系中成立，在这个参考系中电磁波在真空中沿各个方向的传播速度都等于恒量 c，而在相对于以太运动的惯性系中则一般不等于恒量 c。

于是这样的情况出现了：经典物理学中的经典力学和经典电磁学具有很不相同的性质，前者满足伽利略相对性原理，所有惯性系都是等价的，而后者不满足伽利略相对性原理，并存在一个相对于以太静止的最优参考系。人们把这个最优参考系称为绝对参考系，而把相对于绝对参考系的运动称为绝对运动。地球在以太中穿行，测量地球相对于以太的绝对运动自然就成了当时人们首先关心的问题。最早进行这种测量的就是著名的迈克尔逊-莫雷实验。

迈克尔逊-莫雷实验的装置如图 12.5.13 所示，该装置随地球一起相对于以太运动，地球参考系中的观察者将会感受到迎面吹来的以太风。根据伽利略速度变换，受以太风的影响，装置中两条互相垂直的光路中的光速不同。因此，当此装置转动 90°时，前后两次的光程差为 2δ，在此过程中，望远镜的视场内应看到干涉条纹移动的条数为

$$\Delta N=\frac{2\delta}{\lambda}=\frac{2lv^2}{\lambda c^2} \tag{13.2.1}$$

式中，λ、c 和 l 均为已知。若能测出条纹移动的条数 ΔN，即可由式(13.2.1)算出地球相对于以太的绝对速度 v，从而就可以把以太作为绝对参考系了。

1881 年迈克尔逊首先完成了这一实验，但没有观察到预期的条纹移动。1887 年迈克尔逊和莫雷改进了实验装置，将两条光路的长度延长到 11 m，预期的条纹移动数目为 0.4，是最小可观测量的 40 倍，但仍未观察到条纹的移动。迈克尔逊-莫雷实验的否定结果似乎在告诉笃信以太的人们，地球相对于以太的运动并不存在，作为绝对参考系的以太并不存在。

13.2.2　狭义相对论的基本假设

1905 年，爱因斯坦另辟蹊径，他认为应该完全抛弃以太假说，电磁现象与力学现象一样，不应该存在某个特殊的最优参考系，相对性原理应该具有普遍意义，经典力学规律、经典电磁学规律和其他物理学规律在所有惯性系中都应该保持不变的数学形式。这样一来，就必须寻找或建立各惯性系之间新的变换关系，以代替伽利略变换。前面我们曾说过，伽利略变换是经典时空观念的集中体现，建立新的变换关系就意味着建立一种新的时空观念，这就是下面要讨论的狭义相对论时空观。

如前所述，在经典电磁学理论(即麦克斯韦方程组)中存在一个普适常量，这就是真空中的光速 c。只要认为经典电磁学理论满足一种新的相对性原理，那么在这种新的变换关系下麦克斯韦方程组的数学形式就应该保持不变。也就是说，在所有惯性系中，电磁波都以光速 c 传播。这就必须承认光速的不变性。

爱因斯坦将以上论述概括为狭义相对论的两条基本原理：

(1) **相对性原理：在所有惯性系中，一切物理学定律都具有相同的数学表达形式，即对描述一切物理现象的规律而言，所有惯性系都是等价的。**这个假设是对力学相对性原理的推广。

(2) **光速不变原理：在所有惯性系中，真空中光沿任何方向传播的速率都等于恒量 c，与光源及观察者的运动状态无关。**这个假设与迈克尔逊-莫雷实验的结果一致。

狭义相对论的两条基本假设与经典力学的绝对时空观是不相容的，承认这两条假设，就必须摒弃绝对时空观，建立新的时空坐标变换关系，并且要求这种新的变换在低速(远小于光速)条件下兼容伽利略变换。爱因斯坦以这两条假设为基础，导出了能正确反映物理定律的相对性时空坐标变换式。

实际上，早在爱因斯坦发表相对论之前，洛伦兹就在研究电磁场理论，在解释迈克尔逊-莫雷实验时就曾提出过相同的变换式，因此将相对性时空坐标变换式称为洛伦兹-爱因斯坦变换，简称洛伦兹变换。

13.2.3 洛伦兹变换

视频 13-1

为简便起见，我们假设 S 系和 S' 系是两个作相对匀速直线运动的惯性坐标系，规定 S' 系沿 S 系的 X 轴正方向以速度 $\boldsymbol{u}$ 相对于 S 系作匀速直线运动，X'、Y' 和 Z' 轴分别与 X、Y 和 Z 轴平行，S 系原点 O 与 S' 系原点 O' 重合时两惯性坐标系在原点处的时钟都指示零点。我们就在这两个惯性系之间推导新的变换关系。

新变换首先应该满足狭义相对论的两条基本原理。另外，当运动速度远小于真空光速时，新变换应该过渡到伽利略变换，因为在这种情况下伽利略变换被实践检验是正确的。最后，新变换应该是线性的，因为只有这样才能保证当物体在一个参考系中作匀速直线运动时，在另一个参考系中也观察到它作匀速直线运动。根据这些要求，我们作最简单的假设：

$$x' = k(x - ut) \tag{13.2.2}$$

其中，k 是比例系数，与 x 和 t 都无关。按照狭义相对论的第一条基本原理，S 系和 S' 系除了作相对运动外别无差异。考虑到运动的相对性，相应地，应有

$$x = k(x' + ut') \tag{13.2.3}$$

另外两个坐标的变换也容易写出：

$$\begin{cases} y' = y \\ z' = z \end{cases} \tag{13.2.4}$$

为了得到时间坐标的变换，将式(13.2.2)代入式(13.2.3)得

$$x = k^2(x - ut) + kut'$$

从中解出 t'，得

$$t' = kt + \frac{1-k^2}{ku}x \tag{13.2.5}$$

确定 k 需要用到狭义相对论的第二条基本原理。根据我们规定的初始条件，当两个惯性坐标系的原点重合时，有 $t=t'=0$。如果这时在共同的原点处有一点光源发出一个光脉冲，则在 S 系和 S' 系都可观察到光脉冲以速率 c 向各个方向传播。所以在 S 系有

$$x = ct \tag{13.2.6}$$

在 S' 系有

$$x' = ct' \tag{13.2.7}$$

将式(13.2.6)和式(13.2.7)代入式(13.2.2)和式(13.2.3)得

$$ct' = k(c-u)t$$

$$ct = k(c+u)t'$$

以上两式消去 t 和 t' 后，可解得

$$k = \frac{1}{\sqrt{1-(u/c)^2}}$$

将 k 代入式(13.2.2)和式(13.2.5)，就得到新的变换形式：

$$\begin{cases} x' = \dfrac{x-ut}{\sqrt{1-(u/c)^2}} \\ y' = y \\ z' = z \\ t' = \dfrac{t-\dfrac{u}{c^2}x}{\sqrt{1-(u/c)^2}} \end{cases} \tag{13.2.8}$$

这种新的变换称为**洛伦兹变换**。

把式(13.2.8)中带撇的量与不带撇的量互换，并将 u 换成 $-u$，就得到洛伦兹变换的逆变换：

$$\begin{cases} x = \dfrac{x'+ut'}{\sqrt{1-(u/c)^2}} \\ y = y' \\ z = z' \\ t = \dfrac{t'+\dfrac{u}{c^2}x'}{\sqrt{1-(u/c)^2}} \end{cases} \tag{13.2.9}$$

关于洛伦兹变换，做以下几点说明：

(1) 在狭义相对论中，洛伦兹变换占据中心地位，集中体现了狭义相对论的时空观。洛伦兹变换中 x' 是 x 和 t 的函数，t' 也是 x 和 t 的函数，而且都与 S 系和 S' 系的相对运动速度 $\boldsymbol{u}$ 有关，揭示出了时间、空间、物质运动之间不可分割的关系。

(2) 洛伦兹变换否定了 $t=t'$ 的绝对时间概念。狭义相对论中，时间和空间的测量互相不能分离，描述物理事件需要用四维时空坐标。

(3) 时间和空间坐标都是实数，故 $u<c$，即宇宙中任何物体的运动速度都不可能超过

真空中的光速。

(4) 当 $u \ll c$ 时，$\sqrt{1-\left(\dfrac{u}{c}\right)^2} \approx 1$，则 $x' = \dfrac{x-ut}{\sqrt{1-(u/c)^2}} \approx x-ut$，$t' = \dfrac{t-\dfrac{u}{c^2}x}{\sqrt{1-(u/c)^2}} \approx t$，洛伦兹变换转化为伽利略变换，即伽利略变换是洛伦兹变换在低速下的近似。

(5) 根据洛伦兹变换还可以得到不同惯性系中两个事件的时间间隔和空间间隔的关系式。

设有 1、2 两个物理事件在 S 系中的时空坐标分别为 (x_1, y_1, z_1, t_1) 和 (x_2, y_2, z_2, t_2)，在 S' 系中的坐标分别为 (x_1', y_1', z_1', t_1') 和 (x_2', y_2', z_2', t_2')。在 S 系中两事件的空间间隔 $\Delta x = x_2 - x_1$，$\Delta y = y_2 - y_1$，$\Delta z = z_2 - z_1$，时间间隔 $\Delta t = t_2 - t_1$。在 S' 系中，两事件的空间间隔 $\Delta x' = x_2' - x_1'$，$\Delta y' = y_2' - y_1'$，$\Delta z' = z_2' - z_1'$，时间间隔 $\Delta t' = t_2' - t_1'$。两系的相对运动速度 $\boldsymbol{u}$ 沿 X 轴方向，根据洛伦兹变换式(13.2.8)，显然有 $\Delta y' = \Delta y$，$\Delta z' = \Delta z$，即在垂直于相对运动的方向上空间间隔保持不变，但在发生相对运动的方向(即 X 轴方向)上空间间隔发生了变化：

$$\Delta x' = x_2' - x_1' = \frac{\Delta x - u\Delta t}{\sqrt{1-u^2/c^2}} \tag{13.2.10}$$

时间间隔关系

$$\Delta t' = t_2' - t_1' = \frac{\Delta t - \dfrac{u}{c^2}\Delta x}{\sqrt{1-u^2/c^2}} \tag{13.2.11}$$

同理可得

$$\Delta x = \frac{\Delta x' + u\Delta t'}{\sqrt{1-u^2/c^2}} \tag{13.2.12}$$

$$\Delta t = \frac{\Delta t' + \dfrac{u}{c^2}\Delta x'}{\sqrt{1-u^2/c^2}} \tag{13.2.13}$$

式(13.2.11)和式(13.2.13)表明：事件发生地的空间距离将影响不同惯性系中的观察者对时间间隔的测量，即**空间间隔和时间间隔是紧密联系着的**。这正是狭义相对论时空观与经典力学绝对时空观的区别所在。

例 13.2.1 在地面参考系 S 中，在 $x = 1.0\times10^6$ m 处于 $t = 0.02$ s 时刻爆炸了一颗炸弹，如果有一沿 X 轴正方向以 $u = 0.75c$ 速率运动的高速列车经过。试求在高速列车参考系 S' 中的观察者测得的这颗炸弹爆炸的地点(空间坐标)和时间。

解 设在 S 系中的观测者测得的炸弹爆炸事件的时空坐标为 (x, t)，在 S' 系中的观测者测得的该事件的时空坐标为 (x', t')，根据式(13.2.8)可得，高速列车上(S' 系)观测到该事件的时空坐标为

$$x' = \frac{x-ut}{\sqrt{1-(u/c)^2}} = \frac{1\times10^6 - 0.75\times3\times10^8\times0.02}{\sqrt{1-0.75^2}}\ \text{m} = -5.29\times10^6\ \text{m}$$

$$t' = \frac{t-\dfrac{u}{c^2}x}{\sqrt{1-(u/c)^2}} = \frac{0.02 - \dfrac{0.75\times1\times10^6}{3\times10^8}}{\sqrt{1-0.75^2}}\ \text{s} = 0.0265\ \text{s}$$

$x'<0$，说明在 S' 系中观测到炸弹爆炸地点在 X' 轴原点 O' 的负侧；$t'\neq t$，说明在两惯性系中测得的爆炸时间不同。

例 13.2.2　观察者甲和乙分别静止于两个惯性参照系 S 和 S' 中，S' 相对于 S 以 $u=0.6c$ 的速率沿 X 轴正向匀速飞行，甲测得的两个事件发生的空间间隔为 1.0×10^9 m，时间间隔为 4 s，求乙测得的这两个事件发生地点之间的距离和这两个事件的时间间隔。

解　由题意知，甲、乙观察两个事件的时、空间隔分别为

S(甲)：$\Delta x=x_2-x_1=1.0\times10^9$ m，$\Delta t=t_2-t_1=4$ s；

S'(乙)：$\Delta x'=x_2'-x_1'$，$\Delta t'=t_2'-t_1'$。

由洛伦兹变换有

$$\Delta x'=\frac{\Delta x-u\Delta t}{\sqrt{1-u^2/c^2}}=\frac{1\times10^9-0.6\times3\times10^8\times4}{\sqrt{1-(0.6c/c)^2}}\ \text{m}=3.5\times10^8\ \text{m}$$

$$\Delta t'=\frac{\Delta t-\dfrac{u}{c^2}\Delta x}{\sqrt{1-u^2/c^2}}=\frac{4-\dfrac{0.6}{3\times10^8}\times1\times10^9}{\sqrt{1-(0.6c/c)^2}}\ \text{s}=2.5\ \text{s}$$

可见，在不同参考系中测量两个事件的空间间隔不同，时间间隔也不同，这说明时间、空间的测量具有相对性。

13.3　狭义相对论时空观

光速不变原理明显不符合伽利略变换，承认光速不变原理，就否定了伽利略变换以及与之相关的绝对时空观。狭义相对论为人们提出了一种新的时空观，运用洛伦兹变换可以得到许多与我们的日常经验相违背、令人惊奇的结论。例如，两点之间的距离或物体的长度随进行量度的惯性系的不同而不同，某一过程所经历的时间也随惯性系而异。这些结论已被近代高能物理的许多实验所证实。下面我们先讨论同时性的相对性，它是狭义相对论的基础，然后讨论长度的收缩效应和时间的延缓效应。

13.3.1　同时性的相对性

在狭义相对论中，不存在同一的时间，时间和时间间隔都与观察者的运动状态相联系。下面看一下发生在两个惯性系中的两个事件的时间间隔。假设这两个惯性系仍然是 13.2 节所取的 S 系和 S' 系。如果在 S 系的两个不同地点同时分别发出光脉冲信号 A 和 B，它们的时空坐标分别为 $A(x_1, y_1, z_1, t_1)$ 和 $B(x_2, y_2, z_2, t_2)$，因为是同时发出的，所以 $t_1=t_2$。为了确保这两个光脉冲是同时发出的，可以在这两个地点连线的中点 M 处安放一光脉冲接收装置。若该接收装置同时接收到光脉冲信号，就表示这两个信号是同时发出的。在 S' 系中观察，这两个光脉冲信号发出的时间分别是

$$\begin{cases} t_1'=\dfrac{t-\dfrac{u}{c^2}x_1}{\sqrt{1-(u/c)^2}} \\[2ex] t_2'=\dfrac{t-\dfrac{u}{c^2}x_2}{\sqrt{1-(u/c)^2}} \end{cases}$$

时间间隔为

$$\Delta t' = t_2' - t_1' = \frac{\frac{u}{c^2}(x_1 - x_2)}{\sqrt{1 - u^2/c^2}} \neq 0 \tag{13.3.1}$$

式(13.3.1)表示，在 S 系中两个不同地点同时发生的事件，在 S' 系看来不是同时发生的，这就是同时性的相对性。因为运动是相对的，所以这种效应是互逆的，即在 S' 系中两个不同地点同时发生的事件，在 S 系看来也不是同时发生的。由式(13.3.1)还可以看到，当 $x_1 = x_2$，即两个事件发生在同一地点时，同时发生的事件在不同的惯性系看来才是同时的。从这里也可以得到，在狭义相对论中，时间与空间是互相联系的。

13.3.2 时间膨胀效应

在相对论中，通常把相对于被研究的物理事件静止的参照系称为固有参照系。在固有参照系中测得的物理量被称为**固有物理量**，与物理事件作相对运动的参考系称为运动参照系，在运动参照系里测量的物理量被称为**运动物理量**。

根据相对论，在不同惯性系中，时间间隔的测量与参考系有关，也是相对的。设惯性系 S' 以速度 $\boldsymbol{u}$ 沿 X 轴相对于 S 系运动，S' 系中坐标 x' 处有一闪光计时器，先后在 t_1' 和 t_2' 时刻发出两个闪光信号，分别记作事件 1 和事件 2，在 S' 系中这两个事件的时间间隔 $\Delta t' = t_2' - t_1'$，空间间隔 $\Delta x' = 0$。根据式(13.2.12)，在 S 系中观测，这两个事件的时间间隔变为

$$\Delta t = \frac{\Delta t' + \frac{u}{c^2}\Delta x'}{\sqrt{1 - u^2/c^2}} = \frac{\Delta t'}{\sqrt{1 - u^2/c^2}}$$

其中，$\Delta t'$ 代表 S' 系中两个同地事件的时间间隔，称为**原时或固有时间**，记为 τ_0；Δt 代表 S 系中这两个事件(变为异地事件)的时间间隔，称为**运动时间**，记为 τ，则

$$\tau = \frac{\tau_0}{\sqrt{1 - u^2/c^2}} = \gamma\tau_0 \tag{13.3.2}$$

式中，因子 $\gamma = \frac{1}{\sqrt{1 - u^2/c^2}}$ 称为时间延缓因子，因为 $\gamma > 1$，所以恒有 $\tau_0 < \tau$，即原时总是最短的。在相对于 S' 系运动的其他惯性系中的观察者看来，S' 系中的时钟变慢了，称为**时间延缓效应**或**时间膨胀效应**。

运动的时钟变慢(时间延缓效应)与时钟自身的任何机械原因和原子内部过程无关，它是指一切发生在运动物体上的过程相对于静止的观测者来说都变慢了。需要指出的是，时间膨胀效应是相对的，即在 S 系中的观察者看来，S' 系中的钟由于运动变慢了，而反过来 S' 系中的观察者也会认为 S 系中的钟变慢了。

13.3.3 长度收缩效应

在伽利略变换中，两点之间的距离或物体的长度是不随惯性系而变的，即物体的长度是绝对的。在洛伦兹变换下，长度的量度也与惯性系有关。

如图 13.3.1 所示，设惯性系 S' 以速度 $\boldsymbol{u}$ 沿 X 轴相对于 S 系运动，有一个杆沿 X' 轴放置且相对于 S' 系静止。对 S' 系来说，测量它的长度并不困难，只需要记下杆两端的坐标 x_1'

和 x_2'，这两个坐标的差值 $L'=x_2'-x_1'$ 即为杆的长度。我们把相对于物体静止的观察者测得的物体长度称为**固有长度** L_0，这里 $L'=L_0$。在 S 系中测量同一杆的长度时必须同时，即 $t_1=t_2$，测出杆两端的坐标 x_1 和 x_2，才能得到杆长的正确值 $L=x_2-x_1=\Delta x$。

根据式(13.2.9)可得

$$L_0=\Delta x'=\frac{\Delta x-u\Delta t}{\sqrt{1-\frac{u^2}{c^2}}}$$

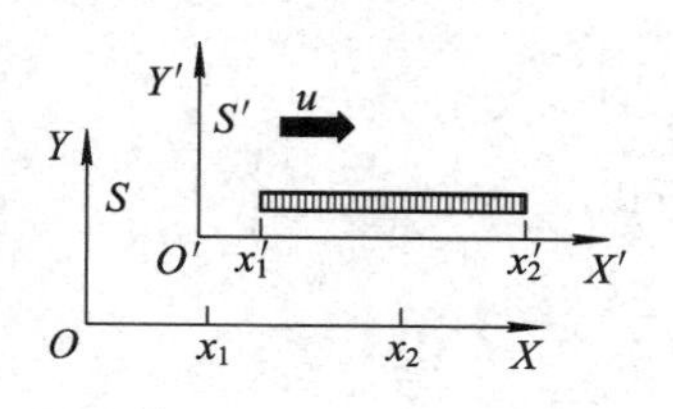

图 13.3.1 长度收缩效应

由于 $\Delta t=0$，$L=\Delta x$，因此

$$L_0=\frac{L}{\sqrt{1-\frac{u^2}{c^2}}}$$

还可以写成

$$L=L_0\sqrt{1-u^2/c^2} \tag{13.3.3}$$

可见，在 S 系中测得的物体长度 L 总是小于在 S' 系中测得的固有长度，即物体相对于参考系运动时测得的长度缩短了，称为**长度收缩效应**。长度收缩效应表明了空间的相对性：在任一惯性系中观测，相对于本惯性系运动的物体在其运动方向上的长度会收缩，这种收缩只发生在运动方向上，在与运动方向垂直的方向上不发生长度收缩。相对论长度收缩效应是时空的属性，与物体的具体组成、结构及物质间的相互作用无关。

时间膨胀效应和长度收缩效应已经为大量的近代物理实验所证实。

例 13.3.1 某介子静止时的寿命 $\tau_0=2.6\times10^{-8}$ s，如果它在实验室中的速率 $u=0.9c$，求在实验室中观测该介子能飞行的距离。

解 介子静止时的寿命是固有时间，由于它相对于实验室运动，因此在实验室中观测的寿命是运动时间。根据时间膨胀效应，在实验室中观测，介子的寿命为

$$\tau=\frac{\tau_0}{\sqrt{1-\frac{u^2}{c^2}}}=\frac{2.6\times10^{-8}\ \text{s}}{\sqrt{1-\frac{(0.9c)^2}{c^2}}}\approx5.96\times10^{-8}\ \text{s}$$

所以介子能飞行的距离为

$$\Delta s=u\tau\approx16\ \text{m}$$

例 13.3.2 一根米尺静止在 S' 系中，与 $O'X'$ 轴成 45°角。如果 S' 系相对于 S 系沿 OX 轴以 $u=\sqrt{3}c/2$ 的速度运动，在 S 系中测得该尺的长度是多少？它与 OX 轴的夹角是多少？

解 米尺静止在 S' 中，沿 X' 和 Y' 的投影为

$$L_{0x'}=L_0\cos45°=\frac{\sqrt{2}}{2}\ \text{m}$$

$$L_{0y'}=L_0\sin45°=\frac{\sqrt{2}}{2}\ \text{m}$$

长度收缩只沿运动方向，则米尺在 S 系中沿 X 和 Y 的投影为

$$L_x=L_{0x'}\sqrt{1-\left(\frac{u}{c}\right)^2}=\frac{\sqrt{2}}{4}\ \text{m}$$

$$L_y=L_{0y'}=\frac{\sqrt{2}}{2}\ \text{m}$$

在 S 系中观测，米尺的长度为

$$L=\sqrt{L_x^2+L_y^2}=0.79\ \text{m}$$

因为

$$\tan\theta=\frac{L_y}{L_x}=2$$

所以

$$\theta=63°26'$$

13.4 狭义相对论动力学基础

根据狭义相对论的相对性原理可知，一切物理规律在所有惯性系中都具有相同的形式，这就要求基本的物理规律如动量守恒定律、能量守恒定律等不仅依然成立，而且在洛伦兹变换下其形式保持不变，在低速情况下还应还原为经典力学的相应规律。因此，我们必须对某些物理量重新定义。

13.4.1 相对论质速关系

在经典力学中，物体的质量为一恒量，与物体的速率无关；若物体受一恒力作用而加速运动，则只要力作用时间足够长，其速度最终一定会超过光速。这显然与相对论中物体运动存在极限速度 c 的结论相矛盾。所以，狭义相对论认为物体的质量不应该是常量，它与惯性系的选取有关，即与物体的运动速度有关。

考虑到动量守恒定律是一条普遍定律，在相对论中亦成立。因此，根据相对性原理，如果在一个惯性系中系统的动量守恒，则经过洛伦兹变换，在另一个惯性系中动量仍是守恒的。从动量守恒定律和相对论速度变换关系出发，可以导出运动物体的质量 m 与其速率 v 的关系为

$$m=\frac{m_0}{\sqrt{1-v^2/c^2}}=\gamma m_0 \tag{13.4.1}$$

其中，m_0 为物体相对惯性系静止时测得的质量，称为**静止质量**；m 为物体运动速率为 v 时测得的质量，称为**相对论质量**。如图 13.4.1 所示的曲线，当物体被加速至速率接近光速时，速率将不再线性增加，且没超越光速。

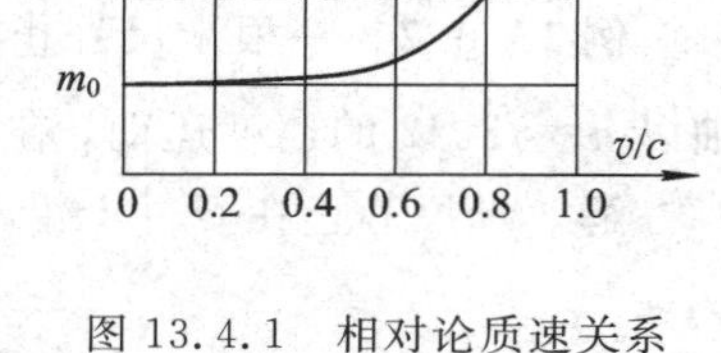

图 13.4.1 相对论质速关系

1966 年在美国斯坦福大学投入运行的电子直线加速器全长 3×10^3 m，加速电势差为 7×10^6 V/m，可将电子加速到 0.999 999 999 7c，接近光速，但没超过光速。这有力地证明了相对论质速关系的正确性。

13.4.2 相对论动力学基本方程

相对论动量为相对论质量与速度的乘积，即

$$\boldsymbol{p}=m\boldsymbol{v}=\frac{m_0}{\sqrt{1-v^2/c^2}}\boldsymbol{v} \tag{13.4.2}$$

于是，经典的牛顿第二定律在相对论条件下仍可表示为

$$\boldsymbol{F}=\frac{\mathrm{d}(m\boldsymbol{v})}{\mathrm{d}t}=\frac{\mathrm{d}}{\mathrm{d}t}\left(\frac{m_0\boldsymbol{v}}{\sqrt{1-v^2/c^2}}\right) \tag{13.4.3}$$

式(13.4.3)就是相对论质点动力学的基本方程。显然在 $v\ll c$(即物体运动速率远小于光速)时，式(13.4.3)中的相对论质量就近似等于静止质量，方程就近似变为原来的牛顿方程，或者说牛顿方程是相对论动力学方程的低速近似。

13.4.3　质能关系

设质点在力 $\boldsymbol{F}$ 的作用下从静止开始运动。由于相对论动力学方程(13.4.3)形式上与经典力学的牛顿第二定律一致，因此可以认为由其导出的动能定理也仍然成立，即力 $\boldsymbol{F}$ 做功等于质点动能的增量

$$\mathrm{d}E_k=\boldsymbol{F}\cdot\mathrm{d}\boldsymbol{r}$$

将 $\boldsymbol{F}=\dfrac{\mathrm{d}(m\boldsymbol{v})}{\mathrm{d}t}$代入上式可得

$$\mathrm{d}E_k=\mathrm{d}(m\boldsymbol{v})\cdot\frac{\mathrm{d}\boldsymbol{r}}{\mathrm{d}t}=\mathrm{d}(m\boldsymbol{v})\cdot\boldsymbol{v}=(\mathrm{d}m)\boldsymbol{v}\cdot\boldsymbol{v}+m\mathrm{d}\boldsymbol{v}\cdot\boldsymbol{v}=\boldsymbol{v}^2\mathrm{d}m+m\boldsymbol{v}\mathrm{d}v \tag{13.4.4}$$

将质速关系式(13.4.1)整理为 $m^2v^2=m^2c^2-m_0^2c^2$，等式两边求微分可得

$$v^2\mathrm{d}m+mv\mathrm{d}v=c^2\mathrm{d}m \tag{13.4.5}$$

将式(13.4.5)代入式(13.4.4)得

$$\mathrm{d}E_k=c^2\mathrm{d}m$$

两边同时积分得

$$E_k=\int_{m_0}^{m}c^2\mathrm{d}m=mc^2-m_0c^2 \tag{13.4.6}$$

式(13.4.6)即为**相对论动能**。

显然，相对论动能与经典动能形式完全不同，但是当物体运动速率远小于光速时，质速关系式可以展开为

$$m=\frac{m_0}{\sqrt{1-v^2/c^2}}=m_0\left[1+\frac{1}{2}\left(\frac{v}{c}\right)^2+\cdots\right]\approx m_0\left[1+\frac{1}{2}\left(\frac{v}{c}\right)^2\right]$$

则此时动能近似为 $E_k\approx\dfrac{1}{2}m_0v^2$，又回到经典动能形式。

将式(13.4.6)中的 m_0c^2 项定义为物体的**静能**，即

$$E_0=m_0c^2 \tag{13.4.7}$$

mc^2 项定义为物体的**总能量**，即

$$E=mc^2=\frac{m_0c^2}{\sqrt{1-v^2/c^2}} \tag{13.4.8}$$

式(13.4.8)即为**质能关系式**。

式(13.4.6)也可写成

$$E=E_0+E_k \tag{13.4.9}$$

即物体的总能量由静能和动能两部分构成。

质能关系式表明物体的能量和质量成正比，即使物体静止也仍然具有静能。相对论中质量和能量是不可分割的，质量的变化必然导致能量的变化，即

$$\Delta E = \Delta mc^2 \tag{13.4.10}$$

当物体的质量减少时，意味着它释放出巨大的能量，这正是原子能(核能)利用的理论依据。原子弹、氢弹技术都是狭义相对论质能关系的应用，而它们的成功也成为狭义相对论正确性的有力佐证。

例 13.4.1 孤立核子组成原子核时所放出的能量就是该原子核的结合能。已知质子和中子的静质量分别 $m_p=1.67262\times10^{-27}$ kg 和 $m_n=1.67493\times10^{-27}$ kg，由它们组成的氘核的静质量为 $m_D=3.34359\times10^{-27}$ kg，求氘核的结合能。

解 质子和中子结合为氘核的过程中的质量亏损为

$$\Delta m = m_p + m_n - m_D = (1.67262 + 1.674 - 3.34359)\times 10^{-27}\ \text{kg} = 3.96\times 10^{-30}\ \text{kg}$$

则质量亏损对应的结合能为

$$\Delta E_k = \Delta m_0 c^2 = 3.96\times 10^{-30}\ \text{kg}\times 2.998\times 10^8\ \text{m/s} = 2.22\ \text{MeV}$$

13.4.4 动量与能量关系

根据质速关系式 $m=\dfrac{m_0}{\sqrt{1-v^2/c^2}}$可得 $m^2v^2c^2=m^2c^4-m_0^2c^4$，根据相对论动量、能量及静能的定义，上式可写为

$$p^2c^2 = E^2 - E_0^2 \quad 或 \quad E^2 = E_0^2 + p^2c^2 \tag{13.4.11}$$

式(13.4.11)即为相对论的动量与能量关系式。

可以用直角三角形的勾股弦来形象表示这一关系，如图 13.4.2 所示。

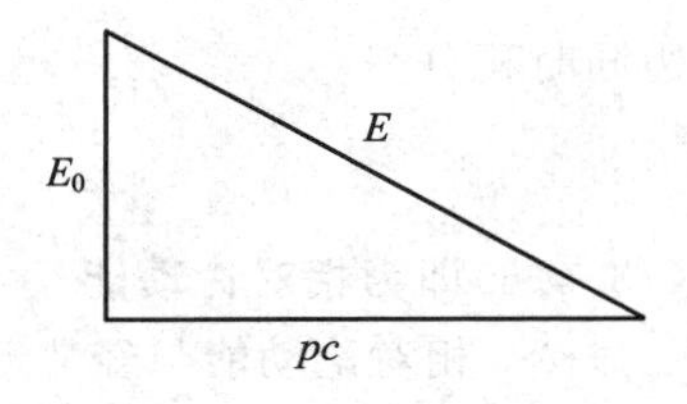

图 13.4.2 相对论动量与能量关系

对有些粒子，如光子等静止质量为零的粒子，必然有 $E=pc=mc^2$，即 $p=mc$，粒子的运动速率 $v=c$。这表明静止质量为零的粒子必然以光速运动。

对于低速运动的物体，即运动的速度 $v\ll c$，则有

动量：

$$p \approx m_0 v$$

动能：

$$E_k \approx \frac{1}{2}m_0v^2 = \frac{p^2}{2m_0}$$

总能量：

$$E = E_0 + \frac{p^2}{2m_0}$$

例 13.4.2 质量为 m_0 的静止原子受到能量为 E 的光子的撞击，原子将光子的能量全部吸收，碰撞过程能量和动量守恒，求合并后系统的速度以及静止质量。

解 设合并系统的速度为 v，质量为 M，静止质量为 M_0。碰撞前原子的动量为 0，光子的动量为 E/c，碰撞后系统的动量为 Mv。

视频 13-2

由碰撞前后动量守恒得

$$p = \frac{E}{c} = Mv$$

由碰撞前后能量守恒得

$$m_0c^2 + E = Mc^2$$

由以上两式可得

$$v = \frac{Ec}{m_0c^2 + E}, \quad M = \frac{m_0c^2 + E}{c^2}$$

由 $M = \dfrac{M_0}{\sqrt{1-(v/c)^2}}$ 可得

$$M_0 = \frac{m_0c^2 + E}{c^2}\sqrt{1-\left(\frac{E}{m_0c^2+E}\right)^2} = \frac{1}{c^2}\sqrt{(m_0c^2+E)^2 - E^2} = m_0\sqrt{1+\frac{2E}{m_0c^2}}$$

13.4.5　相对论质能关系在核能中的应用

原子核都是由质子和中子组成的，质子和中子统称为核子。实验数据发现任何一个原子核的质量总小于组成它的所有核子的质量和，即核子在组成原子核的过程中发生了质量亏损，其亏损等于核子结合为核时质量的减少量 Δm。根据爱因斯坦质能关系式(13.4.10)，将若干个核子结合成原子核时要释放能量 $\Delta E = \Delta mc^2$，这个能量称为原子核的结合能。一个原子核中每个核子结合能的平均值，称为平均结合能(也叫比结合能)。平均结合能越大，原子核中核子结合得越牢固，原子核越稳定。图 13.4.3 给出了不同原子核的平均结合能对质量数的分布曲线。由图 13.4.3 可见，中等质量原子核的平均结合能较大，轻核和重核的平均结合能较小。这说明当一个重核分裂成两个中等质量的原子核时或者当两上很轻的核聚合成一个较重的核时，都将有能量的释放，此能即为原子能(又称核能)。1939 年德国女物理学家迈特纳根据质能关系预言一个铀核的裂变能为 200 MeV，此后奥地利物理学

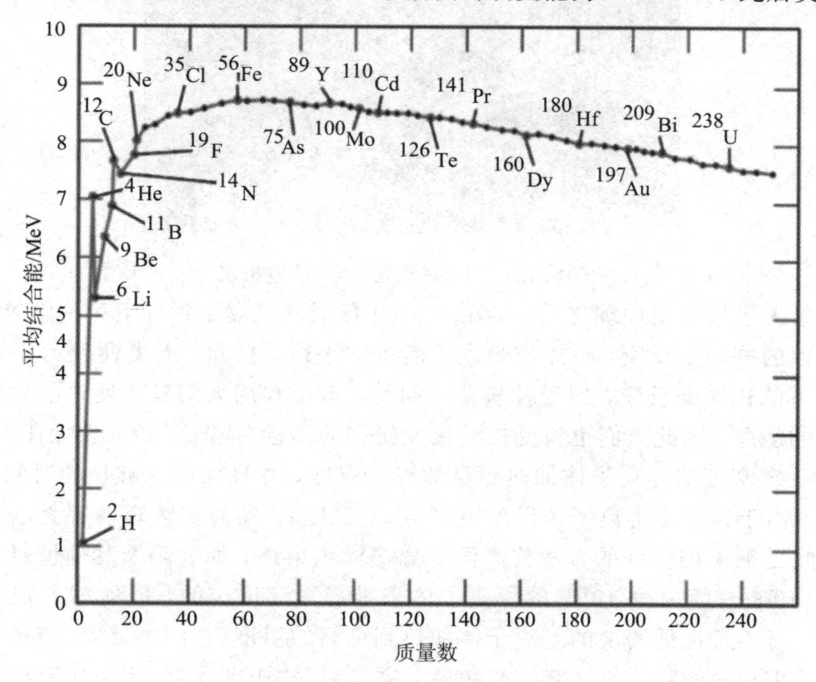

图 13.4.3　不同原子核的平均结合能

家弗里希很快就在实验中观察到了这种能量。这种能量要比一般反应能量大得多，一克铀全部裂变放出的能量为 8×10^{10} J，相当于 2.5 吨煤的燃烧热。而一个氘核和一个氚核聚合成氦核时，有 17.6 MeV 的能量放出，是相同质量铀裂变能的 4 倍。可见在原子核内蕴藏着大量可以利用的能量，重核的裂变和轻核的聚变是获取原子能的两条主要途径。

要大规模地和平利用裂变能就必须满足重核裂变要形成链式反应，并且链式反应必须是可控的。实现可控链式反应的装置称为反应堆。1942 年，美国芝加哥大学成功启动了世界上第一座核反应堆，从此人类开始了利用原子能的新纪元。原子能在第二次世界大战中首先被运用在军事上，1945 年，美国将两颗原子弹先后投放到日本的广岛和长崎，其能量相当于 2000 吨炸药，造成约 24 万人遇难。1954 年，苏联建成了世界上第一座核电站——奥布灵斯克核电站，从此拉开了人类和平利用原子能的序幕。到 1960 年，有 5 个国家建成了 20 座核电站，装机容量为 1279 MW。由于核浓缩技术的发展，到 1966 年，原子能发电的成本已低于火力发电的成本，原子能发电真正迈入了实用阶段。目前世界上已有 33 个国家和地区有核电厂，发电量占世界总发电量的 17%，其中有十几个国家超过了 25%，在法国则超过了 79%。截至目前，中国内地运行核电机组共 52 台，额定装机容量为 53 485.95 MW，2021 年核电厂发电量占全国累计发电量的 4.99%。中国核电技术位于全球领先水平，拥有“华龙一号”自主三代核电技术，如图 13.4.4 所示，它代表着世界核电研制能力的最高水平。

图 13.4.4 中国“华龙一号”核电机组

人类在掌握了核聚变原理之后，早在 1952 年便成功试爆了世界上第一颗氢弹，但氢弹爆炸是不可控的核聚变反应，不能作为提供能源的手段。自此，人类便致力于在地球上实现人工控制下的核聚变反应，即受控核聚变研究，希望利用太阳发光发热的原理为人类提供源源不断的能源，因此人们也将受控核聚变研究的实验装置称为“人造太阳”。聚变反应的条件是将一定密度的等离子体加热到足够高的温度，并且保持足够长的时间，使聚变反应得以进行。由于核聚变等离子体温度极高(达上亿度)，任何实物容器都无法承受如此高的温度，因此必须采用特殊的方法将高温等离子体约束住，如太阳及其他恒星是靠巨大的引力约束住 $(1000\sim1500)\times10^4$ ℃的等离子体来维持聚变反应的，但地球上根本没有这么大的引力，只有通过把低密度的等离子体加热到更高的温度(1×10^4 ℃以上)来引起聚变反应，即惯性约束和磁约束。1954 年，苏联科学家发明的“托克马克”途径显示出了独特的优势，并成为聚变能研究的主流途径。托克马克装置又称环流器，是一个由环形封闭磁场组成的“磁笼”，等离子体就被约束在这“磁笼”中，等离子体环中感生一个很大的环电流。2020年12月，中国核工业西南物理研究院研制的新一代托克马克装置——中国环流器二号M装置在成都建成并实现首次放电。2021年12月，中科院合肥物质科学研究院研制的托克马克装置(EAST)实现了1056 s的长脉冲高参数等离子体运行，这是目前世界上托克马克装置高温等离子体运行的最长时间，最高温度高达1.6×10^8℃，如图13.4.5所示。

图13.4.5　中国的托克马克装置(EAST)

科学家简介

爱因斯坦

爱因斯坦(Albert Einstein，1879—1955)，出生于德国巴登一符腾堡州乌尔姆市，现代物理学的开创者、集大成者和奠基人。

1879年3月14日，爱因斯坦出生在德国乌尔姆市的一个犹太家庭，受工程师叔父的影响，他从小受到自然科学和哲学的启蒙。1896年进入瑞士苏黎世工业大学师范系学习物理学，1901年获得瑞士国籍，次年被伯尔尼瑞士专利局录用为技术员，从事发明专利申请技术鉴定工作。1909年爱因斯坦离开瑞士专利局任苏黎世大学理论物理学副教授，1912年任母校苏黎世联邦工业大学教授，1914年回德国任威廉皇帝物理学研究所所长兼柏林大学教授。1933年爱因斯坦受到法西斯的迫害，被迫离开德国移居美国，任普林斯顿高级研究院教授，直至1945年退休。

爱因斯坦在瑞士伯尔尼专利局工作期间，利用业余时间进行科学研究，在以下三个方面取得了划时代的成就。

1. 光量子理论

1905年3月，爱因斯坦在德国莱比锡的《物理学杂志》上发表了《关于光的产生和转化的一个启发性观点》论文，他把普朗克教授于1900年提出的量子概念推广到了光辐射的发射和吸收上，建立了光的量子理论。这一理论在科学史上第一次将光的粒子性和波动性通过数学表达式联系在一起，成功地解释了困惑人们已久的、经典物理学无法解释的“光电效应”，并因此荣获了1921年的诺贝尔物理学奖。

2. 布朗运动的理论研究

1905年4月，爱因斯坦相继完成了分子物理研究的两篇文章，一篇是向苏黎世大学提交的博士论文《分子大小的新测定法》，另一篇是发表在莱比锡《物理学杂志》上的论文《热的分子运动论所要求的静液体中悬浮粒子的运动》。这两篇论文成功地解释了布朗运动，使原子论取得了最后胜利。这一理论使人们认识到热是一种能量，它是由分子无规则运动引起的，分子是客观存在的，并不是一种为了便于研究所做的假设。爱因斯坦的研究取得了原子论的最后胜利，使得像奥斯特瓦尔和马赫这样的极端反原子论者也不得不从此以后改信原子学说了。3年后，佩兰据此做出实验测定，证实了爱因斯坦的理论预测。

3. 狭义相对论

1905年6月，爱因斯坦在《物理学杂志》上发表了30多页的论文《论运动物体的电动力学》，完整地提出了狭义相对论。并提出了四维时空(三维空间和一维时间)的新概念，引起了物理学理论基础的变革，开创了科学新时代。作为相对论的一个推论，他又提出了质能关系式，在理论上为原子能的应用开辟了道路。

1905年，26岁的爱因斯坦取得的科学成就奠定了他作为20世纪科学巨匠的地位，这一年被称为“爱因斯坦奇迹年”。其后，爱因斯坦在广义相对论和统一场论方面也取得了巨大成就。

4. 广义相对论

狭义相对论建立后爱因斯坦并不感到满足，他力图把相对性原理的适用范围推广到非惯性系。1907年，爱因斯坦提出有必要把相对性理论从等速运动推广到加速运动，其基础就是惯性质量同引力质量的等效性。从1912年开始，他与格罗斯曼合作在黎曼几何和张量分析中找到了建立广义相对论的数学工具，并于1913年提出了《广义相对论纲要和引力理论》，最后于1915年发表《关于广义相对论》和《引力的场方程》，提出了广义相对论引力场方程的完整形式，建立了广义相对论。广义相对论弥补了狭义相对论的两个缺陷，建立了全新的引力理论，将时空、物质和运动统一起来，完美地解释了水星近日点的异常进动问题，提出了引力的传播速度为光速，并预言了引力波的存在；广义相对论预言了光线经过太阳引力场要发生弯曲以及引力红移效应，这些预言均已被证实。广义相对论还建立了现代宇宙学，开辟了研究宇宙起源、演化及其结构的新途径，并预言了黑洞的存在，由此发现了各种前所未知的新天体和新的天文现象，大大深化了我们对宇宙结构的认识。

5. 统一场论

广义相对论建成后，爱因斯坦依然感到不满足，他相信世界是统一的，于是想把广义相对论再加以推广，将引力场和电磁场统一起来，将相对论和量子论统一起来。他认为这是相对论发展的第三个阶段，即统一场论。1923年，爱因斯坦发表了论文《能用场论来解决量子问题吗?》，开始走上了研究统一场论的道路。此后30年中，爱因斯坦几乎把他全部的科学创造精力都用于统一场论的探索，遗憾的是他始终没有成功。此后科学家们继续爱因斯坦的工作，统一场论的思想以新的形式重新显示出生命力，取得了长足的进展。

爱因斯坦是有史以来最伟大的科学家之一，也被许多历史学家列入过去千年里一百位最有影响力的人物之一，他的名字成为天才的代名词。爱因斯坦能取得众多的成就与其科学精神和科学思想密切相关，受休谟、马赫等哲学家的影响，爱因斯坦具有强烈的独立思考、怀疑和批判的精神。

延伸阅读

广义相对论与引力波

1. 广义相对论

1687年，牛顿在其巨著《自然哲学的数学原理》中提出了万有引力定律，这是人类最早发现的自然规律之一，它统一了地上的引力现象和天体的运动规律。1905年，爱因斯坦建立了狭义相对论。狭义相对论建立在相对性原理和光速不变原理上。在狭义相对论中，惯性系具有优越的地位。爱因斯坦相信所有的物理规律应该在所有参照系中具有不变性。考虑到引力规律的普适性和马赫原理，爱因斯坦发现了非惯性系和引力的联系，在1915年得出了爱因斯坦引力场方程如下：

$$R_{\mu\nu}-\frac{1}{2}g_{\mu\nu}R=-\kappa T_{\mu\nu}\quad(\mu,\ \nu=0,\ 1,\ 2,\ 3)$$

这个引力场方程的左边表示时空弯曲的情况，是几何量。其中，$g_{\mu\nu}$是度规张量，可以理解为万有引力定律中的引力势；$R_{\mu\nu}$和R分别为里奇张量和曲率标量，它们是由度规及其一阶导数和二阶导数组成的非线性函数。方程的右边是物质项，$T_{\mu\nu}$是由能量、动量、能流和动量流组成的。式中，常数

$$\kappa=\frac{8\pi G}{c^4}$$

其中，G是万有引力常数，c是真空中的光速。爱因斯坦引力场方程表明物质的存在和运动如何决定时空的弯曲，只要知道了度规张量$g_{\mu\nu}$就可以算出时空的曲率，从而了解时空弯曲的情况。

根据广义相对论，在局部惯性系内不存在引力，一维时间和三维空间组成四维平坦的欧几里得空间。在任意参考系内都存在引力，引力引起时空弯曲，因而时空是四维弯曲的非欧黎曼空间。时间空间的弯曲结构取决于物质能量密度、动量密度在时间空间中的分布，而时间空间的弯曲结构又反过来决定物体的运动轨道。在引力不强、时间空间弯曲很小的情况下，广义相对论的预言同牛顿万有引力定律和牛顿运动定律的预言趋于一致；而在引力较强、时间空间弯曲较大的情况下，两者有区别。广义相对论的提出预言了水星近日点反常进动、光频引力红移、光线引力偏折以及雷达回波延迟，这些都被天文观测或实验所证实，广义相对论理论的正确性得到了广泛承认。1859年，天文学家勒威耶(Le Verrier)发现水星近日点运动的观测值，它比由牛顿万有引力定律计算的理论值快38角秒/百年，他猜想可能在水星以内还有一颗小行星，这颗小行星对水星的引力导致两者的偏差；可是经过多年的搜索，始终没有找到这颗小行星。1882年，纽康姆(S. Newcomb)经过重新计算，得出水星近日点的多余进动值为43角秒/百年，他开始怀疑引力是否服从平方反比定律。1915年，爱因斯坦根据广义相对论把行星的绕日运动看成是它在太阳引力场中的运动，由于太阳的质量造成周围空间发生弯曲，他计算出水星每公转一周近日点进动为43角秒/百年，正好与纽康姆的结果相符，一举解决了牛顿引力理论多年未解决的悬案，成了当时广义相对论最有力的一个证据。

2. 引力波

在爱因斯坦的广义相对论中，引力被认为是时空弯曲的一种效应，这种弯曲是由于质

量的存在导致的。通常而言，在一个给定的体积内，包含的质量越大，那么在这个体积边界处所导致的时空曲率就越大。在某些特定环境下，加速物体能够对这个曲率产生变化，并且能够以波的形式向外以光速传播，这种传播现象被称为引力波。

爱因斯坦在发表广义相对论的第2年(1916年)就预言了引力波的存在，他预言了引力波类似于在平静的水面投石激起的波浪，是物质的加速运动在引力场中激起的“涟漪”。1918年他撰写了论文《论引力波》，提出了加速的质量可以有引力波及引力波的传播等问题；后来在1937年他和罗森合作进一步证明了引力波的产生和传播等问题，说明了引力场和电磁场一样可以以波的方式辐射和传播，而引力波的波速就是光速c。

人们通过研究还发现，在自然界中存在三种类型的引力波辐射：一种是在恒星寿命终了时的超新星爆发、高密度天体的引力坍缩或两个以光速相撞的黑洞等突发事件发生时，发射出的脉冲式、强度大、时间短暂的引力波；再一种是双星系统、中子星和白矮星及其他旋转天体发射的频率确定的引力波；第三种是无规则背景的引力波，如宇宙极早期的物理过程中发射的引力波等。这些宇宙波携带有关其起源的信息以及有关引力本身性质的线索，因此科学家可以通过引力波回溯到更加遥远的过去，可以获得与宇宙大爆炸有关的许多信息。

通常地球距离这些引力波的波源非常遥远，所以引力波在经过地球时留下微弱而短暂的痕迹，地球上的物体受到轻微“挤压”的位置移动约为10^{-21} m(相当于质子大小的百万分之一)。引力波强度太弱，以至于爱因斯坦认为引力波可能是不能被观测到的，直到20世纪50年代中期，物理学家们才真正证明了引力波携带能量，是一个可探测的客观实在。在实验方面，第一个对直接探测引力波做出伟大尝试的人是美国的韦伯(Joseph Weber)。20世纪60年代初，他首创了引力波探测器，如图Y13-1所示。他用一个长2 m、直径0.5 m的圆柱形实心铝棒作为天线，棒中部用细线悬挂在隔离堆上，其侧面指向引力波到来的方向。当引力波到来时，会交错挤压和拉伸铝棒两端，当引力波的频率和铝棒的设计频率一致时，铝棒就会发生共振，贴在铝棒表面的晶片就会产生相应的电压信号。但共振棒探测器有很明显的局限性，它的共振频率是确定的，虽然我们可以通过改变共振棒的长度来调整共振频率，但是对于同一个探测器只能探测其对应频率的引力波信号，如果引力波信号的频率不一致，则该探测器就无能为力了。虽然韦伯的共振棒探测器最后没能找到引力波，但是韦伯开创了引力波实验科学的先河，在他之后美国、德国、中国等十多个小

图Y13-1 韦伯的引力波探测器

组一直在进行这项工作，采用大质量、高品质因素棒形材料作天线，将其置于排除声、电、机械干扰的低温隔离环境中，超低温下探测器的灵敏度可达 10^{-21}。我国中山大学引力物理教研室的引力波天线应用同一原理，但改进了安装方法，探测器灵敏度居国际同类天线前列，但是一直到现在仍未得到任何有关引力波的直接证据。

在韦伯设计建造共振棒的同时期，美国的韦斯(Rainer Weiss)和佛瓦德(Robert Forward)提出了利用激光干涉的办法来探测引力波。激光干涉仪对于共振棒的优势显而易见，它不但可以探测一定频率范围内的引力波信号，还可以把激光干涉仪的臂长做得很长，比如，地面引力波干涉仪的臂长一般在千米的量级，远远超过共振棒。2016年2月，美国激光干涉引力波天文台(LIGO)宣布首次直接探测到恒星质量双黑洞合并产生引力波的事件(GW150914)，如图Y13-2所示，它由质量分别相当于29个太阳、36个太阳的两个黑洞合并时发出，二者形成了一个21倍太阳重量的旋转黑洞，大约有与太阳质量相当的物质转化成能量。随后，LIGO-Virgo联合发现了一系列双黑洞合并事件以及双中子星合并事件(GW170817)。这些新发现打开了引力波天文学和宇宙学的新纪元，韦斯(Rainer Weiss)、索恩(Kip Stephen Thorne)和巴里什(Barry Clark Barish)对LIGO做出卓越贡献的物理学家被授予2017年诺贝尔物理学奖。

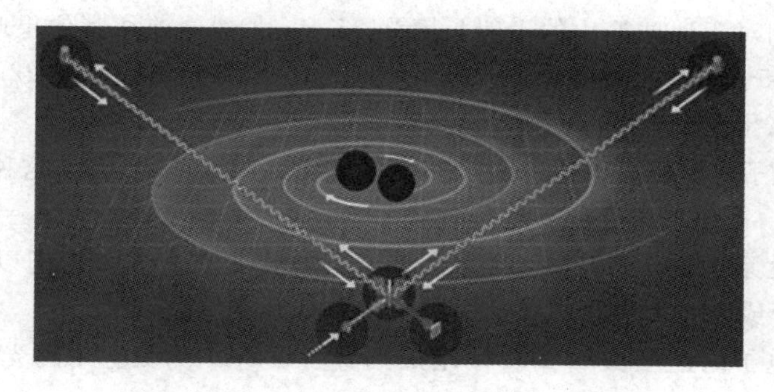

图Y13-2　两个互相吸引的黑洞合并示意图

思考题

13.1　牛顿力学的时空观与相对论的时空观的根本区别是什么？二者有何联系？

13.2　狭义相对论的两个基本假设是什么？

13.3　一位朋友与你争论认为相对论是荒谬的：“运动的钟显然不会走得慢，运动的物体也不会比它们静止时短。”你应该如何回答？

13.4　一位百米运动员从起跑线出发(事件1)，以匀速到达终点线(事件2)。观察者在哪个参考系中测得的时间是原时？在哪个参考系中测得的从起跑线到终点之间的跑道长度是固有长度？

13.5　你接听手机时，手机电池的质量会改变吗？如果会，是增加还是减少？

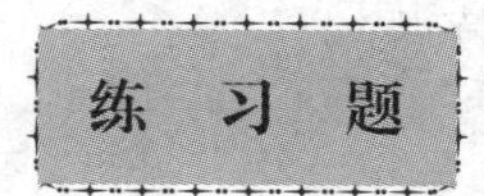

练习题

13.1　一艘宇宙飞船以 $0.13c$ 的速度远离地球，并向地球发出无线电信号。

(1) 根据伽利略变换，信号相对于地球的速度是多少？

(2) 运用爱因斯坦假设，信号相对于地球的速度是多少？

13.2 一架飞机飞行了 8 h，飞行期间相对于地球的平均速度是 220 m/s。飞机上的原子钟和地面上的原子钟时间有什么不同？(假设它们在飞行前就已同步，且忽略引力和飞机加速度带来的广义相对论复杂性)

13.3 一艘飞船以 $0.97c$ 的速度飞向地球，船上乘客的身体都与飞船的运动方向平行。地球上的观测者测得这些乘客大约 0.50 m 高、0.50 m 宽。在飞船参考系中测量这些乘客时高度是多少，宽度是多少？

13.4 惯性系 S' 相对另一惯性系 S 沿 X 轴作匀速直线运动，取两坐标原点重合时刻为计时起点。在 S 系中测得两事件的时空坐标分别为 $x_1=6\times10^{-4}$ m，$t_1=2\times10^{-4}$ s 以及 $x_2=12\times10^{-4}$ m，$t_2=1\times10^{-4}$ s。已知在 S' 系中测得该两事件同时发生。

(1) S' 系相对 S 系的速度是多少？

(2) S' 系中测得的两事件的空间间隔是多少？

13.5 在 S 系中有一静止的正方形，其面积为 100 m^2，观察者 S' 以 $0.8c$ 的速度沿正方形的对角线运动，S' 系中测得的该正方形的面积是多少？

13.6 一艘相对于地球静止的飞船长度为 35.2 m，地球前往其他星球时，地面观测者测得其长度为 30.5 m，地面观测者还注意到飞船上一位宇航员锻炼了 22.2 min，那么宇航员认为他自已锻炼了多长时间？

13.7 正负电子对撞机可以把电子加速到动能 $E_k=2.8\times10^9$ eV。这种电子的速率比光速差多少？这样的一个电子动量是多大？(与电子静止质量相应的能量为 $E_0=0.511\times10^8$ eV)

13.8 在惯性系中，有两个静止质量都是 m_0 的粒子 A 和 B，它们以相同的速率 v 相向运动，碰撞后合成为一个粒子，求这个粒子的静止质量。

13.9 要使电子的速度从 $v_1=0.4c$ 增加到 $v_2=0.8c$(c 为真空中的光速)，需要对它做多少功？(电子静止质量 $m_e=9.11\times10^{-31}$ kg)

提 升 题

13.1 根据洛伦兹坐标变换推导 X 方向上的速度变换公式。A 飞船在地面上以 $0.5c$ 的速度运动，B 飞船在地面上以 $0.8c$ 的速度同向运动，那么 B 飞船相对于 A 飞船的速度是多少？如果 B 飞船在地面上以 $0.8c$ 的速度相向运动，结果又如何？X 方向上速度变换曲面有什么特点？

提升题 13.1 参考答案

13.2 根据洛伦兹坐标变换，推导 Y 方向或 Z 方向上的速度变换公式以及总速度的变换公式。在太阳参考系中观察，一束星光垂直射向地面，速率为 c，而地球以速率 u 垂直于光线运动。在地面上测量，这束星光的速度大小与方向如何？Y 方向的速度变换曲面有什么特点？总速度的大小和方向的变换有什么特点？

提升题 13.2 参考答案

第 14 章　量子物理基础

量子力学是反映微观粒子(分子、原子、原子核、基本粒子等)运动规律的理论，量子力学与相对论被认为是近代物理学的两大理论支柱。量子力学的许多基本概念、规律与方法都和经典物理的截然不同，在物理学中引起了深刻的变化，使 20 世纪的物理学彻底改观。尽管科学家对它的哲学意义和诠释至今仍在争论不休，但是它的应用已越来越广泛，它在现代科学和技术中的应用已经获得了巨大的成功，如材料科学、生命科学、半导体的掺杂、纳米技术等，它已成为现代物理学的基础之一。

19 世纪末，X 射线(1895 年)、放射性元素(1896 年)和电子(1897 年)的发现，拉开了近代物理学发展的序幕。到 20 世纪初，人们从大量精确的实验中发现了许多新现象，这些新现象用经典物理学理论是无法解释的，其中主要有热辐射、光电效应和原子的线状光谱现象。1900 年，普朗克提出的辐射能量量子化假设完美地克服了经典物理在热辐射中遇到的困难；1905 年，爱因斯坦的光量子概念解决了经典理论与光电效应实验结果不相容的矛盾；1913 年，玻尔把量子化概念用到原子轨道上，成功地解释了氢原子的线状光谱问题；1925 年，泡利提出的不相容原理与乌仑贝克和古兹米特电子自旋假设相结合，诠释了元素的周期性等。虽然一系列实验结果得到了令人满意的解释，但是通过这些物理现象所形成的理论没有完全脱离经典物理理论的束缚，而是成为经典物理与近代物理的混合物，故称之为旧量子论。

1923 年，德布罗意提出物质具有波粒二象性的概念；1925 年，海森堡创立了矩阵力学；1926 年，薛定谔建立了波动力学，后来薛定谔和狄拉克证明了矩阵力学和波动力学的等价性，将其合并为量子力学；1926—1930 年，狄拉克对量子力学作了全面总结，提出了相对论量子力学。直到 20 世纪 30 年代初，量子力学才真正建立并发展起来了。

在量子力学的创立过程中，获得诺贝尔物理学奖的物理学家有数十位之多，他们分别是普朗克(1918 年获奖)、玻尔(1922 年获奖)、康普顿(1927 年获奖)、德布罗意(1929 年获奖)、海森堡(1932 年获奖)、狄拉克和薛定谔(1933 年获奖)、费米(1938 年获奖)、泡利(1945 获奖)、玻恩(1954 年获奖)。除了他们的重大贡献之外，还有许许多多的科学家为量子理论的发展和完善付出了毕生的精力。

直至今天，量子理论已经渗透到了不同学科的不同领域，在它的基础上也发展和建立了诸多科学分支，如粒子物理学、原子物理学、量子化学、凝聚态物理学等，同时也形成和产生了一些划时代的新技术，如现代的量子通信和量子计算技术等。量子理论带来的科技成果，对人类的生活和社会经济的发展产生了巨大的影响和推进。

14.1 普朗克量子假设

14.1.1 热辐射

量子概念最初是普朗克(M. Planck)在研究黑体辐射时提出的。任何物体在任何温度下都在发射各种波长的电磁波，我们把这种由于物体中的分子、原子受到热激发而发射电磁波的现象称为**热辐射**。

物体的热辐射具有连续的波谱，但所辐射的能量及其按波长的分布随温度而变化。温度越高，辐射的能量越多，辐射能谱中包含的短波成分也越多。例如，把铁块放在炉中加热，最初温度较低时，铁块向外辐射的能量较少，颜色为暗红色，辐射的电磁波波长较长。随着温度的增高，铁块向外辐射的能量越来越多，且辐射能谱中短波成分逐渐增加，颜色由暗红转为橙色直至呈青白色。这说明在一定时间内物体辐射能量的多少以及辐射能按波长的分布都与温度有关。

物体在一定温度下不断地对外辐射电磁波，这种由于物体中分子或原子受热激发而辐射电磁波的现象称为**热辐射**，它是物体和外界交换能量的一种基本方式，具有连续的辐射能谱，波长自红外区域延伸至紫外区域，并且辐射出的能量按波长分布，与温度有关。例如，暖水瓶或保温杯的内壁通常镀上一层明亮的金属膜，就是为了增强水的内向反射而减少对外热辐射，从而达到保温的目的。为了描述物体辐射出的电磁波能量随波长的变化规律，引入单色辐出度的概念。设物体的温度为 T 时，其辐射出的电磁波波长在 $\lambda \sim \lambda + \mathrm{d}\lambda$ 区间的辐出度为 $\mathrm{d}M(T)$，则**单色辐射出射度**或**单色辐出度** $M_\lambda(T)$ 定义为

$$M_\lambda(T) = \frac{\mathrm{d}M(T)}{\mathrm{d}\lambda} \tag{14.1.1}$$

$M_\lambda(T)$ 是辐射物体温度和辐射波长的函数，反映了物体在不同温度下辐射能按波长分布的情况，单位为 $\mathrm{W/m^3}$。

在一定温度 T 下，单位时间内从物体表面单位面积上所发出的各种波长的总辐射能，称为物体的辐射出射度，简称**辐出度**，它是物体热力学温度 T 的函数，用 $M(T)$ 表示。显然，用式(14.1.1)可获得辐出度

$$M(T) = \int \mathrm{d}M(T) = \int M_\lambda(T)\mathrm{d}\lambda \tag{14.1.2}$$

物体除了辐射电磁波外，还可以从环境中吸收电磁波。当电磁波入射至物体表面时，一部分电磁波被反射，一部分从物体透射，剩余的部分被物体吸收。经研究发现，物体吸收电磁波的本领和辐射电磁波的本领成正比，即物体辐射本领强，吸收本领也强。

不同的物体对电磁辐射的吸收能力是不同的。如果一个物体在任何温度下对任何波长的电磁辐射全部吸收而无反射，则称这个物体为**黑体**。黑体是个理想化的模型，真正的黑体是不存在的，但是有一些物质非常接近绝对黑体。例如，烟煤可以吸收 99% 的入射光能，接近黑体。用材料加工成封闭的空腔，在空腔壁上开凿一小孔，如图 14.1.1 所示，由于电磁波进入小孔后，在空腔内不断反射吸收，几乎不再从小孔射出，因此小孔可以看成黑体。白天观察远处楼房的窗户都是黑色的，此时窗户就可近似看成与小孔类似的黑体。

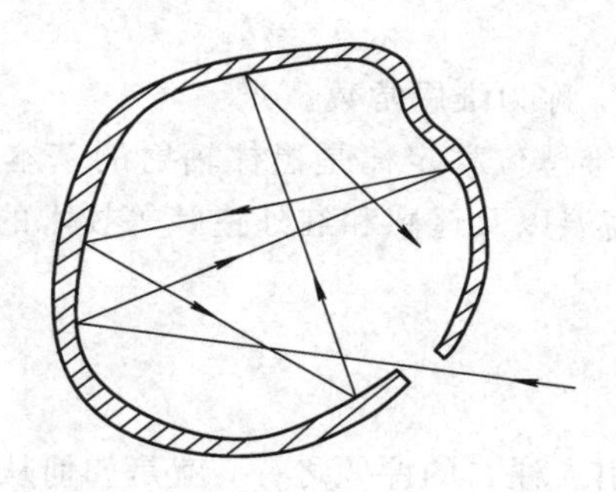

图 14.1.1　黑体模型

14.1.2　黑体辐射实验定律

对于黑体而言，它的单色辐出度仅与波长 λ 和温度 T 有关，而与其材料、大小、形状以及表面状况等无关，因此，黑体成为热辐射理论研究的重要模型。图 14.1.2 为实验测出的黑体的单色辐出度$M_\lambda(T)$在不同温度 T 下随波长 λ 变化的实验曲线。根据实验曲线，可总结出如下两条黑体辐射规律。

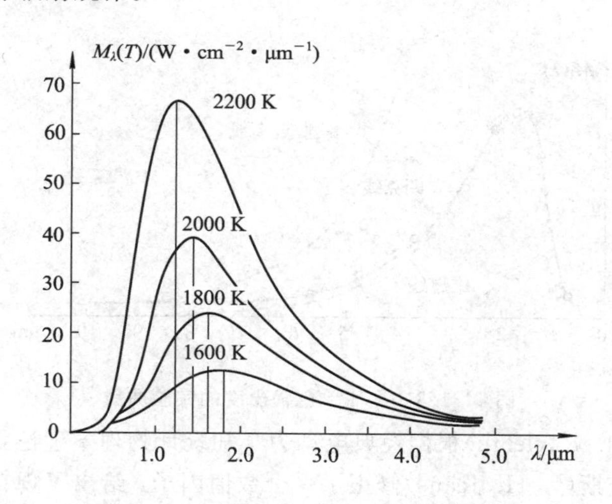

图 14.1.2　黑体单色辐出度的实验曲线

1. 斯特藩-玻尔兹曼定律

1879 年，斯特藩(J. Stefan)在比较了大量实验结果后首先发现：某一曲线下的面积，即辐出度 $M(T)$，与温度的四次方成正比。玻尔兹曼在五年后从热力学理论出发，对此作了严格证明。这就是斯特藩-玻尔兹曼定律，即

$$M(T)=\sigma T^4 \tag{14.1.3}$$

其中，常数 $\sigma=5.670\times10^{-8}\ \mathrm{W/(m^2\cdot K^4)}$。式(14.1.3)称为斯特藩-玻尔兹曼公式。

2. 维恩位移定律

从图 14.1.2 中的实验曲线可以看出，黑体辐射中每一条特定温度的热辐射曲线都有一个最大值，最大处的波长用 λ_m 来描述，温度越高，λ_m 越小。1893 年，维恩(W. Wien)从电磁学理论和热力学理论出发得到维恩位移定律：

$$\lambda_m T = b \tag{14.1.4}$$

式中，$b=2.898\times10^{-3}$ m·K，称为维恩常数。

斯特藩-玻尔兹曼定律和维恩位移定律是黑体辐射的基本定律，它们在现代科学技术中具有广泛的应用，是测量高温以及遥感和红外追踪等技术的物理基础，恒星的有效温度的测量依据就是这两个定律。

14.1.3 普朗克量子假设

19世纪末，物理学中最引人注目的课题之一，就是如何从理论上导出黑体单色辐出度$M_\lambda(T)$的数学表达式，使之与实验曲线相符。1896年，维恩从热力学理论以及对实验数据的分析出发，假定谐振子的能量按频率的分布类似于麦克斯韦速率分布，根据经典统计物理导出了下面的半经验公式

$$M_\lambda(T) = C_1\lambda^{-5}e^{-\frac{C_2}{\lambda T}} \tag{14.1.5}$$

式(14.1.5)称为维恩公式，式中C_1和C_2是两个需要用实验数据来确定的经验参量。维恩公式仅在短波波段与实验曲线相符，而在长波波段则与实验曲线有明显的偏离，如图14.1.3所示。

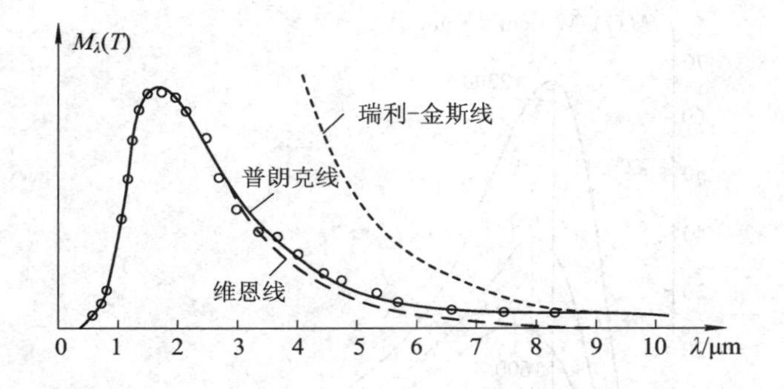

图 14.1.3 黑体单色辐出度的实验曲线

1900年，瑞利(I. Rayleigh)根据经典电动力学和统计物理学理论，得出了一个黑体辐射公式。1905年，金斯(J. H. Jeans)修正了一个数值因子，给出了现在的瑞利-金斯公式

$$M_\lambda(T) = \frac{2\pi ckT}{\lambda^4} \tag{14.1.6}$$

式中，k为玻尔兹曼常数，c为真空中的光速。式(14.1.6)只适用于长波波段，在紫外区与实验曲线明显不符，其短波极限$M_\lambda(T)\to\infty$，如图14.1.3所示，历史上称它为“紫外灾难”。

1900年，普朗克在深入研究前人成果的基础上，把代表短波波段的维恩公式与代表长波波段的瑞利-金斯公式综合在一起，凑出了一个新的分布公式：

$$M_\lambda(T) = C_1\lambda^{-5}\frac{1}{e^{C_2/(\lambda T)}-1}$$

普朗克不满足于自己凑出来的公式，他试图从理论上推导出这个公式。经过两个月紧张的工作，普朗克终于提出了具有深远历史意义的伟大发现，把一个崭新的概念——能量子引入了物理学，提出了具有划时代意义的普朗克量子假设。其基本观点如下：

（1）辐射体由许多带电的线性谐振子组成（如分子、原子的振动可视为线性谐振子），这些谐振子能够辐射或吸收电磁波，与周围的电磁场交换能量。

（2）这些线性谐振子所处的能量状态不是连续的，每个谐振子只能处于某些特殊的、分立的状态。在这些状态中，相应的能量只能取某一最小能量ε（称为**能量子**）的整数倍，即ε，2ε，3ε，…，$n\varepsilon$（n为正整数，称为量子数）。在辐射或吸收能量时，谐振子只能从这些状态中的一个状态跃迁到另一个状态，辐射或吸收的能量也只能是ε的整数倍。

（3）能量子ε与线性谐振子的频率ν成正比，即

$$\varepsilon = h\nu$$

式中，h称为普朗克常量，其量值为$h=6.626\times10^{-34}$ J·s。

根据量子假设及玻尔兹曼分布律，普朗克从理论上推导出了一个与实验曲线完全符合的黑体辐射公式，称为普朗克公式，即

$$M_\lambda(T) = \frac{2\pi hc^2}{\lambda^5}\frac{1}{e^{hc/(k\lambda T)}-1} \tag{14.1.7}$$

普朗克公式与实验结果十分吻合。当$hc/\lambda \ll kT$时，此式归结为瑞利-金斯公式；当$hc/\lambda \gg kT$时，此式归结为维恩公式。

普朗克的量子假设不仅成功地解释了黑体热辐射的规律，更具有意义的是在物理学史上第一次提出了量子的概念。这一具有变革性意义的新概念，开创了人类对微观世界认识的新领域，引起了物理学界的一场革命。1900年12月14日，普朗克在德国物理学会上宣读了论文，这一天被认为是量子论的诞生之日。普朗克由于对量子论做出的开创性贡献而获得了1918年度的诺贝尔物理学奖。

但是，这一崭新的能量量子化的概念与物理学家早已习惯的思想方法相去甚远。在量子论提出的初期，人们只承认普朗克所得出的公式（认为是辐射理论的经验公式），而不能接受他的理论。普朗克本人也长期感到惴惴不安，认为自己采取了孤注一掷的行动，多次试图将自己的理论纳入经典物理框架中，均以失败告终。直到1905年爱因斯坦借助量子假设提出了光量子理论，成功解释了光电效应之后，量子假设才逐渐为人们所接受。

14.2　光电效应

1887年，赫兹在证实电磁波存在的实验中，意外地发现光能导致金属放电而产生电火花。1899年，发现电子的汤姆逊发现光致金属所发射微粒的荷质比与电子的值相同，首次明确提出这种现象是由于金属表面被光照射后向外释放电子的缘故。后来人们把这种当光照射在金属表面时有电子从金属表面逸出的现象称为**光电效应**，把释放出来的电子称为**光电子**。1905年，爱因斯坦提出了光量子的概念，从理论上成功地解释了光电效应的实验规律。光电效应对于认识光的本质有极其重要的意义，而且在生产、科研和国防中有广泛的应用。

14.2.1　光电效应的实验规律

光电效应的实验装置如图14.2.1所示，在一个真空玻璃管S内安装两个电极，阳极为A，阴极为K，其材质为金属。管口有一石英窗口，入射光透过窗口照射在阴极表面，使阴

极发射出光电子。在电极两端施加电压，则光电子在加速电场的作用下飞向阳极，形成回路中的光电流。通过电路中的滑动变阻器调节两极的电压来改变它们之间的电场强度大小，通过双向开关改变电场方向。根据电流表 G 和电压表 V 读取电压和电流的关系。光电效应的实验结果归纳如下：

(1) **阴极在单位时间内发射的光电子数与入射光光强成正比**。如图 14.2.2 所示，以一定强度的单色光照射时，加速电压愈高，光电流愈大。当电压增加到一定值后，光电流不再增大，此时的光电流值称为**饱和光电流强度**。当增大入射光的强度时，其饱和光电流也随之增加，饱和光电流与入射光强成正比，即单位时间内从阴极逸出的光电子数目正比于入射光的强度。

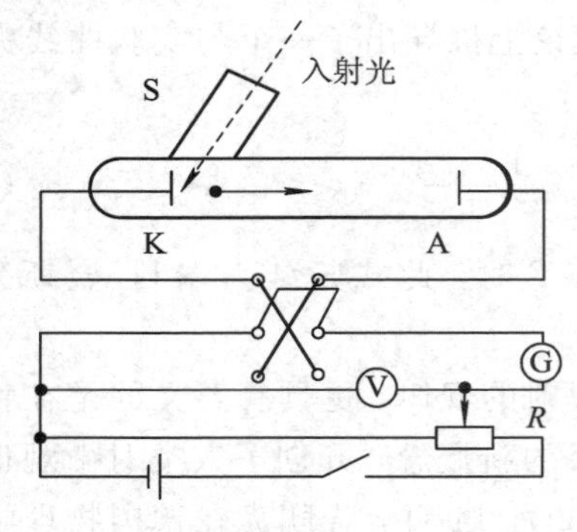

图 14.2.1 光电效应示意图

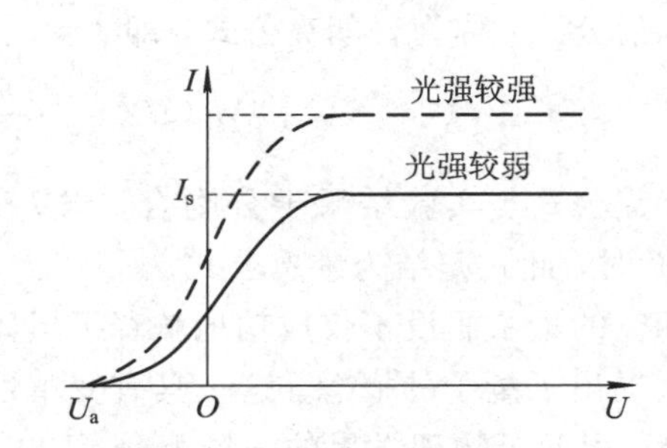

图 14.2.2 光电效应的伏安特性曲线

(2) **每一种金属都有一个截止频率**。实验表明，当光照射某一金属时，如果光的频率 ν 小于某一频率 ν_0，则无论光的强度如何，都不会产生光电效应现象，这一频率称为**截止频率**或者**红限**。不同的物质具有不同的截止频率，对应着一定的红限波长 λ_0，如表 14.2.1 所示。

表 14.2.1 几种金属的截止频率和逸出功

金属	截止频率 ν_0/Hz	红限波长 λ_0/nm	逸出功 A/eV
钠 Na	4.39×10^{14}	684	1.82
铯 Cs	4.60×10^{14}	652	1.90
钾 K	5.45×10^{14}	550	2.30
钙 Ca	6.53×10^{14}	459	2.71
铍 Be	9.40×10^{14}	319	3.90
钛 Ti	9.9×10^{14}	303	4.10
钨 W	1.08×10^{15}	278	4.50
汞 Hg	1.09×10^{15}	275	4.50
金 Au	1.16×10^{15}	258	4.8
钯 Pd	1.21×10^{15}	248	5.0

(3) **光电子的最大初动能与入射光强无关，却随入射光频率的增加而线性增加**。由图 14.2.2 可见，当 $U=0$ 时，光电流并不为零，只有当两极间加一反向电压 U_a 时，光电流才为零。光电流为零时的电压的绝对值称为**遏止电压** U_a。这表明从阴极逸出的光电子所具有

的初动能已全部消耗于克服反向电场力做功，使电子恰好不能到达阳极。所以有

$$eU_a = \frac{1}{2}mv_m^2 \tag{14.2.1}$$

式中，m 为电子的质量，v_m 为光电子中初速度的最大值。

实验结果还表明，遏止电压 U_a 随入射光频率 ν 的增加而线性增加，与入射光强无关，如图 14.2.3 所示。U_a 与 ν 的关系可表示为

$$U_a = K(\nu - \nu_0) \tag{14.2.2}$$

式中，K 是一个与金属材料性质无关的常量；ν_0 是曲线在横坐标上的截距，它等于该种金属的截止频率。

结合式(14.2.1)和式(14.2.2)可得

$$\frac{1}{2}mv_m^2 = eK(\nu - \nu_0) \tag{14.2.3}$$

可见，光电子的初动能随入射光频率的增加而线性增加，与入射光强度无关。

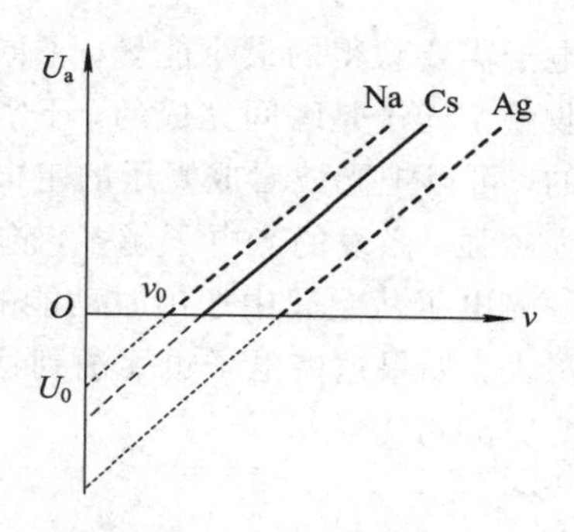

图 14.2.3　遏止电压与入射光频率间的关系

(4) **光电效应是瞬时发生的**。实验发现，只要入射光频率 $\nu > \nu_0$，无论光的强度多么微弱，从光照射阴极到光电子逸出所需的时间都不超过 10^{-9} s。

14.2.2　经典电磁理论的困难

用经典物理学的电磁波理论解释光电效应遇到了无法克服的困难。首先，它无法解释截止频率的存在，按照光的波动理论，无论何种频率的入射光，只要其强度足够大，就能使电子获得足够的能量逸出金属表面，这样光电效应对任何频率的光都会发生，而不应存在截止频率。另外，它也无法解释遏止电压与入射光强度无关的实验事实，按光的波动理论，光电子的初动能应取决于入射光的光强，即取决于光的振幅而不应取决于光的频率。最后，经典理论也无法解释光电效应的瞬时性，按照经典理论，电子逸出金属板所需的能量是逐渐积累的，光强越弱，电子逸出所需的时间就越长，而实际上，光电效应几乎是瞬时发生的。这些都表明，经典理论与光电效应的实验规律存在无法解决的矛盾。

14.2.3　爱因斯坦的光子理论

为了解释光电效应的实验现象，1905 年，爱因斯坦在普朗克的启发下提出了关于光的本性的光量子假说。他认为光不仅像普朗克已指出的，在发射或吸收时具有粒子性，而且光在空间传播时也具有粒子性，即一束光是一粒一粒以光速 c 运动的粒子流，这些光粒子称为**光量子**。1926 年美国化学家刘易斯(G. H. Lewis)把光量子叫作光子。对于频率为 ν 的单色光而言，其光子的能量 $\varepsilon = h\nu$，h 为普朗克常数。

按照光子假设，光电效应是金属中的电子吸收了光子的能量，克服金属的束缚从表面逸出的现象。假设入射光的频率为 ν，金属中的一个电子吸收一个光子获得的能量，其中一部分克服逸出功 A，若无其他能量损失，则另一部分转变为光电子的初动能，按照能量守恒定律有

$$h\nu = A + \frac{1}{2}mv_m^2 \tag{14.2.4}$$

该方程仅表示具有最大初动能的光电子的能量转换过程，称为**爱因斯坦光电效应方程**。

由于存在逸出功 A，因此如果入射光子的能量低，将无法将电子激发出金属。而光子的能量和频率有关，因此必然存在一个截止频率 ν_0 满足

$$A = h\nu_0 \tag{14.2.5}$$

即电子需要获得的最小能量。不同的金属其逸出功不同，自然截止频率也不同。由于电子吸收整个光子是瞬间完成的，不需要积累时间，因此发射时间也非常短。光束是由光子构成的，可以把光波看成光子的定向移动。单位时间内到达金属表面的光子数取决于光强，光强越强，激发的光电子越多，饱和电流越大。

光电子从金属中逸出时动能的大小取决于电子的初始状态。但是总会有一些电子的动能最大，如果这些电子也无法到达阳极，则电流为零。根据式(14.2.1)、式(14.2.4)、式(14.2.5)可得

$$U_a = \frac{h}{e}(\nu - \nu_0) \tag{14.2.6}$$

它表明遏止电压和频率呈线性关系，斜率 $K=h/e$ 为常数。

爱因斯坦的光子假说成功地解释了多年悬而未决的光电效应的实验现象。可是在当时，绝大部分老一辈物理学家都反对光量子论，甚至提出量子假设的普朗克对此也难以认同。美国物理学家密立根(R. A. Millikan)起初不相信光量子论，他花费十年的时间去检验爱因斯坦的光电效应公式，希望能够证实公式是错误的。但实验结果使他不得不断言这个理论的正确性，并由该公式精确地测定了 h 的值。密立根因证实了这个方程而获得了诺贝尔物理学奖，爱因斯坦也因对理论物理学所做的贡献，特别是因发现了光电效应方程而获得诺贝尔物理学奖。

14.2.4 光的波粒二象性

光在传播时会产生干涉、衍射等现象，这说明光具有波动性，而光电效应又说明光具有粒子性。因此，关于光本质的正确理论是光具有波粒二象性。波动性和粒子性看起来是矛盾的，但在微观领域二者是共存的。若一方占主导地位，另一方则占次要地位，而表现的性质就由占主导地位的一方决定。例如，在光传播过程中，光的波动性占主导地位，因而表现出干涉、衍射等现象；而在光的辐射、吸收、光与物质相互作用的过程中，光的粒子性成为主要方面，因而产生光电效应等现象。

我们用频率 ν、波长 λ 和周期 T 这些物理量来描述波动性；而对光的粒子性，和实物粒子一样可以用能量、质量和动量这些物理量来描述。因为光子是以光速运动的粒子，所以讨论它的能量、质量和动量必须用相对论理论。

由狭义相对论和爱因斯坦光子假设可知，光子的能量为

$$E = m_\varphi c^2 = h\nu \tag{14.2.7}$$

m_φ 为光子的质量，表示为

$$m_\varphi = \frac{h\nu}{c^2} = \frac{h}{c\lambda} \tag{14.2.8}$$

光子的动量为

$$p = m_\varphi c = \frac{h\nu}{c} = \frac{h}{\lambda} \tag{14.2.9}$$

可以看出，光的波长和动量、频率和能量存在一一对应的关系，这一特性称为光的**波粒二象性**。光电效应实验和爱因斯坦光电效应方程不仅进一步证明了普朗克量子假设的合理性，而且揭示了物质具有波粒二象性，加深了人类对微观世界的认识。

14.2.5　光电效应在工程技术中的应用

光电效应不仅有重要的理论意义，而且在很多工程技术中都有广泛的应用，许多重要的光电子元器件，如光敏管、光敏电阻、光敏二极管、光敏三极管、光敏耦合器、太阳能电池、光电倍增管和光电控制器都是基于光电效应理论开发的光电器件。

1. 光敏管

基于光电效应，人们制成了光敏管(也称光电管)，它是能使光信号转换成电信号的光电器件。图 14.2.4(a)是电子管中光电管的典型结构，玻璃壳的内球面涂上材料做阴极，球心的金属做阳极。当阴极收到波长适当的光线照射时便会发射出电子，电子被阳极吸引，这样便在光电管内形成了电子流，因此外电路中便产生了电流。光电管多用于光电自动装置，如录音机、传真电报等。图 14.2.4(b)所示的光电倍增管可以将微弱的光信号进行数倍放大。入射光照射到光电阴极，便可以激发出光电子，然后聚集到第一倍增极，在电场的作用下，光电子继续在倍增管中进一步倍增放大，最终放大了数倍的电子在阳极被收集并输出。光电倍增管具有诸多优点，如灵敏度高，噪声低等，因此光电倍增管在电影放映机中有诸多应用。

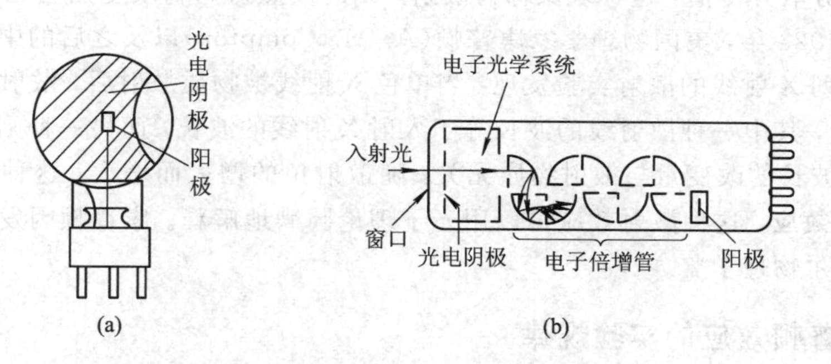

图 14.2.4　典型光敏管示意图

2. 光敏电阻

在光照的作用下，阻值会随光照发生变化的电阻便是光敏电阻。根据探测波长的不同，光敏电阻可以分为紫外光敏电阻、红外光敏电阻以及可见光光敏电阻三种类型。紫外光敏电阻对紫外线较灵敏，常常用于探测紫外线。红外光敏电阻因对红外波段的光线比较灵敏，故可用于国防中的导弹制导系统，也可在医疗中用于对人体病变的检测。可见光光敏电阻主要用于多种开关控制系统中，我们在日常生活中常见的光控灯就是可见光光敏电阻的一大应用。除此之外，各种路灯或者航照灯的自动亮灭也是光敏电阻应用的体现。

3. 太阳能电池

太阳能电池运用了光生伏特效应，使半导体在受到光照射时产生电动势，将光能转化为电能。当光照到一个大面积的 PN 结上时在其两端会产生电动势(P 区为正，N 区为负)，接上负载后就形成了电流。太阳能电池已被广泛应用于人造卫星、航空航天领域及民用领域。

例 14.2.1 已知某种金属对应的红限波长为λ_0，用波长为$\lambda<\lambda_0$的单色光照射该金属，求逸出电子的最大动量。设电子质量为m，光速为c。

解 根据爱因斯坦光电效应方程得

$$\frac{1}{2}mv_m^2 = h\nu - A$$

其中该金属的逸出功$A=h\nu_0=h\dfrac{c}{\lambda_0}$，将$h\nu=h\dfrac{c}{\lambda}$代入上述方程中解出

$$v_m = \sqrt{\frac{2hc(\lambda_0-\lambda)}{m\lambda_0\lambda}}$$

故最大动量为

$$p = mv_m = \sqrt{\frac{2mhc(\lambda_0-\lambda)}{\lambda_0\lambda}}$$

需要注意的是，爱因斯坦光电效应方程是能量守恒的体现，该过程中不存在碰撞，和动量守恒无关。

14.3 康普顿效应

可见光在物质中前进时会因介质中存在其他微粒或介质不均匀而使部分光线偏离原来的方向，从而分散开传播，这种现象称为**散射**。X 射线照射到物质上后会在各个方向上产生散射光线。1923 年，美国物理学家康普顿(A. H. Compton)以及之后的中国科学家吴有训，通过一系列 X 射线的散射实验发现：当单色 X 射线被物质散射后，散射光出现了两种波长的 X 射线，其中一种散射线的波长等于入射 X 射线的波长，而另一种则比入射线的波长更长，它的波长的改变量与散射物质无关，随散射角的增大而增大，这种波长变长的散射称为**康普顿效应**，这种散射效应可以用光子理论圆满地解释。康普顿因发现康普顿效应而获得了诺贝尔物理学奖。

14.3.1 康普顿效应的实验规律

图 14.3.1 是康普顿效应的实验示意图。从 X 光管发出波长为λ_0的 X 射线，通过光阑照射在石墨上，X 射线经散射后向各个方向发射散射线，散射方向和入射方向的夹角称为散射角φ，散射光的波长和强度可以利用光谱仪测量。

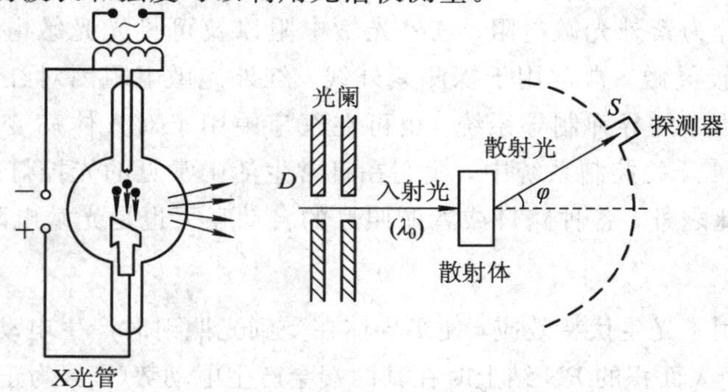

图 14.3.1 康普顿效应实验示意图

图 14.3.2 给出了康普顿和吴有训的实验结果，结果有如下规律：

(1) 散射线中除了和原波长 λ_0 相同的射线外，还有波长 $\lambda>\lambda_0$ 的射线；

(2) 波长的改变量 $\Delta\lambda=\lambda-\lambda_0$ 随散射角 φ 的增大而增大；

(3) 对于不同元素的散射物质，在同一散射角下，波长的改变量 $\Delta\lambda$ 相同，波长为 λ 的散射光的强度随散射物原子序数的增加而减小。

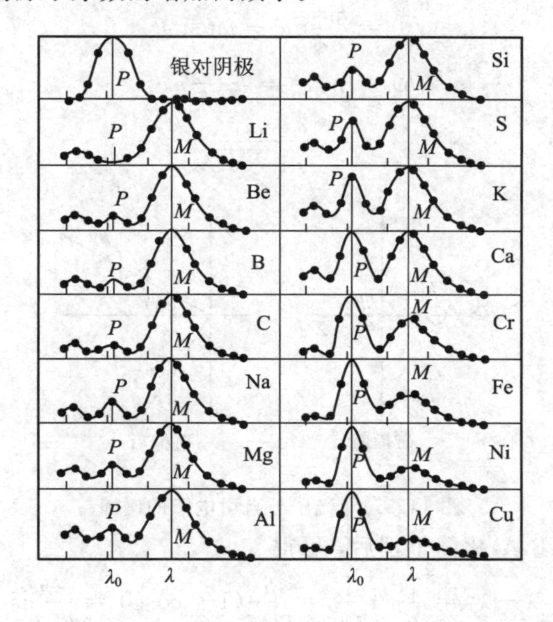

图 14.3.2　康普顿和吴有训的实验结果

14.3.2　理论解释

视频 14-1

按照经典的电磁波理论，X 射线是一种电磁波。当电磁波通过物质时，它引起物质中电子的受迫振动，每个振动着的电子向四周辐射电磁波。由于电子受迫振动的频率与入射的 X 射线的频率相等，向外辐射的电磁波的频率也与入射的 X 射线的频率相同，因此经典电磁理论不能解释康普顿效应。应用爱因斯坦的光量子理论，并把康普顿效应看作 X 射线光子与物质中的电子发生弹性碰撞的过程，可以使康普顿效应的实验现象得到圆满解释。

当 X 射线照射晶体时，光子和晶体中的电子发生碰撞，晶体中的电子依据其状态可以分为两类：一类电子处于原子壳层深处，受到的束缚较强；另一类电子位于原子壳层外层，受到原子核的束缚较弱，可以看作自由电子。

原子中的内层电子束缚很紧密，当光子与这些电子碰撞时，光子相当于与整个原子碰撞。由于原子的质量较光子大得多，碰撞后光子改变了运动方向，但几乎不会失去能量，因此散射光子的频率或波长几乎不变，这就是散射光中含有与入射的 X 射线波长相同的射线的原因。

光子和自由电子碰撞时，由于电子热运动的能量远小于 X 射线的能量(相差 2～3 个数量级)，因此电子的动能可以忽略不计，可以将碰撞看作一个光子和静止的电子的完全弹性碰撞过程。如图 14.3.3 所示，入射光子和散射后光子的能量分别为 $h\nu_0$ 和 $h\nu$，相应的动量为$\frac{h\nu_0}{c}$和$\frac{h\nu}{c}$，电子碰撞前后的能量分别为 m_0c^2 和 mc^2，相应的动量为 0 和 mv。根据动量、能量守恒定律及相对论质速关系有

$$\frac{h\nu_0}{c} = \frac{h\nu}{c}\cos\varphi + mv\cos\theta \tag{14.3.1}$$

$$0 = \frac{h\nu}{c}\sin\varphi - mv\sin\theta \tag{14.3.2}$$

$$h\nu_0 + m_0c^2 = h\nu + mc^2 \tag{14.3.3}$$

$$m = \frac{m_0}{\sqrt{1 - v^2/c^2}} \tag{14.3.4}$$

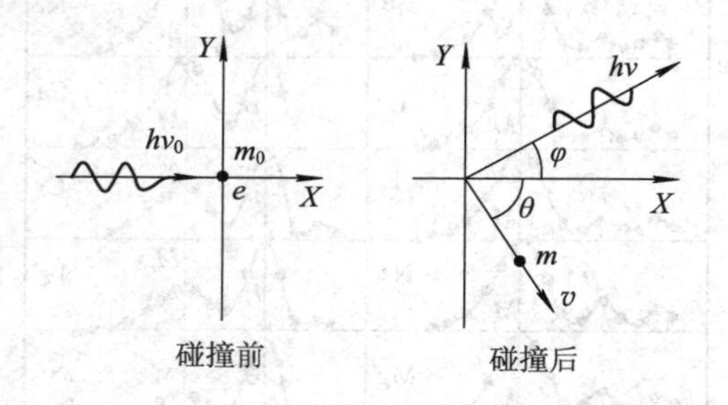

图 14.3.3 光子与自由电子的碰撞

将式(14.3.1)～式(14.3.4)化简整理后，可得

$$\Delta\lambda = \lambda - \lambda_0 = \frac{c}{\nu} - \frac{c}{\nu_0} = \frac{h}{m_0c}(1 - \cos\varphi) = \frac{2h}{m_0c}\sin^2\frac{\varphi}{2} \tag{14.3.5}$$

式(14.3.5)即为康普顿散射公式。令 $\lambda_c = \frac{h}{m_0c} \approx 0.0024$ nm，称为**康普顿波长**，则式(14.3.5)可写为

$$\Delta\lambda = 2\lambda_c\sin^2\frac{\varphi}{2}$$

在康普顿效应中，一个光子与散射物质中一个自由电子或束缚较弱的电子相互作用时就可以视为一个光子与一个电子发生弹性碰撞。由于碰撞后电子获得了光子的一部分能量，因此光子的能量要减少，频率变小(波长变长)。由式(14.3.5)可以看出，波长的改变量 $\Delta\lambda$ 随散射角 φ 的增大而增大，且与散射物质无关。需要注意：当$\lambda_0 \gg \lambda_c$时，$(\lambda - \lambda_0)/\lambda_0 \to 0$，即观察不到康普顿效应，这就是我们做康普顿散射实验时不能用可见光而用 X 射线的原因。康普顿效应在理论分析和实验结果上的高度一致，不仅有力地证实了光子理论，而且说明了光子确实与实物粒子一样具有一定的质量、能量和动量，特别是个别光子和个别电子间的相互作用同样遵守能量守恒和动量守恒定律。也就是说，在微观领域，个别微观粒子间的相互作用也严格遵守能量守恒定律和动量守恒定律。

例 14.3.1 波长 $\lambda_0 = 0.020$ nm 的 X 射线与自由电子发生碰撞，若从与入射角成 90°角的方向观察散射线，求：

(1) 散射线的波长；

(2) 反冲电子的动能；

(3) 反冲电子的动量。

(普朗克常量 $h=6.63\times10^{-34}$ J·S，电子静止质量 $m_0=9.11\times10^{-31}$ kg)

解　(1) 因为散射角为 90°，所以康普顿散射光子的波长改变量为

$$\Delta\lambda=\frac{h}{m_0c}(1-\cos\theta)=0.0024\ \text{nm}$$

故散射线的波长为

$$\lambda=\lambda_0+\Delta\lambda=0.0224\ \text{nm}$$

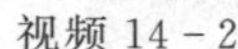

视频 14-2

(2) 根据碰撞过程中的能量守恒关系，可得反冲电子的动能：

$$E_k=mc^2-m_0c^2=h\nu_0-h\nu=\frac{hc}{\lambda_0}-\frac{hc}{\lambda}=\frac{hc}{\lambda_0\lambda}\Delta\lambda=1.07\times10^{-15}\ \text{J}$$

(3) 根据碰撞过程动量守恒，画出矢量图，如图 14.3.4 所示，可得反冲电子的动量为

$$p=\sqrt{\left(\frac{h}{\lambda_0}\right)^2+\left(\frac{h}{\lambda}\right)^2}=4.45\times10^{-23}\ \text{kg}\cdot\text{m}\cdot\text{s}^{-1}$$

设反冲电子动量与入射线的夹角为 φ，故

$$\tan\varphi=\frac{\dfrac{h}{\lambda}}{\dfrac{h}{\lambda_0}}\approx\frac{10}{11}$$

$$\varphi=\arctan\frac{10}{11}=42°16'$$

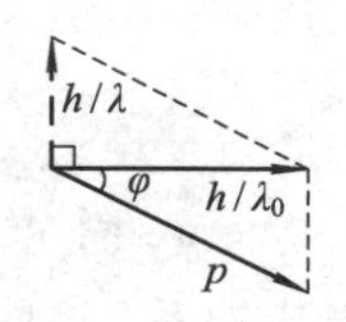

图 14.3.4　例 14.3.1 图

14.4　玻尔的氢原子理论

19 世纪 80 年代，光谱学取得了很大发展，积累了有关光谱的大量实验数据。1885 年，巴尔末把看似毫无规律的氢原子光谱归纳成有规律的公式，这促使人们认识到光谱规律的实质在于原子的内在机制。

1913 年，玻尔在卢瑟福原子核型结构的基础上建立起了氢原子结构的半经典量子理论，圆满解释了氢原子光谱的规律。然而，玻尔的氢原子理论本身存在一定的缺陷。十年后，在波粒二象性的基础上建立起来的量子理论以更正确的概念和理论完美解决了玻尔理论遇到的困难。即便如此，玻尔理论对量子力学的发展仍然有着重要的先导作用，同时，玻尔关于定态的概念和光谱线频率的假设，在原子结构和分子结构的现代理论中，仍然是十分重要的概念。

14.4.1　氢原子光谱的实验规律

固体加热所发出的光谱是连续的，但原子光谱由分立的线状光谱所组成。不同原子辐射不同的光谱。也就是说，线状光谱反映了原子内部结构的重要信息，研究光谱规律成为探索物质结构的重要手段。在所有元素中，氢原子的光谱最为简单，所以研究氢原子光谱的规律成为研究原子光谱的突破口，到 1885 年从某些星体的光谱中观察到的氢光谱线已达 14 条。瑞士的一位中学数学教师巴尔末(J. J. Balmer)发现，这些光谱线中在可见光部分的谱线可归纳为如下公式：

$$\lambda=B\frac{n^2}{n^2-4}\quad(n=3,4,5)\tag{14.4.1}$$

式中，$B=365.46\ \text{nm}$。式(14.4.1)称为巴尔末公式，此式所得的值与实验值符合得很好。它所表达的一组谱线称为巴尔末系。如果用波长的倒数$\tilde{\nu}=\frac{1}{\lambda}$表示单位长度的间隔内所包含的波长数目(称为波数)，则巴尔末公式可以写为

$$\tilde{\nu}=\frac{1}{\lambda}=R_{\mathrm{H}}\left(\frac{1}{2^2}-\frac{1}{n^2}\right)\quad(n=3,4,5)\tag{14.4.2}$$

式中，$R_{\mathrm{H}}=\frac{4}{B}$，称为氢光谱的里德伯常数，其测量值$R_{\mathrm{H}}=1.096\ 775\ 8\times10^{7}\ \mathrm{m}^{-1}$。

氢原子光谱的其他谱线系也先后被发现，一个在紫外区，由拉曼(Lyman)发现，还有三个在红外区，分别由帕邢(Paschen)、布拉开(Brackett)、普丰德(Pfund)发现，这些谱线系也像巴尔末系一样，可以用一个简单的公式表示。1889 年，瑞士物理学家里德伯(J. R. Rydberg)提出了一个普遍公式——里德伯方程，写作

$$\tilde{\nu}=R_{\mathrm{H}}\left(\frac{1}{k^2}-\frac{1}{n^2}\right)\tag{14.4.3}$$

式中，$k=1,2,3,\cdots$；$n=k+l,k+2,k+3,\cdots$。其中，$k=1$，$n=2,3,4,\cdots$为拉曼系；$k=3$，$n=4,5,6,\cdots$为帕邢系；$k=4$，$n=5,6,7,\cdots$为布拉开系；$k=5$，$n=6,7,8,\cdots$为普丰德系。这些谱线系如图 14.4.1 所示。

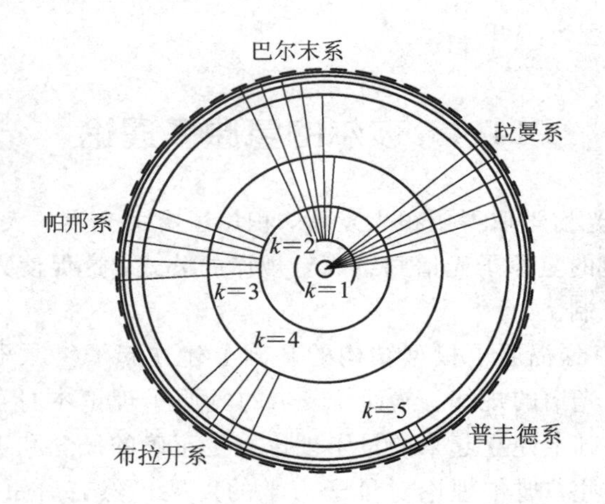

图 14.4.1 氢原子的不同谱系

14.4.2 玻尔氢原子理论

1911 年，英国物理学家卢瑟福(E. Rutherford)根据 α 粒子散射实验提出了原子的核式结构，即原子是由带正电的原子核和核外作轨道运动的电子组成的。按照经典电磁波理论，电子绕核转动必然具有加速度，加速运动的电子将发射电磁波，其频率应等于电子绕核转动的频率。电子由于辐射其能量将不断减少，频率也会逐步改变，辐射的光谱应该是连续的。同时，由于能量的不断减少，电子运动半径也会逐渐减小，最后落入原子核，这样的原子结构是不稳定的。而事实上，原子是一个稳定的系统，而且所辐射的光谱是线光谱。可见，经典电磁理论无法解释原子核型结构模型和实验规律之间的联系。

1913 年，丹麦物理学家玻尔(N. H. D. Bohr)在原子核型结构的基础上，把普朗克、爱因斯坦关于光的量子理论推广到原子系统，提出了三个基本假设作为他的氢原子理论的

出发点，使氢原子光谱规律得到了很好的解释。

玻尔的三个基本假设如下：

(1) **定态假设**。氢原子系统中仅存在一些不连续的能量状态，电子只能在这些能量对应的轨道上作圆周运动，并且电子不会对外辐射电磁波，这样的状态称为稳定态(定态)。

(2) **轨道量子化假设**。电子在这些定态轨道上的角动量 L 满足量子化，即

$$L = n\hbar \tag{14.4.4}$$

式中，$n=1, 2, 3, \cdots$为整数，称为角动量量子数；$\hbar=\frac{h}{2\pi}$为约化普朗克常数。

(3) **跃迁假设**。氢原子中的电子从一个能量为E_n的定态跃迁到另一个能量为E_k的定态时，就要发射或吸收一个频率为ν_{nk}的光子，ν_{nk}的计算式为

$$\nu_{nk} = \frac{|E_n - E_k|}{h} \tag{14.4.5}$$

$E_n > E_k$ 代表发射光子，$E_n < E_k$ 代表吸收光子。

在这三个假设中，第一个虽是经验性的，但它是玻尔对原子结构理论的重大贡献，玻尔对经典理论做出了巨大的修改，从而解决了原子的稳定性问题。第二个所表述的角动量量子化是人为设定的，后来知道，它可以从德布罗意假设自然得出。第三个是从普朗克量子假设引申来的，可以解释线光谱的形成。

根据以上三个假设，结合经典力学，可以推导出氢原子的能级公式，并解释氢原子光谱的规律。当电子绕原子核运动时，原子核对电子的库仑力等于其绕核作圆周运动的向心力，即

$$\frac{1}{4\pi\varepsilon_0}\frac{e^2}{r^2} = m\frac{v^2}{r} \tag{14.4.6}$$

式中，m 为电子质量，v 为电子运动速度，r 为轨道半径，e 为电子的电量。电子作圆周运动的机械能为

$$E = \frac{1}{2}mv^2 - \frac{e^2}{4\pi\varepsilon_0 r} = -\frac{e^2}{8\pi\varepsilon_0 r} \tag{14.4.7}$$

电子作圆周运动的角动量满足量子化条件：

$$L = mvr = n\frac{h}{2\pi} \tag{14.4.8}$$

利用式(14.4.6)和式(14.4.8)可得

$$r_n = n^2\left(\frac{\varepsilon_0 h^2}{\pi m e^2}\right) \quad (n = 1, 2, 3, \cdots) \tag{14.4.9}$$

r_n 就是原子中第 n 个稳定轨道的半径，$n=1$ 对应的半径 $r_1=\frac{\varepsilon_0 h^2}{\pi m e^2}=0.0529$ nm 称为**玻尔半径**。从该结果还可以看出，氢原子轨道半径与整数 n 的平方成正比，是不能连续变化的。通常用量子数 n 来标记不同的定态，结合式(14.4.7)，第 n 个定态上的能量为

$$E_n = -\frac{1}{8\pi\varepsilon_0}\frac{e^2}{r_n} = -\frac{1}{n^2}\frac{me^4}{8\varepsilon_0^2 h^2} \tag{14.4.10}$$

它表明氢原子的能量只能取一些不连续的分立值，称为能量量子化。能量对应的数值称为能级，其中 $n=1$ 对应的能量 $E_1=-\frac{me^4}{8\varepsilon_0^2 h^2}=-13.6$ eV 最低，对应的状态称为**基态**，其他

能级对应的状态称为**激发态**，能量 $E_n=\frac{E_1}{n^2}$ 。

利用玻尔氢原子理论的跃迁假设公式(14.4.5)。当电子从高能级E_n跃迁至低能级 E_k 时，其发射光子的频率为

$$\nu_{nk}=\frac{E_n-E_k}{h}=\left(\frac{1}{n^2}-\frac{1}{k^2}\right)E_1 \tag{14.4.11}$$

波数为

$$\tilde{\nu}=\frac{1}{\lambda_{nk}}=\frac{\nu_{nk}}{c}=\frac{E_1}{hc}\left(\frac{1}{n^2}-\frac{1}{k^2}\right)=R_{\mathrm{H}}\left(\frac{1}{k^2}-\frac{1}{n^2}\right) \tag{14.4.12}$$

其中，$R_{\mathrm{H}}=-\frac{E_1}{hc}$，理论计算的结果$R_{\mathrm{H}}=1.097\ 373\ 1\times10^7\ \mathrm{m}^{-1}$，与实验值非常接近。

例 14.4.1 氢原子光谱的巴尔末系中，有一光谱线的波长 $\lambda=434$ nm。

(1) 与这一谱线相应的光子能量为多少电子伏?

(2) 该谱线是氢原子由能级E_n跃迁到能级E_k 产生的，n 和 k 分别为多少?

(3) 最高能级为E_n的大量氢原子最多可以发射几个谱线系，共几条谱线? 波长最短的是哪一条谱线?

解 (1) 与波长 $\lambda=434$ nm 对应的光子的能量为

视频 14-3

$$\begin{aligned}E&=\frac{hc}{\lambda}=\frac{6.63\times10^{-34}\times3.0\times10^8}{434\times10^{-9}}\ \mathrm{J}\\&=4.58\times10^{-19}\ \mathrm{J}\\&=2.86\ \mathrm{eV}\end{aligned}$$

(2) 巴尔末系的 $k=2$，根据跃迁假设及能级$E_n=\frac{E_1}{n^2}$关系，得

$$h\nu=E_n-E_2=\left(\frac{1}{n^2}-\frac{1}{2^2}\right)E_1$$

其中，$E_1=-13.6$ eV，解得 $n=5$，即该谱线是氢原子由能级E_5跃迁到能级E_2 产生的。

(3) $n=5$ 的激发态可向 $k=4, 3, 2, 1$ 的定态跃迁，有 4 条光谱线，分别为布拉开系、帕邢系、巴尔末系及拉曼系谱线。同理，从 $n=4, 3, 2$ 的激发态跃迁分别有 3、2、1 条光谱线，即共有 $4+3+2+1=10$ 条光谱线。其中，从 $n=5$ 向 $k=1$ 跃迁时波长最短，根据跃迁假设 $h\nu=E_5-E_1$ 及能级$E_5=\frac{E_1}{5^2}=-0.544$ eV 的关系，可得最短波长为

$$\lambda=\frac{hc}{E_5-E_1}=\frac{6.63\times10^{-34}\times3\times10^8}{1.6\times10^{-19}\times[-0.544-(-13.6)]}=9.52\times10^{-8}\ \mathrm{m}$$

14.5 实物粒子的波粒二象性

光的干涉和衍射说明了光的波动性，而黑体辐射、光电效应和康普顿散射则充分证明了光的粒子性，因此光具有波粒二象性。德布罗意在光的波粒二象性的启发下提出了物质波的概念，这一概念之后很快被实验证实了，这为量子理论的发展开辟了一条新的道路。

14.5.1　德布罗意假设

1924 年法国物理学家德布罗意将物质波推广至所有实物粒子。他认为电子、质子、中子等一切实物粒子均具有波粒二象性。

类比于光子，假设实物粒子能量为 E，动量为 p，其对应的物质波频率为 ν，波长为 λ，那么动量和波长、能量和频率有如下对应关系：

$$p = mv = \frac{h}{\lambda} \tag{14.5.1}$$

$$E = mc^2 = h\nu \tag{14.5.2}$$

考虑相对论效应，波长和频率可表示如下：

$$\lambda = \frac{h}{p} = \frac{h}{mv} = \frac{h}{m_0 v}\sqrt{1 - v^2/c^2} \tag{14.5.3}$$

$$\nu = \frac{E}{h} = \frac{mc^2}{h} = \frac{m_0 c^2}{h\sqrt{1 - v^2/c^2}} \tag{14.5.4}$$

实物粒子对应的波称为**德布罗意波**或者**物质波**。波粒二象性是物质的固有属性，目前利用电子的波动性制造的电子显微镜已经广泛应用于金属、半导体、生物、化学、医学和新材料领域。

例 14.5.1　质量 $m=0.01$ kg 的子弹以速率 $v=300$ m/s 飞行时对应的物质波波长为多少？

解　根据式(14.5.3)得

$$\lambda = \frac{h}{mv} \approx 2.2 \times 10^{-34}\ \text{m}$$

由于该波长相对于子弹的尺寸非常小，因此对子弹的运动几乎没有影响。在宏观世界中，物体的量子效应可以忽略。

14.5.2　物质波的实验验证

德布罗意假设的正确性必须由实验来验证。1927 年，美国物理学家戴维逊(C. J. Davisson)和革末(L . H. Germer)的电子衍射实验证实了电子具有波动性。实验装置如图 14.5.1(a)所示，电子枪发出的电子束经电场加速后投射到镍晶体的特选晶面上，经晶面散射进入电子探测器，即可测出散射电子束的强度。实验时，保持电子束的掠角 θ 不变，改变加速电压 U，观察散射电子流的电流强度 I，实验发现 I 并不随 U 的增大而单调地增大，而是呈现一系列极大值和极小值，如图 14.5.1(b)所示。对上述结果不能用粒子运动来说明，但可以用 X 射线对晶体的衍射方法来分析。把电子束完全看成像 X 射线一样，整个实验和 X 射线在晶体点阵结构上的衍射完全类同，衍射极大的空间方位角满足布拉格公式：

$$a\sin\theta = k\lambda$$

将式(14.5.3)代入布拉格方程中，可得电子流强度取极大值时与加速电压的关系：

$$a\sin\theta = k\frac{h}{\sqrt{2m_0 e}}\frac{1}{\sqrt{U}}$$

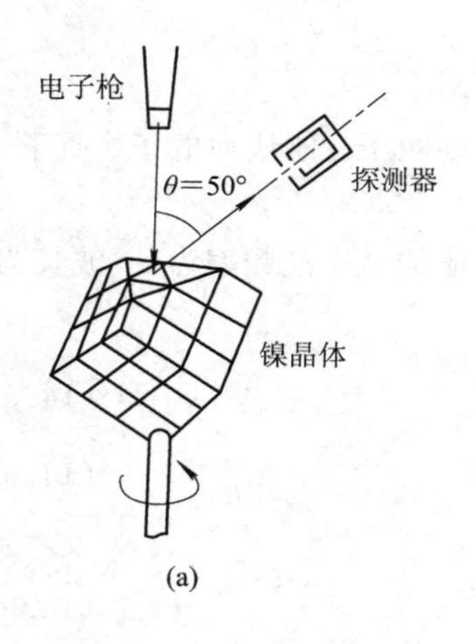

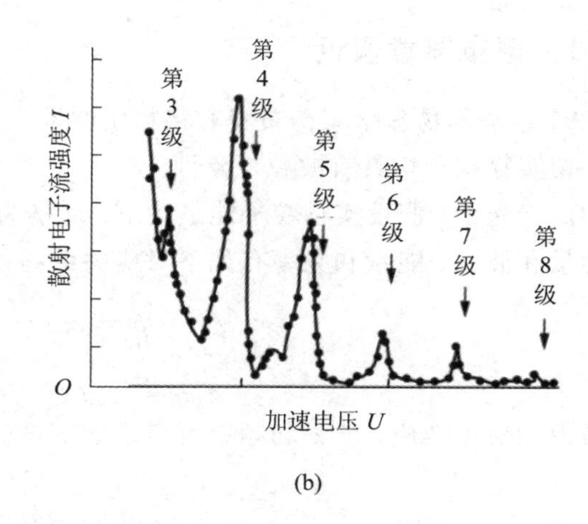

图 14.5.1 戴维逊-革末实验

由上式可以算出各极大值点所对应的 U 值，结果与实验完全相符。这样不但证明了电子确实具有波动性，同时也证明了德布罗意假设的正确性。

同年稍后，英国物理学家汤姆逊(G. P. Thomson)做了另一个电子衍射试验，他把经电场加速的电子束打到金属箔上，结果在金属箔后的底片上拍摄到了电子衍射的图样，如图 14.5.2 所示。根据这些衍射环的半径可以算出电子波的波长，从而进一步证实了德布罗意假设，证实了电子的波粒二象性。20 世纪 30 年代以后，质子、中子、氦原子、氢分子等微观粒子都被证实同样存在衍射现象，特别是中子衍射技术，已成为研究固体微观结构的最有效的方法之一。波动性是粒子自身固有的性质，而德布罗意公式是反映实物粒子波粒二象性的基本公式。德布罗意因提出物质波理论而获得 1929 年的诺贝尔物理学奖。

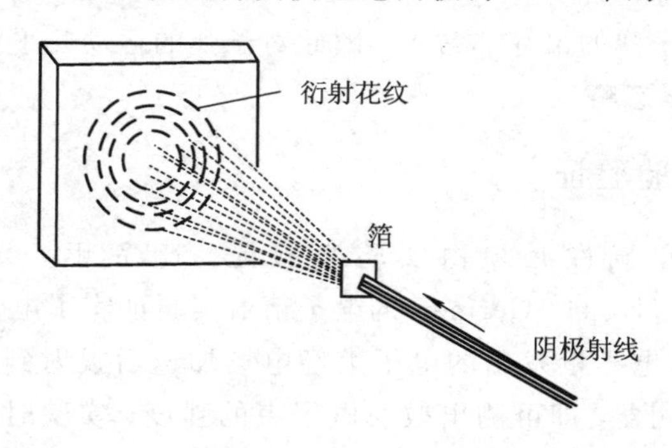

图 14.5.2 电子穿过金属箔的衍射

例 14.5.2 计算电子经过 $U_1=100$ V 和 $U_2=10\ 000$ V 的电压加速后的德布罗意波波长分别是多少。

解 经过电压 U 加速后，电子的动能为

$$\frac{1}{2}mv^2 = eU$$

由此可得

$$v = \sqrt{\frac{2eU}{m}}$$

根据德布罗意公式，电子的波长为

$$\lambda=\frac{h}{mv}=\frac{h}{\sqrt{2emU}}$$

由 $U_1=100$ V 可得

$$\lambda_1=\frac{h}{\sqrt{2emU_1}}=\frac{6.63\times10^{-34}}{\sqrt{2\times1.6\times10^{-19}\times9.1\times10^{-31}\times100}}\ \text{m}$$

$$=0.123\text{nm}$$

由 $U_2=10\ 000$ V 可得

$$\lambda_2=\frac{h}{\sqrt{2emU_2}}=\frac{6.63\times10^{-34}}{\sqrt{2\times1.6\times10^{-19}\times9.1\times10^{-31}\times10\ 000}}\ \text{m}$$

$$=0.0123\ \text{nm}$$

14.5.3　物质波的统计解释

在经典物理学中，粒子和波是两个截然不同的概念。粒子是分立的，有确定的运动轨道，在任意时刻都有确定的位置和速度；波是连续的，可以叠加，能产生干涉和衍射现象。两个如此完全不能相容的对立概念怎样统一？波动性和粒子性怎样联系起来？1926 年，玻恩(M. Born)对实物粒子的波动性做出了令人信服的解释，同时把实物粒子的波动性和粒子性统一了起来。

对于光的衍射现象中的光强问题，爱因斯坦从光子论出发应用统计学的观点提出：光强大小与单位时间内落到屏幕上的光子数成正比。光强大的地方，光子到达的概率大；而光弱的地方，光子到达的概率小。对于电子衍射现象，玻恩用同样的观点来分析，认为电子流出现峰值(或衍射图样出现亮条纹)处电子出现的概率大，非峰值(或衍射图样的暗纹)处电子出现的概率小。在电子的双缝衍射实验中，如果电子流很弱，使电子几乎一个一个地通过双缝，则开始时电子在荧光屏上出现的亮点是没有任何规律的。随着入射电子数目的增多，逐渐显示出一定的规律性。当入射电子的数目相当大时，其规律性就明显地显示出来了。图 14.5.3 是电子双缝衍射的实验照片，与杨氏双缝干涉实验的结果相同，都出现了明暗相间的条纹。这表明个别粒子的行为有一定的偶然性，大量粒子则遵从一个确定的统计规律，粒子在空间的分布表现为具有连续特征的波动性。德布罗意物质波本质上是一种统计意义下的概率波，与经典物理中的波有本质的区别。

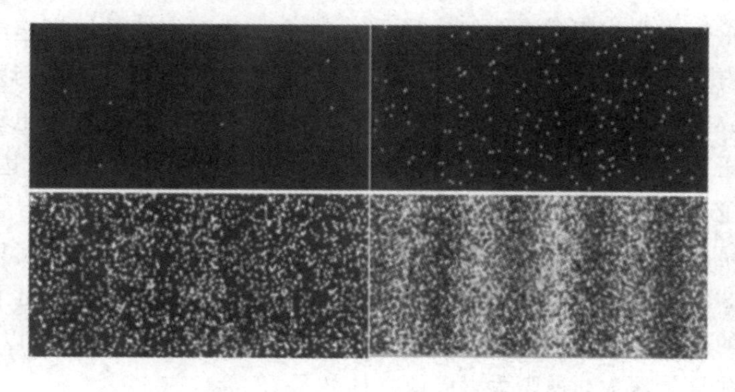

图 14.5.3　电子双缝衍射的照片

14.5.4 物质波在科学技术中的应用

借助光学显微镜，人们能用肉眼直接看到病毒、细菌和其他微生物，分辨本领在 10^{-4} mm 左右。但是，不管放大倍数多大，比 10^{-4} mm 还小的东西就看不清了，这是因为在光学显微镜中，利用点光源所发的光波进入显微镜时，光衍射成的像不是一个完全清晰的点，而是有一定大小的光斑。利用电子束代替可见光照明样品来制作的电子显微镜，可以克服光波长在分辨率上的局限性。1926 年，德国学者 Busch 指出“具有轴对称的磁场对电子束起着透镜的作用，有可能使电子束聚焦成像”，这为电子显微镜的制作提供了理论依据。1931 年，德国柏林大学鲁斯卡(E. Ruska)基于电子的波动性，发明了世界上第一台透射式电子显微镜，从而开创了物质微观世界研究的新纪元，鲁斯卡因此获得了 1986 年的诺贝尔物理学奖。

由于光有衍射现象，因此要提高透镜成像分辨率，可以采用波长比可见光短得多的射线。根据德布罗意假设，电子同时具有波动性，通过对电子加速可以提高电子的动能，从而缩短电子的波长。若加速电子所用的高压为 U(V)，电子被加速到最大的动能为 eU，则可得电子波长 λ 为

$$\lambda=\frac{h}{\sqrt{2emU}}=\frac{1.226}{\sqrt{U}}\quad(\text{nm})$$

注意到上式是非相对论公式，当 $U>10^5$ V 时，电子速度接近光速，要用下面的相对论公式来计算 λ：

$$\lambda=\frac{h}{\sqrt{2emU\left(1+\dfrac{eU}{2mc^2}\right)}}=\frac{1.226}{\sqrt{U(1+0.978\,5^{-6}U)}}\quad(\text{nm})$$

当 $U=10^5$ V 时，电子波长约为 4×10^{-3} nm，要比可见光小 5 个数量级；但是由于磁透镜的像差，普通的电子显微镜的电分辨率仅为 0.8 nm。1992 年，德国的三名科学家 Harald Rose、Knut Urban 以及 Haider 研发使用多极子校正装置调节和控制电磁透镜的聚焦中心，从而实现对球差的校正，最终实现了亚埃级的分辨率。图 14.5.4 为 Tian G3 50 - 300 PICO 双球差物镜色差校正透射电镜。

透射电镜的成像记录是与样品发生相互作用的，而从标本穿透出来的电子穿透样品的能力较低，故要求标本制作得很薄(约 0.2 μm)。另外，透射电镜是以高速电子作为工作介质的，所以镜筒内要求保持较高真空度(达 1.33×10^{-5} Pa)，否则电子会与残余气体原子相碰，引起电离和放电，导致灯丝被腐蚀、样品被沾污等。此外，现代透射电镜为达到更高的分辨率，要求电压和电流非常稳定，漂移不能超过十万分之一，甚至要求达到百万分之一，这种稳定性要求必须依靠非常精确的电路来控制。

实际上，不是所有样品都能制得很薄，加上在具体应用中对有些样品只需观察其表面的细节，于是 1938 年在透射电镜的基础上，德国的 Von Ardenne 研制出了第一台扫描电子显微镜。目前的扫描电子显微镜的分辨率可以达到 1 nm，放大倍数可以达到 30 万倍及以上连续可调，并且景深大，视野大，成像立体效果好。

图 14.5.4　双球差物镜色差校正透射电镜

电镜技术对医学、生物学、材料科学的发展起着重要作用，使基础医学研究从细胞水平达到了分子水平。例如，使用电镜可以迅速确定生物大分子、脱氧核糖核酸(DNA)的详细结构，也可以看到病毒和细菌的内部结构，如图 14.5.5 所示。因此，电镜已成为基础科学研究不可缺少的主要工具之一。

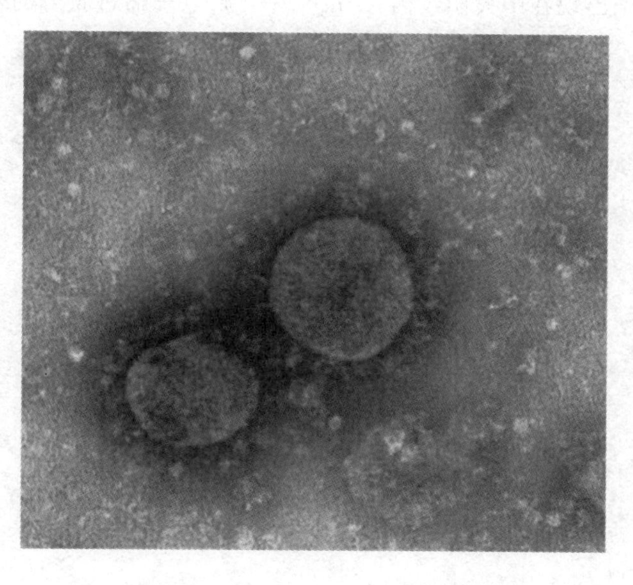

图 14.5.5　电子显微镜下的新冠病毒

我国电镜技术研究开始较迟。在 1958 年，我国自行设计和制造了第一台分辨率为 10 nm、放大倍数为 2 万至 3 万倍的 DX－10A 型三级电镜，填补了我国电镜技术的空白，也为“两弹一星”加工制造做出了重要贡献。1977 年，我国成功地制造出放大倍率为 80 万倍、分辨率为 0.14 nm 的透射电镜，使我国电镜技术迈入了世界行列。由于当前我国在高精密加工及电子控制方面存在短板，因此国产电镜的发展仍然任重而道远。

14.6 不确定关系

视频 14-4

在经典力学中，一个物体的位置和动量是可以同时确定的。如果已知物体在某一时刻的位置和动量及其受力情况，则通过求解运动方程可以精确地确定在此之后任意时刻物体的位置和动量，并且可以求得物体运动的轨道。对于微观粒子而言，因为它具有粒子性，所以可以谈论它的动量和位置；但又因为它具有波动性，所以任一时刻粒子并不具有确定的位置。故由于波粒二象性的缘故，任意时刻微观粒子的位置和动量都有一个不确定量，即不能同时用位置和动量来准确地描述微观粒子的运动。

1927 年，德国物理学家海森堡(W. K. Heisenbery)在分析若干理想实验之后，把这种不确定关系定量地表示出来，这就是著名的**不确定原理**，又称为**不确定关系**。海森堡在 1932 年获得诺贝尔物理学奖。现以电子单缝衍射实验为例来说明。

如图 14.6.1 所示，假设有一束电子沿 Y 方向(水平方向)通过宽为 $a=\Delta x$ 的单缝，由于电子具有波动性，因此其落在屏幕上形成类似于光的单缝夫琅禾费衍射的图样，即一系列明暗相间的条纹。对于一个电子而言，它可以从单缝中的任意位置穿过，因此它在 x 方向的位置具有不确定量，其大小为缝的宽度 Δx，称为**位置的不确定度**。电子衍射的明条纹出现在屏幕多处，说明电子在 X 方向的动量 $p_x \neq 0$，由于衍射效应，p_x 只由它的衍射角 φ 决定。若只考虑电子出现在中央明纹内，$\sin\varphi=\dfrac{\lambda}{a}$，则电子通过狭缝时在 X 方向上的动量 p_x 的不确定范围为

$$\Delta p_x = p\sin\varphi = p\frac{\lambda}{a} = p\frac{\lambda}{\Delta x} \tag{14.6.1}$$

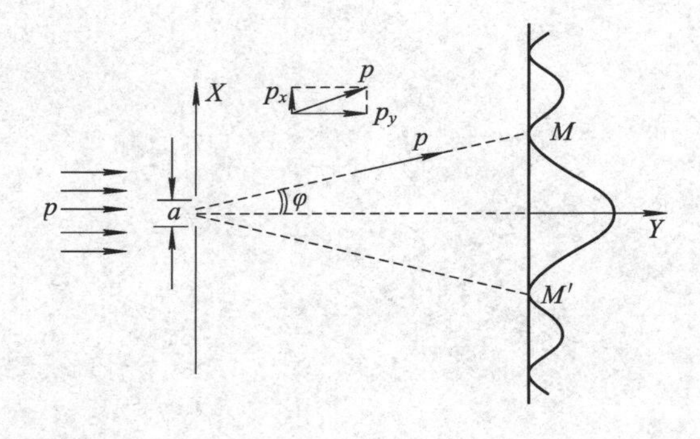

图 14.6.1 电子单缝衍射示意图

结合式(14.5.1)可得

$$\Delta p_x = p\sin\varphi = \frac{p\lambda}{\Delta x} = \frac{h}{\Delta x}$$

故

$$\Delta x \Delta p_x = h \tag{14.6.2}$$

考虑到电子还有可能落在中央明纹以外的区域，所以 Δp_x 比 $p\sin\varphi$ 还要大，应有

$$\Delta x \Delta p_x \geqslant h \tag{14.6.3}$$

式(14.6.3)表明，电子在 x 方向上的位置不确定度与该方向的动量不确定度的乘积大

于等于普朗克常数h。当然，电子在其他方向的位置不确定度和动量不确定度也有类似的关系。

以上只是通过电子衍射这一特例做的粗略估算。量子理论的严格推导指出，微观粒子的坐标和动量的不确定关系为

$$\Delta x \Delta p_x \geqslant \frac{\hbar}{2} \tag{14.6.4}$$

式(14.6.4)称为位置和动量的**不确定关系**或者**海森堡测不准关系**，其中$\hbar=\dfrac{h}{2\pi}$为约化普朗克常数。不确定关系不仅适用于电子，也适用于其他微观粒子。式(14.6.4)表明，微观粒子不可能同时具有确定的位置和动量。具体地说，粒子在空间分布越集中，即空间不确定度越小，那么动量的分布就会越大，即动量变化区间就越大，反之亦然。微观粒子的这个特性直接来源于其波粒二象性，它表示了同时测量一个粒子的位置和动量的精确度的极限。不确定关系是物质的客观规律，不是测量技术和主观能力的问题。

不确定关系是普遍原理，在微观世界中广泛存在，而且有许多种表现形式。时间和能量、角位置和角动量之间也存在这种关系，即

$$\Delta E \Delta t \geqslant \hbar \tag{14.6.5}$$

能量和时间之间的不确定性存在于原子的能级中，实际上能级都不是单一值，而是具有一定宽度ΔE。也就是说，电子处在某能级时，实际的能量有一个不确定的范围ΔE。在同类大量原子中，停留在相同能级上的电子有的停留时间长，有的停留时间短，可以用一个平均寿命Δt来表示。能级宽度可以通过谱线宽度测出，从而可以推知能级的平均寿命。由于原子的基态能级是稳定的，因此对于基态有$\Delta E=0$，$\Delta t \to \infty$。这个原理不但适用于原子中核外电子的能级，也适用于原子核及基本粒子问题。

例 14.6.1　质量为0.01 kg的子弹从直径为5 mm的枪口射出，试用不确定关系计算子弹射出枪口时的横向速度。

解　枪口的直径为子弹射出枪口的位置不确定度Δx，因为$\Delta p_x = m\Delta v_x$，所以由不确定关系得

$$\Delta v_x = \frac{\hbar}{m\Delta x} = \frac{6.63\times10^{-34}}{2\times3.14\times0.01\times5\times10^{-3}}\ \text{m/s} = 2.1\times10^{-30}\ \text{m/s}$$

可见，像子弹这样的宏观粒子的位置及速度的不确定度实在是微不足道。所以，对于子弹这种宏观物体，不确定关系实际上是不起作用的，它的波动性不会对它的“经典式”运动以及射击时的瞄准带来任何实际的影响。

例 14.6.2　求原子中电子速度的不确定度。

解　电子在原子中的位置不确定度即原子的线度10^{-10} m，根据不确定关系$\Delta x\Delta p_x \geqslant \dfrac{\hbar}{2}$，其中$\Delta p_x = m\Delta v_x$，可得

$$\Delta v_x \geqslant \frac{\hbar}{2m\Delta x} = \frac{6.63\times10^{-34}}{2\times2\times3.14\times9.1\times10^{-31}\times10^{-10}}\ \text{m/s} \approx 5.8\times10^{5}\ \text{m/s}$$

这个速度的不确定度的数量级，与按照牛顿力学计算的电子运动速度的量级(10^6 m/s)相当。由此可见，对于原子中的电子，谈论其速度是没有什么实际意义的。电子的波动性

十分显著地被表现出来，对于电子运动的描述必须彻底抛弃轨道的概念，只能用电子在空间的概率分布情况——电子云图像来描述。

14.7 波函数和薛定谔方程

一切物质都具有波粒二象性，对宏观物体，由于其波动性不显著，因此可以用经典物理来描述其运动规律，牛顿运动方程是描述宏观物体运动的普遍方程。但对于微观粒子，其波动性不能忽略，其运动不能用经典力学的方法来描述。那么，微观粒子的运动状态如何描述，它的运动方程又是怎样的呢？在德布罗意提出物质波假设后不久，1925 年，奥地利物理学家薛定谔(E. Schrodinger)便提出用波函数来描述微观粒子的运动状态，并建立了波函数所遵从的方程，即薛定谔方程。本节主要介绍非相对论量子力学的一些基本概念和薛定谔方程。

14.7.1 波函数

薛定谔认为，电子、中子、质子等具有波粒二象性的微观粒子，其运动也可以像机械波或光波那样用波函数来描述，只不过描述波动性的频率、波长应遵从德布罗意关系式。

为简单起见，我们首先考虑一个自由粒子的波函数。所谓自由粒子，指的是不受任何外力作用的粒子，其运动为匀速直线运动，所以有恒定的能量 E 和动量 p。取粒子的轨迹为 X 轴，根据波粒二象性，该粒子对应的物质波的波长 $\lambda=\dfrac{h}{p}$，频率 $\nu=\dfrac{h}{E}$，且它们在整个运动过程中保持不变。在经典物理中，波长和频率不变的波对应的是平面简谐波，其波函数为

$$y(x,\ t)=A\cos\left[2\pi\left(\nu t-\frac{x}{\lambda}\right)\right] \tag{14.7.1}$$

改写为复数形式为

$$y(x,\ t)=A\mathrm{e}^{-\mathrm{i}2\pi\left(\nu t-\frac{x}{\lambda}\right)} \tag{14.7.2}$$

若只取实数部分，则该式恰好对应经典波函数。利用波粒二象性公式，将频率和波长用能量和动量替换，并利用约化普朗克常数$\hbar=\dfrac{h}{2\pi}$表示，则自由粒子的平面物质波方程为

$$\Psi(x,\ t)=\Psi_0\mathrm{e}^{-\frac{\mathrm{i}}{\hbar}(Et-px)} \tag{14.7.3}$$

为了和经典平面波函数区别开来，在上式中用 Ψ 和Ψ_0 分别代表式(14.7.1)中的 y 和 A。这就是一维自由运动粒子对应的物质波波函数。

将该波函数推广至一般情况，任意自由粒子的波函数可以表示为 $\Psi(\boldsymbol{r},\ t)$，其表达式为

$$\Psi(\boldsymbol{r},\ t)=\Psi_0\mathrm{e}^{-\frac{\mathrm{i}}{\hbar}(Et-\boldsymbol{p}\cdot\boldsymbol{r})}$$

或

$$\Psi(x,\ y,\ z,\ t)=\Psi_0\mathrm{e}^{-\frac{\mathrm{i}}{\hbar}[Et-(p_x x+p_y y+p_z z)]}$$

根据玻恩对物质波的统计解释可知德布罗意波是概率波，粒子分布多的地方，粒子的德布罗意波的强度大，而粒子在空间分布数目的多少与粒子在该处出现的概率成正比。根据波的强度与振幅的平方成正比的关系可知，某一时刻，出现在空间 $\boldsymbol{r}$ 附近体积元 $\mathrm{d}V$ 中

的概率与体积元中波函数振幅的平方和体积元的乘积 $\Psi_0^2 \mathrm{d}V$ 成正比。因为波函数 $\Psi(\boldsymbol{r}, t)$ 为复指数函数，利用复指数函数的运算法则可得

$$\Psi_0^2 = |\Psi(\boldsymbol{r}, t)|^2 = \Psi(\boldsymbol{r}, t)\Psi^*(\boldsymbol{r}, t)$$

所以波函数在空间 $\boldsymbol{r}$ 附近体积元 $\mathrm{d}V$ 中的概率为

$$\mathrm{d}W = |\Psi(\boldsymbol{r}, t)|^2 \mathrm{d}V \tag{14.7.4}$$

这就是波函数的物理意义。

必须注意：物质波与经典的机械波和电磁波有着本质的区别。机械波是机械振动在空间的传播，电磁波是电磁场在空间的传播，其波函数表示机械波和电磁波的规律，本身有确切的物理意义，而物质波是一种概率波，波函数是复数，本身无具体的物理意义，它的物理意义只能通过波函数绝对值的平方体现出来。

由于空间任一点粒子出现的概率应该是**唯一**和**有限**的，因此波函数必须满足**单值性**、**有限性**和**连续性**。除此之外，波函数还应该满足**归一化条件**：

$$\int |\Psi(\boldsymbol{r}, t)|^2 \mathrm{d}V = 1 \tag{14.7.5}$$

14.7.2　薛定谔方程

为了获得物质波波函数所满足的微分方程，1926 年，薛定谔通过分析和类比，建立了势场中微观粒子在低速运动时所满足的波动方程，现在人们把它叫作**薛定谔方程**。由于获得这一方程的过程并不完全基于经典物理，且并无严格意义上的推理，因此方程的正确性通过实验验证。下面我们介绍建立薛定谔方程的主要思路。

为简便起见，还是以一维自由粒子为例进行讨论。如前所述，一个沿 X 轴运动的动量为 p、能量为 E 的自由粒子，其波函数为式(14.7.3)，将此式对 t 求一阶偏导得

$$\frac{\partial \Psi}{\partial t} = -\frac{\mathrm{i}}{\hbar} E\Psi \tag{14.7.6}$$

再对 x 求二阶偏导得

$$\frac{\partial^2 \Psi}{\partial x^2} = -\frac{p^2}{\hbar^2}\Psi \tag{14.7.7}$$

考虑到自由粒子的能量为动能，且当自由粒子的运动速度远小于光速时，在非相对论范围内，自由粒子的动能与动量之间的关系为

$$E = E_\mathrm{k} = \frac{p^2}{2m}$$

由式(14.7.6)和式(14.7.7)可得

$$-\frac{\hbar^2}{2m}\frac{\partial^2 \Psi}{\partial x^2} = \mathrm{i}\hbar\frac{\partial \Psi}{\partial t} \tag{14.7.8}$$

这就是一维运动的自由粒子的波函数所遵循的规律，称为一维自由粒子的含时薛定谔方程。

自由粒子仅是一种特殊情形。一般来说，微观粒子通常受力场的作用，若粒子在势场中的势能为 U，则其能量为

$$E = E_\mathrm{k} + U = \frac{p^2}{2m} + U$$

将式(14.7.6)中的 E 用上式代替，并利用式(14.7.8)可得

$$-\frac{\hbar^2}{2m}\frac{\partial^2 \Psi}{\partial x^2}+U\Psi = \mathrm{i}\hbar\frac{\partial \Psi}{\partial t} \tag{14.7.9}$$

这就是在势场中作一维运动的粒子的含时薛定谔方程，该方程描述了一个质量为 m 的粒子在势能为 U 的势场中其状态随时间变化的规律。

如果粒子所处的势场 U 与时间无关，仅与空间坐标有关，即 $U=U(x)$，那么薛定谔方程可用分离变量法求解。令

$$\Psi(x, t) = \psi(x)f(t) = \psi(x)\mathrm{e}^{-\frac{\mathrm{i}}{\hbar}px} \tag{14.7.10}$$

其中：

$$\psi(x) = \psi_0\mathrm{e}^{-\frac{\mathrm{i}}{\hbar}px}$$

将式(14.7.10)代入式(14.7.9)，整理后可得

$$\frac{\hbar^2}{2m}\frac{\partial^2 \psi}{\partial x^2}+(E-U)\psi(x) = 0 \tag{14.7.11}$$

式(14.7.11)中系统的能量也是一个与时间无关的确定值，这种能量不随时间变化的状态称为定态。故式(14.7.11)称为一维运动粒子的**定态薛定谔方程**，$\psi(x)$则是一维定态波函数。由于 $\psi(x)$只是坐标的函数，因此其概率密度 $\psi(x)\psi^*(x)$也只是坐标的函数，与时间无关，所以，定态粒子在空间的概率分布不会随时间变化。

同理，三维情况下的定态薛定谔方程可表示为

$$\frac{\hbar^2}{2m}\left(\frac{\partial^2 \psi}{\partial x^2}+\frac{\partial^2 \psi}{\partial y^2}+\frac{\partial^2 \psi}{\partial z^2}\right)+[E-U(x, y, z)]\psi = 0 \tag{14.7.12}$$

14.7.3 薛定谔方程的应用

求解薛定谔方程已经远超出本书的要求，然而它在我们的生活中有着巨大的应用价值，如半导体芯片、量子点发光等问题，均可由式(14.7.12)做出解释。物理学中有许多定态问题，如氢原子的波函数、一维无限深势阱、隧道效应等，利用定态薛定谔方程解出的结果，在许多相关领域都有重要的应用。下面对一维无限深势阱中的定态薛定谔方程进行求解，以讨论它们的物理意义。

在力场的作用下，质量为 m 的粒子被限制在一定的范围内运动。最简单的情况是粒子在外力场中的运动是一维的，如在图 14.7.1 中的一维无限深势阱的运动。在阱内，由于势能是常量，因此粒子不受力而做自由运动，在边界 $x=0$ 和 $x=a$ 处，势能突然增至无限大。因此，粒子的位置就被限制在阱内，粒子的这种运动状态称为束缚态。

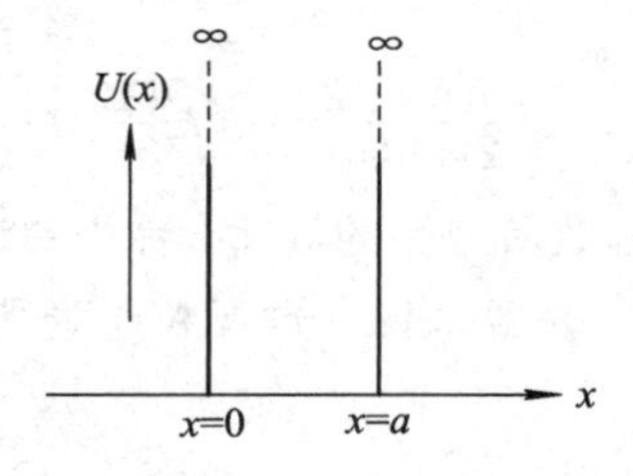

图 14.7.1 一维无限深势阱

图 14.7.1 所示的一维无限深势阱的势能函数可表示为

$$U(x)=\begin{cases}0 & (0<x<a)\\ \infty & (x\leqslant 0,\ x\geqslant a)\end{cases} \tag{14.7.13}$$

由此可见，$U(x)$仅是空间坐标的函数，与时间无关，可用定态薛定谔方程求解波函数。

在 $x\leqslant 0$ 和 $x\geqslant a$ 的区域，因势函数为无限大，所以只有波函数为 0 时才能满足薛定谔方程，则定态波函数 $\psi(x)=0$。

在 $0<x<a$ 内有定态薛定谔方程：

$$-\frac{\hbar^2}{2m}\frac{\mathrm{d}^2\psi(x)}{\mathrm{d}x^2}=E\psi(x) \tag{14.7.14}$$

令 $k=\sqrt{\dfrac{2mE}{\hbar^2}}$，则有

$$\frac{\mathrm{d}^2\psi}{\mathrm{d}x^2}+k^2\psi=0$$

其通解为

$$\psi(x)=A\sin kx+B\cos kx \tag{14.7.15}$$

式中，A、B 为待定常数。

由 $x=0$ 和 $x=a$ 时波函数具有连续性可知，$\psi(0)=\psi(a)=0$。

由 $\psi(0)=0$ 得 $B=0$，则式(14.7.15)变为

$$\psi(x)=A\sin kx \tag{14.7.16}$$

由 $\psi(a)=0$，即 $A\sin ka=0$，得 $ka=n\pi$，即

$$k=\frac{n\pi}{a}\quad(n=1,\ 2,\ \cdots) \tag{14.7.17}$$

将 $k=\sqrt{\dfrac{2mE}{\hbar^2}}$代入式(14.7.17)，得到一维无限深势阱中粒子的量子化能量为

$$E_n=\frac{\pi^2\hbar^2}{2ma^2}n^2\quad(n=1,\ 2,\ \cdots) \tag{14.7.18}$$

由式(14.7.18)可知，能量只能取一些分立值，即能量是量子化的。将一维无限深势阱的波函数$\psi_n(x)=A\sin\dfrac{n\pi}{a}x$ 归一化，即

$$\int_{-\infty}^{0}0\mathrm{d}x+\int_{0}^{a}\psi_n^2\mathrm{d}x+\int_{a}^{\infty}0\mathrm{d}x=1$$

可得出式(14.7.16)中波函数的常数 A 为

$$A=\sqrt{\frac{2}{a}} \tag{14.7.19}$$

至此可以将一维无限深势阱的波函数写为

$$\psi_n(x)=\begin{cases}\sqrt{\dfrac{2}{a}}\sin\dfrac{n\pi x}{a} & (0<x<a)\\ 0 & (x\leqslant 0,\ x\geqslant a)\end{cases} \tag{14.7.20}$$

从以上结果中可以看出：

(1) 当 $n=1$ 时，$E_1=\dfrac{\pi^2\hbar^2}{2ma^2}$称为基态能量，其他能级上的能量与基态能量之间有简单的关系：

$$E_n = n^2 E_1$$

可见，能级分布是不均匀的，能级愈高，能级密度愈大。当 n 很大时，能级可视为是连续的。

(2) E_n对应的定态波函数为

$$\psi_n(x) = \sqrt{\frac{2}{a}}\sin\left(\frac{n\pi}{a}\right)x$$

概率密度为

$$|\psi_n(x)|^2 = \frac{2}{a}\sin^2\left(\frac{n\pi x}{a}\right)$$

它们的分布如图 14.7.2 所示。

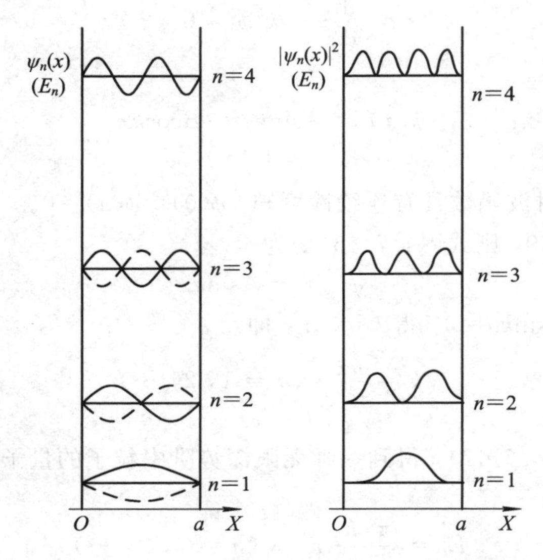

图 14.7.2 一维无限深势阱中的能级、波函数和概率密度图

随量子数 n 的增大，概率密度分布曲线的峰值的个数也增加，峰值的个数和量子数相等，且两相邻峰值之间的距离随 n 的增大而减小。当 n 很大时，相邻峰值之间的距离将缩得很小，相互靠得很近，这时就非常接近于经典物理中粒子在势阱中各处概率相同的情形了。

14.8 量子力学对氢原子的应用

玻尔的氢原子理论有很大的局限性，不能圆满地解决氢原子的结构和其中电子运动的规律，只有量子力学才能较圆满地解决氢原子问题。由于求解氢原子的薛定谔方程在数学上比较复杂，因此这里不作严格计算，只给出一些重要结果。

14.8.1 氢原子的薛定谔方程

在氢原子中，因为原子核的质量是电子的数千倍，所以假设原子核静止，处于坐标原

点，电子在质子的库仑电场中运动，电子的势能函数为

$$U(r) = -\frac{e^2}{4\pi\varepsilon_0 r} \tag{14.8.1}$$

$r=\sqrt{x^2+y^2+z^2}$是电子离核的距离。由于势函数仅仅是空间位置的函数，因此定态薛定谔方程为

$$\frac{\hbar^2}{2m}\left(\frac{\partial^2\psi}{\partial x^2}+\frac{\partial^2\psi}{\partial y^2}+\frac{\partial^2\psi}{\partial z^2}\right)+\left(E+\frac{e^2}{4\pi\varepsilon_0 r}\right)\psi = 0 \tag{14.8.2}$$

考虑到势能U是$\boldsymbol{r}$的函数，具有球对称性，因此采用球坐标(r,θ,φ)比较方便，坐标原点取在原子核上，式(14.8.2)可化为

$$\frac{1}{r^2}\frac{\partial}{\partial r}\left(r^2\frac{\partial\psi}{\partial r}\right)+\frac{1}{r^2\sin\theta}\frac{\partial}{\partial\theta}\left(\sin\theta\frac{\partial\psi}{\partial\theta}\right)+\frac{1}{r^2\sin^2\theta}\frac{\partial^2\psi}{\partial\varphi^2}+\frac{2m}{\hbar^2}\left(E+\frac{e^2}{4\pi\varepsilon_0 r}\right)\psi = 0 \tag{14.8.3}$$

这个方程的解可以表示为三个函数的乘积，即

$$\psi = R(r)\Theta(\theta)\Psi(\varphi)$$

因为R只与径向变量有关，所以也称R为径向波函数；$Y=\Theta(\theta)\Psi(\varphi)$与角动量的平方有关，因此称$Y$为角动量平方的波函数；$\Psi$与角动量在$z$方向的投影有关，因此称$\Psi$为角动量投影波函数。求解式(14.8.3)需要较多较深的数学知识，这里主要介绍方程的重要结论。

1. 能量量子化

求解方程可得电子的能量

$$E_n = -\frac{1}{n^2}\left(\frac{me^4}{8\varepsilon_0^2 h^2}\right) \tag{14.8.4}$$

$n=1, 2, 3, \cdots$称为主量子数，这一结果与玻尔理论得到的能级公式相同，它一方面印证了薛定谔方程的正确性；另一方面又是薛定谔方程的自然结果，未作任何人为假设。$n=1, 2, 3, 4, 5, \cdots$可分别用K，L，M，N，O，…表示。

2. 角动量量子化

电子绕核运动具有角动量，在玻尔理论中，其量子化条件以假设的形式出现。现在通过求解薛定谔方程，得到角动量的大小：

$$L = \sqrt{l(l+1)}\,\hbar \quad (l = 0, 1, 2, 3, \cdots, n-1) \tag{14.8.5}$$

式中，L称为角量子数或者副量子数，因此电子绕核运动的角动量也是量子化的，但其量值与玻尔理论不同。例如，当$n=3$时，玻尔理论的角动量$L=3\hbar$，薛定谔方程给出的角动量取值$L=0, \sqrt{2}\hbar, \sqrt{6}\hbar$，与实验相同。

3. 角动量空间量子化

除了轨道角动量取值本身是量子化的，其角动量在空间方向(以Z轴方向为例)的投影值也是量子化的：

$$L_z = m\hbar \quad (m = 0, \pm 1, \pm 2, \cdots, \pm l) \tag{14.8.6}$$

式中，m称为磁量子数。例如，对于角量子数$l=1$，则磁量子数$m=0, \pm 1$，其投影值$L_z=0, \pm\hbar$，即在角动量$L=\sqrt{2}\hbar$确定的情况下，其在Z轴方向的投影只能取3个不连续的值，

如图 14.8.1(a)所示，即角动量在空间的取向是量子化的，称为角动量空间量子化。角动量取其他值时的情况相似，图 14.8.1(b)和(c)分别对应 $l=2$ 和 $l=3$ 的结果。将原子放置在磁场当中，磁量子数产生的效应就会显现出来，对应的现象称为**塞曼效应**。

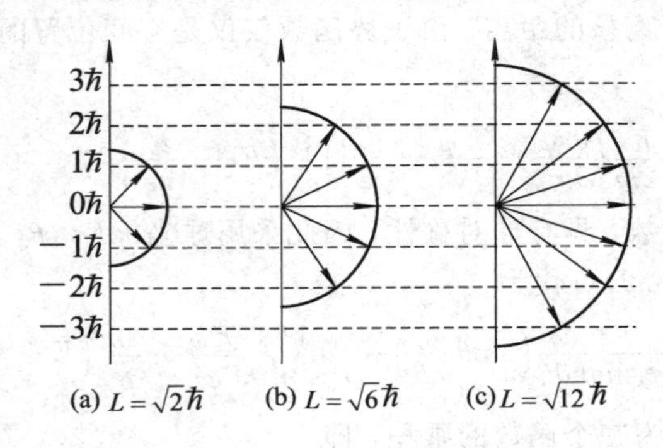

图 14.8.1 角动量空间量子化示意图

14.8.2 电子自旋

如图 14.8.2 所示，一原子发射源 O 射出一束原子射线，通过磁场后，原子沉积在底板 P 上。根据理论分析，由于不同原子中电子的磁量子数不同，受到磁场的作用也不同，因此在磁场作用下偏转的角度就应该不同，磁量子数越大，偏转角度就越大。磁量子数用 m 表示，$m=0$ 的原子不会受到磁场影响，因此应该在底板正中央形成一条沉积线。$m=1$ 的原子受到向上的力的作用向上偏转，而 $m=-1$ 的原子向下偏转。由于 m 可能的取值总是奇数，因此在底板上应该形成奇数条沉积线。然而在 1921 年，德国物理学家施特恩和盖拉赫用银原子进行实验，底板上却只出现了两条沉积线，如图 14.8.2 所示。改用其他类型的原子进行实验也出现了相同的现象，这说明电子存在一种额外的属性。

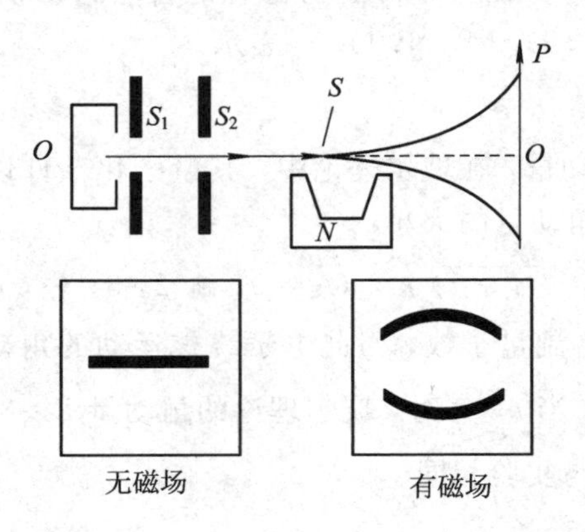

图 14.8.2 斯特恩和盖拉赫的实验装置简图

1925 年，乌伦贝克和古德斯施密特提出电子自旋假说，圆满地解释了上述现象。他们认为电子的自旋对应的角动量可类比于轨道角动量：

$$S=\sqrt{s(s+1)}\,\hbar \tag{14.8.7}$$

其中，s 为自旋量子数，它只能取一个值，即

$$s = \frac{1}{2} \tag{14.8.8}$$

自旋角动量在 Z 轴的投影同样类似于角动量空间量子化，即

$$S_z = m_s \hbar, \quad m_s = \pm \frac{1}{2} \tag{14.8.9}$$

式中，m_s 称为自旋磁量子数，它只能取 $\pm\frac{1}{2}$ 这两个数值。

考虑电子自旋后，氢原子中电子的状态可以由如下**四个量子数**完全决定：

(1) **主量子数** $n=1, 2, 3, \cdots$，决定电子的能量；

(2) **角量子数** $l=0, 1, 2, \cdots, n-1$，决定电子绕核运动的角动量；

(3) **磁量子数** $m=0, \pm1, \pm2, \cdots, \pm l$，决定电子绕核运动的角动量的空间取向；

(4) **自旋磁量子数** $m_s=\pm\frac{1}{2}$，决定自旋角动量的空间取向。

14.9　原子的电子壳层结构

除了氢原子和类氢离子以外，其他元素的原子核外都有两个或两个以上电子，这时电子之间的相互作用也会互相影响它们的运动状态。多电子原子的薛定谔方程在数学上的求解是相当困难的，但应用量子力学中的近似计算方法可以证明，其各个核外电子的状态仍由四个量子数来确定。与氢原子不同的只有以下两点：

(1) **电子的能量由主量子数 n 和角量子数 l 共同决定**。主量子数相同而角量子数不同的电子，其能量略有差异，所以对于多电子系统，主量子数 n 只是大体上决定着电子的能量。

(2) **不同的电子在核外有一定的分布**。1916 年柯塞尔(W. Kossel)提出了多电子原子核外电子按一定壳层分布的假说，称为**电子的壳层结构模型**。他认为，主量子数不相同的电子分布在不同壳层上，每个壳层称为主壳层，把 $n=1, 2, 3, \cdots$ 各壳层依次用 K，L，M，…表示。主量子数相同而角量子数不同的电子，分布在不同的次壳层上，与 $l=0, 1, 2, 3, \cdots$ 对应的次壳层分别称为 s，p，d，f，…。一般来说，壳层主量子数 n 越小，其能级越低，在同一主壳层中，角量子数 l 较小的，其能级较低。核外电子在各壳层的具体分布情况还应遵从以下两条原理。

1. 泡利不相容原理

1925 年，泡利根据光谱实验总结出如下规律：在同一个原子内，不可能存在两个或者两个以上电子处于完全相同的量子态。也就是说，在一个原子内，任何两个电子都不可能具有一组完全相同的量子数(n, l, m, m_s)，这称为**泡利不相容原理**。根据这一原理，可以推算出主壳层 n 最多可以容纳电子的数目。对于支壳层 l，可允许的磁量子数 $m=0, \pm1, \pm2, \cdots, \pm l$，一共有 $2l+1$ 个取值，每个磁量子数 m 可对应两个自旋状态，因此该支壳层最多可以排布 $4l+2$ 个电子。主壳层中一共包含 n 个支壳层，因此最多可以容纳的电子数为

$$Z_n = \sum_{l=0}^{n-1}(4l+2) = 2n^2 \tag{14.9.1}$$

2. 能量最小原理

原子处于正常状态时，电子都趋向于占据可能的最低能级。因此，能级越低(即离核越近)的壳层首先被电子填满，其余电子依次填充尚未被占据的最低能级，直到所有电子填满可能的最低能级为止。原子的能级由主量子数 n 和副量子数 l 决定。一般来说，主量子数越小，能级越低；主量子数相同，副量子数越低，能量越低。例如，锂原子的电子排布可以记为 $1s^2 2s^1$，右上角的符号表示支壳层的电子数。原子中不同支壳层的能量排布如图 14.9.1 所示，主量子数从上到下逐次增大，角量子数从左向右逐渐增大，能级较高时，壳层的能量沿着虚线箭头方向从低到高依次排布，如 $1s^2 2s^2 2p^6 3s^2 \cdots$。需要注意的是，主量子数大的支壳层能量并不一定比主量子数小的支壳层能量高，如 4s 支壳层的能量低于 3d 支壳层的能量。例如，钾原子最外层的电子排布为 $1s^2 2s^2 2p^6 3s^2 3p^6 4s^1$，跳过了 3d 支壳层。为此，我国科学工作者总结出了利用 $n+0.7l$ 来确定能量大小的规律。利用原子的壳层结构理论，可以解释元素周期性的来源、原子发光的光谱、化学反应、材料性质等科学问题。

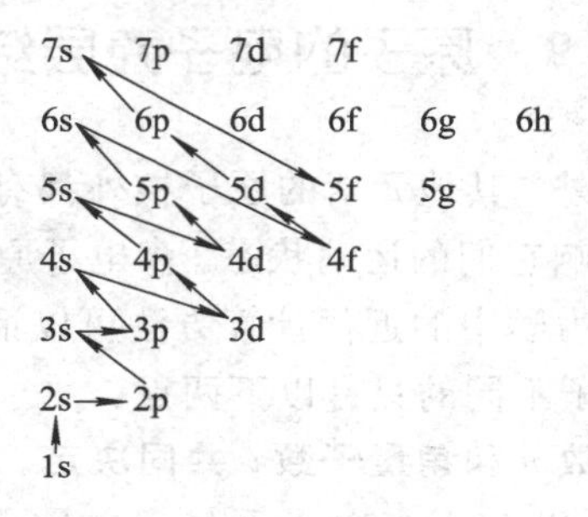

图 14.9.1 原子壳层结构

科学家简介

玻 尔

玻尔(Niels Henrik David Bohr，1885—1962)，丹麦物理学家，1922 年获得诺贝尔物理学奖，哥本哈根学派的创始人，对 20 世纪物理学的发展有深远的影响。

玻尔从 1905 年开始他的科学生涯，一生从事科学研究，整整达 57 年之久。他的研究工作开始于原子结构未知的年代，结束于原子物理已经得到广泛应用的时代。波尔通过引入量子化条件，提出了玻尔模型来解释氢原子光谱，提出了互补原理和哥本哈根诠释来解释量子力学。他对原子科学的贡献使他成了 20 世纪上半叶与爱因斯坦并驾齐驱的、最伟大的物理学家之一。

玻尔在 1913 年发表的长篇论文《论原子构造和分子构造》中创立了原子结构理论，为 20 世纪原子物理学的发展开辟了道路。1921 年，在玻尔的倡议下成立了哥本哈根大学理论物理学研究所，玻尔领导这一研究所先后达 40 年之久。该研究所培养了大量的杰出物理学家，在量子力学的兴起时期曾经成为全世界最重要、最活跃的学术中心，而且至今仍有很高的国际地位。1927年，玻尔首次提出了“互补原理”，奠定了哥本哈根学派对量子力学解释的基础，并从此开始了与爱因斯坦持续多年的关于量子力学意义的论战。爱因斯坦提出一个又一个的思想实验，力求证明新理论的矛盾和错误，但玻尔每次都巧妙地反驳了爱因斯坦的反对意见。这场长期的论战从许多方面促进了玻尔观点的完善，使他在以后对互补原理的研究中，不仅运用到了物理学，而且运用到了其他学科。

延伸阅读

量子通信技术

量子通信是根据量子纠缠效应，使用量子隐形传态(传输)的方式进行信息传递的一种新型的通信方式。量子通信是近二十年发展起来的新型交叉学科，是量子论和信息论相结合的新的研究领域，近来这门学科已逐步从理论走向实验，并向实用化发展。

1. 量子纠缠

量子通信的主要理论基础是量子纠缠。在量子力学里，在几个粒子彼此相互作用后，由于各个粒子所拥有的特性已综合成为整体性质，因此无法单独描述各个粒子的性质，只能描述整体系统的性质，这种现象称为量子纠缠。

量子纠缠具有严格的数学定义，设由两个相异物理系统组成的复合系统，按量子力学第四公设，复合物理系统的状态空间是分物理系统状态空间的张量积，若将分系统编号为1到n，系统i的状态置为$|\Psi_i\rangle$，则整个系统的总状态为$|\Psi_i\rangle\otimes\cdots\otimes|\Psi_n\rangle$。复合系统的一个纯态如果不能写成两个子系统纯态的直积态，即Schmidt分解的展开式中含有多项，则这个态就称为纠缠态。例如，一个两位的量子寄存器处于$\frac{1}{\sqrt{2}}(|0\rangle_A|0\rangle_B+|1\rangle_A|1\rangle_B)$的状态，则不可能通过两个量子位各自的状态来描述整个量子寄存器的状态，它的四个纠缠态为$\frac{1}{\sqrt{2}}(|0\rangle_A|0\rangle_B\pm|1\rangle_A|1\rangle_B)$，$\frac{1}{\sqrt{2}}(|0\rangle_A|1\rangle_B\pm|1\rangle_A|0\rangle_B)$，通常称为Bell态。

当两个系统处于量子纠缠态时，子系统A和B的状态都依赖于对方而各自处于一种不确定的状态，粒子A和B的空间波包可以彼此相距遥远而完全不重叠，这时依然会产生关联坍缩。例如，对态$\frac{1}{\sqrt{2}}(|0\rangle_A|0\rangle_B+|1\rangle_A|1\rangle_B)$中的$A$粒子作测量时，$A$有1/2的概率得到自旋向上态，1/2的概率得到自旋向下态。如果测得A自旋向上，则这个态就坍缩到$|0\rangle_A|0\rangle_B$，所以A的状态坍缩$|0\rangle_A$，B必为$|0\rangle_B$；A的状态坍缩$|1\rangle_A$，B必为$|1\rangle_B$。可见，对处于一个纯态的两个子系统之一进行测量，虽然不能对另一子系统产生直接的相互作用，但是却包含了另一子系统的信息，并在瞬时改变了另一子系统的描述。纠缠态的关联是一种超空间的非定域的关联，此类关联坍缩是纠缠态存在的标志。

要通过科学实验来展现量子纠缠这种现象极其困难，即便是最微小的环境干扰也有可能打断所研究粒子间的联系。所以到目前为止，人们只成功地用光子或与之大小相近的原子在极其微小的范围内展示过这一现象。1964年，爱尔兰物理学家贝尔提出了贝尔不等式并用实验验证量子纠缠可能性，但是当时的物理实验技术还难以完成这项精度非常高的实验。1981 年，法国物理学家阿斯佩和他的小组成功地完成了一项实验，证实了两个处于纠缠态的粒子，测量一个粒子的自旋，就会“迫使”远方另一个粒子以同样的姿态自旋，测量一个光子就会导致另一个关联光子挣脱概率的迷雾。1997 年，瑞士日内瓦大学吉辛研究小组进行了实验精度更高的阿斯佩实验，两个检测器相距 11 公里之遥，相对于光子的微小波长而言，这样的距离实在是非常大，但是两个纠缠光子之间的关联性还是存在，检测的结果与阿斯派克特的结论相一致。2019 年，英国格拉斯哥大学莫罗团队使用了一台超灵敏的相机检测单个光子，在检测到纠缠的“孪生光子”同时出现时，相机拍摄了图像，首次为光子纠缠留下了珍贵的影像，得到的图像始终显示两个光子似乎相互反射并形成了一个指环形状，如图 Y14-1 所示。

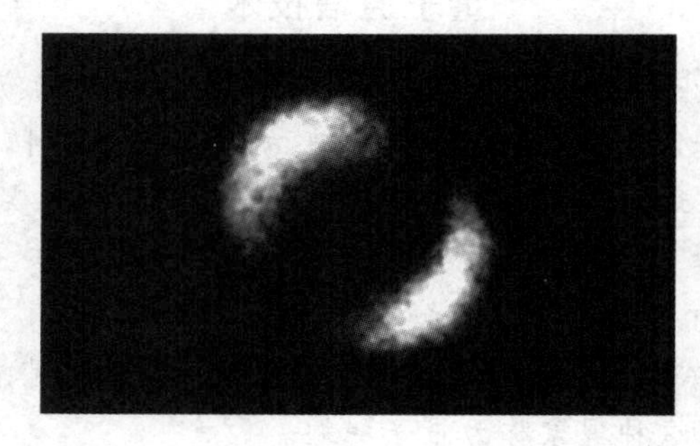

图 Y14-1　具有纠缠作用的两个光子

2. 量子通信

量子信息是用量子态编码的信息，量子态具有经典物理态所不具备的特殊性质，这就使量子信息具有和经典信息不同的新特点——不可克隆原理、存在隐匿的量子信息、稠密编码和隐形传态。这里重点介绍有代表性的隐形传态现象。

假设 Alice 希望传输给 Bob 一个量子位$|a\rangle$，Alice 不知道她手上的$|a\rangle_A$的信息，因为她的测量会引起这个态的不可逆坍缩，当然也不能复制它。利用量子纠缠现象，可以实现不发送任何量子位而把未知态$|a\rangle$发送出去。假设 Alice 和 Bob 各拥有一个处于纠缠态$\frac{1}{\sqrt{2}}(|0\rangle_A|0\rangle_B+|1\rangle_A|1\rangle_B)$的量子位，Alice 希望发送的态$|a\rangle_A$为$\alpha|0\rangle+\beta|1\rangle$。现在 Alice 拥有的三个量子位的初态为

$$
\begin{aligned}
|\Psi_0\rangle &= \frac{1}{\sqrt{2}}|a\rangle(|0\rangle_A|0\rangle_B+|1\rangle_A|1\rangle_B) \\
&= \frac{1}{\sqrt{2}}(\alpha|000\rangle+\beta|100\rangle+\alpha|011\rangle+\beta|111\rangle)
\end{aligned}
$$

Alice 对前两个量子位进行 C-Not 门操作，得到

$$
|\Psi_1\rangle=\frac{1}{\sqrt{2}}(\alpha|000\rangle+\beta|110\rangle+\alpha|011\rangle+\beta|101\rangle)
$$

再对第一个量子位进行 Hadamard 门操作，得到

$$
\begin{aligned}
|\Psi_2\rangle=\frac{1}{\sqrt{2}}[&|00\rangle(\alpha|0\rangle+\beta|1\rangle)+|10\rangle(\alpha|0\rangle-\beta|1\rangle)+|01\rangle(\alpha|1\rangle+\beta|0\rangle)+ \\
&|11\rangle(\alpha|1\rangle-\beta|0\rangle)]
\end{aligned}
$$

对于前两个量子位而言，这是四个态的叠加态，如果Alice对$|\Psi_2\rangle$中的前两个量子位进行测量，则$|\Psi_2\rangle$等概率地坍缩到四个相叠加的态中的一个上，并给出前两个量子位的态的信息。Alice把这两个量子位态的信息通过经典信道告诉Bob，Bob根据这个信息对他手上的粒子进行相应的逆操作，就能获得Alice想要发给他的未知量子态$|a\rangle$。上面这个过程的净结果就是$|a\rangle$态从Alice处消失，并经过一个滞后的时间(经典通信及Bob的操作时间)出现在Bob那里，实现了该量子位的发送。如果有窃听者，必将对信道产生干扰，Alice和Bob可以通过比对密钥中的一部分量子比特而察觉到，从而保证了理论上绝对安全的通信。

1984年，美国科学家贝内特提出了量子通信的概念，提出了利用偏振光进行量子密钥分发的协议，并称其为BB84协议，这是第一个实用性的量子密码通信协议，开创了量子密码术的新时期。1992年，贝内特又提出了更加简单和高效的B92协议，主要用于建立和传输密码本，加速推动了量子密码学的发展。量子通信因其安全性和广阔的应用前景很快成为国际上量子物理和密码学的研究热点，受到各国政府和相关研究机构的广泛关注。美国国家科学基金会、国防高级研究计划局都对此项目进行了深入的研究；瑞士、法国等欧美国家也成立公司进行量子通信的商业研发；欧盟在1999年集中国际力量致力于量子通信的研究，研究项目多达12个；日本邮政省把量子通信作为21世纪的战略项目。1994年，美国洛斯阿拉莫斯国家实验室采用单光子通信技术，进行了自由空间室内光路205 m的量子密钥分配实验；随后，他们采用B92协议进行了夜晚条件下室外光路950 m和白天室外光路500 m的量子密钥分配实验，误码率分别为1.5%和1.6%。英国国防研究部于1993年首先在光纤中用相位编码的方式实现了BB84方案，光纤传输长度达到了10 km。瑞士日内瓦大学在1993年用偏振的光子实现了BB84方案，他们使用的光子波长为1.3 m，在光纤中的传输距离为1.1 km，误码率仅为0.54%；1997年，他们利用法拉第镜抑制了光纤中的双折射等影响传输距离的一些主要因素，使用的方便性大大提高，被称为“即插即用”的量子密钥方案；2002年，他们采用该方案在光纤中成功地进行了67 km的量子密码传输。

我国从20世纪80年代开始从事量子通信领域的研究，中国科学技术大学在此方面取得了突出的成绩。2006年，中国科学技术大学潘建伟小组、美国洛斯阿拉莫斯国家实验室、欧洲慕尼黑大学-维也纳大学联合研究小组各自独立实现了诱骗态方案，同时实现了超过100 km的诱骗态量子密钥分发实验，由此打开了量子通信走向应用的大门。2008年，潘建伟的科研团队成功研制了基于诱骗态的光纤量子通信原型系统，在合肥成功组建了世界上首个3节点链状光量子电话网，成为国际上报道的绝对安全的实用化量子通信网络实验研究的两个团队之一(另一小组为欧洲联合实验团队)。2009年，潘建伟的科研团队在3节点链状光量子电话网的基础上建成了世界上首个全通型量子通信网络，首次实现了实时语音量子保密通信，这一成果在同类产品中位居国际先进水平，标志着中国在城域量子网络关键技术方面已经达到了产业化要求。2016年，中国自主研制的世界首颗量子科学实验卫星“墨子号”成功发射，国际上首次成功实现了千公里级的星地双向量子通信，为构建覆盖全球的量子保密通信网络奠定了坚实的科学和技术基础。2017年，世界首条量子保密通信干线“京沪干线”与“墨子号”科学实验卫星进行天地链路，我国科学家成功实现了洲际量子保密通信，这标志着我国在全球已构建出首个天地一体化的广域量子通信网络雏形，为未来实现覆盖全球的量子保密通信网络奠定了坚实的基础。2018年，在中国和奥地利之间首次实现了距离达7600 km的洲际量子密钥分发，并利用共享密钥实现了加密数据传输和视频通信(见图Y14-2)，该成果标志着"墨子号"已具备实现洲际量子保密通信的能力。

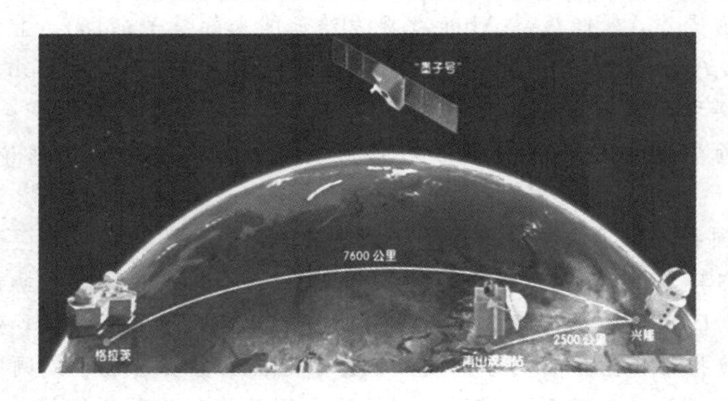

图Y14-2 墨子号量子通信实验卫星

14.1 绝对黑体和平常所说的黑色物体有什么区别?

14.2 请用光子模型解释为什么紫外辐射对皮肤有害，而可见光却无害。

14.3 在康普顿散射和光电效应中，电子都是从入射光子获得能量的，那么这两个过程有什么本质区别?

14.4 波函数的物理意义是什么? 它是如何描述微观粒子的运动状态的? 它与经典波函数有什么区别?

14.5 斯特恩-盖拉赫实验怎样说明了空间量子化? 怎样说明电子具有自旋?

练 习 题

14.1 用两种频率分别为ν_1和ν_2的单色光照射同一种金属，均出现光电效应，已知金属的红限为ν_0，两次照射对应的遏止电压$U_{a1}=3U_{a2}$，试计算ν_1和ν_2的关系。

14.2 锂的光电效应红限波长为50 nm，求：

(1) 锂的电子逸出功；

(2) 用波长为330 nm的紫外光照射时的遏止电压。

14.3 试求红光($\lambda=700$ nm)、X射线($\lambda=0.025$ nm)、γ射线($\lambda=1.24\times10^{-3}$ nm)光子的能量、动量和质量。

14.4 用波长$\lambda=0.0708$ nm的X光照射石蜡，请计算散射角为$\frac{\pi}{2}$的X射线的波长。

14.5 已知X光光子的能量为0.60 MeV，在康普顿散射之后波长变化了20%，求反冲电子的能量。

14.6 在巴尔末系中，波长为486.1 nm的可见光是电子从哪个能级跃迁产生的?

14.7 当电子的德布罗意波长等于康普顿波长时，求：

（1）电子的动量；

（2）电子速率与光速的比值。

14.8　在磁感应强度为 B 的匀强磁场中，一个质量为 m、带电量为 q 的粒子作半径为 R 的圆周运动，其德布罗意波波长为多少？

14.9　在第五代通信技术（5G）中，使用的高频频段的电磁波频率超过 20 GHz，28 GHz 的电磁波对应的波长和能量是多少？

14.10　波长为 300 nm 的光沿着 X 轴传播，已知其波长的不确定度 $\Delta\lambda=1$ nm，它的位置不确定度是多少？

14.11　设一维运动粒子的波函数 $\psi(x)=\begin{cases}Ae^{-ax} & (x\geqslant 0)\\ 0 & (x<0)\end{cases}$，其中 a 为大于零的常数，求归一化常数 A。

14.12　主量子数 $n=4$ 时，求：

（1）氢原子的能量值；

（2）电子可能具有的角动量值；

（3）电子可能具有的角动量分量 L_z；

（4）电子的可能状态数。

提　升　题

14.1　氢原子的薛定谔方程经度分布函数为

$$\Phi_m(\varphi)=\frac{1}{\sqrt{2\pi}}e^{im\varphi}$$

提升题 14.1 参考答案

其中，$1/\sqrt{2\pi}$是归一化常数。纬度分布函数为

$$\Theta_{lm}(\theta)=N_{lm}P_l^{|m|}(\cos\theta)$$

其中，$P_l^{|m|}(x)$是缔合（连带）勒让德多项式；N_{lm}是归一化常数，其计算式为

$$N_{lm}=\sqrt{\frac{(2l+1)(l-|m|)!}{2(l+|m|)!}}$$

求角向概率密度，并说明角向概率密度的曲线和立体曲面有什么特点。

14.2　根据氢原子的薛定谔方程的解，请问：

提升题 14.2 参考答案

（1）用点的疏密表示概率密度的电子云图有什么特点？

（2）氢原子中概率密度曲面有什么特点？曲面的投影表示彩色电子云图，这种电子云图有什么特点？

（3）对于每一种概率密度，取最大概率密度的百分之一形成曲面，这种三维等概率密度曲面说明概率密度是怎么分布的？